한국수산지 Ⅲ - 1

부경대학교 인문한국플러스사업단 해역인문학 아카이브자료총서 05

한국수산지 III - 1

농상공부 수산국 편찬

이근우·서경순·심민정 옮김

발간사

  부경대학교 '인문사회과학연구소'와 '해양인문학연구소'는 해양수산 인재 양성과 연구 중심인 대학의 오랜 전통을 기반으로 연구 역량을 키워 왔습니다. 대학이 위치한 부산이 가진 해양도시 인프라를 바탕으로 바다에 삶의 근거를 둔 해역민들의 삶과 그들이 엮어내는 사회의 역동성에 대한 연구를 꾸준히 해 왔습니다.

  오랫동안 인간은 육지를 근거지로 살아온 탓에 바다의 중요성에 대해 간과한 부분이 없지 않습니다. 육지를 중심으로 연근해에서의 어업활동과 교역이 이루어지다가 원양을 가로질러 항해하게 되면서 바다는 비로소 연구의 대상이 되었습니다. 그래서 현재까지 바다에 대한 연구는 주로 조선, 해운, 항만과 같은 과학기술이나 해양산업 분야의 몫이었습니다. 하지만 수 세기 전부터 인간이 육지만큼이나 빈번히 바다를 건너 이동하게 되면서 바다는 육상의 실크로드처럼 지구적 규모의 '바닷길 네트워크'를 형성하게 되었습니다. 이 바닷길 네트워크인 해상실크로드를 따라 사람, 물자뿐만 아니라 사상, 종교, 정보, 동식물, 심지어 바이러스까지 교환되게 되었습니다.

  바다와 인간의 관계를 인문학적으로 접근하여 성과를 내는 학문은 아직 완성 단계는 아니지만, 근대 이후 바다의 강력한 적이 바로 우리 인간인 지금, '바다 인문학'을 수립해야 할 시점이라고 생각합니다. 바다 인문학은 '해양문화'를 탐구하는 차원을 포함하면서도 현실적인 인문학적 문제에서 출발해야 합니다.

  한반도 주변의 바다를 둘러싼 동북아 국제관계에서부터 국가, 사회, 개인 일상의 각 층위에서 심화되고 있는 갈등과 모순들이 우후죽순처럼 생겨나고 있습니다. 근대 이후 본격화된 바닷길 네트워크는 이질적 성격의 인간 집단과 문화의 접촉, 갈등, 교섭의 길이 되었고, 동양과 서양, 내셔널과 트랜스내셔널, 중앙과 지방의 대립 등이 해역(海域) 세계를 중심으로 발생하는 장이 되었기 때문입니다. 해역 내에서 각 집단이 자국의 이익을 위해 교류하면서 생성하는 사회문화의 양상과 변용을 해역의 역사라 할 수 있으며, 그 과정의 축적이 현재의 모습으로 축적되어 가고 있습니다.

따라서 해역의 관점에서 동북아를 고찰한다는 것은 동북아 현상의 역사적 과정을 규명하고, 접촉과 교섭의 경험을 발굴, 분석하여 갈등의 해결 방식을 모색하여, 향후 우리가 나아가야 할 방향을 제시해주는 방법이 우선 될 것입니다. 물론 이것은 해양 문화의 특징을 '개방성, 외향성, 교류성, 공존성' 등으로 보고 이를 인문학적 자산으로 확장하고자 하는 근본적인 과제를 수행하는 일이기도 합니다. 본 사업단은 해역과 육역(陸域)의 결절 지점이며 동시에 동북아 지역 갈등의 현장이기도 한 바다를 연구의 대상으로 삼아 현재의 갈등과 대립을 해소하는 방안을 강구하고, 한 걸음 더 나아가 바다와 인간의 관계를 새롭게 규정하는 '해역인문학'을 정립하기 위해 노력하고 있습니다.

부경대 인문한국플러스사업단은 바다로 둘러싸인 육역들의 느슨한 이음을 해역으로 상정하고, 황해와 동해, 동중국해가 모여 태평양과 이어지는 지점을 중심으로 동북아해역의 역사적 형성 과정과 그 의의를 모색하는 '동북아해역과 인문네트워크의 역동성 연구'를 수행하고 있습니다. 이를 통해 우리는 첫째, 육역의 개별 국가 단위로 논의되어 온 세계를 해역이라는 관점에서 다르게 사유하고 구상할 수 있는 학문적 방법과 둘째, 동북아 현상의 역사적 맥락과 그 과정에서 축적된 경험을 발판으로 현재의 문제를 해결하고 향후의 방향성을 제시하는 실천적 논의를 도출하고자 합니다.

부경대학교 인문한국플러스사업단이 추구하는 '해역인문학'은 새로운 학문을 창안하는 일이기 때문에 보이지 않는 길을 더듬어 가며 새로운 길을 만들어가고 있습니다. 2018년부터 간행된 '해역인문학' 총서 시리즈는 이와 관련된 연구성과를 집약해서 보여주고 있으며, 또 이 총서의 권수가 늘어가면서 '해역인문학'의 모습을 조금씩 드러내고 있습니다. 향후 지속적으로 출판할 '해역인문학총서'가 인문학의 발전에 기여할 수 있는 노둣돌이 되기를 희망하면서 독자들의 많은 격려와 질정을 기대합니다.

　　　　　　　　　　　　　　　　부경대 인문한국플러스사업단 단장 김창경

■ 목차

제4장 전라도(全羅道)

---

1) 목차에는 해제면이라는 제목 아래 석포(石浦), 민대포(民臺浦), 아사내(牙士乃), 합진리(蛤津里), 오류동(五柳洞) 등의 항목이 설정되어 있으나, 본문에서는 개관의 염전 항목 속에서 염전으로 나열되고 있다.

---

2) 목차에 현화면이 기록되어 있으나 본문에는 누락되었다.
3) 목차에는 영풍면이 기록되어 있으나 본문에서는 별도의 항목이 없고 영풍면에 속한 석두리(石頭里)의 항목이 있다.
4) 목차에는 손불면이 기록되어 있으나 본문에서는 별도의 항목이 없고 손불면에 속한 석계리(石溪里)·지호리(芝湖里)·어전리(於田里)의 항목이 있다.

---

5) 목차에는 둔장동이 기록되어 있으나 본문에는 누락되었다.

■ 번역 범례

1. 『한국수산지』 3집의 내용 중 전반부에 해당하는 전라남도 부분을 번역한 것이다.
2. 도량형 단위는 가급적 원문 내용에 따랐다.
  ― 다만 원문의 1리(里)는 10리, 1방리(方里)는 100방리로 고쳤다. 일본의 1리
    는 4km로 우리나라의 10리와 같다. 일본의 1방리(方里)는 4km 사방, 약 16km^2
    이다.
  ― 간(間)・보(步)・정(町)은 일본 근대의 거리 단위로 1간과 1보는 약 1.8m이
    고, 1정이 60간으로 약 109m이다. 정(丁)으로도 표기한다. 단 보와 정의 경우
    는 동일한 한자로 면적을 나타내는 경우가 있으므로 유의해야 한다. 면적인
    경우는 정(町)을 정보로 번역하였다.
  ― 연(鏈) 혹은 케이블(cable)은 1해리의 $\frac{1}{10}$을 나타낸다. 시대와 국가에 따라서
    그 길이는 조금씩 다르다. 일본은 영국 해군의 관례를 따랐기 때문에, 당시
    영국 해군의 기준에 의하면 1케이블은 182.3m이다.
  ― 정(町)과 단(段・反)은 일본 근대의 면적 단위이며, 정보(町步)・단보(段步)
    를 줄인 표기이다. 면적 단위로서의 보(步)는 6척 사방으로 약 3.3m^2 즉 1평과
    같다. 1정보는 10단・3,000평(坪)・9,9917.35537m^2이고, 1단보는 300평.
    1정은 대체로 99a, 0.99ha에 해당한다(1891년 제정).
  ― 척(呎)은 피트(feet)로, 이(哩)는 마일(mile)로, 이(浬)는 해리(海里)로 번역
    하였다. 피트는 주로 조수 간만의 차 및 해안에서 관측할 수 있는 산의 높이에
    사용하였다.
  ― 깊이의 단위로 심(尋)이 사용되었는데, 이는 영어의 fathom의 번역어이고, 6
    피트=2야드를 뜻한다.
3. 온(鰮)은 일본에서 정어리・눈퉁멸・멸치를 총칭하는 용어이다. 본문에서 일
   일이 구별하지 않고, 정어리라고 번역하였고, 멸치로 명기된 경우(片口鰮, 鯷)
   에만 멸치로 번역하였다.

4. 『한국수산지』원본에서는 2단 조판으로 본문의 내용 중 중요한 항목을 상단에 따로 표기하였으나, 번역에서는 작은 제목으로 나타내었다. 한 줄 띄우지 않고 본문과 붙어 있는 제목은 원문의 상단에 제시된 항목 명칭이다.

5. 한자 및 원어를 표기할 경우는 괄호 속에 넣었으며, 한자 및 원어와 다르게 번역한 경우는 정어리[鰮]과 같이 [ ] 속에 원문을 표시하였다.

6. 『한국수산지』에는 해도(海圖)와 『조선수로지(朝鮮水路誌)』가 빈번하게 인용 되고 있다. 『조선수로지』는 1884년에 일본 해군 수로부가 간행한 것(『영환수 로지(寰瀛水路誌)』의 일부)과 1894・1899년에 간행한 개정판이 있다.

7. 지명 비교를 위해서 『조선오만분일지형도(朝鮮五万分一地形圖)』를 주로 참 고하였으며, 「조선5만분1지형도」로 약기하였다.

■ (원문) 범례

一 이 책은 주로 전라남·북도와 충청남도 연해의 지리를 모아서 기록[輯錄]한
  것이다.
一 글 가운데 지명 또는 기타 한글[諺文]의 경우, 해륙리정(海陸里程)의 경우,
  삽입지도의 경우, 어업 또는 수산상황의 경우, 첨부한 어사일람표의 경우, 색
  인의 경우는 전부 제2집의 사례에 의거한다.

융희 4년(1910년) 8월

■ 자료

一 농상공부(農商工部) 기수(技手)[1] 원산귀삼랑(遠山龜三郎)씨가 제출한 전라
  남도 어란포(於蘭浦)[2]에서 남해도에 이르는 연안과 부속도서 수산조사 복명
  서(復命書)[3]
一 조선해수산조합 기수 부견항(富樫恒)씨가 제출한 전라남도 완도군, 진도군,
  무안군과 서남연안 수산조사 보고
一 농상공부 기수 통감부 기수 길기건태랑(吉崎健太郎)씨가 제출한 전라남도 제
  주도 수산조사 복명서
一 통감부(統監府) 기수 대정홍아(大庭弘雅)씨 제출 전라남도 서안 수산조사 복
  명서
一 조선해수산조합 기수 고처정치(高妻政治)씨 제출 충청남도 서천, 비인, 남포,
  보령, 오천, 결성, 서산 각 군 연안해안 및 오천군 소속 도서 수산조사 복명서
一 통감부 기수 대야조(大野潮)씨가 제출한 충청남도 태안, 당진, 면천(沔川)[4],
  아산, 해미, 서산, 오천, 각 군 수산조사 복명서 및 금강유역 수산조사 복명서
一 연안 각 군수 제출 어촌포 어업사항 조사보고·기타 편(집)자 순회기록

■ 참고도서
  제2집과 같다.

---

1) 기사(技師)보다 하위의 기술 관리이다.
2) 현재의 전남 해남군 송지면 어란리이다.
3) 담당자가 일을 마치고 돌아온 후 결과를 보고하기 위하여 작성하는 문서이다.
4) 현재의 충남 당진시 면천면 일원이다.

광양만 내 송도(松島)

송도(松島)는 광양만 내에 떠 있는 작은 섬으로, 돌산군[1]에 속해 있다. 사진은 송도의 동안(東岸)이다. 근해는 백하(白鰕)[2]의 주요 산지이다. 구마모토 현에서 온 어선[出漁船]은 매번 송도를 근거지로 삼아 새우조망[鰕漕網]을 사용해 좋은 성과를 내고 있다.

---

1) 현재의 전남 여수시 돌산읍 일원이다.
2) 엄밀하게 일본에서 백하는 돗대기새우(학명 *Pasiphaea japonica*)이다. 그러나 지도면 일대에서는 젓새우 종류도 많이 잡힌다. 따라서 돗대기새우와 젓새우 등을 총칭하는 것으로 생각할 수 있다.

광양만 내의 늑도(勒島)

늑도(勒島) 또한 (송도와 마찬가지로 광양)만 내에 떠 있는 작은 섬의 하나로서
역시 돌산군에 속해 있다. 송도의 서쪽에 있다. 사진은 구마모토 현에서 온 출어자
인 강기조(岡崎組)의 근거지로, 산록에 있는 작은 인가는 그들의 간이숙소이다.
또한, 그 전면에 있는 해변에는 5~6명의 사람 모습이 확인되는데 어획한 백하를
건조하는 장소이다.

여수읍(1)

여수읍(2)

여수읍은 일명 (전라)좌수영이라 불린다. 아마도 전라좌도 수군의 본영을 (여수에) 설치했기에 이러한 이름이 붙은 것으로 생각된다. 이 지역은 여수반도의 남단에 위치하고 있어서 남해 항로의 요충지였으므로 예전에 충청·전라·경상 삼도통제사의 본영이 있었다. 후에 본영을 통영으로 옮겼으나, 좌도 수군의 본영을 남겨두었고 지금에 이른다. 여수읍의 첫 번째와 두 번째 사진의 앞쪽 시가지의 배후에 있는 산은 종고산(鐘皷山)이다. 산기슭과 맞닿은 곳에 있는 크고 우뚝 솟은 건물은 진남관으로 통제사 당시의 기념물이다. 진남관 좌측 숲속에 있는 건물 또한 당시의 유물로서 지금은 군아, 우편취급소 등으로 사용되고 있다.

이 지역은 거주하는 일본 상인의 수가 적지 않다. 연안을 다니는 정기 기선이 기항하기 때문에 교통은 편리하다. 이곳은 돌산도에 이르는 나루로서 왕래가 빈번하다. 조선해수산조합의 출장소가 있으며, 일본어선과 모선이 기항하는 경우도 많다(본문 123~126쪽 참조).

여수 진남관(鎭南館)

그림은 여수 진남관의 정면이다. 건축의 웅대함은 남해안에 있어서 비교할 바가 없다. 진남관은 최근에 중건된 것으로, 참으로 남해의 중요한 요새로서의 명성에 부합된다(본문 124쪽 참조).

대경도(大京島) 부근의 활주모선 근거지

　대경도는 돌산도의 북쪽, 여수항의 서쪽 바깥에 있는 가막양에 떠 있는 섬 중에 하나다. 그 북쪽 일대는 여수반도의 남동쪽에 의해, 동쪽 일대는 돌산도에 의해 둘러싸여 있다. 그 북쪽에 가장도, 서쪽에 소경도 등이 떠 있다. 이들에 의해 내해 가 형성된다. 이 내해는 수심이 2~3길(3.6~5.4미터)에 이른다. 또한 사방의 풍랑 으로부터 보호하고 지켜주기 때문에 배를 대기에 적합하다. 그 가운데에서도 가장 도의 동쪽이 가장 양호하다. 그림의 가운데에서, 우측에 있는 섬이 곧 가장도이고 그 앞에 떠 있는 기선은 선어운반선인 고후지마루(小富士丸)이고 두 척의 일본식 선박[和船]은 활주모선이다. 그 앞부분에 검은 선처럼 보이는 것은 활어수조[生 簣]이다(본문 227쪽 참조).

돌산항 전경(1)

　사진은 돌산항 남쪽의 언덕 위에서 촬영한 것이다. 이 지역은 여산(廬山)[3]이라
불렸다. 모두 옛 명칭이다. 예전에 방답진(防踏鎭)을 설치했던 곳으로 지금은 군치
소재지이다. 사진 우측의 산자락에 보이는 건물은 군아(郡衙)이며, ⊥ 방향에 순사
주재소, 우체소 등이 있다. 남해항로의 요충에 위치하고 있으며, 또한 근해수산업
이 늘어나면서 통항하는 상선과 어선의 기항이 항상 끊이지 않는다. 교통은 편리하
다. 사진 가운데 돌출된 둑 안에 묶여있는 조선식 선박[韓船]은 상선이며 항구의
중앙에 떠 있는 것은 편(찬)자가 타고 온 황해환(黃海丸)이다.

---

3)　원문에는 노산(盧山)으로 되어 있다.

돌산항 전경(2)

사진은 해상에서 촬영한 것이다. 돌산항의 전면에는 송도가 떠 있어서 서쪽을
막아준다. 이에 항구 안쪽은 매우 안전하지만 물이 얕다는 결점이 있다. 송도는
그 주변사람들이 식도(食島)라고 부른다. 그 동쪽은 다소 깊다. 많은 일본어선이
이곳에 정박한다(본문 225~226쪽 참조).

안도(安島, 雁島) 북쪽의 정박지

    안도(雁島)[4]의 속칭이다. 사진은 섬의 북서쪽에 우뚝 솟은 한 언덕 위에서 북쪽을 향해서 촬영한 것이다. 사진 속에 보이는 마을은 서향(西鄕)이라 하고 또 구시동(舊枾洞)이라고도 한다. 촬영 당시는 때마침 간조 시이므로 만내(灣內)에 겨우 한 줄기 물길만 지날 뿐이었지만 만조 시에는 제법 대형 어선을 수용할 수 있어서 선단(船團)이 정박하기에 매우 안전하다. 만의 어귀[灣口] 밖으로도 역시 약간의 요입(凹入)[5]을 이룬다. 북서쪽은 금오도(金鰲島)의 남동단에 의해서 병풍처럼 둘러싸여 있고 또한 앞쪽에는 작은 섬들이 떠 있으므로 이곳도 역시 계선(繫船)[6]의 적지이다. 사진 속에 작은 배 1척이 떠 있는 것은 편자(編者)가 타고 온 황해환(黃海丸)[7]이며 좌우로 겨우 섬의 모

---

4) 전라남도 여수시 남면 안도리에 속한 섬. 섬의 형태가 기러기 모양과 같다고 하여 '기러기 안(雁)'자를 써 안도(雁島)라고 하다가 1910년 안도(安島)로 개칭되었다. 섬 가운데 자연호가 형성되어 천혜의 선박피난소로 사용되고 있으며, 입구는 좁고 들어갈수록 넓어져 S자형으로 선박이 안전 피항할 수 있는 곳이라 하여 안도(安島)라 부르게 되었다고 한다.

5) 움푹하게 패인 것을 말한다.

6) 선박을 항구 등에 정박시키는 것을 말한다. 계선(係船)·계선(繫船)이라고 한다.

7) 기선(汽船)으로 803G/T의 규모였으며 1908년 8월에 진수하였다(中村丑太郎 建造). 中村合名會社(大阪)가 1912년에 조선우편선(인천)에 매각하면서, 黃海丸(Kokai Maru)로 개명하였으며, 1917년 5월에 좌초되어 침몰하였다.

습을 인식할 수 있는 것은 금오도의 남동단(南東端)이다. 안도는 일본 어선의 중요한 근거지이고, 매년 봄여름 철에 상승(鱶繩, 상어낚시)8), 조승(鯛繩, 도미낚시), 춘류망(鰆流網, 삼치류망)9) 어선 등이 많이 모여든다(본문 231~233쪽 참조).

---

8) 승(繩)은 낚시를 사용하여 어류를 잡는 어업이다.
9) 유망(流網)은 바다 표면 근처에 부자(浮子)를 사용해 띄운 홀쭉한 그물을 쳐서 헤엄쳐 오는 물고기가 그물에 얽히게 하여 포획하는 방법이며 해류에 직각으로 치는 경우가 많다.

적금도(赤金島) 정박지

　적금도(赤金島)[10]는 적금도(積金島)라고 쓴다. 낭도, 둔병도와 같이 여자만 입구를 막고 있는 섬이다. 사진은 섬의 남동쪽으로 앞의 두 섬과 서로 인접해서 이루어진 내해이다. 이곳은 수심이 대부분 배를 수용하기에 지장이 없어서 일본 어선의 중요한 근거지이다.

　사진에서 보는 선박은 모두 일본어선 및 그 모선(母船)[11]이고, 촬영 당시는 정박한 것이 겨우 수 척에 지나지 않았으나 성어기에 들어서면 정박하는 것이 항시 십 여척 아래로 내려가지 않아 매우 성황을 이룬다. 연안은 특히, 붉바리(赤魚) 어장으로서 유명

---

10) 전라남도 여수시 화정면 적금리에 속하는 섬. 조선 초기에는 적포 또는 적호(赤湖)라고 부르다가, 여수군 설립시 금광이 있다 하여 쌓을 적(積), 쇠 금(金)자를 써서 '적금도'라 부르게 되었다. 현재도 금을 캐던 금광굴이 남아 있다. 현재 적금도의 한자 표기는 積金島이다.
11) 원양 어업에서 많은 부속 어선을 거느리고 어획물을 처리하는 큰 배이다.

하다. 마른새우[干鰕] 제조자도 또한 해마다 본섬[적금도]에 와서 근거지로 삼는다(본
문 243~246쪽 참조).

송여자도(松汝子島)의 마른새우(干鰕) 제조 광경

여자만 내에 떠 있는 하나의 작은 섬이다. 여자도의 동쪽에 있는 곳이고 여자도보다 크기가 작아서 흔히 이를 소여자도라고 부른다.[12]

사진은 오카야마현(岡山縣)[13]에서 온 삼곡조(森谷組)의 마른 새우 제조소이고, 지면에 흰 양탄자[白氈]를 깔아놓은 것 같은 곳이 마른 새우를 건조하는 곳이다. 이층으로 지은 가옥은 사업을 위하여 건설한 것으로, 잘 지어서 거의 반영구적이다.

삼곡조(森谷組)는 또한 나로도(羅老島)에도 마른새우 건조를 목적으로 근거지를 갖

---

12) 전라남도 여천군 화정면 여자리에 위치, 1896년 돌산군 설립 당시 옥정면 송여자도였으나 1914년 행정구역 개편 때 옥정면과 화개면을 합하여 화정면 여자리에 속해 오늘에 이르고 있다. 약 250여 년 전 김해김씨가 처음 입도하여 정착하였다고 하며, 소나무 숲이 많아서 송여자도라고 불렀다고 한다. 특산물로는 피조개, 새우, 낙지가 유명하다.
13) 일본의 中國 지방 남동부에 위치하는 현으로, 현청 소재지는 오카야마시이다.

고 있다. 오로지 마른새우 제조를 사업으로 하고 있으며 여기에 공급하는 새우는 일한어
선에 구입계약을 해서 받아들이며 자체적으로 어업을 영위하지 않는다(본문 246~248
쪽 참조).

나로도(羅老島) 양포(養浦) 전경(1)

나로도는 나라섬[國島]이라고 하고, 또한 영주(瀛州)라고도 부른다.[14] 일본 어부는 북산(北山)이라고 통칭한다. 나로도는 내나로도, 외나로도 두 섬으로 이루어져 있다. 사진은 외나로도 북쪽의 동쪽 끝 지역이고 잎바다는 내나로도 사이의 해협이다.[15]

이 해협은 일본 어부가 소위 기타야마노세토[北山の瀬戸]라고 부르는 곳으로 작은 기선이 충분히 통과할 수 있다. 이 좁은 물길은 조류가 급하고 조수의 오르내리는 정도가 특히, 수조를 갖춘 모선[生洲母船][16]의 거점[根據]으로 적당하다.

그러므로 매년 봄 어획기에 들어서면 예승(鱧繩: 붕장어낚시)어선이 모여드는 것이 매우 많다. 사진 안에 가옥이 즐비한 것은 어선을 쫓아서 온 음식점 및 잡화점 등이고 그 앞에 떠 있는 배는 그들의 운반선 및 수조를 갖춘 모선이다(본문 257쪽 참조).

---

14) 전남 고흥군 동일면의 내나로도(內羅老島)와 봉래면의 외나로도(外羅老島)의 두 개의 섬으로 이루어져 있다. 외나로도에는 대한민국 최초의 우주 센터인 나로우주센터가 있다. 섬의 명칭 유래는 조선 영조내에는 '나라섬'이라고 하였는데 일세강점기에 지명이 한자화되어 음을 따서 나로도(羅老島)가 되었다고 한다. 나라섬이라는 지명은 이곳에서 나라의 분양마를 사육하였던 것에서 유래하였다.

15) 지명을 찾을 수 없으나, 현재 내나로도와 외나로도를 잇는 나로2대교에서 가까운 신금해수욕장(현재는 나로우주해수욕장)으로 짐작된다.

16) 『한국수산지』 1집에서는 活洲母船으로 하였는데 일본어로 '이케스(いけす)'같이 읽힌다. 수조라고 번역하였다.

나로도 양포(2)

나로도 양포 부근의 암초

거문도(巨文島, 古島) 정박지

거문도(巨文島)는 동·서 2섬과 고도(古島)의 세 섬으로 이루어지므로 삼도(三島)라고 한다. 사진은 고도의 서쪽이고 맞은편 해안은 서도(西島)이다. 세 섬이 서로 둘러싸서 이루어진 내해(內海)는 영국함대가 '해밀턴항[Port Hamilton]'[17]이라고 명명했던 곳이다. 고도는 '왜도(倭島)'라고도 한다. 영국함대는 이것을 '관측소섬(옵저버터리 아일랜드)'[18]이라고 하였다. 앞바다는 물이 깊어 큰 함선을 정박할 수 있는데다가 작은 만입이 있어서 천혜의 부두를 이룬다. 사진의 좌측에 보이는 선창은 영국 함대가 점거할 당시에 만든 것이다. 여기에 거주하는 일본인은 대체로 어업과 관련된 사람들이고, 부산수산주식회사(釜山水産株式會社)도 어장(漁場)을 가지고 있으며, 또 배

---

17) 1845년 당시 2,000여 명이 살고 있던 거문도로 찾아온 영국 함대가 당시 영국 해군성 차관이었던 해밀턴(Hamilton)의 이름을 따서 이름을 붙였다.

18) 원문의 '오セルウエートリー'는 Observatory (Island)의 일본어 음역이다.

를 내어 어류의 매입에 힘쓴다. 이곳을 거쳐 일본으로 통하는 전신선(電信線)이 있다. 정기선이 기항한다(본문 264~269쪽 참조).

추자도(楸子島) 정박지

　추자도(楸子島)는 상·하 2섬으로 이루어지는데, 목포(木浦)에서 제주도에 이르는
항로의 중간에 위치하는 중요한 기항지이다. 사진은 상도(上島)의 동쪽에 있는 만인데,
만구가 좁고 안쪽은 넓으며 수심이 항상 4~5길[19])로 유지되어 바람이 불 때 정박해도
매우 안전하다. 사진 속 일본 선박[和船]은 모두 일본 어선이고, 흰 연기를 내뿜는 기선
(汽船)은 목포와 제주 사이를 왕래하는 정기선이다. 봄·여름 교체기에 근해 성어기
(盛漁期)가 되면 일본 어선이 많이 와서 모여 항구 안쪽은 번성한 정도가 삼도(거문도)
의 고도(古島)에 버금간다. 그렇지만 일본인 정주자(定住者)는 아직 많지 않다(본문
272쪽 참조).

---

19) 尋은 물의 깊이를 나타내는 단위로 1길은 1.818m 혹은 1.515m이다. 주로 1.818m로 쓰였다.

제주읍의 원경 (1)

제주읍의 원경 (2)

제주읍(濟州邑)은 옛날 탐라국(耽羅國)의 수도였던 곳으로, 옛 명칭은 탐라(耽羅)

혹은 모라(毛羅)[20]라고 한다. 원(元)나라에 예속하고 명(明)에 복속될 때에도 또한 여기 제주읍에 만호(萬戶)를 두었고, 항상 제주도 전체의 치소(治所)였다. 지금은 제주 (濟州)・대정(大靜)・정의(旌義) 3군(郡)으로 나누어 각 치소를 두었지만 경찰서, 재 판소, 재무서, 우편국, 농공은행(農工銀行) 지점 등이 제주읍에 있기 때문에 여전히 현재까지도 제주도의 수부(首府) 지위를 잃지 않고 있다. 사진은 바다에서 촬영한 것이 다. 해안에 인가가 즐비한 곳은, 건입포(健入浦)의 마을인데, 제주읍은 그 뒤쪽에 접한 다. 연안이 길고 얕으며 파도가 거칠기 때문에 섬 사람은 대체로 사진에 보이는 것처럼 떼배[테우]를 사용한다. 이 떼배는 속도가 느리지만 파랑(波浪)에 견디고, 또 암초 사 이, 혹은 얕은 여울을 건너는 데에는 매우 안전하다. 아마도 연안의 형세에 따른 선택임 에 틀림없다(본문 456~457쪽 참조).

---

20) 원문에는 '모라'라고 되어 있지만 '탐모라(耽毛羅)'를 오기한 것으로 보인다.

제주도의 돌 제방[石堤]

　사진은 제주도의 돌 제방[石堤]이다. 제주도 연안 도처에 이러한 종류의 돌 제방이
보인다. 대개 배를 대기에 편리하도록 하기 위한 것이라고 한다. 축조에 사용하는 재료
는 용암으로 된 돌과 자갈이다. 제주도는 가는 곳마다 이러한 돌과 자갈이 흩어져 있어
서 아주 많다.

건입포(健入浦)에서 제주읍을 바라본 모습

　사진은 건입포(健入浦)의 계선장으로 제주읍을 거쳐 이 포로 흘러들어가는 작은 하천의 입구이다. 건입포는 산저포(山底浦)라고도 한다.[21] 제주읍의 선착장으로, 그 시가는 읍성과 서로 붙어 있다. 사진 가운데 멀리 인가를 횡단하는 굵은 선처럼 보이는 것이 곧 제주읍의 성벽이다.

---

21) 현재는 산지라고 한다.

건입포(健入浦, 山底浦)의 해안

사진은 건입포의 해안으로 경사진 자갈해변[礫濱]이다. 이 앞바다는 곧 제주도와 본토 사이를 왕래하는 기선의 가박지(假泊地)이며, 현재 정박하고 있는 배는 목포 사이를 왕복하는 정기선이다.

제주도 조천의 원경(1)

제주도 조천의 원경(2)

제주도의 북쪽 해안에서 하나의 좋은 항구이다. 연안에 큰 바위와 암초가 많지만 만입(彎入)이 깊고 수심도 깊으며, 또한 안쪽이 다소 넓으므로 작은 기선을 수용하기에 충분하다. 목포~제주 간을 항행하는 기선은 승객의 승·하선과 화물의 선적 및 하역을 위해 건입포[22]에 잠시 기항하지만, 항상 이곳을 정박지[碇繫場]로 삼는다.

원나라에 조공을 바치던 시대에는 사신이 올 때, 매번 이곳을 상륙지로 정했다. 그렇기에 당시의 공관(公館)이 지금도 여전히 존재한다. 부자와 문벌 가문이 많아 섬 전체를 아우르는 큰 세력을 형성했다. 또한 예전에 진(鎭)을 설치한 곳으로 당시의 석성이 높이 솟아 해안에서도 바라볼 수 있다(본문 453~454쪽 참조).

---

22) 현재의 제주항이다.

완도읍의 원경(遠景)

　(완도읍은) 다른 말로 청해(淸海)라고 하는데, 아마도 옛 호칭일 것이다. 완도의 남동단, 신지도와의 해협에 접하는 작은 만 내에 있다. 원래 진을 설치한 지역이고 지금은 군치(郡治)의 소재지이다. 만 내의 수심이 얕지만 어선을 수용하는 데 지장이 없다. 근해는 도미 상어 및 기타 어류가 풍부하여 어업의 근거지로서 적합한 곳이라 할 수 있다.

　사진 속의 오른쪽에 짙은 검정색으로 나타나는 언덕은 유명한 완도 삼림의 일부로서, 전국에 있는 여러 섬에서 보기 드문 삼림지이다. 사진의 가운데, 바다 가까이에, 큰 나무가 울창한 곳은 읍성으로 군아(郡衙), 우편국, 순사주재소 등이 모두 다 성 안에 있다(본문 274~275쪽 참조).

득량만(得狼灣) 내의 소록도와 어선

보길도의 동쪽 끝과 떼배

45

(진도) 벽파진(碧波津)

(진도) 벽파진(碧波津)의 원경

(벽파진은) 진도의 동쪽에 위치하고, 명양(鳴洋)[23]의 동쪽에 자리하고 있는 중요한 나루이고 바람을 피하기에 적합하다. 또한 수심도 깊어서 왕래하는 선박이 물때를 기다리기 위해 늘 끊임없이 기박(寄泊)[24]한다. 사진(1)은 동쪽 해상에서 서쪽을 향해 촬영한 것인데, 두 척의 배가 물때를 기다리기 위해 나루로 들어오고 있는 중이다(두 척 모두 나가사키현[長崎県]에서 온 출어선이다). 지역의 위치가 이와 같이 옛날부터 바다를 방어하기 위하여 중요하였으므로 진이 설치되었다. 진이 폐지된 이후 일시적으로 다소 쇠퇴하였으나, 진도의 집산지[呑吐口]이고, 기항선이 빈번하여 세력의 약화를 만회하였다. 시장마다 온갖 물건[百貨]의 집산이 많아 진도 안에서 번성한 지역이고 또한 어업의 근거지로서 적합한 곳이다.

---

23) 본문에는 명양(鳴洋)이라 되어 있으나 명량(鳴梁)의 이표기로 생각된다.
24) 항해 도중 배가 항구를 경유하는 것을 의미한다.

순라선 황해환(黃海丸)과 목포항

목포항

낙월도(落月島)의 정박지

　낙월도는 크고 작은 두 섬으로 되어 있다.25) 두 섬의 간격은 고작 2케이블[鏈]26)이고, 이를 바라보면 거의 하나의 섬과 같다.

　사진은 대낙월도27) 남동쪽에 위치한 마을의 전면이고 전방(前方)으로 연이어진 언덕은 즉 소낙월도28)이다. 촬영 당시에는 마침 간조 때였으므로 범선(帆船)은 모두 바닥에 내려앉아 있지만 만조 때에는 모두 뜬다는 사실을 알아야 한다. 근해에는 백하(白鰕)가 많이 생산된다. 해안 가까이 바닥에 내려앉아 있는 수척의 범선은 출매선(出買船)이고, 작은 배들이 흩어져 떠 있는 것은 앞바다[沖合]의 중선(中船)으로서 어획한 백하를 운반하는 것이다. 출매선은 어획물을 곧바로 항아리[甕]에 채워 넣어 염장해

25) 영광군의 유일한 도서면으로 달이 지는 쪽에 있다고 하여 진달이라는 이름이 유래되었고 한자어로 표기하면서 낙월도가 되었다. 새우젓은 한때 전국 생산량의 50%를 점유했었다.

26) 영국 해군이 사용하던 거리 단위로 1케이블[鏈]은 1해리의 1/10에 해당하며, 185.3m이다. 현재는 별로 이용되지 않는다. 원래 케이블은 묘쇄(錨鎖: 닻을 잇기 위한 쇠사슬)로, 1방의 길이를 1연이라 하며 원래의 정의는 1연은 100파좀(600피트)이며, 정확하게 182.88미터가 된다. 현재는 10분의 1해리가 1연으로 되어 있다. 국제 해리를 바탕으로 하면 185.2미터가 되지만 야드·파운드법의 해리를 바탕으로 하면 608피트, 즉 정확하게 185.3184미터가 된다. 미국 해군에서는 120파좀(219.456미터)이라고 정의하고, 영국 해군에서는 야드·파운드법의 해리의 10분의 1(185.3184미터)로 정의하고 있다.

27) 현재는 상낙월도(上落月島)로 표기하고 있다.

28) 현재는 하낙월도(下落月島)로 표기하고 있다.

49

서 매입[收容]한다(본문 398쪽 참조).

낙월도 앞바다[沖合]의 새우잡이 중선(中船)

사진은 낙월도 앞바다에서 중선으로 조업 중인 모습이다. 촬영 당시는 7월 상이고, 근해는 때마침 백하의 성어기였다. 현측(舷側)[29]으로 돌출시킨 것은 망항[網桁][30]인데 여기에 그물을 매단 것을 확인할 수 있다. 이와 같은 것이 양쪽에 있다(제1집 도해 제10도 참조). 조류를 이용하는 것이므로 정망(碇網)[31]의 큰 형태라고 볼 수 있다. 배 꼬리[艫][32]부분에 매여 있는 선박은 어획물을 매입하기 위해 온 운반선이다.

---

29) 현(舷)은 뱃머리의 양측 면이며 오른쪽을 우현, 왼쪽을 좌현이라고 한다. 현재의 선박은 진행 방향이 다른 선박에게 알아보도록 하기 위해서 좌현에 적색, 우현에 녹색의 항행 등을 점등한다.
30) 배의 중간 부분에 돌출되어 있는 날개 모양의 그물 지지대를 말한다.
31) 조선 후기 이후 쓰인 어망의 하나로 기다란 장막처럼 생긴 자망(刺網)을 해저에 닻으로 고정시킨다. 특이한 것은 이것이 전라남도의 완도 해남을 비롯한 진도 지역에 국한된 어구 어법이었던 것으로 알려지고 있으며, 정선망(碇船網)은 정망(碇網)이라고 하고 순수한 우리말로는 닻배라고 함.
32) 노(艫)는 뱃머리 또는 배의 꼬리 부분을 뜻하는 한자인데 일본어에서는 배의 꼬리(토모)라는 뜻으로 쓰이고, 뱃머리는 축(舳, 헤사키)을 쓴다.

법성포(法聖浦) 측면의 경치

　법성포는 목포·군산 사이의 연안을 항행하는 기선의 기항지이고, 또 칠산탄의 조기
어선의 중요한 근거지이다. 사진 촬영 당시에는 마침 간조 때여서 시가의 앞쪽에 겨우
한 줄기의 물길이 있지만 만조 때에는 해안에 내려 앉아있는 상선이 모두 다 떠오른다는
것을 알아야 한다. 이 물길은 도편천(道鞭川)이 흐르는 곳이고 간조 때 또한 대체적으로
선박의 왕래에 지장이 없다. 사진의 강의 한가운데[江心]에 떠 있는 배는 편자가 타고
왔던 황해환이고 간조 때에 입진(入津)하였다. 사진은 시가의 측면이고 울창한 수목
사이로 인가가 흩어져 있음을 확인할 수 있을 것이다. 그리고 한쪽 끝자락에 있는 것은
이름난 동조정(董漕亭)[33]이다. 정자는 강을 바라보고 있으며, 경치가 뛰어나게 아름
답고[風光絶佳], 특히 달구경과 더위를 식히기에 알맞다[觀月納涼].

　법성포는 푸른 산봉우리가 사방으로 에워싸여 마치 호수와 늪과 같고, 산수가 매우

---

33)　중종 25년(1530)에 편찬된 『신증동국여지승람』에는 동조루(董漕樓)라고 하였고, 영조 36년
　　(1760)에 편찬된 여지도서와 고종 32년(1895)에 편찬된 법성진지(法聖鎭誌), 고종 34년(1897)
　　영광군수 신태관(申泰寬)이 편찬한 영광읍지에는 동조정(董漕亭)이라 기록되어 있다. 동조루(董
　　漕樓)가 순조 7년(1807년)에 있었던 대화재로 소실되었는지 여부는 불분명하다.

수려하다. 이 때문에 소동저(小洞底)[34]라는 이름이 붙었으며 실제 서해굴지의 경승지이다. 문인[墨客]이라면 한번 유람할 가치가 있을 것이다.

---

34) 동정은 중국 호남성 북동부에 있는 담수호로 호수의 북쪽을 호북성, 남쪽을 호남성이라고 한다. 동정호의 주변의 뛰어난 경관을 소상팔경이라고 하며, 이를 주제로 산수화를 그리는 것이 크게 유행하였다.

멀리서 바라본 고군산군도(古群山群島)(1)

　고군산군도는 격음열도라고도 한다. 군산항의 남서쪽 앞바다에 떠 있는 군도로서 웅곡・모감・고군산・횡경・방축・말도 등의 여러 섬이 서로 모여있어서, 곳곳이 어선의 좋은 정박지를 이룬다. 그중에서 횡경・방축 및 말도 등을 북쪽으로 하고, 웅곡・모감・고군산의 세 섬을 남쪽으로 하는 수도는 군도 내의 이른바 광수도(廣水道)로서 서해에서 유명한 묘박지이다. 사진(1)은 웅곡과 모감 두 섬을 남쪽으로 향해서 본 것이며 오른쪽이 웅곡이다. 두 섬 사이의 수도는 아주 좁아 보이지만, 대부분의 어선은 돛을 단 채로 들어갈 수 있다. 모감과 고군산도 간의 해협은 이 수도보다도 더욱 넓지만, 그 안쪽은 양쪽 모두 이퇴(泥堆)가 펼쳐져 있어서 수로가 좁다.

멀리서 바라본 고군산군도(古群山群島)(2)

　사진(2)는 고군산군도의 동쪽으로 모감도와 마주 보는 위치이다. 돌출된 거암봉인 용수애(龍水涯)인데, 검은색을 띠는 것은 수림이며 그 사이에 인가가 보이기도 하고 숨어있기도 하다. 이곳을 진리(鎭里)라고 하는데 군도 중에서 주요한 마을이다. 멀리 해상에서 바라보면 우뚝한 큰 암봉의 허리 부분을 청록색이 감싸고 있는데, 인가가 그 사이에 들어서 있어 산수와 묘한 조화를 이루어 마치 그림을 보는 것 같다. 실로 서해 제일의 경승지로 꼽을 수 있다. 부근에 급수소가 있는데, 하루에 2~3톤을 넉넉하게 급수할 수 있다. 여러 섬 연안은 주목망의 좋은 어장으로 유명하다. 봄에 조기 및 갈치의 계절에 들어서면 중선 또는 출매선이 모여들어 대단히 성황을 이룬다.

군산 개항 당시의 모습(1900년 현황)

군산 개항 당시의 모습(1900년 현황) - 왼쪽 확대

군산 개항 당시의 모습(1900년 현황) - 오른쪽 확대

군산 시가지 모습(1909년 현황)

군산 시가지 모습(1909년 현황) - 사진 왼쪽 확대

군산 시가지 모습(1909년 현황) - 사진 중앙 확대

군산 시가지 모습(1909년 현황) - 사진 오른쪽 확대

군산항 정박지 동쪽 연안(1)

군산항 서쪽 연안과 일본 어선(2)

군산 서쪽 연안 후쿠오카현 어민 이주가옥(3)

군산 부근 사가현 어민 이주가옥(4)

사진(1)은 군산항이며, 이곳은 곧 보통 선박의 정박지이다. 전면에 돌출한 작은 언덕은 북현정(北峴亭)이고, 그 왼쪽에 이사청과 거류지회가 있다. 또한 전면에 세관지서가 있다(평면도 참조).

사진(2)는 서쪽 해변으로 작은 언덕 북현정의 배후, 즉 서쪽이다. 해안가에 정박해 있는 것은 안강망 어선으로 그 고물 끝이 검게 칠해진 것은 나가사키현 어선이고, 그물을 드리우고 있는 것은 후쿠오카 및 구마모토의 어선이다. 늘어뜨린 그물은 안강망이며, 선수에서 길게 나와 있는 막대기는 그물 입구를 매다는 대나무 장대이다. 또한 육상에 높이 깃발을 내건 곳은 군산어시장이며, 그 뒤에 있는 인가는 후쿠오카현 어민의 이주용 건물이다.

사진(3)은 그 이주용 건물 및 어시장을 뒤쪽에서 촬영한 것이다.

사진(4)는 군산의 동쪽 약 50리에 있는 경포리(京浦里)에 있는 사가현 어민의 이주용 건물이다. 향해서 오른쪽에 있는 독립가옥은 사가현 출어단 사무소 겸 감독원 사택이고, 왼쪽에 있는 기다란 집은 어부의 거주 건물이다.

군산 서쪽 연안에서 바라본 충남 용당

　용당은 군산항의 대안에 있는 도선장으로 서천 및 기타 충남 연해에 있는 군으로 가는
관문이다. 이곳에 후쿠오카현[福岡縣] 어민으로서 이주한 사람이 있다(『한국수산지』
3집 하권 참조).

군산 서쪽 연안에서 바라본 충남 장암리(長岩里) 전망산(前望山)

　사진 속의 반원형의 구릉은 전망산으로 군산항 입구의 오른쪽 기슭에 있다. 측면에 인가가 있지만 사진에서는 보이지 않는다. 그 마을이 곧 장암리이며, 그곳에 나가사키현 [長崎縣] 어민의 근거지가 있다(『한국수산지』 3집 하권 참조).

황산에서 내려다본 강경

　강경(江景)은 또한 강경(江鏡)이라고 쓴다. 금강 중류의 좌안에 있으며, 또한 논산천에 접해 있다. 군산에서 강을 거슬러 약 25해리(45km)로서 석유 발동기선이 매일 왕래한다. 사진은 서쪽에 있는 황산에서 촬영한 것이다. 끝없이 펼쳐진 평지는 이른바 강경 평야로서 충청도 중에서 굴지의 쌀 생산지이다. 이곳은 금강 연안의 각 시 읍 가운데 군산에 버금가는 집산지로서, 그 장시는 대구, 평양과 나란히 삼대(三大) 시장이라고 일컬어진다.

　일본인이 거주한 것이 군산의 개항보다도 더욱 오래되었다. 그리고 그 개항과 더불어 발전하여 지금은 새로운 경지를 향해 나아가고 있다. 강기슭의 작은 언덕은 옥녀봉이라는 이름으로 불리는 곳으로 경승지 중 한 곳인데, 이를 강경의 공원으로 삼았다(『한국수산지』 3집 하권 참조).

안흥진(安興津)

(안흥진은) 성남·성동 두 마을로 이루어져 있다. 예전에 수군(水軍) 안흥진을 두었던 곳이었으므로, 안흥진이라는 이름이 널리 알려지기에 이르렀다. 충남 태안반도의 남서단에 위치하고 있으며, 인천항로의 요충지이다. 또한 그 앞에 신진도가 떠 있어서 배를 대기에 제법 안전하므로, 통항하는 선박이 적지 않게 기항한다. 특히 봄·여름의 교체기에 일본 어선이 매우 많이 오자 조선해수산조합이 이곳에 출장소를 세웠으나, 아직 일본인 정주자가 없기 때문에 근래에 이를 어청도로 옮겼다. 그렇지만 지리적 관계상 장래에 발전을 보게 될 것을 기대하면서 기다려 볼 만하다.

제4장 전라도

개관

연혁

본 도(이하 전라도)는 마한·변한의 옛 땅이었는데, 백제가 이를 병합하였다. 당 고종이 백제의 땅을 차지하면서(백제는 건국되고 나서 678년 지난 의자왕 시기에 멸망했다.), 병력을 배치했으나 신라가 마침내 그 땅을 차지했다. 경덕왕 때에 전라도 땅을 나누어 전주(全州)와 무주(武州) 두 개의 주를 설치했다.(전주의 치소治所는 지금[1]의 전주읍 지역에, 무주의 치소는 지금의 광주 지역에 두었다.) 신라의 국세(國勢)가 점차 기울어짐에 따라 견훤이라는 자가 무주에서 일어나 자기 스스로를 후백제의 왕이라 칭했다. 후에 그 도성을 전주로 옮기고 백제의 옛 땅을 모두 차지하였다.(같은 시기에[2] 지금의 강원도 철원읍 지역에서 궁예가 일어나 후고려 왕이라 칭했다. 고려 태조는 궁예 휘하의 장수였다.)

고려가 전 국토를 통일한 직후에 다소 군현의 이름을 바꾸었지만, 큰 변혁을 행할 겨를이 없었다. 성종에 이르러서야 국가 운영이 점차 궤도에 올라서 성종 14년(고려 통일 후 68년, 995년)에 10개의 도(道)를 설치했다. 이때 지금의 전라도 지역을 강남도(江南道)와 해양도(海陽道)로 만들었다. 당시 강남도에 속했던 군현(郡縣)은 전주(全

---

1) 『한국수산지』의 작성 당시를 뜻한다.
2) 9세기 말 10세기 초의 후삼국 시대를 지칭한다.

州, 지금의 전주부), 영주(瀛州, 지금의 고부군)3), 순주(淳州, 지금의 순창군), 마주(馬
州, 지금의 익산군)4) 등이었다. 해양도에 편입된 지역으로는 나주(羅州, 지금의 나주
군)5), 광주(光州, 지금의 광주군)6), 정주(靜州, 지금의 영광군), 승주(昇州, 지금의
순천군)7), 패주(貝州, 지금의 보성군), 담주(潭州, 지금의 담양군), 낭주(朗州, 지금의
영암군) 등이었다.

이후 현종 9년(1018년)에 강남도와 해양도를 합쳤는데, 이에 비로소 지금의 이름인
전라도라고 부르기에 이르렀다. 이 전라(全羅)라는 명칭은 강남도의 치소가 있던 전주
와 해양도의 치소가 있던 나주에서 각각 한 글자씩 따온 것이다. 조선이 이를 따라 예전
의 구분에 근거하여 전라도를 남·북 양 도로 나눈 것이 지금까지 이어져 오고 있다.

위치 및 경역

북쪽으로는 충청도와 접해있고, 동쪽으로는 추풍령 산맥으로 경상도와 구획된다.
남쪽과 서쪽의 두 면을 바다가 둘러싸고 있는데, 그 연해에는 크고 작은 도서(島嶼)가
별처럼 무수히 많이 있다. 연안지역을 보면 동쪽에 접한 경상도와의 경계는 섬신상(일
명 하동강이라고도 불린다)인데, 그 선을 해면(海面)에 연장하면 여수반도8)와 돌산
도9)를 좌측에, 남해도10)를 우측으로 하는 해협의 중앙을 통과하게 된다. 즉 돌산도와
그 앞에 떠 있는 여러 섬의 서쪽은 전라도에 속하고, 남해도와 그 앞에 떠 있는 여러
섬들의 동쪽은 경상도에 속한다. 서쪽 지역은 금강(錦江)이 북쪽에 있는 충청도와의
경계선을 이루고, 바다에서는 개야도(開也島), 연도(煙島)11) 등의 남쪽을 통과한다.
즉, 개야도와 연도 이북의 여러 섬은 충청도에 속하고12) 고군산군도(古群山群島)13)

---

3) 현재의 전북 정읍시 고부면 일대에 해당한다.
4) 현재의 전북 익산시에 해당한다.
5) 현재의 전남 나주시에 해당한다.
6) 현재의 광주광역시에 해당한다.
7) 현재의 전남 순천시에 해당한다.
8) 전남 여수시(돌산읍 제외)에 해당한다.
9) 전남 여수시 돌산읍에 해당한다.
10) 경남 남해군에 해당한다. 단 창선면은 남해도가 아닌 창선도에 있다.
11) 두 섬 모두 전북 군산시에 속해있다.

이남의 여러 섬이 전라도에 속한다. 전라도에 속해 있는 섬 가운데 큰 섬은 제주도[14]와 진도이다. 제주도는 세 개의 군[15]이 있으며, 진도는 그 남서쪽에 있는 여러 섬들[16]과 합쳐서 하나의 군을 이룬다.

범위

전라도의 범위는 동서가 약 330리(里)[17], 남북이 약 500여 리이고, 면적이 18,326 km^2(119,000여 방리方里[18])에 이른다. 부속도서인 제주도는 면적이 12,200방리이다. 이외에도 전라도에는 600여개의 섬이 있는데 그 면적을 합하면 15,000여 방리라고 한다. 그러므로 총 면적이 147,000여 방리였으나 남도와 북도로 나뉘면서 북도는 동서가 240리, 남북이 270리, 면적이 52,500방리이다. 남도는 동서가 330리 남북이 320리, 면적이 67,100방리이다.

많은 섬들은 모두 남도에 속해 있으며, 북도에 소속된 섬은 연안 근처에 있는 작은 섬들에 불과하다. 그러므로 남도의 총 면적은(앞에서 언급한 부속 도서 포함) 94,000여 방리라고 한다.

지세

전라도의 지형을 살펴보면, 노령산맥과 해안산맥이 가로지르고 있다. 노령산맥은 전라남도와 북도를 구획하는 것으로 수계(水系) 또한 이 산맥에 의해 양분된다. 노령산맥의 북서쪽에 있는 것은 서쪽으로 흘러 황해로 들어간다. 그 남쪽에 있는 것은 해안산

---

12) 개야도와 연도가 군산에 편입된 시기는 1914년이다.
13) 전북 군산시에 있는 군도(群島)로 12개의 유인도와 40개의 무인도로 이루어져 있다. 대표적인 섬으로 선유도, 신시도, 무녀도가 있으며 조선 세종 이전까지 군산진(群山鎭)이라는 수군 기지가 있었다.
14) 제주도가 전라남도에서 분리된 시기는 해방 후인 1946년이다.
15) 제주군(현재의 제주시), 정의군(현재의 서귀포시 동부 지역), 대정군(현재의 서귀포시 서부 지역)을 일컫는다.
16) 대표적인 섬으로 동·서거차도, 관매도, 하조도가 있으며 현재의 전남 진도군 조도면에 해당한다.
17) 한국과 다르게 약 4km(정확히는 3.927km)가 1리로서 원문에는 33리로 되어 있다.
18) 원문에는 1,190여 방리로 되어 있으나, 현대의 단위로 고쳤다. 1방리는 사방 1리로 대략 15.423 km^2에 해당한다.

맥에 의해 다시 두 개로 나뉘어서, 하나는 서남해로 하나는 남해로 들어간다.

이와 같이 경상도에 접한 북동 지방은 험준한 산악 지형을 이루고 서부 연해지방은 구릉 평야가 이어져 있는데, 특히 주요 하천 유역에 기름진 평야가 넓게 펼쳐져 있다.

하천

전라도 지역의 큰 강은 금강, 영산강, 섬진강이 있고, 이들 다음가는 것으로 만경강과 동진강이 있다. **금강**은 그 상류가 남북 두 지류로 갈라진다. 그리고 그 남부지역은 북도의 동부지역에서 북쪽으로 흐르다가 충청북도에 들어 북지류인 미호천[19]과 합쳐진다. 단, 금강 하류는 전라도와 충청남도의 경계를 구획하고 있다. 만경강과 동진강은 모두 노령산맥의 북쪽에 위치하고 있으며, 전북지역의 서쪽으로 흘러 황해로 흘러든다.

영산강은 노령산맥 남쪽을 흐르는 강으로 그 유역의 남쪽에는 해안산맥이 동서로 연결되어 뻗어있다. 그리하여 영산강은 그 산맥을 따라서 서남쪽으로 흘러내려 바다로 들어간다. 목포기 영산강의 하구에 있다.

섬진강은 다른 강들과 달리 남해로 흘러 들어간다. 그리고 그 수원(水源)은 북쪽 지류와 서쪽 지류로 나뉜다. 북부 지역의 수원은 멀리 전라북도에 있는데, 금강 남부의 수원지와 서로 반대편에 있다.[20] 서쪽 지류는 해안산맥에서 발원하여 북동 방향으로 흘러 곡성의 남쪽에 이르러서 북쪽지류와 서로 합류해서 구례를 지나 남동쪽을 향해 흐른다. 이후 다시 방향이 바뀌면서 남하하는데 경상남도와 경계를 이루며 흐르다가 하동만으로 들어간다. 섬진강 하구 근처는 예부터 유명한 김의 생산지로서 그 양식의 번성함이 전국 제일이다.

---

19) 충북 음성군 삼성면에서 발원하여 충북 진천군, 청주시 및 세종시를 거쳐 남서류하면서 무심천, 조천 등 지류를 합치고 세종시 부강면 서쪽에서 금강에 합류한다. 충청북도 북서부권에 농업용수를 공급하는 역할을 하는 금강의 제1지류로서 길이 39.07km, 유역면적 287.32km^2이다.

20) 금강의 발원지인 뜬봉샘(전북 장수군 장수읍)과 섬진강의 발원지인 데미샘(전북 진안군 백운면)은 팔공산을 기준으로 봤을 때 서로 반대방향에 있다.

평지

전라도 지역은 지세(地勢) 부분에서 이미 언급했듯이 북동부 지역은 산악지형이, 서쪽의 연해 지역은 구릉지나 평지가 많다. 특히 만경강, 동진강, 영산강, 섬진강 유역에는 기름진 평야가 연속으로 있어서 전국에서 제일가는 쌀의 생산지이다. 예로부터 이 나라에서 부의 근원에 대해 말하길, "천하의 부가 삼남(三南) 지역에 있고, 이 지역의 부(富)는 전라도에 있다고 해도 좋다. 생각건대 이 모든 것은 유역에 있는 평야가 주는 것이다."라고 했다.

경지면적

전라도의 경지는 아직까지 정확한 통계를 얻을 수 없지만, 여러 가지 방법에 의해 조사된 대략적인 수치를 보면 민유(民有)에 속하는 것은 다음과 같다.

구 별	논(結負束)	밭(結負束)
남 도	88,712결 28부	39,616결 18부 5속
북 도	75,301결 61부	26,946결 64부 8속
계	164,013결 89부	66,562결 83부 3속

앞의 표를 일본의 면적 단위로 환산하면 다음과 같다.[21]

구 별	논(町段)	밭(町段)	계
남 도	153,738정 71단	79,548정 96단	233,287정 67단
북 도	130,497정 63단	54,108정 86단	184,606정 49단
계	284,236정 34단	133,657정 82단	417,894정 16단

다시 탁지부(度支部) 소관 토지의 면적을 보면 아래와 같다.

---

21) 한국의 단위가 일본보다 약 2.2배 크다.

구 별	논(町段)	밭(町段)	계
남 도	2,442정 75단	4,536정 53단	6,979정 28단
북 도	2,459정 52단	4,567정 69단	7,027정 21단
계	4,902정 27단	9,104정 22단	14,006정 49단

이 자료에 의거해 보면 전라도 경작지의 총 면적은 논 289,138정 6단(反[22]) 1무 (畝[23]), 밭 142,762정 4무, 계 431,900정 6단 5무[24]이다.

본 도의 토지는 이와 같이 경지가 풍부하고 기후가 온화하며 동시에 교통이 편리하여 일본인이 농경에 종사하는 바가 적지 않다. 통감부 제3차 통계 연보에 그 경영자 소유의 토지 면적과 투자 금액을 보면 아래와 같다.

지방	경영자	소유지 면적(町)			투자금액	생산품가격
		기간지	미간지	계		
목포	89(명)	10,815정 6단	1,022정 3단	11,837정 9단	1,181,070(원)	231,602(원)
군산	90	14,018정 1단	1,394정 3단	15,412정 4단	2,120,391	194,031
합계	179	24,833정 7단	2,416정 6단	27,250정 3단	3,301,461	425,633

일본인의 소유경지와 투자액

다시 이것을 투자금액의 많고 적음에 의거해 구별해 놓은 것은 아래와 같다.

지방	투자금 십만원 이상		오만원 이상		일만원 이상		오천원 이상		오천원 이하	
	경영자	투자금(원)	경영자	투자금(원)	경영자	투자금(원)	경영자	투자금(원)	경영자	투자금(원)
목포	3	541,277	3	196,736	12	300,727	12	84,769	59	57,561
군산	5	845,000	10	662,000	21	454,470	16	102,100	38	56,821
합계	8	1,386,277	13	858,736	33	755,197	28	186,869	97	114,382

---

22) 단(段, 反)은 논밭이나 산림의 면적 단위로, 1단은 300보(步)로 1정(町)의 1/10(약 10아르), 곧 300평이다.
23) 무(畝)는 토지면적 단위로 단(段)의 1/10, 곧 30평이다.
24) 원문에는 6무로 되어 있으나 정오표에 따라서 정정하였다. 계산 결과는 5무이다.

다시 이들 경영자가 이미 논이 된 땅을 구입한 가격을 지방 별로 구별한 것으로, 그 요점을 기록한 것이 아래와 같다.

땅값

이사청	지 방	구 입 가 격 (1단보/300평당)			
		상전(원)	중전(원)	하전(원)	평균(원)
목 포	순천군[25]	70,000	60,000	50,000	60,000
	장흥군	66,000	40,000	20,000	42,000
	강진군	36,000	28,000	18,000	27,333
	나주군(영산포)	40,000	25,000	20,000	28,333
	무안부[26] (鶴橋地方)	24,000	16,000	8,000	16,000
	동 신촌면	50,000	45,000	35,000	43,333
	영광군	15,000	12,000	9,000	12,000
	지도군	15,000	10,000	5,000	10,000
	광주군	60,000	25,000	9,500	31,500
	동 계촌면[27]	20,000	15,000	9,000	14,666
	동 대지면[28]	11,000	7,000	4,000	7,333
	남평군[29]	18,000	12,000	6,000	12,000
군 산	전주지방	35,000	25,000	10,000	23,333
	옥구부[30]	40,000	35,000	15,000	30,000
	여산군[31]	37,500	25,000	15,000	25,833
	석성, 부여(충남), 용안, 각 군	37,500	25,000	15,000	25,833
	은진군[32]	62,500	37,500	15,000	38,333
	공주지방	88,000	63,500	48,300	66,600
평균		40,306	28,111	17,333	28,579

---

25) 지금의 순천시는 이 순천군과 승주군이 합쳐져 만들어진 것이다.
26) 지금의 무안군이다.
27) 지금의 광주광역시 북구 대촌동이다.
28) 지금의 광주광역시 북구 대촌동 유등곡면, 칠석면, 대지면, 계촌면 4면을 통합한 뒤 계촌과 대지에서 이름을 따서 대촌동을 만들었다.
29) 현재의 전라남도 나주시 남평읍이다.
30) 개항기 전라북도 군산지역에 설치되었던 행정구역이다.

해안선

해안선은 들고 나는 것이 특히 심하고 만입이 많은 경상남도 부산 서쪽 연안과 나란히 동양에서 드물게 보이는 바이다. 실제로「해도(海圖)」에 의거하여 그 연장을 측정하면 남도 연안 1,032해리, 속한 섬 연안은 1,580해리(주로 섬은 74개 섬에 대해서 측정했다), 계 2,612여 해리이다. 북도 연안은 136해리, 속한 섬 연안 22여 해리, 계 158여 해리이다. 남북 양도 총 합계는 2,770해리로서 그 장대한 것이 여러 도 중에서 으뜸이다. 또한 경상남도와 경계를 이루는 하동 하구부터 진도의 여울목인 수영에 이르는 사이가 남안(南岸)이다. 그 서북쪽이 서안(西岸)이다. 여러 섬도 또한 돌산도 서쪽의 진도와 그 앞에 떠 있는 조도군도에 이르기까지 남안에 배열되어 있고, 나주군도 이북의 섬은 서안에 배열되어 있다. 남안과 서안의 연장선을 보면 다음과 같다.

남안(단위 : 해리)　-　연안 575
　　　　　　　　　-　속한 섬 948
　　　　　　　　　-　계 1,523
서안(단위 : 해리)　-　연안 593
　　　　　　　　　-　속한 섬 654
　　　　　　　　　-　계 1,247

요입이 큰 부분은『한국수산지』제1집에서 언급한 광양만·여자만·보성만이 있으며, 그 외 가막양·강진만·함평만·전주포 등이 있다. 이들 각 만은 모두 물이 얕고, 특히 조석간만의 차가 커서 선박이 계류하는 것이 양호하지 않지만 모두 왕새우·보리새우 및 백하(白蝦)[33] 등의 생산이 풍부하고 그 중에는 여자만과 광양만 2개 만의 어장

---

31) 지금의 전라북도 북서부에 있던 3면이다.
32) 지금의 논산시에 통합되었다.
33) 엄밀하게 일본에서 백하는 돗대기새우(학명 *Pasiphaea japonica*)이다. 그러나 지도면 일대에서는 젓새우 종류도 많이 잡힌다. 따라서 돗대기새우와 젓새우 등을 총칭하는 것으로 생각할 수 있다.

이 가장 유명하다.

정박지[錨地]

유명한 정박지는 거문도, 장직로(長直路)34), 팔구포(八口浦)35), 목포항, 군산항, 소안항36), 안마도(鞍馬島), 고군산도 등이 있다. 작은 배가 머무르는 곳으로는 여수항, 돌산항, 나로도, 마두진, 추자도, 벽파진, 법성포, 줄포 등으로 아무 곳이나 양호하다. 그 밖에 어선의 정박지는 도처에 있어서 일일이 거론하는 것조차 번거로울 따름이다.

기온

기온은 경상도와 같고 다소 해양성이며 추위와 더위가 강하지 않다. 목포측후소 창설 이래 평균적으로 가장 추운 2월의 경우 최저평균온도는 섭씨 영하 1.6도이고 2월의 평균온도는 0.8도이다. 가장 더운 8월의 경우는 최고 평균기온이 29.2도이며, 8월의 평균온도는 25.3도이다. 이것은 부산과 비교했을 때 추울 때는 1도가량 낮고, 더울 때는 1도가량 높다. 하천은 산지에서는 꽁꽁 얼지만 해안 부근에서는 때때로 얇은 살얼음이 어는 데 그친다. 금강과 영산강, 또한 섬진강의 경우 선박의 왕래에 지장이 없다. 전라도 연해의 땅은 경상도 연안의 땅과 같이 대륙에서 가장 따뜻한 곳이다. 그런데 남해안에 산재하는 섬은 추위와 더위가 모두 심하지 않아서 목포보다 낫다. 특히 제주도와 거문도에 이르러서는 난류가 갈라지는 부분에 위치하고 있기 때문에 극한에도 살얼음을 보기 어렵다.

습도

습도는 목포에서 과거 수년 동안의 관측된 평균을 보면 76%를 보인다. 용암포의 74%, 성진의 72%에 비해 오히려 높다. 즉 이 부근37)은 전국에서 습도가 가장

---

34) 완도 부근 해역이다.
35) 팔구포는 전라남도 신안군 안좌면 도초도, 수치도, 하치도, 안자도, 옥도, 장병도, 문병도 등으로 둘러싸인 해역이다.
36) 전라남도 완도군 소안면 맹선리, 소안도 섬에 있는 어항이다.

높은 곳이고 같은 곳에서 1년 중 습도가 가장 높은 달은 6·7·8월의 3개월이며, 그 중에서도 특히 7월이 가장 습하여, 평균 86%를 보인다. 7월은 성진의 90%에 비교하면 적고 원산의 87%와 서로 비슷한데, 아마도 앞의 3개월간이 우기라서 그런 듯하다. 10월부터 다음해 3월에 이르는 기간은 건조기에 속하지만 목포 부근은 1년 내내 습도가 비교적 높다.

비

우기는 앞에서 본 것처럼 6월 하순부터 8월에 이른다. 그렇지만 봄과 겨울에도 적은 양의 비가 종종 내리는데 1년 중 강수일수는 (비와 눈을 포함) 126.2회이다. 부산의 109.1회와 비교하여 많으며, 원산의 136.8회와 비교하면 적다. 그 양은 평년 평균 965.5mm인데, 부산의 1,461.4mm, 경성의 1,066.3mm 등과 비교하면 적다. 인천의 956.3mm와 비교하면 서로 비슷하다. 비는 동풍을 동반하지만 봄과 겨울의 환절기에는 북풍과 함께 오는 경우가 적지 않다.

눈

첫눈은 대개 11월 하순에 내리지만 빠르면 11월 초순에 볼 수도 있다. 마지막 눈은 3월 중순에 보통 내리지만 해에 따라 3월 하순에 볼 수도 있다. 첫눈과 마지막 눈 모두 인천과 크게 다르지 않으며, 부산과 비교해서 첫 눈은 빠르고, 마지막 눈은 늦다.

서리

첫 서리는 첫 눈보다 대개 5~6일 앞서지만, 눈이 내리는 시기가 빠른 해에는 그 시기(눈이 내리는 시기와 서리가 내리는 시기)가 일치한다. 마지막 서리는 평균 4월 9일 쯤이며, 늦으면 4월 하순에 내리기도 한다.

---

37) 본포(本浦), 즉 목포를 말한다.

안개

안개는 3월에서 7월 사이에 가장 많은데 그 외의 달에 발생하기도 한다. 1년간 가장 많을 때는 6월 하순부터 7월 상순에 이르는 기간이며, 지척도 분간할 수 없는 상태가 수일간 지속되는 경우도 드물지 않다. 7월 하순 이후는 일출 전에 짙은 안개가 끼었다가도 오전 9시, 혹은 10시쯤에는 날씨가 개는 것이 보통이다. 목포측후소 창설 이래 관측한 평균은 연간 17.8회이며, 부산의 2.6회에 비하여 많은 편이지만, 인천의 38.3회에 비교하면 절반에도 미치지 않는다. 성진의 19.3회와 차이가 많이 나지 않는다.

바람

바람은 6월 중순 이후 8월 중에 동에서 남서에 이르는 편남풍이 불고, 9월 이후부터 11월 중에 북에서 서쪽으로 이르는 바람이 주로 분다. 10월 이후는 풍력이 대개 강해진다.

폭풍

폭풍은 11월에서 다음해 3월에 이르는 기간에 많이 발생한다. 그렇기 때문에 이 시기에는 목포에서 추자도를 거쳐 제주도를 왕래하는 정기선이 때때로 결항하기도 한다. 과거 수년 동안 목포측후소에서 관측된 횟수를 합하면 연중 158.2회인데, 인천의 164.9회와 비교하여 약간 적고, 부산의 135.2회와 비교하면 약간 많다. 폭풍이 발생하는 시기는 봄과 겨울쯤인데 풍력이 가장 강한 시기는 여름 8월쯤 발생하며 그 풍향은 남동 혹은 동이다.

다음은 목포측후소 창설 이래 관측된 기상의 평균 및 최고치를 표시한 것이다.

기압, 평균 기온, 습도, 강우 · 강설

월별 종별	1월	2월	3월	4월	5월	6월	7월	8월	9월	10월	11월	12월	년
평균 기압 (mm)	767.8	767.9	766.6	762.9	758.8	758.8	754.3	755.3	759.9	763.9	767.7	767.7	762.4
평균 최고 기온(섭씨)	6.7	4.3	9.1	15.0	20.2	24.2	27.7	29.2	25.5	20.9	13.4	8.3	17.0
평균 최저 기온	0.2	-1.6	2.0	7.0	12.6	17.2	21.5	22.8	18.7	13.3	5.6	1.0	10.0
평균기온	3.0	0.8	5.0	10.5	15.9	20.1	24.0	25.3	21.5	16.5	9.0	4.1	13.0
평균습도(%)	75	70	72	76	79	82	86	85	76	73	68	70	76
강우 · 강설량 (mm)	57.0	22.1	41.2	86.0	106.8	141.7	158.2	161.4	79.9	49.5	22.6	39.1	965.5
강우 · 강설 일수	11.0	9.2	11.2	10.7	9.5	9.7	12.7	12.5	9.5	7.5	10.5	12.2	126.2
안개 일수	1.0	0.5	2.7	3.5	2.5	3.5	2.5	0.2	0.2	0.5	0.0	0.7	17.8
폭풍 일수	14.7	17.0	16.5	12.5	15.0	7.0	12.7	10.5	8.2	10.2	17.7	16.2	158.2

기온, 풍속, 강우 · 강설량, 습도

최고 온도(섭씨)		최저 온도		최대 풍속		최대 강우 · 강설량(24시간)		최저 습도	
기온	34.1	기온	-8.4	속도	42.4	강우 · 강설량	200.1	습도	10
연월일	1906. 8.6	연월일	1906. 1.20	방향	남동	연월일	1907. 7.15	연월일	1908. 12.6
				연월일	1904. 8.18				

수온

수온은 한해 전체를 평균하면 17~18도이고, 가장 추운 2월에는 4~10도 사이에 위치하며, 가장 더운 8월에 수온 25도선은 연안 부근에 위치한다.

해류

해류는 난류가 제주도의 동쪽을 통과하는 것은 분명히 볼 수 있다. 그리고 난류가 황해로 들어가는 것이 있는지 자세히 조사된 것은 없지만, 어류 등 그 외에 의거해 추측해 보면 한류의 지파가 황해로 올라가는 것은 의심할 여지가 없다. 극한 때에는 한류도 또한 온다고 하지만 분명하지 않다. 현재로부터 십수 년 전까지는 대흑산군도 및 군산포의 먼 바다에 떠 있는 어청도(於靑島) 등에서 청어잡이가 활발하게 이루어졌음에도 불구하고 현재는 그러한 광경을 볼 수 없다고 한다. 이러한 것은 거듭해서 연구를 수행해 나가며 의혹을 풀 수 있는 날이 있을 것으로 본다.

조류

조류의 방향은 대부분 남해안에 있어서 밀물(漲潮[38])은 서쪽으로, 썰물(落潮[39])은 동쪽으로 흐른다. 서해안에서 밀물의 흐름은 북쪽으로, 썰물은 남쪽으로 흐르는 것을 볼 수 있다. 『조선해수로지(朝鮮海水路誌)』는 각 지역을 측정해서 기록하였다. 다음은 그 요점을 발췌했다.

남해안 서부 부근의 제도(諸島)에 있어서 밀물의 흐름은 서쪽으로, 썰물의 흐름은 동쪽을 향해서 흐른다. 물의 속도는 흥양반도(興陽半島)[40]의 남쪽 모퉁이 부근에서 2노트를 넘지 않지만, 소안도(所安島)[41]의 내측 및 그곳 서쪽 해안부 부근에서는 경우에 따라서 4.5노트에 도달한다. 그 제도 사이에서는 격심한 소용돌이를 일으키기에 이른다.

또한 장죽수도(長竹水道)[42]에서 밀물의 흐름은 북서쪽으로, 썰물의 흐름은 남동쪽으로 흐른다. 물의 속도는 밀물은 6.75노트, 썰물은 7노트 이상이 된다. 밀물과 썰물이 전류(轉流)[43]할 때는 상조도 정주포(上鳥島 停舟浦)의 고조와 저조[高低潮] 후 경우

---

38) 漲潮는 밀물(조수의 간만으로 해면이 상승하는 현상)이다. 간조(于潮)에서 만조(滿潮)에 이르는 상태(狀態)를 말한다.
39) 落潮는 썰물(조수의 간만으로 해면이 하강하는 현상)이다.
40) 보성만(寶城灣)과 순천만(順天灣) 사이에 있다. 남북의 길이는 약 95km에 이르고, 북부는 겨우 2km 폭의 지협(地峽)에 의해 육지와 연결된다. 현재 고흥반도이며 조선시대 고흥의 지명은 흥양(興陽)이었다.
41) 전라남도 완도군 소안면 비자리에 속하는 섬이다.
42) 전라남도 진도군 조도면 장죽도와 상・하조도 사이에 있는 수도이다.
43) 潮流가 흐르는 방향을 바꾸는 것을 말한다.

에 따라서는 약 6시간 동안 계속 흐르고, 게류(憩流)44)는 약 30분에 지나지 않는다.

안마도(鞍馬島)45) 부근에서 밀물의 흐름은 북동으로 향한다. 물의 속도는 1노트~2.5노트, 썰물은 남서로 향한다. 물의 속도는 1노트~3.25노트이며, 약 10분가량 게류한다.

고군산도(古群山島) 외측에서 밀물의 흐름은 북쪽으로, 썰물은 남쪽 방향으로 향한다. 섬들 중앙의 넓은 수도(水道)에서의 밀물은 동쪽, 썰물은 서쪽으로 향해 흐른다.

군산포(群山浦) 부근에서 밀물의 흐름은 죽도에서의 만조(滿潮)46) 후 약 50분 동안 흐름을 멈추고[憩流], 썰물은 간조(干潮)47) 후, 약 1시간 20분 동안 흐름을 멈춘다. 밀물의 흐름이 가장 강한 곳은 유문도(有文島)의 남쪽으로 죽도(竹島)의 만조 후 약 4시간에 해당한다.

밀물과 썰물[潮汐]은 남해안에서 서해안으로 갈수록 점차 그 차이가 커진다. 최근에 간행된 항해도에 의거해서 개요를 나타내면 다음과 같다.

---

44) 흐름의 방향이 바뀌기에 앞서 잠시 정지하고 있는 상태를 말한다.
45) 전남 영광군 낙월면에 속하는 섬으로, 법성포 서쪽에서 약 39㎞ 떨어져 있다. 서쪽에는 죽도, 횡도, 남서쪽에는 오도, 북동쪽에는 석만도, 소석만도 등이 있다. 이들 섬과 함께 안마군도를 형성한다. 해안선 길이 37㎞이다.
46) 밀물 때 해수면이 가장 높아진 상태를 말한다.
47) 썰물 때 해수면이 가장 낮아진 상태를 말한다.

지명	삭망고조 (朔望高潮)[48]	대조승 (大潮升)	소조승 (小潮升)	소조차 (小潮差)
해밀턴항(거문도)	9시15분	10.5피트[49]	7피트	피트
장직로(長直路)	9시57분	11.5	7.5	3.25
마로수도(馬路水道)	10시	14.25	9	3.5
소안항(所安港)	10시33분	10.75	6.75	3
오마로도(五馬路島)	10시53분	12.25	8	3.75
비양도(飛揚島)	11시44분	11.25	6.5	2
접도(接島)	11시44분	9.5	7	4.75
상조도(上鳥島) 停舟浦	12시10분	11.5	7.75	3.75
팔구포(八口浦)	0시39분	13.5	9.5	5
대흑산군도(大黑山群島)	1시30분	10.75	4	
자은도(慈恩島) 부근	1시32분	16.25	11.25	6.25
목포(木浦) 및 부근	2시12분	13.75	9.5	5
함평만(咸平灣)	2시18분	20.75	14.5	8.25
안마도묘지(鞍馬島錨地)	2시20분	18.5	13	7.5
고군산군도(古群山群島)	2시56분	22	15.5	8.75
군산포 및 부근(竹島 동쪽)	3시57분	23.25	16	8.75

교통

광주를 중심으로 하는 도로

전라도 교통의 중심은 남도에서는 광주이고, 북도에서는 전주이다. 광주로부터 각지에 이르는 도로는 ▲ (광주) 북동으로 담양읍을 경유하여 전북의 순창, 남원 두 읍을 지나 경상남도의 함양, 안의[50], 거창, 지례[51] 등의 여러 읍을 경유하여 김천에 이르러서 경부가도에 연결되는 도로가 있다. 이 도로의 남원 이동(以東)으로는 산지를 통과하기 때문에 험준한 도로가 많다. 광주에서 담양까지 50리(20km)[52], 담양에서 순창까지 40리(16k

---

48) 삭망고조란 평균고조간격이란 뜻으로 사용된 것으로 생각된다. 달이 그 지점의 자오선(우리나라는 135°E 경도선)을 통과한 후 고조가 될 때까지 걸리는 시간을 말한다. 바다가 동일 수심이고 해저마찰 등이 없다면, 달이 자오선 통과 시 고조가 나타나지만, 실제 지구는 이러한 이상적인 상태에 있지 않기 때문에 고조간격이 발생한다. 인천의 평균고조간격은 4시간 28분이다. 장기간에 걸쳐서 고조간격을 평균한 시간을 평균고조간격이라 하며, 그믐 및 보름일 때의 고조간격을 평균한 시간을 삭망고조간격이라 한다. 고조간격은 지역에 따라 다르게 나타나며, 지역별로는 거의 일정한 값을 나타내므로 조석예보에서 주요한 정보이다(해양수산수 해양조사 용어사전 고조간격).

49) 피트. 야드파운드법 길이의 단위. 1피트는 약 30.4cm이다.

50) 경남 함양군 안의면으로 함양과 거창의 중간 지점에 있다.

51) 경북 김천시 지례면으로 김천과 거창의 중간 지점에 있다.

m), 순창에서 남원까지 60리(24km), 즉 광주-남원 간을 통틀어 150리(60km)이다.

▲ 또한 남쪽으로 동복[53], 순천의 두 읍을 거쳐 광양, 여수의 두 읍에 이르는 도로도 있다. 즉 (광주에서) 동복까지 70리(28km), 동복에서 순천까지 100리(40km), 순천에서 광양까지 30리(12km), (광양에서) 여수까지 80리(32km)이다. ▲ 서남으로 남평읍[54]과 영산포[55]를 경유하여 목포에 이르는 길도 있다. 즉 남평까지 36리(14.4km)[56], 남평에서 영산포까지 30리(12km), 영산포에서 목포는 영산강을 통해 36해리(64.8km)[57]이다. ▲ 또한 북서의 장성을 경유하여 고창[58]에 이르는 서안도로에 연결되는 것도 있다. 즉 장성까지 60리(24km), 장성에서 고창까지 40리(16km)이다.

또한, 이와 같은 모든 도로와 연결되는 것으로 순천가도와 해안가도가 있다.

순천가도(順天街道)

▲ 순천가도는 순천을 기점으로 해서 구례, 남원, 임실의 여러 읍을 경유하여 전주에 이른다.[59] 다시 부산(釜山)[60], 익산, 여산[61]을 거쳐 충남 강경[62], 논산, 공주, 연기[63]를 거쳐 조치원[64]에 이르러서 경부가도와 중주-강릉가도에 연결되는데,[65] 실로 예로부터 전라도를 통과하는 국도라고 한다. 곧 순천에서 구례까지 90리(36km), 구례에서 남원까지 70리(28km)이다.

---

52) 원문에는 5리(里)로 되어 있으나 이는 일본 기준인 4km에 해당하여 한국 리(里)로 환산하였다.
53) 전남 화순군 동복면으로 순천시 주암면과 인접하고 있다.
54) 전남 나주시 남평읍으로 나주와 화순 사이에 있다.
55) 전남 나주시 영강동, 영산동, 이창동 일대가 옛 영산포읍이었다. 영산강 하굿둑이 생기기 전에는 내륙수운의 중심지였으며, 현재 나주시내(구 나주읍)보다 규모가 컸다.
56) 원문에는 3리 25정(町)으로 나와있다. 1정(町)은 대략 109m이다.
57) 1해리(海里)는 대략 1,852m이다.
58) 본문에는 고성으로 나와 있으나 이는 고창의 오자로 추정된다.
59) 현재의 17번 국도 가운데 순천-전주 구간, 순천-완주 고속도로와 그 구간이 유사하다.
60) 원문에 기록된 부산은 착오로 생각된다.
61) 전북 익산시 여산면으로 충청도와 접하고 있다.
62) 충남 논산시 강경읍이다.
63) 세종시의 옛 이름이다.
64) 세종시 조치원읍으로 연기군 시절에 중심지였다.
65) 자세한 경유지는 알 수 없으나 대략 현재의 조치원-청주-충주-제천-영월-태백-삼척-강릉 루트로 추측할 수 있다.

해안도로

해안도로는 남쪽 해안을 통과하는 것과 서쪽 해안을 통과하는 것이 있다. 남쪽 해안을 통과하는 것은 경남 진주에서 하동을 거쳐 광양으로 오는 것과 연결된다. 이 도로는 순천을 지나 서쪽의 낙안[66], 조성원[67], 보성 등을 통과하여 장흥에 이른다. 장흥에서 분기해서 서북쪽으로 영암에 이르는 도로와 서남쪽으로 강진을 경유하여 해남에 이르는 도로가 있다.

즉 하동에서 광양까지 60리(24km), 광양에서 순천까지 30리(12km), 순천에서 조성원을 경유하여 보성까지 130리(52km), 보성에서 장흥까지 60리(24km), 장흥에서 영암까지 60리(24km), 강진까지 30리(12km), 강진에서 해남까지 40리(16km)이다.

▲ 서쪽 해안을 통과하는 것으로는 목포를 기점으로 북쪽으로 함평, 영광, 무장[68]을 경유하여 전북 고창에 이르게 되면, 광주에서 오는 도로와 연결된다. 또한 북진하여 흥덕[69], 고부[70], 부안, 김제를 거쳐 군산가도와 연결된다. 즉 목포에서 함평까지 100리(40km) 남짓, 함평에서 영광까지 60리(24km), 영광에서 무장까지 40리(16km), 무장에서 고창까지 40리(16km), 고창에서 흥덕까지 20리(8km), 흥덕에서 고부까지 30리(12km), 고부에서 부안까지 30리(12km), 부안에서 김제에 이르는 40리(16km)이다. 또한 영광에서 법성포에 이르는 도로도 있는데 그 구간은 21.5리(8.6km)이다.

전주(全州)를 중심으로 하는 도로

전주를 중심으로 하는 도로는 남북으로 통하는 도로인 순천가도가 있다. 동쪽으로 진안, 용담[71], 금산[72]을 경유하여 충남 대전에 이르러 경부가도와 연결되는 도로와,

---

66) 전남 순천시 낙안면으로 낙안민속마을로 유명하며 보성군 벌교읍에서 가깝다.
67) 전남 보성군 조성면으로 벌교와 보성읍 사이에 위치하고 있다.
68) 전북 고창군 무장면으로 법성포와 고창읍 사이에 위치하고 있다.
69) 전북 고창군 흥덕면으로 고창읍과 부안군 줄포면 사이에 위치하고 있다.
70) 전북 전주시 고부면으로 줄포와 정읍시내 사이에 위치하고 있으며 동학농민운동의 근원이 되는 고부민란이 발생한 지역이다.
71) 전북 진안군 용담면으로 무주와 접해 있다.
72) 금산이 1963년 이전까지 전북에 속해 있어서 충남 금산이라 하지 않고 금산이라 언급했다.

북동방향의 고산[73], 진산[74]을 경유하여 금산에 이르는 도로도 있다. ▲ 또한 남서쪽으로 금구[75], 태인[76], 정읍의 여러 읍을 경유하여 고부에 이르면 서안가도에 연결되는 도로가 있다. 즉 전주에서 금구까지 40리(16km), 금구에서 태인까지 30리(12km), 태인에서 정읍까지 30리(12km), 정읍에서 고부까지 25리(10km)[77]이다. ▲ 또한 서북의 군산에 이르는 도로도 있는데 이를 군산가도라고 부른다. 이 가도는 전주평야를 통과하는 것으로서 (총 연장이)120리(48km)이다. 도로개수가 이뤄져서 평탄하기가 숯돌과 같아 마차의 왕래가 빈번해졌다. 또한 군산에서 북동으로 강경에 이르는 도로가 있다. 이 도로는 비탈길이 있어서 차량 통행이 불편하다. 더욱이 금강에는 작은 윤선[小輪船]을 띄워 매일 왕래를 하고 있으므로 자연히 육로를 통한 교통은 빈번하지 않다. 군산과 강경 사이의 수로는 24해리(43.2km)이다.

철도

철도는 호남선의 부설이 이미 결정되어 있으므로 가까운 장래에 그 개통을 보기에 이를 것이다. 호남선은 본래 경부선의 대전역에서 분기[78]하여 목포에 이르는 160여 마일(哩)[79]의 간선(幹線)이다. 별도로 (호남선의) 지선을 군산까지 부설하려는 계획이 있었지만, 조치원을 분기점으로 삼고자 하는 설이 제기되어 아직 (분기점이) 확정되지 않았다고 한다.[80]

---

73) 전북 완주군 고산면으로 봉동, 삼례읍과 접해 있다.
74) 충남 금산군 진산면으로 전북 완주군 운주면과 접하고 있으며 대둔산이 있다.
75) 전북 김제시 금구면으로 완주와 정읍 사이에 있다.
76) 전북 정읍시 태인면으로 현재의 신태인읍에 호남선이 들어서기 전까지 태인지역의 중심지였다.
77) 원문에는 일본식 단위인 2리 20정으로 되어 있다.
78) 현재와 같이 신탄진에서 서대전역으로 연결되는 구조는 1960년대에 오정선(현재는 폐선)이 개통하면서 생겨났으며, 이전에는 대전역에서 방향을 전환한 후에 서대전역으로 갔다. 대전역에서 출발하는 호남선 열차가 폐지된 것은 극히 최근인 2015년 4월 2일이다.
79) 1리(哩)는 1마일의 한자식 표현으로 160마일은 256km에 해당한다. 지금은 호남선의 기점이 대전조차장이지만 개통 당시에는 대전역이 기점이었다.
80) 군산선을 일컫는 말로 2008년에 장항선과 합쳐지기 전에 군산(화물)-대야-익산 구간을 연결했으며, 일부 열차는 전주, 임실까지 운행했다. 현재는 군산화물-대야 구간이 군산화물선이라는 이름으로 남아있으나 열차의 운행이 거의 없는 편이며 대야-익산 구간은 장항선으로 편입되었다.

아마도 대전역을 분기점으로 하면 공사가 용이하고 비용이 적게 들지만, 충청남도 공주 일대 지역은 마침내 그 이익을 누리는 것이 불가능하게 될 것이다. 지방 개발에 있어서는 조치원으로 하자는 설이 괜찮다고 인정하더라도, 결과적으로 어디로 결정할 것인지 의문이다. 호남선은 구간별로 개통하여, 오는 메이지 50년(융희 11년)[81]까지 전 구간 개통을 예정하고 있다.[82]

통신

통신기관은 비교적 잘 갖추어져 있어서, 목포·광주·군산·전주 4개소에서는 우편·전신 이외에 전화교환사무도 취급하며, 목포 및 군산에서는 또한 관리분장사무도 취급한다. 그 밖에 각 읍 및 주요지에 우편전신취급소·우편취급소·우편소[83]·우체소가 배치되어 있다. 이외에 여러 섬에는 일본어부의 편리를 도모하기 위하여 조선해수산조합(朝鮮海水産組合) 목포 지부 및 군산 지부 소속 순라선에서 보통우편사무를 취급한다. 다음에 최근 보고에 의거하여 국·소(局·所)의 소재를 표시하였다.[84]

---

81) 1917년으로 다이쇼[大正] 6년에 해당한다.
82) 실제로 전구간 개통은 1914년(大正 2년)에 이루어졌다.

구간	거리(마일/km)	착공일자	준공일자
대전-연산	24.8/39.9	1910.1	1911.7.10
연산-강경	13.4/21.5	1911.3	1911.11.15
강경-이리(익산)	16.9/27.1	1911.3	1912.3.6
이리(익산)-김제	11.1/17.8	1911.12	1912.10.1
김제-정읍	16.2/26.0	1911.12	1912.12.1
정읍-송정리(광주송정)	35.5/57.1	1911.12	1914.1.11
송정리(광주송정)-(구)나주	8.7/14.0	1912.10	1913.10.1
나주-학교(함평)	13.3/21.4	1912.4	1913.7.1
학교(함평)-목포	21.9/35.2	1911.10	1913.5.15
이리(익산)-군산(군산화물역)	14.3/33.0	1911.6	1912.3.6

83) 1907년 4월에 접수사무만 보는 우편취급소와 우편전신취급소를 대체하기 위해 신설되었다(우편취급소와 우편전신취급소는 1910년 경에 폐지된다).
84) 표 안의 우는 우편(郵便), 전은 전신(電信), 교는 전화교환(電話交換), 국은 국고금취급(國庫金取扱)을 말한다. 화(話)는 공중용 전화로 추정된다. 전신 중에 우리글을 다루지 않을 경우 언문(諺文) 제외라고 하였다.

구별	우편국	우편전신우편 취급소(국고금 취급)	우편소	우체소
남도	목포(우·전·교·화), 광주(우·전·교·화) 제주(우·전「諺文 제외」)	장성(우·전「언문 제외」), 곡성, 순천(우·전), 여수, 능주(우·전), 장성, 영광(우·전), 영암(우·전), 진도, 해남(우), 담양, 흥양, 완도, 함평(우·전)	목포순라선내, 영산포(우·전·화) 거문도(우·전「언문 제외」), 나주(우·전·화), 남평(우·전)	창평, 광양, 돌산, 지도, 강진, 보성, 대정, 정의, 구례, 동복
북도	군산(우·전·교·화), 전주(우·전·교·화), 남원(우·전·교·국)	함열, 김제, 금산(우·전), 진안, 태인(우·전), 순창(우·전), 용담, 고부(우·전), 고창(우·전)	만경, 대장촌, 대정동(우·무집 배·화), 줄포	임피, 용안, 만경, 고산, 익산, 진산, 장수, 금구, 정읍, 임실, 운봉, 무장, 여산, 무주, 부안, 흥덕

　본도 역시 경상도와 마찬가지로 인구가 대단히 조밀하다. 융희 3년(1909) 12월 내부 (內部) 경무국(警務局)의 조사를 보면, 남도 287,111호·1,225,578명, 북도 170,733 호·709,526명으로, 합계 457.844호·1,935,104명으로, 이를 경상도의 522,388호 ·2,284,305명과 비교하면, 64,544호·249,201명이 차이가 난다. 남북 양도는 육지 면적에서는 큰 차이가 없다. 그러나 남도의 호구가 북도에 비해서 많은 것은 남서 연해 에 떠 있는 여러 섬이 모두 남도에 속하기 때문이다. 호구는 67,821호·279,071명(제 주도 세 군이 33,527호·123,079명 ▲ 돌산군 6,097호·30,168명 ▲ 완도군 8,673 호·35,895명 ▲ 진도군 7,404호·28,979명 ▲ 지도군 12,120호·60,950명)이다.

　외국인으로 일본인은 전라남도에 2,063호·6,883명, 전라북도에 1,647호·5,352 명, 합계 3,710호·12,235명이며 여러 섬에 거주하는 사람은 176호·547명이다. 기 타 외국인은 청국인 114호·311명, 미국인 23호·53명, 독일인 1호·1명, 프랑스인 2호·2명이다. 올해 말 현재 일본인 호수를 지방별로 표시하면 아래와 같다.

거주 일본인 호구표 1 (전라남도)

이사청	지명		호수	인구		
				남	여	합계
목포	광양군		18	24	12	36
	순천군		58	78	75	153
	여수군	여수	27			67
		기타	32			62
	낙안군		5	7	4	11
	흥양군		15	17	15	32
	보성군		34	61	40	101
	장흥군		37	71	52	123
	강진군		25	28	11	39
	해남군	읍내	21	48	19	67
		문내면 우수영	8			18
	영암군	읍내	30	54	37	91
		곤시면 용당	3	6	4	10
		밀항리	2	5	4	9
		군시면 마문동	2	3	3	6
		서시면 해창	2	5	0	5
	나주군	읍내	81	138	99	237
		영산포	109	223	172	395
		사호포	1	0	1	1
		몽탄포	2	7	10	17
		용동	1	1	0	1
		송현	1	1	0	1
		침암	5	19	10	29
		신월포	4	10	9	19
	무안군	목포	825	1657	1414	3071
		일서면	4	5	4	9
		구읍내	9	13	12	25
		박곡면	6	21	5	26
		좌촌면	5	5	5	10
		암다면	10	17	11	28
		추례면	1	1	0	1
	함평군	읍내	10	14	12	26
	영광군	읍내	16	27	16	43
		외간면	1	1	0	1
		법성포	25	32	21	53
	돌산군	돌산읍	19	42	20	62
		삼산면 삼도				
		봉래면 나로도	19	42	29	71
		두남면 돌산도	5			11
	완도군	읍내	3	21	10	31
		소안면 소안도				
		항문도				

	추자면 추자도				
	진도군	14	19	10	29
지도군	읍내	8	8	5	13
	삼도	2	3	1	4
	고자도	2	6	5	11
제주군	제주성내	45	81	76	157
	별도	2	2	3	5
	행원리	1	3	0	3
	김녕리	2	2	0	2
	함덕리	1	2	1	3
	조천리	1	1	2	3
	애월리	1	1	1	2
	하귀리	1	3	0	3
	곽지리	1	2	1	3
	협재	1	2	0	2
	비양도	1	2	1	3
정의군	정의읍	2	2	1	3
	표선리	1	1	0	1
	하례리	1	2	3	5
	서귀포	5	23	3	26
	모슬리	3	6	3	9
	상배처리	3	3	3	6
대정군	대정리	1	1	0	1
	가파도	1	9	0	9
	구례군	7	10	8	18
	곡성군	11	14	9	23
	창평군	19	22	19	41
	동복군	11	11	9	20
	담양군	21	31	19	50
	광주군	267	521	387	908
능주군	주내면	12	12	14	26
남평군	군내면	32	60	42	102
	동촌면	2	5	4	9
	장성군	7	7	8	15
	합계	1,963[85]			6,498[86]

※ 표에서 숫자를 기입하지 않은 곳은 정주자가 있지만 그 수를 알 수 없는 경우이다.

---

85) 원문에는 1,974호로 되어 있다.
86) 원문에는 6,513명으로 되어 있다.

거주 일본인 호구표 2 (전라북도)

이사청	지 명		호 수	인 구		
				남	여	계
군산	무장군		5	5	2	7
	흥덕군		2	2	1	3
	부안군	줄포	20	60	39	35
		기타	16			64
	만경군	읍내	6	9	10	19
		동지산	2	3	6	9
		화포	2	6	4	10
		장흥리	1	1	1	2
		신창진	3	5	4	9
		동계리	2	6	2	8
	옥구군	군산(각국 거류지)	616	1,169	982	2,151
		기타	303	570	508	1,078
	임피군 87)	읍내	3	3	1	4
		삼길리	4	8	6	14
		접산리	4	7	7	14
		하광중	3	9	7	16
		외일리	2	17	12	29
		주산리	1	4	4	8
		하이리	1	1	3	4
		장산리	1	4	–	4
		개정리	1	2	4	6
		나포리	2	2	2	4
		서포	1	2	2	4
	함열군	읍내	11	9	15	24
		웅포	6	6	5	11
		황등리	4	6	2	8
	고창군		9	14	6	20
	순창군		8	9	9	18
	남원군		38	53	46	99
	운봉군		4	4	2	6
	장수군		4	5	1	6
	임실군		6	7	3	10
	금구군		12	16	8	24
	정읍군		9	15	3	18
	태인군		16	35	17	52
	고부군		31	38	24	62
	김제군		48	92	53	145
	진안군		9	15	16	31
	전주부	전주	5	18	10	28
		기타	368	533	430	963
	무주군	오수	3	3	1	4
		갈담	2	2	–	2
		기타	11	12	18	30

		6	8	7	15
익산군	용담군	6	8	7	15
	보산리	5	11	7	18
	기타	57	99	56	155
고산군		2	3	3	6
금산군		36	50	44	94

일본인 집단지

앞의 표를 보면 일본인 집단지는 군산, 목포, 광주, 전주, 영산포, 나주, 남평 등이고 그 중심은 군산 및 목포 두 곳의 개항지이다. 아울러 자치단체를 조직한 지명과 호수, 인구를 표시하면 아래의 표와 같다.

관할 이사청	위치 및 명칭	민단 지구 및 거류지 구역	호수	인구		
				남	여	계
목포	장흥 일본인회	장흥군 일대	25	42	35	77
	목포 거류 민단	목포 각국 거류지 일대 및 그 경계선부터 10리 이내	783	1,593	1,223	2,816
	영산포 일본인회	영산포 일대	111	287	171	458
	나주 일본인회	나주군 나주읍 신촌면, 복암면	91	143	70	213
	남평 일본인회	남평읍 일대	57	104	76	180
	광주 일본인회	광주군 광주읍 10리 이내	228	424	331	755
	제주 일본인회	제주도 일대	72	257	71	328[88]
군산	군산 거류 민단	군산 각국 거류지 일대 및 그 경계선부터 10리 이내의 지역(금강 북안의 지역은 제외)	904	1,751	1,590	3,341
	전주 일본인회	전주부내의 전부	203	322	255	577

행정구획

행정구획은 남도 1부 28군이고 북도 1부 27군이다. 그리고 남도의 관할도청은 광주에 있고, 북도의 관할도청은 전주에 있다. 2도에 속하는 부군은 아래와 같다.

---

87) 원문에는 임파(臨波)로 기록되어 있으나, 임피(臨陂)의 오기로 생각된다.
88) 원문에는 326으로 되어 있다.

전라남도
광양군, 순천군, 여수군, 돌산군, 흥양군, 장흥군, 보성군, 강진군, 해남군, 완도군, 진도군, 영암군, 나주군, 무안군, 함평군, 지도군, 영광군, 제주군, 대정군, 정의군, 광주군, 곡성군, 창평군, 능주군, 장성군, 동복군, 담양군, 구례군, 남평군

전라북도
무장군, 흥덕군, 부안군, 만경군, 옥구군, 임피군, 함열군, 용안군, 여산군, 정읍군, 순창군, 남원군, 운봉군, 임실군, 장수군, 무주군, 진안군, 전주군, 김제군, 익산군, 고부군, 진산군, 금산군, 태인군, 용담군, 고창군, 고산군, 금구군

표시한 각 부군(府郡) 중에 연해에 위치하는 곳은 남도의 경우 광양 이하 영광까지 13개군이 있다. 그중에서 제주, 대정, 정의, 돌산, 완도, 진도, 지도 7개 군이 섬으로 이루어진 군이다. 그리고 제주·대정·정의 3개 군은 제주도에 있다. 북도의 경우 무장 이하 옥구부까지 1부 4군이며, 임피, 함열, 용안, 여산 4군은 강에 면한 군이다.

이사청과 그 관할구역

통감부가 속한 이사청은 목포 및 군산에 있고, 목포 이사청은 전라남도 일대의 지역을 관할하고 군산 이사청은 전라북도 각군, 그리고 충청남도 남부의 각지를 관할한다. 관할하는 지역은 아래와 같다.

목포이사청
광양군, 순천군, 여수군, 돌산군, 장흥군, 흥양군, 보성군, 강진군, 해남군, 완도군, 진도군, 영암군, 나주군, 무안군, 함평군, 지도군, 영광군, 제주군, 대정군, 정의군, 광주군, 곡성군, 창평군, 능주군, 장성군, 동복군, 담양군, 구례군, 남평군

군산이사청
옥구부, 무장군, 흥덕군, 만경군, 임피군, 함열군, 고창군, 부안군, 고부군, 정읍군, 순창군, 남원군, 운봉군, 장수군, 임실군, 무주군, 진안군, 전주군, 김제군, 익산군, 여산군, 진산군, 금산군, 태인군, 용담군, 용안군, 고산군, 금구군 (이상 전라북도) 서천군, 한산군, 임천군, 석성군, 노성군, 연산군, 은진군, 공주군, 정산군, 진잠군, 부여군, 홍산군, 비인군, 남포군, 오천군, 보령군(이상 충청남도)

지방 재판소는 남도의 광주읍에 있고 대구항소원의 관할 지역이다. 지소와 속한 구재판소는 아래와 같다.

구별	지방재판소 동 지소	소속 구재판소
남도	광주 목포	목포, 장흥, 순천, 제주, 나주
북도	전주	전주, 금산, 군산, 고부, 남원

경찰서 및 순사 주재소

경찰서는 중요한 곳에 있고 경찰서에 소속된 순사 주재소는 각 읍과 주요한 곳에 나누어 분포되어 있는데, 아래와 같다.

구별	경찰서	소속순사주재소
전라남도	광주 나주 목포 해남 장흥 순천 제주	서창 장성 담양 창평 옥과 동복 영산 몽탄 법성 영광 함평 남평 능주 화순 학교 영암 무안 무안읍 지도 인도 긴도 강진 보성 벌교 구례 광양 여수 돌산 거문도 나로도 흥양 낙안 대정 서귀 정의
전라북도	전주 군산 남원 금산 고부	원평 익산 여산 반월 진안 고산 김제 대장 오산 금구 옥구 신창 만경 임피 황등 나포 함열 용안 순창 갈담 임실 오수 장수 운봉 진산 무주 용담 부안 줄포 태인 정읍 흥덕 고창 무장

재무서 및 관할구역

재무감독국(財務監督局)은 전주읍에 있다. 각 지역별 소속 재무서[89]와 관할구역은 아래와 같다.

---

89) 재무서는 대한제국 때 탁지부(度支部) 산하에서 세무와 지방 재무에 관한 일을 맡아보던 관아이다. 우두머리는 주임관(奏任官)인 재무관이었으며, 융희(隆熙) 원년(1907)에 설치하였다가 융희(隆熙) 4년(1910)에 폐지하였다.

구별	재무서	관할구역	재무서	관할구역
전라남도	광주(甲)90)	광주	제주(乙)	제주 대정
	나주(乙)	나주	곡성(丙)	곡성 옥과
	영암(同)	영암 강진	구례(同)	구례
	순천(同)	순천	장성(同)	장성
	영광(同)	영광	장흥(同)	장흥
	해남(丙)	해남	담양(丁)	담양
	진도(同)	진도	남평(同)	남평
	능주(戊)	능주	보성(同)	보성
	낙안(同)	낙안	완도(同)	완도
	홍양(丙)	홍양	광양(同)	광양
	여수(同)	여수 돌산	화순(戊)	화순
	무안(同)	무안	동복(同)	동복
	지도(同)	지도	함평(同)	함평
	창평(丁)	창평	정의(同)	정의
전라북도	전주(乙)	전주	여산(丙)	여산 익산
	남원(同)	남원 운봉	임피(同)	임피 옥구
	금산(同)	금산 진산	순창(同)	순창
	고부(同)	고부 부안	진안(同)	진안
	고창(丙)	고창 무장	용담(丁)	용담
	김제(同)	김제 만경	장수(同)	장수
	금구(同)	금구	홍덕(同)	홍덕
	고산(丁)	고산	임실(戊)	임실
	함열(同)	함열 용안	태인(同)	태인
	무주(同)	무주	정읍(同)	정읍
충청남도	공주(甲)	공주	서산(丙)	서산 태안
	홍산(乙)	홍산	정산(丁)	정산 청양
	홍주(同)	홍주 결성	석성(同)	석성 부여
	천안(同)	천안 목천	연산(同)	연산 진잠
	회덕(丙)	회덕	예산(同)	예산 대흥
	은진(同)	은진 노성	전의(同)	전의 연기
	서천(同)	서천 비인	아산(同)	아산 온양 신창
	남포(同)	남포 보령 오천	한산(戊)	한산 임천
	덕산(戊)	덕산 해미	직산(同)	직산 평택
	면천(同)	면천 당진		

세관지서 및 관할 구역

해관은 목포·군산 두 군데에 있다.91) 또한 지서로 목포는 부산세관, 군산은 인천세

---

90) 인구수에 따라 甲, 乙, 丙, 丁, 戊로 등급을 매겨 놓은 것이다. 인구 10만 이상이면 甲, 인구 8만
이상이면 乙, 인구 5만 이상이면 丙, 인구 3만 이상이면 丁, 3만 이하면 戊라 등급을 매긴다.

관의 소관이다. 목포와 군산의 관할구역은 아래와 같다.

명칭		관할구역
목포지서	전라남도 일부	여수군 돌산군 흥양군 장흥군 보성군 강진군 해남군 완도군 진도군 영암군 나주군 무안부 함평군 지도군 영광군 제주군 대정군 정의군 광주군 곡성군 창평군 능주군 장성군 동복군 담양군 구례군 남평군
군산지서	전라북도	옥구부 무장군 흥덕군 부안군 만경군 임피군 함열군 고창군 고부군 정읍군 순창군 남원군 운봉군 임실군 장수군 무장군 진안군 전주군 김제군 익산군 여산군 진산군 금산군 태인군 용담군 용안군 고산군 금구군
	충청남도	보령군 남포군 비인군 서천군 홍산군 임천군 한산군 부여군 석성군 공주군 노성군 은진군 진잠군 연산군 문의군 회덕군

물산

물산(物産)은 주로 농산물이며 수산물 또한 풍부하다. 주요 농산물은 쌀, 보리(밀)[92], 콩, 면화, 모시, 마, 담배 등이다. 다음 세 종류의 추정 생산량을 표시하면 아래와 같다.

품명	남도	북도	계
쌀	763,523(石)[93]	886,208(石)	1,649,731(石)
보리(밀)	488,084	208,084	696,168
콩	133,478	85,222	218,700

---

91) 1883년 조일통상장정에 의해 부산, 인천, 원산의 개항장에 해관이 설치되었고, 이후 1890년에는 진남포, 목포, 군산, 마산, 성진을 개항하여 해관지서를 두었다. 1907년 세관 관제 개정공포로 해관이란 명칭이 세관으로 개칭되었다. 그럼에도 불구하고 목포와 군산을 해관이라 칭하는 것은 개칭하지 못한 데서 비롯된 오용이거나 세관과 해관을 다른 기관으로 보았을 경우가 있다. 1908년 1월 부산세관의 관할구역이 경상남도, 경상북도 일부에서 전라남도 전역으로 확대되었는데, 이것이 위의 글에 반영되어 있다. 그러므로 해관을 세관으로 개칭하지 않았다고 보기는 어려우며, 주한일본공사관기록 및 통감부 문서에서 1895년부터 1903년간 해관과 세관이 병렬적으로 언급되는 것으로 보아 두 기관이 다른 역할을 수행한 것으로 보인다.

92) 원문은 麥으로 되어 있으나 보리와 밀을 통칭하는 것으로 보인다.

93) 일본은 메이지시대에 쌀 1섬을 4두로 규정하였다. 2.5섬이 1석이며 미터법으로서는 1석은 약 180.39리터(약 10말)이다.

이에 의하면, 생산량은 경상도에 비해서 모두 조금 적지만 면적이 협소하고 인구가 적으므로 이를 감안하면 경상도와 전라도는 서로 차이가 없는 것이다. 면화는 종래 전라도 특산물이었으며, 최근 정부의 장려 결과, 두드러지게 생산이 증가하였다. 주요 산지는 진도, 무안, 나주, 광주, 남평, 해남, 강진, 광양 등의 여러 지방이며, 그중에서도 진도 같은 곳의 면화는 그 지역이 부담하는 공비의 전액을 지불하고도 오히려 남는다고 한다. 면화, 모시, 마를 생산하는 동시에 방직업도 이루어져 목면, 삼베[麻布]를 생산하는 것도 적지 않다.

목면산지는 장흥, 강진, 나주, 흥양94), 곡성, 무안 등이고, 삼베는 진안, 보성, 장흥, 여수, 정읍, 임피, 전주 등이다. 강진산 목면은 질과 양이 좋아서 유명하다. 연초(煙草) 생산이 많은 곳은 진안, 전주, 영광 지방이다. 또 전주, 남원, 진안, 고산 지방의 산지에서는 닥나무를 생산하는 곳이 많다. 고려지(高麗紙)95)는 면화와 함께 예로부터 전라도의 특산물로서 알려져 있다. 나주, 신지, 고금, 조약의 여러 섬 등에서는 양잠하는 농가도 적지 않았다. 특히, 나주명주는 상당한 명성[聲價]이 있다. 나주, 영산포 지방에서는 대발[竹簾], 쥘부채[扇子], 둥근 부채[團扇]의 제작도 활발했다. 영암, 강진, 제주 등에서는 빗 제작도 활발하게 행해지고 제주도에서는 탕건96), 망건97)의 제조생산도 다소 많다. 이것 역시 전라도의 주요 물산으로서 많은 가치가 있다. 또한 진도 및 해남군 수영 부근에는 납석(臘石)98)을 생산하여, 담배곽[卷煙草入]99), 도장재료[印材], 기타 문구류를 제작해서 반출한다. 생산량이 대단히 많지 않으나 진도의 석기라 일컬어져 널리 알려져 있다. 이상 여러 상품의 생산량은 아직 자세히 파악할 수는 없지만, 작년

---

94) 興陽郡은 현재 高興郡이며, 1895년 나주부 흥양군에서 1896년 전남 흥양군, 1914년 흥양군 일원 高興郡으로 개편되었다.
95) 高麗紙는 닥나무 껍질로 만든 전래의 종이로, 현재는 한지로 통칭. 고려시대에 중국으로 많이 들어가서 당시 중국의 문인, 학자들이 고려지라고 불렀다.
96) 宕巾은 예전에 벼슬아치가 갓 아래 받쳐 쓰던 관을 말한다.
97) 網巾은 상투를 튼 사람이 머리카락이 흘러내려 오지 않도록 머리에 두르는 그물 모양의 물건을 말한다.
98) 臘石은 엽랍석을 주성분으로 하는 암석으로 곱돌이라고 하며, 촉감이 매끈매끈하고 기름 같은 광택이 나는 광물을 통틀어 이르는 말. 도자기의 원료 및 벽돌 타일 등의 재료로도 쓰인다.
99) 卷煙草入은 궐련초(종이로 말아 놓은 담배)를 넣는 담배갑을 말한다.

중에 수출 및 이출(移出)이 높은 것을 보면, 목화[棉]는 외국으로 수출되는 금액이 목포에서 102,175원, 군산에서 117원, 합계 102,292원 ▲ 목면(木棉)은 국내 각 항구로 이출액이 목포에서 29,658원, 군산에서 102,068원, 합계 131,726원 ▲ 종이는 국내 각 항구로 이출액이 목포에서 1,260원, 군산에서 27,813원, 합계 29,073원이었다. 남쪽 해안의 여러 섬에서는 목우가 다소 활발하게 행해졌지만 육지와 비교하면 본래부터 생산이 매우 적다. ▲ 쇠가죽은 전라도 수출품 중 중요 상품이다. 전년, 올해 중에 수출액이 목포에서 28,244원, 군산에서 51,231원, 합계 79,475원이다.

주요 해산물은 조기[石首魚], 갈치[大刀魚], 도미[鯛]. 붉바리[赤魚], 삼치[鰆], 가오리[䱇], 민어[鮸], 고등어[鯖], 정어리·멸치[鰮], 상어[鱶], 갯장어[鱧], 하모], 붕장어[海鰻, 아나고], 뱀장어[鰻, 우나기], 새우[鰕], 오징어[烏賊], 농어[鱸], 숭어[鯔], 준치[鰣], 방어[魴], 볼락[目張, 메바루], 학꽁치[鱵, 사요리], 굴[牡蠣], 풀가사리[海蘿, 후노리][100], 김[海苔] 등이다. 다음에 그 어장 및 어획 시기의 개요를 기록한다.

조기[石首魚]

조기는 참조기(あかぐち)[101], 보구치(しろぐち)[102]의 두 종류가 있다. 조기는 전 연안에서 널리 이를 어획하지만 가장 유명한 어장은 위도[103] 근해로서 안마도[104] 부근부터 대왕등, 소왕등[105](위도의 서쪽방향에 있음) 근해에 이르는 사이이다. 종래

---

100) 풀가사리(ふのり, 布海苔·海蘿)는 불등풀가사리(フクロフノリ, 학명: *Gloiopeltis furcata*), 참풀가사리(マフノリ, 학명: *Gloiopeltis tenax(Turner) Decaisne*) 등의 총칭이며, 조간대(潮間帶) 암석에 부착하여 번식한다.
101) 일반적으로 일본어로 키구찌(きぐち)라고 하며, 입술이 붉다. 학명은 *Pseudosciaena polyactis*이다.
102) 백조기라고도 하며 학명은 *Pennahia argenta*이다
103) 위도(蝟島)는 전북 부안군 위도면에 속하는 섬이며, 근해에 연평도(延坪島), 신미도(身彌島) 근해와 더불어 서해안의 3대 조기산란장으로, 4~5월 산란기에는 전국 각지에서 어선이 모여 바다 위에서 시장이 선다.
104) 안마도(鞍馬島)는 전남 영광군 낙월면에 있는 섬으로 법성포에서 서쪽으로 39km 지점에 있고, 낙월면에서 가장 큰 섬으로 서쪽에는 죽도(竹島), 회도(橫島), 남서쪽에는 오도(梧島), 북동쪽에는 석만도(石蔓島)·소석만도 등이 있는데, 이들 섬과 함께 안마군도(鞍馬群島)를 형성한다.
105) 왕등(旺嶝)은 전북 부안군 위도면(全北 扶安郡 蝟面)에 속하는 섬으로 이 일대는 봄, 여름에 제주 난류가 북상하여 난류성 어족이 풍부하고 광어, 농어, 우럭 등이 잡힌다.

어장의 중심은 칠산도[106] 부근 이른바 칠산탄에서 위도 근해에 이르는 사이였는데, 점점 앞바다 쪽으로 나가서 지금은 앞에서 기술한 장소(위도 근해)를 주요 어장으로 하기에 이르렀다. 위도 근해는 오히려 각 도(道)의 어선이 매우 많이 모여들며 그 장관[盛觀]은 여전히 왕년에 비해서 지금까지 큰 손색이 없다. 본 어장은 주로 백조기 어장으로 크기가 크지 않고, 기타 남쪽 해안에서 해남군 연해, 득량만(得狼灣)[107], 흥양군 연해, 거금수도, 여자만(汝自灣)[108], 여수군 연해, 광양만 등도 역시 이름난 어장이다.

▲ 어기는 위도 근해에서는 2월 중순부터 4월 상순까지 가장 활발하며, 이 시기가 지나면, 황해 연평열도 부근으로 이동하는 것이 통례이다. 남쪽 해안에서는 4월 상순부터 9월 하순까지 어획한다. 남쪽 해안에서 어선이 가장 많이 집합하는 곳은 여자만 내 흥양군(고흥군)의 동쪽이다. ▲ 어구는 성어지(盛漁地)에서는 주로 중선(中船)을 이용하거나 또는 망선(조망)[109], 정선(저자망)[110], 궁선(弓船)[111], 수조망(手繰網)[112], 외줄낚시[一本釣][113]로 어획하는 경우가 많다. 기타 주목망(駐木網)[114], 어살[魚箭][115]로 다른 고기와 혼획하는 경우도 적지 않다. 일본 어부는 보통 안강망(鮟鱇

---

106) 칠산도는 전남 영광군 낙월면에 소재하며 크기와 모양새가 엇비슷한 섬 일곱 개가 모여 붙여진 이름으로, 우리나라 최대의 조기어장이며. 천연기념물 제389호로 지정된 노랑부리백로와 괭이갈매기, 저어새의 번식지이다.

107) 득량만(得狼灣)은 득량만(得糧灣)이라고도 표기한다. 득량만은 전남 고흥군 도양읍 근해이며, 지명 유래는 두 가지가 있다. 첫 번째는 임진왜란 당시 이순신 장군이 이곳에서 식량을 구했다고 하여 득량(得糧)이라 지명이 유래하였다는 설이고 두 번째는 이순신 장군이 풀을 엮어 산꼭대기에 마름처럼 쌓아두고 왜군들에게 그것을 군량미로 속인 데서 유래하였다는 설이 있다.

108) 여자만은 전남 여수시 화정면 여자도를 중심으로 보성군, 순천시, 고흥군으로 둘러싸여 있는 내해로서 굴곡이 심하고 해안선이 복잡하며, 청정해역으로 전어·멸치·갈치·문어·조기 등의 어로와 김양식이 활발하다,

109) 망선(網船)은 어망선이라고도 하며 투망질하는 배이다. 조망(繰網)은 일종의 저인망으로 바다 밑바닥 깊은 곳에 사는 물고기를 잡도록 만든 그물이다.

110) 정선(碇船)은 닻배라고도 하며 닻을 이용한 우리나라 특히, 전라도의 전통적 조기잡이 배이다. 1950년 후반 이후 완전히 사라졌다. 저자망(底刺網)은 바다 밑바닥 가까운데 치는 자망(刺網)으로 저어(底魚) 즉 바다 밑바닥에서 서식하는 어류 또는 새우, 게 따위를 잡는 데 사용한다.

111) 궁선(弓船)은 배 위에 그물을 장치한 배를 말하며, 방언으로 활배라고도 한다.

112) 수조망(手繰網)은 끌그물의 일종으로 자루처럼 생겨 그물을 물에 넣어 수평 방향으로 끌어서 물고기를 잡는는다.

113) 일본조(一本釣)는 외줄낚시이며, 낚시를 1개 또는 여러 개를 달아 맨 한 가닥의 줄로 고기를 낚는 어법을 말한다. 대낚시와 손 줄낚시가 있다.

114) 주목망(駐木網)은 나무말뚝으로 그물자루 입구를 고정시켜 고기를 잡는 어법을 말한다.

網)116)으로 잡는다.

▲ 조기는 어획량이 매우 많은 함경도의 명태, 강원도의 정어리와 나란히 삼대 어업의 하나로 손꼽히며, 전라명태라고도 불린다. 특히 조선인이 좋아하는 어류이므로 판로가 아주 넓다. 중선과 같은 것은 조기만을 목적으로 하는 경우가 많은데 실로 그러한 어구의 발달은 조기의 어획량이 워낙 많기 때문이다.

갈치(大刀漁)

이 생선도 모든 연안 도처에서 잡힌다. 이름 있는 어장은 나로도(羅老島), 절금도(折金島), 제주도(濟州道), 추자도(楸子島), 진도(珍島), 대흑산도(大黑山島), 임자도(荏子島), 칠산도(七山島)117), 안마도(鞍馬島), 위도(蝟島)의 각 근해이다.

어기는 5~6월부터 9월에 이르는 시기를 최성기라고 한다. ▲ 어구는 주낙[延繩]118), 외줄낚시[一本釣]를 통상 사용하지만, 중선(中船)을 사용하는 경우도 있다. 그 외 연안 지방에서는 주목(駐木) 또는 어살[漁箭]로 잡는 일도 적지 않다. 그러나 이렇게 잡은 갈치는 모두 몸길이가 작아 가격이 싸다. 일본인 어부가 한 때 안강망(鞍鱇網)119)으로 어획을 시도했는데, 이것 또한 크기가 작아 가격이 매우 낮아서 지금은 갈치 어획에 안강망을 사용하는 일은 거의 없다. 그러나 연승을 사용해서 어획하는 경우는 적지 않다.

도미(鯛)

종류는 참돔[まだい]120), 붉돔[ちだい]121), 황돔[きだい]122) 등이 있다. 종래 알

---

115) 어전(魚箭)은 싸리나 참대, 장목 등을 물속에 둘러 꽂아 물고기가 들어오게 만든 울타리로. 울 중간에 그물이나 통발을 설치하여 물고기를 잡는다.
116) 안강망(鮟鱇網)은 조류가 강한 곳에 닻으로 고정하여 강한 조류의 힘에 의하여 밀려오는 물고 기를 잡는 방법이다.
117) 현재 전라남도 영광군의 낙월면 송이리에 속하는 섬이다. 남쪽에서부터 일산도(一山島)에서 칠 산도(七山島)까지 일곱 개 섬으로 이루어져 이들을 통칭하여 '칠산바다' 혹은 '칠산탄(七山灘)'이라고 한다. 칠산어장은 법성포와 송이도 사이의 어장을 이른다.
118) 물고기를 잡는 기구의 하나. 낚싯줄에 여러 개의 낚시를 띄엄띄엄 달아 자새에 감아서 물살을 따라 감았다 풀었다 하여 물속에 있는 물고기를 잡는다. 주낙이라고도 한다.
119) 물고기를 잡는 데 쓰이는 큰 주머니 모양으로 된 그물이다.
120) 일본에서는 진조(眞鯛)라고도 쓰며 학명은 *Pagrus major*이다.

려진 주된 어장은 상하화도(上下花島), 적금도(赤金島)[123], 안도(雁島), 나로도(羅老島), 손죽열도(損竹列島), 거문도(巨文島), 아도(芽島), 소안도(所安島), 태랑도(太郎島), 초도(草島), 추자도, 제주도 각 근해, 진도의 동쪽 연해(이상 남해안에 있음), 흑산도, 임자도, 안마도, 위도, 대소왕등(大小旺嶝), 고군산군도(古群山群島)(이상 서해안에 있다.) 각 근해 등이다.

▲ 어기는 봄부터 초가을에 이르지만 남해에서는 대개 초여름 무렵부터 초가을까지를 최성기로 한다. 이 무렵에는 연안 도처에서 잡히지만, 일본인 어부는 안도, 청산도 부근을 어장으로 하고 11월 경부터 점차 연해[沖合]로 옮긴다. 12월부터 다음 해 1월 중에는 거문도, 태랑도 근해를 어장으로 한다. 단, 제주도는 완전히 연해 상황이 달라서, 그 성어기가 음력 2월 초순부터 4월 10일경까지라고 한다. ▲ 어구는 주낙, 외줄낚시를 보통 사용하지만 거문도에서 일본인 어부는 대부망(大敷網)[124]을 사용한다.

감성돔[黑鯛][125]

연안 도처에서 어획되지만 이름있는 어장은 해남군에 속한 삼정리[126](진도해협[珍島瀨戶]의 동쪽입구 바깥), 목포 부근, 전주포인데, 특히 삼정리가 가장 유명하다. 이 어장의 계절은 1월부터 3월까지 또는 2월부터 4월까지이다. 그리고 잡을 때는 설망(設

---

121) 일본에서는 혈조(血鯛)라고도 쓰며, 학명은 *Evynnis tumifrons*(과거에는 *Evynnis japonica*)이다. 붉은색을 띤 조기 중에서 작은 편에 속하고, 아가미 안쪽이 붉은 핏빛을 띠고 있다.

122) 일본에서는 황조(黃鯛) 혹은 연자조(連子鯛)·반대(飯代)라고도 쓰며, 학명은 *Dentex hypselosomus*이다.

123) 현재 적금도(積金島)라고 표기한다. 적금도는 전라남도 여수시 화정면에 딸린 섬으로 동경 127°40′, 북위 34°32′, 고흥반도의 점암면 우천리 해안에서 적금수도를 사이에 두고 동쪽으로 1.5km 해상에 위치하며 부근에 낭도·둔병도·상과도·하과도·오도·매섬[鷹島]·소당도 등이 있다. 면적 0.78km², 해안선 길이 9km, 인구는 77가구 146명(2010년)이다. 섬 이름의 유래는 조선 초기 '적호(赤湖)'라고 일컫다가 금이 있다 하여 부르는 섬이다. 일제 강점기에 채광업자가 금 시추 작업을 한 결과 금맥은 발견하였으나 양이 적어 중단하였다고 한다.

124) 들그물을 개량한 자리그물이다. 길그물과 통그물을 갖추고 있다.

125) 일본에서는 치누(ちぬ)·모정(茅渟)·해즉(海鰂)이라고도 한다. 도미류 중에서 수심 50m 이내의 얕은 곳에서 살고 하천을 거슬러 올라오는 경우도 있어서, 일찍부터 사람들이 잡아서 식용하였다. 학명은 *Acanthopagrus schlegelii*이다.

126) 전라남도 해남군 문내면 학동리이며 학이 살고 있으므로 학골 또는 학동이라 하였는데, 1914년 행정 구역 폐합에 따라 삼정리·보동리·응동리 일부를 병합하여 학동리라 했다.

網)127)을 사용한다.

붉바리[赤魚]

가장 이름 있는 어장은 여자만 입구에 떠 있는 적금도128), 둔병도129) 근해이고, 그 외 낭도130), 나로도131), 지아도, 시산도132), 소록도133), 거문도134), 제주도, 안마도135), 위도136), 고군산군도137)근해의 바다도 역시 좋은 어장이다.

▲ 어기는 봄·여름에 걸쳐있지만 5월부터 8월까지를 최성기로 한다. ▲ 어구는 외줄낚시, 주낙138), 저자망(底刺網)139) 등을 이용한다. 일본 어부는 종래 외줄낚시만 사용했지만 재작년 주낙을 시험적으로 이용하여 좋은 결과를 본 사람이 있다고 한다.

삼치[鰆]

남해안에서는 돌산군에 속한 안도, 나로도, 손죽열도, 청산도의 각 근해로부터 완도군에 속한 생일도에 이르는 연해[沖合], 서해안에서는 안마도 근해로부터 위도, 대·소왕등, 고군산군도 근해를 거쳐 중청도의 녹도 부근에 이르는 연해[沖合]가 그 어상이다.

▲ 어기는 서해 연안도 아울러 큰 차이 없이 입춘으로부터 88일째 되는 날[八十八夜]

---

127) 정치망의 일종으로 그물을 갯벌에 기둥을 세워 고정시킨 것이다.
128) 전라남도 여수시 화정면 적금리에 속하는 섬이다.
129) 전라남도 여수시 화정면 조발리에 딸린 섬이다.
130) 전남 여수시 화정면에 속하는 섬으로 여수 서남쪽 26.2km, 화양반도 남쪽 3.6km 지점에 있으며, 인근에 적금도, 둔병도, 조발도, 상하화도, 사도가 있다. 면적 5.03km², 해안선 길이 19.5km이다.
131) 전라남도 고흥군 동일면과 봉래면에 있는 남단의 섬들로, 동일면의 내나로도(內羅老島)와 봉래면의 외나로도(外羅老島)로 이루어져 있다.
132) 전라남도 고흥군 도양읍 시산리에 있는 섬이다.
133) 전라남도 고흥군 도양읍에 딸린 섬이다.
134) 전라남도 여수시 삼산면 거문리 거문도이다.
135) 전라남도 영광군 낙월면 월촌리이다.
136) 전라북도 부안군 위도면 위도이다.
137) 전라북도 군산시 옥도면(沃島面) 속하는 군도이다.
138) 낚싯줄에 여러 개의 낚시를 달아 얼레에 감아 물살을 따라서 감았다 풀었다 하는 낚시어구이다.
139) 저층에 서식하는 어류를 대상으로 긴 띠 모양의 그물 상부에는 뜸을, 하부에는 발돌을 달아 수직으로 전개되도록 하여 그물코에 고기가 꽂히게 하여 어획하는 어구이다.

부터 10~20일 사이를 최성기로 한다. 종래 일본 어부는 대개 음력 2월 중순부터 어획하기 시작해서 경상도의 거제도 연해[沖合]와 욕지도 등을 거쳐 서쪽으로 이동하여 안도・나로도・손죽도・청산도를 차례대로 나아간 다음, 다시 서해안으로 옮겨서 음력 4월 또는 5월 초순에 마치는 것이 일반적이었다. 그런데 경부선의 전체 개통과 수송기관의 활동 개시에 따라 진로[順路]가 크게 변하여, 남해와 서해에서 각각 동시에 어획하게 되었다. 삼치[おきさわら]는 11~12월 경에 어획하지만, 그 어장은 주로 추자도 연해[沖合]가 중심이며, 그 무렵 다른 곳에서 어획하는 경우는 거의 드물다. ▲ 어구는 유망(流網)을 보통 사용하고 모도(茅도) 등에서는 후릿그물을 사용하는 경우가 있다. 11~12월 경 삼치를 어획하는 것은 일본 어부로 그들은 방어와 함께 외줄낚시로 낚아 올린다.

가오리[鱝]

홍어와 노랑가오리의 두 종류가 많지만 그중에서도 많이 생산되는 것은 홍어이다. 남북 양도 연해에서 널리 잡히지만 가장 저명한 어장은 서안 일대의 연해[沖合] 및 남해안 거문도의 근해이다. 노랑가오리는 청산도,140) 모도141)의 각 근해, 득량만(得狼灣)142), 진도, 조도143), 임자도, 수도144), 안마도145) 각 근해에서 많이 어획된다.

---

140) 전라남도 완도군 청산면에 속하는 섬. 완도 남동쪽 17.5㎞ 지점에 있다. 물도 푸르고 산도 푸르다 하여 청산도라 부르게 되었다고 한다.

141) 전라남도 진도군 의신면 모도리에 딸린 섬. 면적은 0.22㎢, 해안선길이 2.8㎞이다. 진도에서 2.8㎞ 지점에 있다. 섬의 모양은 북동~남서 방향으로 긴 타원형이다.

142) 전라남도 고흥군의 고흥반도 북서쪽에 있는 만이다. 『조선지형도』에 의하면 본래는 장흥반도와 고흥반도 사이에 있는 지금의 보성만 전체를 아우르는 만이었다. 그러나 보성만(寶城灣)이라는 이름이 생겨나고 그 구획이 설정되면서 득량만(得粮灣)은 고흥군・보성군・장흥군으로 둘러싸여 있는 보성만의 후미 부분만을 일컫게 되었다. 『해동지도』(장흥)에 지금의 득량만 일대에 득량도(得良島)가 묘사되어 있으며, 현 득량면 일대는 회령면・천포면 지명이 표기되어 있다. 이외에 장재도(壯載島), 장곶도(長串島) 등의 섬이 묘사되어 있다. 득량만 지명은 이곳의 득량도에서 유래되었다. [지명유래➤➤고흥 득량만 참조]

143) 조도는 목포와의 거리 100km, 진도의 팽목항에서 9km 떨어진 조도군도에서 중심지에 위치한다. 동서 7km, 남북 5km 섬으로 남북의 폭은 약 2.8km이다. 면적 10.55km², 해안선 길이 38km이며 정상에는 돈대산(234m)이 있다. 조도에는 세 가지 특징이 있다. 먼 바다에 연해 있어서 바람이 거세고 물살이 빠르며 파도가 높은 것이다. 한자 표기인 조도(鳥島)를 풀이하면 '새섬'인데 새가 많다는 뜻이 아니라 새떼들처럼 많은 섬들이 바다에 펼쳐져 있다 하여 조도라고 일컬었다고 한다.

▲ 어기는 홍어가 12월부터 다음해 3월까지가 성어기인데, 이 무렵에는 조선인[邦人]의 어획이 특히 활발하다. 노랑가오리는 봄의 피안(彼岸)[146]부터 가을의 피안[147]까지가 어획기이며 이 또한 조선인의 어획이 매우 활발하다. ▲ 어구는 홍어를 주낙, 노랑가오리를 미끼 없는 주낙(민낚시)을 보통 사용하는데, 노랑가오리는 건망 또는 수조망, 어살 등으로 잡는 경우도 있다. 일본어부는 서해안 연안[沿岸]에서 홍어를 어획하는 데 미끼 없는 주낙을 사용하였으나 실패한 것이 두세 번에 그친 것이 아니라고 한다.

정어리·멸치[鰮]

제주도, 추자도[148], 안도[149], 대흑산도[150] 등은 이름있는 어장이기는 하나 어획이 활발한 것은 제주도 및 추자도에 그친다.

▲ 어기는 추자도에서는 6~8월까지, 안도에서는 7~8월, 제주도에서는 주로 가을이다. 기타 연안의 각지에서는 대개 봄 4~7월까지, 가을 9~11월까지라고 한다. ▲ 어구는 지예망[151]을 사용하는 것은 제주도뿐이고, 기타 지역에서는 작은 규모의 초망[152]을 사용한다. 아마도 지세에 따라 자연스럽게 이루어진 현상일 것이다. 일본 어부가 추사노에서 고기를 잡을 때는 대부망[153]을, 또 제주도에서는 양조망(揚繰網)[154]을 사용하기도 한다.

---

144) 수도는 전라남도 신안군 임자면에 딸린 섬으로 섬 안에 물이 맑고 풍부하여 붙여진 이름이다. 지도읍 서쪽 7km, 임자도 동쪽 1km 해상에 위치한다.
145) 전라남도 영광군 낙월면에 있는 섬이다.
146) 춘분일을 가운데로 둔 전후 3일을 포함한 7일간이다.
147) 추분을 낀 7일간이다.
148) 현재의 제주특별자치도 제주시 추자면 추자도이다.
149) 현재의 전라남도 여수시 남면 안도리이다.
150) 현재의 전라남도 신안군의 흑산면 예리에 있는 섬이다.
151) 예망류(曳網類)의 한 가지 그물 양쪽에 벼릿줄을 달아 그물의 모양을 조절한다.
152) 초망(抄網) 또는 뜰채는 잠자리채 같은 모양의 틀에 그물을 씌어 수면 근처의 물고기를 건져 잡는 어망이다. 대개 혼자서 다룰 수 있을 정도로 작다.
153) 정치망(定置網)의 하나로 고기떼를 길그물에서 바로 통그물로 유도하는 것이다.
154) 두릿그물의 하나. 물고기 떼를 둘러싸기만 하고 아래 깃을 조이지 않는 형태의 선망이다.

고등어[鯖]

연해에서 두루 있지만, 회유가 매우 많은 곳은 제주도, 추자도, 대흑산도의 근해라고
한다. 그중에서도 제주도의 어군이 밀집도가 높지만 이 섬에 내유하는 것은 모두 유어
(幼魚)이며, 이곳에서는 거의 성어를 볼 수 없다.

▲ 어기는 5월 초순부터 9월 하순에 이르는데, 성어기는 추자도가 6월, 제주도가 8~9
월이다. ▲ 어구는 외줄낚시, 자망, 후릿그물을 통상적으로 사용하지만, 추자도에서 조
업하는 일본 어부의 경우 대부망(大敷網)을 사용한다.

상어[鱶]

상어 역시 전 연안에서 두루 나지만, 활발하게 어획되는 곳은 안도, 거문도155), 청산
도, 모도, 완도, 고금도156), 소안도157), 어불도158), 오마로도(五馬路島)159), 진도 동
쪽, 조도, 제주도(이상 남해안에 있다), 대흑산도, 사옥도160), 안마도161)(이상 서해안
에 있다) 등의 각 근해라고 한다. ▲ 종류는 돔발상어[つのざめ]162), 청새리상어[や
じ], 귀상어[しゅもく], 범상어[わにふか]163), 두첨상어[ひらがしら]164), 흉상어

---

155) 전라남도 여수시 삼산면에 속하는 섬으로 고흥반도로부터 남쪽으로 40km 지점에 있다. 삼도
　　(三島)·삼산도(三山島)·거마도(巨磨島)라고도 한다.
156) 현재의 전라남도 완도군 고금면에 있는 섬이다.
157) 현재의 전라남도 완도군 소안면에 속하는 섬이다.
158) 현재의 전라남도 해남군 송지면 어란리에 있는 섬이다.
159) 다섯마지 섬이라고도 하며, 전라남도 고흥군 도덕면 봉덕리에 오마로라는 도로명이 있다.
160) 전라남도 신안군 지도읍 당촌리와 탄동리에 있는 섬이다.
161) 영광군 낙월면에 소속된 안마도는 서해의 영해 기점에 외로이 떠 있는 섬으로 전라남도에서 가
　　장 북쪽에 있으며 전북 부안군과 경계를 이루고 있다. 면적 5.8km², 해안선 길이 36km의 안마
　　도는 총면적 770ha 중 임야 600여ha, 밭 117ha, 논 13ha, 기타 35ha이다. 안마도는 섬의 생김
　　새가 말안장을 닮았다 해서 붙여진 이름이다. 역사에 처음 이름을 올린 것도 말과 관련된 것이
　　다. 『세종실록지리지』(영광)에 "안마도(安馬島)는 암·수말 아울러 33필을 방목한다"는 기록이
　　있다.
162) 학명은 *Squaliformes*이다.
163) 와니후카로는 보이지 않는다. 후카와 사메는 함께 쓰이므로, 와니자메로 검색한 결과 오오와니자
　　메(おおわにざめ)를 찾을 수 있었다. 오오와니자메는 범상어이며 학명은 *Odontaspis ferox*이다.
164) 흉상어목 흉상어과에 속하며, 학명은 *Rhizoprionodon acutus*이다. 단 『日本重要水産動植物圖
　　解說』(大日本水産會, 崇山房, 1910, 12쪽)에서는 학명을 *Scoliodon laticaudus*라고 하였고 이
　　는 납작주둥이상어이다.

[めじろ], 괭이상어[さざえわり]165) 등이 있다.

▲ 어기는 봄부터 가을에 이르는데, 안도 부근은 5월 말부터 8월 중순까지, 완도 근해에서는 3~4월 경, 소안도 및 진도, 어불도, 조도 근해에서는 3~4월 및 9~10월이며, 사옥도, 수도, 흑산도166) 근해는 봄부터 초여름경이다. 제주도에서는 6월부터 12월까지이며, 그 종류는 청새리상어와 귀상어 등이 많다. 주로 일본 어부가 어획한다. 서해안 안마도 근해에서는 음력으로 4월 10일 경부터 6월 하순 또는 7월 중순까지 성어기이다. 이 어기가 시작할 때는 범상어가 잡히고, 5월 경부터 두첨상어가 내유하며, 6월 경에 제일 많다. ▲ 어구는 상어낚시 및 외줄낚시가 일반적이지만 모도 등에서는 작은 상어를 잡을 때 건망(建網)을 사용하기도 한다.

민어[鮸]

전 연해에서 장소를 가리지 않고 어획되지만, 많이 잡히는 곳으로 적금도(赤金島), 여자도(汝自島)167), 장도(獐島)168), 거문도(巨文島), 손죽열도(損竹列島)169), 절금도(折金島), 소록도(小鹿島)170), 모도(茅島)171), 신시노(新知島)172), 소약도(助藥島)173), 완도(莞島), 득랑도(得狼島), 해남(海南) 어귀 각 근해 및 사옥도(沙玉島)174), 태이도(台耳島)175), 수도(水島)176), 압해도(押海島)177), 임자도(荏子島), 안마도(鞍馬島), 위도(蝟島)178), 고군산(古群山), 군산 각 근해 등이라고 한다.

---

165) 일본어로는 네코자메(ねこざめ)라고도 하며, 학명은 *Heterodontus japonicus*이다.
166) 현재의 전라남도 신안군 흑산면에 있는 섬이다.
167) 현재의 전라남도 여수시 화정면 여자리에 있는 섬이다.
168) 전라남도 여수시 율촌면에 딸렸던 섬으로 현재 육지화되었다.
169) 현재의 전라남도 여수시 삼산면 손죽리에 있는 열도이다.
170) 현재의 전라남도 고흥군 도양읍 소록리이다.
171) 현재의 전라남도 진도군 고금면이다.
172) 현재의 전라남도 완도군 신지면 신지도이다.
173) 현재의 전라남도 완도군 약산면이다.
174) 현재의 전라남도 신안군 지도읍에 속한 작은 섬이다.
175) 현재의 전라남도 신안군 임자면에 딸린 섬이다.
176) 현재의 전라남도 신안군 임자면에 딸린 섬으로 섬안에 물이 맑고 풍부하여 붙여진 이름이다.
177) 현재의 전라남도 신안군 압해읍이다.
178) 현재의 전라북도 부안군 위도군에 있는 섬이다.

▲ 어기는 봄·여름경이지만 그중에서도 6월이 성어기라고 한다. 태이도 근해에는 일본 어부가 활발하게 어획한다.[179] 아마 이들은 죽도(竹島)[180] 부근에서 도미 잡이를 마치고 귀국하는 길에 본 고기잡이를 행하는 것 같다. ▲ 대체로 외줄낚시[一本釣]를 사용하지만 서쪽 연안에서는 주목(駐木)[181], 남쪽 연안에서는 건망(建網)[182]을 사용하는 경우도 적지 않다.

갯장어[鱧]

남해안에서는 나로도(羅老島)[183], 적금도, 여자만, 가막양(駕莫洋)[184], 서해안에서는 목포 근해, 군산 근해 등이 유명한 어장이다. 특히 나로도 근해는 일본 어선이 많이 모이고, 성어기에는 4백 척에 달하는 경우가 있다.(일본 어선이 나로도 근해를 건너 고기를 잡은 후에는 적금도에서 가막양으로 이동하는 경우와, 경상남도 욕지도(欲知島)[185] 근해 또는 사량도(蛇梁島)[186], 대호도(大虎島)[187] 근해로 이동하는 경우가 있다)

▲ 어기는 봄·가을 두 계절로 봄은 3월 하순부터 6월 하순까지, 가을은 8월 하순부터 10월 하순까지이다. ▲ 어구는 도미주낙[鯛延繩]을 응용한다.

뱀장어[鰻]

유명한 어장은 광양만(光楊灣)[188]의 하동강(河東江), 영산강(榮山江), 동진강

---

179) 임자도 근해 민어는 건어물로 만들어 방망이로 두드리면 부서지는 다른 민어와 달리 부풀러 올라 맛이 좋은 것으로 유명하다. 일제시대에 이 맛에 감탄한 일본인들이 임자도로 몰려들어 태이도는 수백명의 어부로 북새통을 이뤘다고 한다.
180) 현재의 충청남도 보령시 남포면 월전리에 딸린 섬이다.
181) 나무 말뚝으로 그물자루 입구를 고정시켜 고기를 잡는 어구이다.
182) 일정한 장소에 그물을 쳐놓고 고기를 잡는 방식이다.
183) 현재의 전라남도 고흥군 봉래면 예내리이다.
184) 전라남도 여수반도 남부에 있는 만(灣)이다.
185) 현재의 경상남도 통영시 욕지면이다.
186) 현재의 경상남도 통영시 사량면이다.
187) 경남남도 고성 와도(臥島) 인근의 섬이다.
188) 전라남도 여수시와 광양시 남부에 있는 만이다.

(東津江), 만경강(萬頃江), 금강(錦江) 등이며 그 중 하동강·영산강 및 금강에서 어획이 많다. 그렇지만 이를 어획하는 것은 대부분 일본 어부로 조선[邦人] 어부는 본 어업에 종사하는 사람이 없다.

본 어업은 하동강에서 특히 활발하여 매년 활주모선(活洲母船)[189] 및 어선이 모이는 것이 100척에 달한다. 1~5월까지 강어귀[江口]에서 강을 거슬러 올라간다. 6월 이후에는 강어귀 바깥을 다니면서 고기를 잡고, 9월 하순에 이르러 끝난다. ▲ 어구는 2~3월 경에는 주로 긁개[搔具]를 사용하고, 4~6월 사이는 낚시를, 6월 경에는 인망(引網)[190]을 사용한다. 기타 어장에서도 어기는 대략 같다.

새우[鰕]

남해안에는 광양만, 하동강 밖의 각 물길[澪筋][191] 및 같은 만 내 연안을 아우르는 여러 섬 부근 일대, 여자만 내의 여자도(汝子島)·장도 근해, 나로도의 동서 연해, 거금수도(居金水道), 절금도, 소록도, 생일도(生日島)[192] 근해, 득량만, 서해안에서는 옥도(玉島)[193], 비금도(飛禽島)[194], 압해도, 낙월노(洛月島)[195] 각 연해, 법성포(法聖浦), 전주포(全州浦), 군산포(群山浦) 등의 각 물길 등이 모두 이름 있는 어장이다. ▲ 종류는 참새우(まえび), 중하(しろえび), 보리새우(くるまえび), 적새우(あかそえび) 등이 있고 남해안에는 보리새우가 많은데 각시새우가 섞여 있긴 하지만 큰 것은 많지 않다. 서해안에서는 중하가 많다.

▲ 어기는 봄·가을 두 계절이다. 해에 따라서 다소 차이는 있지만 남해안에는 봄 음력 3월 초순부터 5월 중순까지, 가을 8월 중순부터 11월 하순까지, 서해안에는 대략 봄 3월부터 7월 하순까지, 가을 8월 하순부터 10월 중순까지라고 한다. ▲ 어구는 조선인은

---

189) 원양어업 등에서 많은 부속 어선을 거느리고 어획물의 처리·냉동을 하거나 산채로 유지하는 큰 배를 말한다. 당시는 주로 어획한 해산물을 모아서 운반하는 역할을 하였다.
190) 배와 전개판 간에 끌줄에 의해 그물을 좌우로 벌린 채 끌어서 고기를 잡는 어구를 말한다.
191) 갯벌의 물이 빠지고 난 뒤의 물길을 말한다.
192) 현재의 전라남도 완도군 생일면이다.
193) 현재의 전라남도 신안군 하의면이다.
194) 현재의 전라남도 신안군 비금면이다.
195) 현재의 전라남도 영광군 낙월면으로 1914년 신안군으로부터 분리되어 영광군에 편입되었다.

중선(中船), 궁선(弓船)196), 소예망(小曳網), 수조망(手繰網)197), 일본인은 안강망 (鮟鱇網), 조망(漕網), 양조망(揚繰網)198)이며 가끔 타뢰망(打瀬網)199)을 사용하는 경우도 있다. 기타 광양만 및 지도군(智島郡) 근해에서는 어살[漁箭], 설망(設網)으로 어획하는 경우도 적지 않다. 단 설망은 주로 서해안에서 사용하고 남해안에서 사용하는 일은 거의 드물다. ▲ 일본인은 주로 남해안의 어장을 다니며 어업하고, 서해안에서는 아직 전업으로 조업하는 것은 보지도 듣지도 못했다. 대개 그 처리는 오로지 마른새우를 제조한다. 남해안의 여자도, 나로도, 생일도에는 마른 새우 제조를 목적으로 정착한 자 가 있다. 그러나 정주자가 있는 곳은 나로도뿐이며, 다른 곳은 매번 그 계절에만 오는 것에 그친다.

오징어[烏賊]

갑오징어[まいか]는 여수군 연해, 여자만, 나로도, 득량만, 칠산탄, 고군산군도, 살오 징어200) · 화살오징어(한치)201)는 거문도, 추자도, 제주도 연해 등이 주요 어장이다. 기타 지역은 흰오징어202)만이 생산되거나 화살오징어를 혼획하는 것에 그친다.

---

196) 배 위에 그물을 장치한 배를 말하며, 방언으로 활배라고도 한다.
197) 끌그물의 일종으로 자루처럼 생긴 그물을 물에 넣어 수평방향으로 끌어서 물고기를 잡는다.
198) 건착망(巾着網)이라고도 한다.
199) 江戸屍臺부터 昭和 40년경까지 사용되었으며, 범선 저인망이라고 불리는 저인망의 일종으로 그 물을 내린 후 풍력 또는 조력에 의해 배를 이동시키는 어법이다.
200) 학명 *Todarodes pacificus*, 우리나라 전 연안에 서식하고 있지만 주로 겨울철 동해 연안에서 많이 어획되는 가장 대표적인 동북아 해역의 오징어류이다. 다리를 포함한 몸통길이는 보통 30cm 전후인 개체가 많으나 성장속도가 빠르고 회유성이므로 언제 어느 해역에서 발견되느냐 에 따라 다양한 크기의 개체들이 나타난다. 우리가 식용으로 하는 대부분의 오징어가 본 종이며 주로 채낚기어업에 의해 야간에 어획된다.
201) 학명 *Heterololigo bleekeri*, 몸은 머리 · 몸통 · 다리의 세 부분으로 이루어지며, 머리는 다리 와 몸통 사이에 있고 좌우 양쪽에 큰 눈이 있다. 열 개의 다리가 있으며 다리는 끝으로 갈수록 점점 가늘어지고 안쪽에 짧은 자루가 있는 빨판이 있다.
202) 학명 *Sepioteuthis lessoniana*, 흰오징어는 유영성 오징어의 일종으로 다른 오징어에 비해 크 기가 크고 연안 접근성이 강한 오징어이다. 몸통이 넓어 얼핏 참갑오징어(갑오징어)와 혼동할 수 있지만 몸속에 갑(뼈)이 없고 유영 능력도 뛰어난 전혀 다른 종류이다. 원래 따뜻한 수온을 좋아하는 남방계 오징어로서 우리나라는 한때 제주도에만 나타나는 종류로 인식했으나 남해와 동해는 물론 서해에서도 개체수가 늘어나고 있다.

▲ 어기는 갑오징어가 4~6월까지, 살오징어·화살오징어는 3~5월까지이다. ▲ 어구는 조선인은 외줄낚시를 주로 사용하며, 수조망을 사용하기도 한다. 일본인도 또한 외줄낚시를 주로 사용하며 부망을 사용하기도 한다. 외줄낚시는 한·일 어부가 공통으로 가짜 미끼를 이용하여 낚거나 혹은 제물낚시도 사용한다.

농어[鱸]

광양만, 여자만, 상·하화도, 나로도, 득량만, 완도 근해, 강진만, 영암군 연해, 영산강 하구, 동진강 하구, 법성포, 전주포, 군산포 근해 등이 주 생산지이다. ▲ 어기는 봄부터 가을에 이르는데 여름·가을경이 성어기이다. ▲ 어구는 주낙 및 외줄낚시를 일반적으로 사용하고 각 만내에서는 건망(建網), 어살 혹은 자망으로 어획하는 경우가 적지 않다.

준치[鰣]

남해안에는 해남각·진도 근해, 서해안에는 나주군도 및 지도군도 각 근해, 복포항 바깥, 칠산탄, 전수포, 고군산군도, 군산포 근해에서 많이 어획한다. ▲ 어기는 3월 경부터 7월 하순이며 5~6월 경이 성어기이다. ▲ 어구는 주낙, 유망을 사용하는데, 혹은 건망으로 잡기도 한다. 대개 야간에 조업하며 주낙은 주간에도 사용하는 경우가 있다.

방어[魴]

전 연안 및 각 섬 근해에서 널리 잡히며, 성어기는 대개 6~8월에 이르는 기간이다. 특히 방어만을 목적으로 어업하지 않고, 다른 고기와 함께 혼획하는 것이 보통이다.

학꽁치[鱵]

안도, 거문도, 소안도 등 각 내해는 알려진 어장이다. 그렇지만 어획이 많지 않다. ▲ 어기는 8월 경에서 다음해 1~2월 경에 이른다. 거문도에서는 일본인이 어업을 하는 자가 있지만 다른 곳에서는 주로 조선인만 어획한다. ▲ 어구는 주낙 및 예망, 또는 수조망을 사용한다.

굴[牡蠣]

영산강은 종래 생산지로 알려진 곳이며, 영암 및 무안 2개군 연안에서 일본인이 양식에 종사하지만 아직 좋은 결과를 보지 못했다. 강진만, 광양만, 기타 지역에서도 다소 생산되지만 양식장에 알맞은 곳이 적다.

풀가사리[海蘿]

돌산 및 완도, 진도 3군에 속하는 섬 모두에서 많이 생산되며, 특히 돌산도, 평일도, 신지도, 조약도, 완도, 소안도, 보길도, 추자도, 조도군도, 제주도 등이 저명한 산지이다. 서안 여러 섬에서는 간석지, 즉 갯벌이 펼쳐져 있는 곳 주위에 착생할 만한 장소가 적지 않다. 대흑산군도, 안마도, 고군산군도가 주요 생산지이다. 채취하는 데에는 각 섬의 공동 마을규약[村規]이 있다. 그리고 그 계절은 대개 음력 3~5월에 이른다.

김[海苔]

연안 여러 섬에서 널리 생산되지만 양식을 운영하는 곳은 광양만 및 장직로에 연하는 고금 및 조약 두 섬의 연안이다. 광양만의 경우는 김 양식이 매우 활발하지만 기타 2개소 (고금도·조약도)는 지역이 협소하다. 여러 섬 중 이름 있는 산지는 조도군도 및 진도이며, 그 채취 시기는 2~3월 경이다.

소금

전라도의 땅은 예전부터 소금산업이 성행하였고 전국에서 으뜸이다. 이름난 산지는 지도군에 속한 지도 및 나주의 각 군도, 무안군, 진도군, 해남군, 강진군 등이며 기타 임해 각 군에서 모두 소금을 생산하지 않는 곳이 없다. 전라도 1년의 생산량은 대략 전라남도 103,733,170근, 전라북도는 2,957,739근이며, 합계 106,690,909근이다.

전라남도(全羅南道)

제1절 광양군(光陽郡)[1]

개관

연혁

원래 백제의 마로현이었고, 신라는 희양(曦陽, 晞陽이라고도 쓴다)이라 칭했다. 고려시대에 광양으로 고쳤는데, 조선이 이를 따랐고 지금(대한제국)에 이르고 있다.

경역

전라도 남해 연안 가운데 동쪽 끝에 위치하고 있으며, 북쪽으로는 구례군과 접하고 있다. 동쪽은 하동강[2]으로 경상남도 하동과 구획되며, 서쪽으로는 순천군이 있으며, 남쪽은 바다에 면한다.

지세

북방은 산이 무리지어 있고, 남쪽은 지대가 낮아져서 다소의 평지를 이루고 있다. 광양군의 평지는 순천평지와 비교했을 때 좁지만 거의 400여 정보(町步)의 경작지가

---

1) 현재의 광양시로 1995년에 동광양시와 광양군을 통합하였다.
2) 섬진강의 별칭이다.

있다. 게다가 동·북·서 삼면이 산으로 둘러싸여 있기 때문에, 대단히 농경에 적합하다. 다만, 토지가 전반적으로 낮고, 해저 또한 경사가 완만해, 수준선(水準線)[3]의 구분이 불분명하며, 배수(排水)가 잘 되지 않는 점이 아쉽다고 한다.

산악

산 가운데 유명한 것으로는 도솔(兜率), 읍봉(揖峯), 백운(白雲), 백학(白鶴) 등이 있지만, 대부분이 민둥산이어서 수목이 울창한 산은 없다.

하천

하류(河流)는 몇 줄기가 있다. 하동군과 경계를 따라 흐르는 하동강은 섬진강 또는 악양강이라 부르고, 유역이 200여 리이다. 조선 9대(大) 하천의 하나이며 물이 맑고 깨끗하여 음료로 사용할 수 있다. 하구 부근에서는, 수심이 3m 남짓이다. 강을 어느 정도까지는 평시에도 작은 배로 거슬러 올라갈 수 있다. 물이 많을 때에는 상류의 구례읍 부근까지 거슬러 올라갈 수 있다. 그 밖에 군읍 소재지인 광양의 동서에 두 줄기의 소류(小流)가 있는데, 동쪽에 있는 것이 북천(北川)이고 서쪽에 있는 것이 남천(南川) 혹은 도청천(道淸川)이라 한다. 선박의 통행이 불가능하지만, 관개(灌漑)에는 이로움이 있다. 더욱이 광양만의 내부는 김과 패류(貝類)가 많이 생산되고 새우 또한 많이 생산되는데, 이는 여러 하천의 흐름에 기인하는 바가 많음은 의심할 여지가 없다.

해안

해안선은 드나듦과 굴곡이 심하고, 그 연장이 약 30해리에 달하지만, 경사가 완만하여 썰물 때의 해수면[干潮線]은 사리(大潮) 때, 수 해리 앞바다[沖合]에 있다. 특히 광양군의 동쪽인 진하(津下), 진상(津上), 옥곡(玉谷), 골약(骨若) 4면의 연해는 하동강의 하구[注口]에 위치하고 있어서 쓸려 내려온 토사가 일대에 넓게 퍼져 수 해리에

---

3) 기준이 되는 물의 높이를 말한다.

이른다. 물길[零筋] 이외에는 선박이 통행하기 어렵다. 그럼에도 비교적 몇 척의 배를 묶기[繫船]에 적당한 나루와 포구가 있는 곳은 오히려 이 지역이다. 다른 각 면 즉 이보다 서쪽 연안에서는 수심이 전반적으로 얕고 조석간만의 차 또한 큰데다가 썰물 때에는 갯벌이 멀리까지 드러나 배를 대기에 괜찮은 곳이 없다.

구획과 임해면(臨海面)

(광양)군에 속해 있는 22개의 면 가운데 해안에 접해 있는 면은 월포(月浦), 진하[4], 진상, 옥곡, 골약, 사곡(紗谷), 인덕(仁德) 7개 면이다. 그 위치는 월포가 최동단에 있어 경남 하동군과 경계를 접하고 있다. 옥곡 이하는 서쪽으로 차례대로 위치하고, 인덕면은 군의 서쪽 끝에 있는 순천군과 경계를 이루고 있다.

광양 군읍

군읍인 광양은 별칭이 마로(馬老) 또는 희양(曦陽)이다. 아마도 「건치연혁」에서 기인했을 것이다. 군의 서남쪽 순천군 경계 가까이에 위치하며, 인가(人家)가 다소 소밀하여, 이 지방에 있는 집산지 중 한 곳이었다. 군아(郡衙) 외에 순사주재소가 있는데, 순천경찰서의 관할에 속한다. 또 우체소(郵遞所), 재무서(財務署)가 있다.

교통 및 통신

교통은 육·해상 모두 불편하다. 광양에서 동쪽 하동에 이르는 60리, 서쪽 순천에 이르는 30리, 남쪽 여수에 이르는 90리(순천에서 여수에 이르는 60리) 모두 우편선로이다. 만약 광양에서 경성에 이르는 안전하고 편리한 길을 택한다면 여수로 나가서 연안항행기선 편으로 동쪽에 있는 부산으로 가거나, 서쪽에 있는 인천에 상륙하는 것보다 좋은 방법은 없다. 관찰도 소재지인 광주에 이르는 것 또한 불편하다. 통신은 취급하는 기관이 설치되어 있기는 하지만 교통과 마찬가지로 불편을 면하지 못한다.

---

4) 1914년에 진월로 통합되었다.

장시

장시는 광양 읍내 및 옥곡에서 열리는데, 장날은 읍내가 음력 매 1·6일, ▲ 옥곡은 매 4·9일이다. 집산물은 모두 금속제품[金物], 흰 무명천, 옥양목[金巾], 연초(煙草), 도기(陶器), 돗자리[蓆], 식염(食鹽), 어류, 김 등으로, 집산액은 한 달 평균 7천 원쯤이라고 한다.

물산

물산은 쌀, 면화, 철기(鐵器), 식염, 김 등인데, 그 중에서 면화와 김이 가장 중요하다.

수산

광양군의 수산물은 김 이외에 붕장어, 새우, 농어, 가오리, 서대[牛舌魚], 갈치, 조기, 도미, 정어리·멸치, 대합[蛤], 굴 등이 있으며, 그 가운데 붕장어는 주로 일본인 어부가 포획하며, 조선 어부는 이를 포획하지 않는다. 그리고 다른 어패(魚貝) 또한 그 생산이 매우 적다. 아마도 광양군의 연해는 앞에서 봤듯이 일대의 물이 얕아 어업은 어살 또는 소규모의 수조망(手繰網)으로 잡는 데 불과하기 때문이다. 이에 반해서 김을 생산하는 것은 (그 양과 규모가) 많고 커서, 전국에서 1위를 점하고 있다. 그 이익에 따라서 생계를 영위하는 자가 대단히 많다. 군의 보고에 의거해서 그 채집과 수확에 관계되는 마을을 나열하면 대체로 다음과 같다

김 채취와 관계있는 마을

월포면 - 신기(新基), 구동(鳩洞), 사평(沙坪), 돈탁(敦卓), 마현(馬峴), 금동(琴洞), 신송(新松), 구송(舊松), 월포(月浦), 문암(文岩), 갈길(乫吉)(이상 11개 마을)

진하면 - 선포(仙浦), 장재(長在), 망덕(望德), 구룡(九龍), 사동(蛇洞), 마동(馬洞), 용소(龍沼), 이정(狸井), 구덕(舊德), 신덕(新德), 아동(鵝洞), 신답(新畓), 선소(船所)(이상 13개 마을)

진상면 - 외금(外錦), 내금(內錦), 이천(梨川), 섬거(蟾居), 수동(藪洞), 용계(龍溪),

평촌(坪村), 비촌(飛村), 탄치(炭峙), 원당(元堂), 창촌(倉村), 평정(平亭), 방동(芳洞), 지랑(旨郎), 청룡(靑龍), 도원(桃源), 중양(中陽), 목과(木果), 입석(立石)(이상 19개 마을)

옥곡면 - 도촌(渡村), 광호(廣湖), 장동(莊洞), 삼존(三尊), 사동(獅洞), 묵방(墨房), 대리(大里), 영수(英水), 의암(衣岩), 신리(新里), 매동(梅洞), 금촌(錦村), 신기(新基), 오동(梧洞)(이상 14개 마을)

골약면 - 와우(臥牛), 마흘(馬屹), 세동(細洞), 불로(不老), 행정(杏亭), 사동(寺洞), 오류(五柳), 중동(中洞), 용소(龍沼), 장길(長吉), 고길(古吉), 황방(黃坊)(이상 12개 마을)

사곡면 - 초남(草南)(이상 1개 마을)

인덕면 - 봉정(鳳井), 중려(中閭), 해창(海倉)(이상 3개 마을)

김 양식장

이처럼 각 마을은 모두 김 채취를 업으로 하는 자가 적게는 5~6호, 많게는 십수 호가 있는데 대개 10정보가량씩 해면(海面)을 점유하여 살[簾]을 설치해 양식을 한다. 양식장은 옥곡면에 속한 광호 부근에서 장길, 고길, 황방에 이르는 연안을 중심으로 갈도, 내도(이상 하동군에 속한다.), 대인도, 사도, 고도, 거문이, 금도, 소부도, 서취도, 유도(이상 돌산군[5]에 속한다.), 비운도(광양군 골약면에 속한다.)까지 이어져 있다. 그 활발함은 일본 동경만의 김양식에 비할 바가 아니다. 더욱이 이러한 양식장은 모두 조상 때부터 전승되어서 매매나 저당을 목적으로 공급할 수 있는 것이 논밭이나 산림과 마찬가지다. 사정가격(査定價格)은 대개 1단보에 45~60원이고 만약 그것을 임대하면 1년에 4원 50전 내지 6~7원이라고 한다.

살을 세우는 일은 매년 한로(寒露), 즉 양력 10월 초하루에 행한다고 한다. 45일이 지나면 포자(胞子)가 발생한다. 다시 45일이 지나면, 채취시기에 들어선다. 즉 살을 세운 날로부터 총 90일이 지나서 채취에 착수하는 것이 일반적이다. 하지만, 해에 따라

---

5) 현재의 여수시 돌산읍이다.

빠르고 늦음이 있음은 피할 수 없다. 보통은 대개 양력 12월 중순부터 채집을 시작하여 이듬해 3월에 끝낸다.

살의 종류는 대나무 또는 섶가지(蠶朶) 등이지만, 특히 대나무를 많이 사용한다. 길이가 보통 20척이고, 짧아도 10척이며 가지가 가장 무성한 것을 고른다. 가지가 서로 겹쳐질 정도로 세우는데, 그 간격은 대개 3척 쯤이다. 이와 같은 대나무 한 개의 가격은 3전에서 5전으로 하동, 광양지방에서 구입한다.

앞에서 기술한 마을 가운데 김 양식 이외의 일반어업을 행하는 곳은 진하면에 속한 이정·신담·선소, 옥곡면에 속한 도촌·광호·골약면에 속한 와우·장길·고길·황방 등이다. 사용하는 어구는 어살 또는 소예망(小曳網, 수조망手繰網)으로, 새우·조기·갈치·농어·가오리·서대·민어 등을 어획하는 것 외에 대합, 기타 패류(貝類)를 잡는다. 새우는 생산이 제법 많으며, 이에 버금가는 것이 대합이다.

일본어부의 붕장어 어업 및 활주모선(活洲母船) 근거지

월포면에 속하는 선소와 망덕리 부근은 물이 다소 깊다. 또한 조수(潮水)가 항상 환류해서 활주모선의 근거지에 적합하다. 그러므로 매년 붕장어철이 되면 80여 척의 일본어선이 모여들고, 활주장치를 갖춘 범선(帆船)도 20여 척으로 많이 모여든다. 그리고 어부들은 구마모토(熊本), 오카야마(岡山), 히로시마(広島), 가가와(香川)[6] 현 출신으로 모두 붕장어잡이를 목적으로 한다. ▲ 어장과 어기는 1~5월 사이에 옥곡면 광호(해도에 한포閑浦라고 기록되어 있다) 부근에서 강을 거슬러 이정리(狸井里)까지, 6월 이후에는 돌산군에 속한 대인도 부근에서 경상남도 하동군에 속한 갈도 부근까지이며, 점차 앞바다로 나아가 묘도 근해에 이르러 9월 하순에 끝난다. ▲ 어구는 2~3월 경에는 주로 긁개[掻具]를 사용하고, 4~6월에 이르는 기간에는 낚시를 사용하며, 6월 경에는 인망(引網)을 사용한다.(인망은 조망(操網)으로 주로 우나기비키[鰻引]라 한다. 주머니 입구가 2길(尋), 길이가 3길로, 여름에 붕장어가 헤엄칠 때 사용한다. 히로시마, 오카

---

6)　시코쿠 북동쪽에 있으며 현청 소재지는 다카마츠(高松)이다. 사누키(讚岐)로 불리기도 했다.

야마 어부들이 사용한다.)

제2절 순천군(順天郡)[7]

개관

연혁

본래 백제의 감평군(欿平郡)[8]이었는데, 신라는 승평(昇平)이라 개칭하였고, 고려는 승주(昇州)라고 하였다. 또한 군절도사(軍節度使)를 두어서 연해(兗海)라고 불렀으나 이후 목(牧)으로 삼고, 다시 부로 삼으면서 처음으로 순천(順天)이라고 명명하였다. 조선에서 이를 이었고, 태종 13년에 이르러 도호부(都護府)를 두고 또 진(鎭)을 두어 부사로 하여금 병마첨절제사를 겸하도록 하였다.

당시 부에 속한 곳은 북쪽의 부유현('富有縣, 지금의 곡성군), 동쪽의 광양현(光陽縣, 지금의 광양군), 남쪽의 여수 및 돌산 2개 현(지금 모두 군이 되었다), 이상 4현이다. 진(鎭)에 속한 곳은 광양, 낙안, 보성, 흥양(興陽), 능주, 동복, 화순, 구례의 8읍이었다. 선조 35년에 전영(前營)[9]이 설치되자 이에 속하는 삼사(三司)[10]를 두었고 본주 및

---

7) 1995년 1월 1일 전국 행정구역 개편에 따라, 승주군과 순천시가 통합되어 현재 순천시가 되었다.
8) 감평군(欿平郡)으로도 표기한다.
9) 5군영의 편제는 명나라 척계광(戚繼光)의 『기효신서(紀效新書)』를 따라 영(營)·사(司)·초(哨)·기(旗)·대(隊)·오(伍)로 하였다. 가장 큰 규모의 단위가 영이며, 가장 기초적인 단위가 오였다. 이 중에 조직의 핵심은 초이며, 삼수병(三手兵)으로서 대략 125~127명의 군사로 편제되었다. 선조 27년 임진왜란 후 군제를 개혁에 따라 종래의 5위가 없어지고 훈련도감을 시작으로 5군영을 설치하였고, 서울 5부의 장정(43,417명)을 뽑아 명나라의 교관을 초빙하여 3수(三手. 포수(砲手), 사수(射手-궁병), 살수(殺手-창이나 검법))를 훈련하였다. 삼수병의 훈련비용을 충당하기 위해 특별지세(特別地稅)로서 삼수미를 거두었다(선조 35년 평안, 함경, 양도를 제외한 6도에서 거두었음). 이들 5군영은 1881년(고종 18) 군제가 개혁되어 신식군대로 개편되면서 무위영(武衛營)과 장어영(壯禦營)에 통합되었다.
10) 사(司)는 조선 초기에 시행된 중앙 군사 조직의 편제 단위이다. 좌사(左司)는 보성, 흥양, 중사(中司)는 장흥, 광양, 동복, 구례이다.

낙안은 실로 그 전사(前司)였다. 이후 소속에 변혁이 있어서 고종[先帝] 33년(1896년)[11] 각 군을 신설하면서 도호부를 폐지하였고, 얼마 지나지 않아 다시 군으로 삼아 지금에 이른다.

경역

북쪽은 하동강의 한 줄기가 곡성, 구례의 두 군과 경계를 이루고, 동쪽은 광양군과 접하며, 서쪽은 보성군과 접한다. 남쪽 일대는 여자만과 마주하며 그 동남쪽 끝부분이 지협(地峽)을 이루며 여수군에 접한다. 그리고 이 지협의 동쪽은 광양만에 연한다.

지세

지세는 산악이 일대에 중첩(重疊)되어 평지가 적다. 강은 여러 줄기(數條)가 있지만 큰 줄기는 없다. 동부를 흘러서 군성(郡城) 부근을 지나 여수반도와 접하면서 생긴 깊은 후미의 용두포에서 공동 하구를 이루어 바다로 들어가는 두 줄기가 있다. 또 서쪽 낙안의 부근을 지나서 보성군계에 있는 후미로 들어오는 두 줄기가 있는데, 4줄기 모두 제법 크다. 이 여러 줄기[數流]의 강은 모두 주즙(舟楫)[12]이 편리하지 않지만 관개에는 이로움이 적지 않았다. 유역(流域)을 따라 다소 넓은 면적을 가진 두 평야가 있다. 즉 첫 번째는 순천평야이고, 두 번째는 낙안평야이다. 모두 논 700~800여 정보가 있어서 전남 연해의 주요 쌀 산지이다.

해안

연안은 대단히 굴곡이 심하다. 특히 읍성의 남쪽에 있는 용두포와 같이 보성군계, 즉 벌교 부근의 경우는 매우 깊은 후미를 이루지만, 여자만은 주변 일대가 전부 면

---

11) 1895년(고종 32년)에 지방제도 개정으로 남원부 순천군, 1896년(고종 33년)에 전라남도 순천 군이 되었다. 1896년 돌산군(突山郡)을 신설함에 따라 도서지역이 돌산군에 이관되었다. 1897 년에 순천군 소속 율촌면·소라면·삼일면·여수면을 나누어 여수군(麗水郡)을 신설함으로써 면 적이 축소되었다. 1908년에 낙안군을 폐지하여 낙안의 읍내·내서·외서·동상·동하·초상 ·초하면이 순천군에 편입되었다.
12) 원래의 뜻은 작은 배와 큰 배이지만, 배를 이용한 교통을 말한다.

곳까지 얕다. 또한 조석간만의 차가 대조(大潮)[13] 때 14~15피트(尺)[14], 소조(小潮)[15] 때 10피트 안팎이므로 군내 한 곳도 계선(繫船)[16]에 적합한 진포(津浦)가 없다. 단, 용두포는 읍성의 출입구에 위치하여 선박의 출입이 많지만, 모두 조석(潮汐)을 이용한 것으로, 물길[澪根]의 굴곡이 심해서 통행이 쉽지 않다는 점을 유의해야 한다.

연해 어민은 모두 니취(泥橇)[17]를 사용한다. 갯벌의 뻘[淤泥]이 깊어서 도섭(徒涉)[18]할 때 견딜 수 없기 때문이다.

순천군읍(順天郡邑)

군읍, 순천은 옛 이름을 감평(歃平), 사평, 무평, 승평, 승주, 연해, 승화, 평양 등으로 불렀다. 모두 건치연혁(建置沿革)에 의거하였다. 군 동남쪽의 광양 및 여수 경계에 가까이 위치하며, 전남 해상에서 서울에 이르는 국도의 관문이었다. 그러므로 과거에 대단히 중요한 지역으로 간주되었다. 하지만 바다는 앞에서 설명한 것과 같이 물이 얕아 선박 출입의 편리에 부족함이 있어서 발달에 이르지는 못했지만, 그래도 육로 교통의 요충지에 해당되므로 인가[人煙]가 밀집해서 호수가 약 3천을 헤아린다. 군아(郡衙) 이외에 지역재판소, 경찰서, 재무서, 우편전신취급소 등이 있고, 일본인 거주자 역시 적지 않다. 시가가 번화하고 상업이 다소 융성한 지역 중 하나이다.

교통 및 통신

교통은 해륙 모두 불편하다. 읍성부터 광양까지 약 60리, 여수까지 약 80리, 낙안까지 60리, 벌교까지 70리인데, 이는 모두 우편 선로이다. 통신은 읍성에서 우편전신취급소

---

13) 달과 태양의 기조력이 맞아서 조수차가 최대로 되는 조석, 달과 태양이 지구에 대해 일직선상에 위치하는 경우, 즉 보름달과 초승달 무렵에 생긴다.
14) 원문에는 尺으로 되어 있으나 피트를 뜻하는 呎과 같은 의미로 쓴 것으로 생각된다.
15) 밀물·썰물의 차가 가장 적을 때의 조수, 달과 태양이 지구에 대해 서로 직각 방향에 위치할 경우, 즉, 반달[弦月] 무렵에 생긴다.
16) 선박을 항구 등에 繫留시키는 것을 말한다.
17) 갯벌 위를 지나다닐 때 사용하는 운반 기구 또는 탈 것을 말한다. 현재는 갯벌썰매라고 한다.
18) 걸어서 강이나 바다의 얕은 곳을 건너는 것이다.

가 있어서 약간 편리하다.

구획 및 임해면

군내 14면이 있지만 그 중에서 바다에 연해있는 것은 용두·하사·별량·초천·낙천의 5면이다. 용두면은 동쪽 끝으로 광양과의 경계에 위치하고, 하사·별량·초천의 순서로 늘어서 있다. 낙천면은 서쪽 끝으로 보성군과 경계하고 있다. 다만 낙천면은 원래 낙안군에 속한 내서·외서·동상·동하의 4면, 초천면은 낙안군의 초상·초하 2면을 병합한 것이다.

위의 다섯 면 가운데 임해 마을이 적지 않지만 수산업과 관계있는 곳은 ▲ 용두면에 속하는 신성(新星)·와온(臥溫) ▲ 별량면에 속하는 고전(庫田)·거차(巨次)·화포(花浦)·우명(牛鳴)·현절(玄切) ▲ 초천면에 속하는 동막(東幕)의 8마을이다. 다만, 신성(新星)[19]은 「해도(海圖)」[20]에 신성포(新城浦)라고 기록되어 와온과 함께 광양만에 면한다. 기타 각 마을은 여자만에 면한다.

어업 상황[漁情]

어업은 모두 지형을 이용해서 어살[魚箭]을 설치하는 것 이외에는 겨우 수조망(手繰網)[21]을 사용하는 데 그친다. 특필할 가치가 있는 곳은 없지만 여자만은 새우를 생산하는 곳으로 전남 제일로 손꼽힌다. 일본어부로서 출어하는 자도 많고, 연해 마을 사람들은 일본인들의 주문[仕込]을 받아서 어획에 종사하는 자도 적지 않다. 또 성어기에 들어서면 읍성의 어상들이 출매선(出買船)을 사출(仕出)[22]하는 경우도 많다. 앞에서 설명한 각 마을에서의 어업 상황은 책 말미에 첨부된 어사일람(漁事一覽)에서 그 대략[大要]을 살펴볼 수 있으므로 이를 생략하고자 한다.

---

19) 원문에는 신리(新里)로 기록되어 있으나 정오표에 따라서 신성(新星)으로 정정하였다.
20) 1895년부터 일본 해군 수로부에 의하여 제작된 해도를 말한다.
21) 끌그물의 일종으로 자루그물과 이에 연결하는 양 날개그물로 이루어지며 해저로부터 끌어 어류를 잡는 그물이다.
22) 원래 음식을 만들어 배달한다는 뜻이지만, 여기서는 출매어상들이 해산물을 구입을 하기 위해서 조업 현장으로 구매선을 내보내는 것을 말한다.

장시[23]

장시는 읍성, 신흥리(용두면), 괴목리(황전면), 광구리(주암면), 낙수리(송광면), 읍내(낙천면)의 여섯 곳이 있다. 읍성은 음력 매 2·7일에 시장을 연다. ▲ 신흥(新興)은 매 4·9일 ▲ 괴목(槐木)은 매 4·9일 ▲ 광구(光溝)는 매 2·7일 ▲ 낙수(洛水)는 매 1·6일 ▲ 읍내(邑內)는 매 3·8일 시장이 열린다. 집산물은 누룩[麴子], 어류, 해조류, 소[生牛], 연초, 자리[席], 철기, 도기(陶器), 백목면(白木綿)[24] 및 잡화이다. 집산구역은 각 시장에서 가장 가까운 곳에 따르는데, 광양, 곡성, 순창, 돌산, 구례, 보성의 여러 군에 이른다.[25]

물산(物産)

물산은 주로 농산물로서 쌀, 기타 잡곡 생산이 적지 않다. 수산은 새우를 주로 한다. 또한 식염 생산도 제법 많은데, 한 해의 생산량[製産]이 약 25,000원이라고 한다.

제3절 여수군(麗水郡)[26]

개관

연혁

본래 백제의 원촌현(猿村縣)이었는데, 신라가 해읍현(海邑縣)으로 개칭하였고, 고

---

23) 조선시대 시장의 일종으로, 상설 점포 등에서 행상인이나 부근의 농민들이 정기적으로 모여서 상품 교환을 실시하는 장소로 교통의 요충지에 설치되었으며, 조선시대부터 조직화하였고 조선 후기에는 전국화되었다.
24) 하얀 무명천을 말하며 목면포, 무명베라고도 하며, 줄임말로 백목이라고 한다.
25) 앞에 있는 각 시장의 가장 가까운 주변 지역을 뜻한다.
26) 1998년 4월 1일 여천시·여천군·여수시가 통합되어 새로운 여수시가 되었다. 대부분의 고지도에는 '여수(呂水)'로 현재와 한자가 다르게 표기되어 있다.

려가 지금의 이름으로 고쳤다. 조선 태조 때 만호(萬戶)[27]를 내례포(內禮浦)에 두었다가 성종 10년(1479년, 기해년)[28] 3월에 수군절도영(水軍節度營)을 여수에 설치하였다. 이후 114년[29]이 지나 선조 26년(1593년) 계사년 10월(일본 문록文祿 2년, 고요제이[後陽成] 천황 때 도요토미 히데쓰구[豊臣秀次]가 관백關白[30]일 당시)에 충청·전라·경상 3도의 통제영(統制營)으로 삼고 아울러 본직을 겸하도록 하였다. 이후 9년[31]이 지나 선조 35년(1602년, 임인년) 정월[32](일본 경장慶長 7년, 도요토미 히데요리[豊臣秀賴] 4년)에 본영(本營)이 부산과 거리가 멀어서 경상도의 우수영(右水營, 통영)으로 옮겼다. 그리고 여수군 지역에 수군절도영(水軍節度營)을 존치(存置)[33]하여 좌수영(左水營)이라고 칭했다. 이후 123년이 지나 영조 원년(1725년, 을사년) 12월 도호부(都護府)를 설치하고 부사로 하여금 수사(水使)를 겸하도록 하였는데, 이듬해 도호부를 폐지하고 오직 절도사만을 그대로 두었다. 이후 168년간 하등의 변혁이 없었지만 고종 32년(1895년 을미년, 일본 명치 28년) 7월[34]에 마침내 절도영을 폐지하였다. 이후 2년[35]이 지나 광무원년(1897년, 정유년[36], 일본 명치 30년)에 군수를

---

27) 고려·조선시대 외침 방어를 목적으로 설치된 만호부의 관직이다. 만호는 민호(民戶)의 수에 따라 만호·천호·백호 등으로 불리다가, 차차 민호의 수와 관계없이 진장(鎭將)의 품계와 직책 등으로 변하였다. 이는 원나라 제도에서 유래한 것으로 육군보다는 수군에 이 명칭이 남아 있다. 고종 때부터 왜구의 침범이 잦아지고 또한 원나라와 함께 일본 정벌을 목적으로 합포(合浦: 지금의 마산)·전라(全羅)의 두 지역에 만호부를 두어 만호·천호 등으로 통솔하게 한 것이 처음이다.

28) 원문에는 성종 15년으로 되어 있다.

29) 원문에는 113년으로 되어 있다.

30) 천황의 정사를 보좌하는 직책을 말한다. 원래는 섭정과 함께 후지와라씨[藤原氏]가 임명되었는데, 도요토미 히데요시가 무신(武臣)으로서 처음으로 관백이 되었다.

31) 원문은 7년이라고 되어 있다.

32) 원문에는 선조 29년 신축 정월로 되어 있다. 『호좌수영지(湖左水營誌)』에서는, "전라좌수영은 순천도호부의 여수면에 있었다. 이 지역에는 원래 내례포만호(內禮浦萬戶)가 설치되어 있었는데 1479년 수군절도사(水軍節度使)를 두었다. 1593년 당시 전라좌도 수군절도사였던 이순신(李舜臣)이 삼도수군통제사(三道水軍統制使)가 되면서 이곳에 통제영이 두어졌고 1599년에는 대대적인 중건이 이루어졌지만 1602년 통제영이 경상우수영으로 이전하며 다시 전라좌수영으로 격하되었다. 현재의 행정구역상 전라남도 여수시 군자동, 시전동 일대에 해당된다."라고 하였다.

33) 제도나 설비 따위를 없애지 않고 그대로 두는 것을 말한다.

34) 원문에는 7년이라고 되어 있다.

35) 원문에는 1년이라고 되어 있다.

36) 원문에는 壬寅으로 되어 있다.

두어서 지금에 이른다.

경역

순천읍 부근에서 남해로 뻗어 있으며 굴곡진 큰 반도 지역인데 일본 수로부에서 간행한「해도(海圖)」에서 여수반도라고 기록된 곳이 이곳이다. 여수반도는 동북쪽으로는 광양만이 있고, 동쪽은「해도」에서 소위 여수만을 사이에 두고 경남의 남해도와 마주한다. 남쪽의 돌산도와 함께 가막양을 에워싸고, 서쪽 일대는 여자만(일명 순천만)이 있는데, 그 중앙부도 또한 굴곡이 심하다.

해안의 형세

여수군 전 지역은 반도이고, 삼면이 크게 만입되어 있으므로 그 형태가 불규칙한 Y자형 형태를 이룬 동시에 해안선도 또한 길어서 둘레가 대략 40여 해리(74.08km)에 달한다. 하지만 해심은 얕고 조석(潮汐)의 차가 제법 커서 6피트(약 182cm) 정도에 이르러 계선(繫船)에 편리한 항만은 없다. 여수군의 좋은 항구로는 유일하게 군읍(郡邑)인 여수가 있을 뿐이다

지세 및 하천

지세는 산악의 기복이 있어서 해발 1,200~1,300피트[呎]에서 1,500~1,600피트에 달하는 것이 적지 않다. 따라서 경사가 급하고 평지가 적다. 하천은 여러 줄기가 있지만 유역(流域)이 짧고 적어서 모두 작은 계류(溪流)에 지나지 않는다. 남으로 흘러서 여수항의 서쪽으로 들어가는 것을 연등천(蓮嶝川)이라고 하고, 동으로 흘러서 사정(沙頂)에 이르러 광양만으로 들어가는 것을 동교천(東橋川)이라고 한다. 동남쪽을 흘러 낙포(洛浦)에서 바다로 흘러 들어가는 것을 부흥천(富興川)이라고 한다. 대부분은 동쪽으로 흘러서 광양만 및 여수만으로 들어가고 서쪽으로 흘러서 여자만으로 흘러 들어가는 것은 적다. 모두 다 평소에 물이 많지 않지만 하구에서 조개류를 많이 생산하는 이로움이 있다.

구획

군내를 나누어서 율촌(栗村), 구산(龜山), 삼일(三日), 군내(郡內), 쌍봉(雙鳳), 화양(華陽), 덕안(德安)의 7면으로 삼았다. 율촌면[37]은 가장 북쪽에 위치해서 육지 쪽의 순천군에 연결되어 있다. ▲ 삼일면은 율촌면의 동남쪽에 이어져 있으며 광양만으로 향해 있다. ▲ 군내면은 삼일면의 남쪽에 있으며 여수군의 동남쪽 끝을 이룬다. 돌산도의 북단과 서로 마주보고 있다. ▲ 쌍봉면은 군내면의 서쪽에 위치하며 가막양에 면한다. ▲ 화양면은 여수군의 서남단에 위치해서 다시 하나의 반도를 형성한다. 돌산도와 마주해서 가막양의 서쪽을 이룬다. 해도에 고돌산반도라고 기록된 것이 본면[화양면]의 지역이라고 한다. ▲ 덕안면은 북쪽에 위치해서 여자만과 가까이 있으므로 가장 북쪽의 율촌면으로 이어진다.

호구

호구는 각 면을 합해서 호수(戶數)는 3,638호, 인구는 12,677명이다. (융희 2년[38] 군아 조사) 대부분은 농사 위주로 생활을 영위하고, 부업으로서 직조업[織紡]이 다소 활발하다. 또 염전이 있어 제염에 종사하는 사람도 다소 있다.

외국인이 거주하는 곳은 오직 여수 읍내뿐이고 기타 지역에는 없다. 일본 출어자가 주로 기항하는 곳도 또한 읍내라고 한다.

어업 상황

연해 마을 중에서 어업과 관계있는 곳은 29개 마을이다. 호수(戶數)는 1,460호이고 인구는 3,703명이지만 어호(漁戶)는 여수군 전체에서 겨우 99호이고 어업종사자는 가족을 합해서 375명에 불과하다. 게다가 대부분 읍내에서 거주하고 나머지 각 마을은 모두 몇 호씩 있을 뿐이다. 어법(漁法)은 대부분 어살을 설치해서 어류가 오기를 기다리는 것이고 그중에서 어망을 사용하는 자가 있지만 소규모의 거망(擧網),[39] 궁망(弓

---

37) 교재에는 果村面으로 잘못 표기되어 있다.
38) 1908년(융희 원년 1907년)이다.
39) 물고기가 지나는 길목을 막아서 물고기 떼를 한곳에 몰아넣을 수 있도록 치는 그물의 하나로, 통

網)40) 또는 소예망(小曳網)41) 등을 사용할 뿐이다. 모두 지방의 어업에 머물고 연해[沖合]에 출어하는 경우는 없다. 군내를 합해서 어선 82척, 소예망 42통, 거망 5통, 궁망 3통이 있고, 어살 25곳[座]이 있다. 어획물은 조기, 도미, 가자미[鰈],42) 양태[こち],43) 오징어, 기타 잡어라고 하며, 사계절을 통틀어 종류에 큰 차이를 보이지 않는다. 여수군의 보고에 의하면 1년 어획액은 어림잡아 6,865원이라고 한다.

장시(場市)

장시는 읍장(邑場), 구동장(九洞場, 이상 군내면), 용기장(龍基場), 선소장(船所場, 이상 쌍봉면), 나지장(羅支場, 華陽面) 등이고 개시(開市)는 읍장 매 1·6일장 ▲ 구동 매 4·9일장 ▲ 용기장 매 5일장 ▲ 선소장 매 10일장 ▲ 나지장 매 4·9일장이라고 한다. 그중에서 읍장이 번성하다.

교통 및 통신

교통은 육로가 불편하다. 군읍인 여수에서 순천읍에 이르는 80리(32km)는 우편선로로 이루어져 있다. 해로는 대체적으로 다소 편리하다. 통신기관은 군읍 이외의 지역에는 아직 설치되지 않았다. 우편물은 읍내에서 해륙(海陸)의 두 길로 체송(遞送)시킨다. 육송은 격일로 순천읍에 이르러 다시 부산 및 목포 방면으로 체송시키고, 해로 편은 연안에 항행하는 기선이 들어올 때마다 집배(集配)한다.

물산

해산물 이외의 주요 물산은 목면(木綿) 및 마포(麻布)이다. 목면은 여수군 내에서

그물의 네 귀에 긴 말뚝을 박고 도르래를 달아 줄로 바닥 그물을 들어 올리게 친 것이다.
40) 조류를 이용해 자루그물을 펼쳐 고기를 잡는 것으로 배를 가지고 자루그물을 이동하는 초보적인 안강망이다.
41) 그물을 수평방향으로 임의 시간 동안 끌어서 잡는 어구(漁具)·어법(漁法)을 말한다.
42) 가자미[鰈], 넙치[鮃]라고 하였으나, 「수산물일한명칭대조표」에서 반대로 표시하고 있다. 『한국수산지』 1집 1권 195쪽 각주 참조
43) 양탯과(科) 어류의 총칭이다. 일본 한자인 鮹은 적을 만나면 뛰듯이 도망치는 모양을 춤추는 것(踊)과 연관시켜 만든 것이다. 牛尾魚라고 하는 것은 소의 꼬리의 모양을 닮았기 때문이다.

생산량이 많고, 이를 직조하면 1년 생산액은 30,000여 원을 웃돈다. 마포는 군내에서 모시[苧], 삼[麻]의 생산이 많지 않으므로, 이를 광양(光陽), 혹은 하동 지방에서 구입해서 직조한다. 연 생산액은 2,000여 원에 달한다. 군내 미곡(米穀) 생산은 적다. 해산도 또한 많지 않으므로 자연이 직조업의 발달을 초래한 것이 아닐까?

여수군읍

군읍(郡邑) 여수(麗水)는 원촌(猿村), 해읍(海邑), 내례포(內禮浦), 통제영(統制營), 좌수영(左水營), 매성(梅城), 매영(梅營) 등의 별칭이 있는데, 모두 「건치연혁」에 따른 것이다. 군내면(郡內面)에 속하고, 군(郡)의 동남쪽 끝에 있으며, 돌산도(突山島)의 해협과 마주한다. 남해 연안항로의 요충지이기 때문에 전남 해상을 통제하기에 충분하므로 예부터 수백 년간 수영(水營)을 두어 우리나라[本邦] 남해의 중요한 진(鎭)으로 알려져 왔다. 통제영(統制營), 좌수영(左水營), 매성(梅城), 매영(梅營) 등의 별칭은 이런 특성으로 인한 것이다. 시가는 종고산(鐘鼓山, 鐘山 혹은 鼓山이라고 약기한다)의 남쪽 기슭에 위치하며, 남해(南海)를 마주한다.

인구가 밀집하여 상업이 번성하고 전남 연해에서 손꼽히는 집산 시장이다. 호구는 군아(郡衙)의 최근 조사에 따르면 호수 639호, 인구 1,189명이 있다. 대다수는 상업 및 농업에 종사하고 어호(漁戶)도 또한 적지 않다. 예로부터 군내 제일의 어업지로 여겨졌다. 일본인 거주자는, 이 또한 최근 조사에 의하면 호수 27호, 인구 67명으로 모두 상업에 종사한다. 일본 여관 3곳, 잡화점, 약국 등이 있어서 제법 편리하다. 이곳의 장시는 앞에 이미 언급했듯이 매 1·6일에 열리고, 인마의 왕래가 빈번하고 시장에 종일 사람들이 끊임없이 모여들어 매우 번성하다. 장은 진남문(鎭南門) 밖에서 해안에 이르는 일대의 거리인데, 읍의 거의 중앙에 위치한다. 장이 열리는 곳은 넓고 좋은 곳에 위치한다. 장에 나오는 것 중 주요한 것은 목면(木綿), 마포(麻布)인데 그 중 목면은 11월부터 이듬해 5월까지 많고, 한 번 장이 열릴 때 매상은 평균 300필[反]을 웃돈다. 마포는 1년 내내 한번 장이 열릴 때 30필에 불과하다. 그 외에 소금[生鹽], 건어, 곡류 등이 많이 출시된다.

이름난 유적

이곳에 성곽이 있는데 종고산의 남쪽 좌우를 둘러싸고 그 정상에 이른다. 둘레 3,300여 척(尺), 높이 13척이다. 3문(門)이 있는데, 동쪽은 총인문(總仁門), 서쪽을 통의문(統義門), 남쪽을 진남문(鎭南門)이라고 한다. 남쪽의 진남문은 성의 정문으로 누각 위에 '진남문(鎭南門)'이라는 편액이 걸려 있다. 성내에는 민가가 많지 않고, 일대는 경사지로 조망하기 좋은 곳이다. 유명한 사적으로 진남관(鎭南館), 운주헌(運籌軒), 고소대(姑蘇臺) 등이 있다. 그 중 진남관은 건축기법[結構]이 크고 훌륭하며[宏傑] 웅장하고 화려한 것[壯麗]이 남해 제일이라고 일컬어지는 곳으로, 진실로 수사(水使)의 본영이라고 할 만하다.

진남관은 지난날 무력적인 위엄을 보여주는 곳으로 기념하기 위하여 보존되었는데, 최근 다시 광무 3년(1899)에 중수되었다. 그런데 울창한 수풀 사이에 우뚝 솟은 큰 건물이 지금 여전히 장엄하게 그 당시의 위엄을 유지하여 자못 훌륭한 장관을 이루고 있어, 여행객이라면 한번은 유람할 만한 가치가 있다. 고소대(姑蘇臺)는 군내 10경 중 제일로 예부터 아주 유명하다. 누대는 지금은 황폐하게 내버려져 있지만 여전히 아름다움을 잃지 않아 유람할 만하다. 원래 이곳은 호남 제일의 경승지로 알려진 곳으로 일대의 산수가 수려해서 풍치가 매우 좋다. '여수(麗水)'라는 이름도 아마 우연이 아닐 것이다. 문사들이 경치를 즐겨볼 만할 것이다.

관서 기타

이곳은 군아 외에 재무서(財務署), 우편취급소, 순사주재소가 있다. 또 조선해수산조합(朝鮮海水産組合)의 출장소가 있다. 최근 일본 수비대도 역시 주둔하여 부근의 평온함[靜謐]를 유지하고 있다.

여수의 정박지

정박지는 서북쪽은 산으로 둘러싸여 있고 동쪽은 종고산 자락이 뻗어서 다소 남쪽으로 돌출해 있다. 남쪽에 작은 섬이 떠 있기 때문에 사방에서 부는 대부분의 바람은 견딜 수 있다. 그렇지만 물이 얕고 조석의 차이도 또한 제법 커지기 때문에 썰물 때에는 배가 해안에 닿기 어렵다. 「해도(海圖)」에 표시한 바에 따르면 여수 앞쪽 돌산도 사이의 해협은 수심이 2~4길에 이른다. 이 해협을 남서로 돌면 가막양(駕莫洋)[44]으로 통한다. 가막양은 물이 얕지만 보통의 범선이 통항하는 데 지장이 없다. 그리고 이곳은 동으로, 혹은 남으로 어디에서든 출입할 수 있어서 매우 편리하다.

교통 및 통신

교통은 육로는 불편하지만 순천읍(順天邑)까지 80리(32km)이며 왕래가 다소 빈번하다. 해로는 선박의 출입이 빈번할 뿐 아니라 해안을 항행하는 기선(汽船)이 10일에 한번 왕복하기 때문에 매우 편리하다. 해로는 경상도 삼천포(三千浦)까지 26해리, 부산까지 96해리, 서쪽 목포항까지 130해리이다. 또 돌산도 읍내까지 해륙(海陸)으로 50리(20km)라고 한다. 통신은 순천읍과 사이에 격일로 체송(遞送)하고, 해로편은 연안을 항행하는 기선이 입진(入津)할 때마다 집배한다. 돌산도에 이르는 우편물은 이곳을 중계지로 한다. 해협을 건너서 돌산읍에 체송된다.

어업 상황

어업은 이곳이 군내에서 제일 번성한 곳이라고 하지만, 지방 어업에 그치고 규모가 작다. 어호(漁戶)는 44호, 어업 종사자는 그 가족을 합해서 146명이다. 어선은 44척, 궁망(弓網) 2통, 작은 예망(曳網) 15통, 투망(投網) 5통이 있다. 어채물은 봄·여름에는 감성돔[甘星魚], 도미, 오징어, 새우, 가오리, 기타 잡어이고, 가을·겨울에는 상어[鯊], 민어, 조기, 새우, 낙지, 대합[蛤], 기타 잡어이다. 1년 동안의 어획고는 대략 4,640원에 이른다. 판매지는 읍내 및 구동장(九洞場), 용기장(龍基場), 선소장(船所場)인데, 모두 읍내와의 거리가 20리(8km) 내외에 불과하다.

---

44) 가막만(駕莫灣)이라고도 한다. 북쪽의 여수반도(소호동·시전동·웅천동·국동·경호동 등)와 서쪽의 고돌산반도(화양면), 동쪽의 돌산도(돌산읍), 남쪽의 개도(화정면 개도리) 등으로 둘러싸인 만(灣)으로, 길이 15km, 폭 9km이다.

일본 출어선

본읍은 아직 일본 어업자 중 정주자는 없지만 출어선(出漁船)의 출입은 빈번한데, 봄·가을 2계절의 사이에는 하루 평균 5~6척에 달한다. 어장(漁場)은 여수만(麗水灣), 가막양(駕莫洋), 돌산도 및 여러 부속 섬들이 있는 연해이고, 어선의 종류는 봄에는 갯장어낚시[鱧繩], 새우어망[鰕網], 삼치유망[鰆流網] 등을 주로 한다. 가을에는 새우 어망, 도미 낚시선 등이라고 한다.

제4절 흥양군(興陽郡)[45]

개관

연혁

본래 장흥부 고이부곡(高伊部曲)이었다. 고려시대에 현으로 삼았다. 조선 세종대에 보성군 남양현의 땅을 분할, 병합하여 지금의 이름(흥양)으로 고쳤다.[46]

경역

남해에 있는 하나의 큰 반도지형으로 북쪽의 일부분이 아주 좁은 지협을 통해 보성군과 연결되어 있는 것을 제외하면, 사방이 바다로 둘러싸여 있다. 동쪽으로는 여수반도와 서로 마주보면서 여자만을 구성하고 있다. 서북쪽으로는 보성·장흥 두 군과 서로 마주하여 득량만(得糧灣, 보성만)[47]을 감싸고 있다. 면적은 1,900여 방리로 거제도와

---

45) 1914년에 기존의 흥양군과 완도군 득량도, 돌산군 금산면·봉래면·옥장면 일부를 흡수하여 지금의 고흥군(高興郡)이 되었다.

46) 1441년(세종 23년) 관아를 지금의 고흥읍으로 이전하였다. 조양현 땅을 보성에 돌려주고, 보성의 속현이던 남양현(南陽縣), 태강현(泰江縣), 풍안현(豊安縣), 도화현(道化縣)과 장흥의 속현이던 두원현(荳原縣), 도양현(道陽縣)을 편입하고 고흥과 남양을 따서 흥양현(興陽縣)으로 개칭하였다.

비슷하다.

해안

연안은 출입과 굴곡이 심하며, 사방 주변에 큰 요입(凹入)48)이 있지만 수심이 얕아 배를 대기에 적합한 곳이 없다. 그 가운데 이름난 곳은 동쪽 중앙에 크게 요입한 곳으로 「해도」에는 이곳을 해창오(海倉澳)49)로 기록하였다. 만 내에 여러 갈래의 물길이 흐른다. 북안에 당산(堂山)[海倉]이 있다. 당산은 해창만 내의 마을 가운데 가장 큰 것으로 서쪽에 있는 군읍인 흥양에 이르는 거리는 약 15리(6km)이다. 당산은 그 출입구에 위치하기 때문에 선박의 출입이 많다.

구획 및 각 면의 위치

군내를 구획하여 동면(東面), 대강면(大江面), 대서면(大西面), 남서면(南西面), 남양면(南陽面), 남면(南面), 점암면(占巖面), 두원면(豆原面), 읍내면(邑內面), 포두면(浦頭面), 도화면(道化面), 고읍면(古邑面), 도양면(道陽面)의 13개 면으로 나누었다. 호구(戶口)는 최근의 조사에 의하면 호수(戶數)가 5,570호, 인구가 17,332명이라고 한다. 각 면의 위치는 동면, 대강면, 대서면이 최북단에 있으며 보성과 접하고 있다. 남서면, 남양면, 남면, 점암면은 차례대로 그 남쪽으로 이어진다. 그리고 점암면은 군의 가장 동쪽에 위치하며 여수군의 고돌산반도와 서로 마주보면서, 여자만의 입구를 감싸고 있다. 여자만의 입구에 떠 있는 여러 섬들은 돌산군에 속해 있는 적금도(赤金島), 둔병도(屯兵島), 조발도(早發島) 등이다.

포두면은 점암면의 서쪽에 이어져 있으며, 두 면이 서로 마주보고 해창만을 감싸고 있다. 그리고 그 남동쪽에 있는 바깥쪽 바다 일대에는 돌산군에 속해있는 내국도(內國島)50)와 기타 작은 섬들이 펼쳐져 있다. 도화면은 포두면의 서남쪽과 이어져 군의 최남

---

47) 원문에는 득랑만(得狼灣)이라 되어 있다.
48) 본문에는 철입(凸入)이라 되어 있으나, 정오표에 따라서 요입(凹入)으로 정정하였다.
49) 지금의 해창만으로 고흥군 동쪽에 있는 포두면과 영남면 앞바다이다.
50) 지금의 내나로도를 일컫는다.

단에 위치한다. 그 앞에도 역시 돌산군에 속해 있는 지오도(之五島)[51]와 기타 작은 섬들이 바둑돌처럼 펼쳐져 있다.

고읍면은 도화면의 서북쪽에 접해 있으며, 도양면은 그 서쪽으로 이어진 반도지형으로 군의 최서단에 위치한다. 북서쪽의 장흥반도와 서로 마주보면서 득량만의 입구를 이루고 있다. 고읍·도화 두 면의 남쪽에는 큰 섬이 떠 있는데, 서로 마주보면서 내해를 구성하고 있다. 이 큰 섬은 절금도(折錦島)[52]로서 해도에 내해를 거금수도(居金水道)[53]라고 기록하고 있다(돌산군, 금산면 참조). 수도에는 중소 규모의 섬이 많이 산재되어 있다. 그리고 이들은 거금도와 같이 모두 돌산군 거금면에 소속되어 있다. 도화면의 북서쪽, 득랑만(得狼灣)[54]의 중앙에 떠 있는 섬은 득랑도라 불리며, 완도군에 속해 있다.

읍내면은 군치인 흥양읍이 있는 면으로, 고읍면의 북쪽에 있다. 동쪽으로 포두면과 접하고 있으며, 거의 군의 중앙에 위치한다. 두원면은 읍내면의 북쪽과 이어지며 이곳 역시 반도가 있다. 동쪽으로 점암면과 접해 있으며, 또한 남면과 마주보고 있다.

이와 같이 농년, 내상년, 섬암년은 동쪽으로 여사반과 접해 있으며, 남면, 님양면, 님서면은 동쪽이 여자만에 서쪽이 득랑만에 접해 있다. 대서·두원·읍내면은 득랑만에, 고읍, 도양면은 득랑만과 남해에, 도화·포두면은 남해에 연한다.

임해의 주요 마을

흥양군의 연안은 해안선의 출입과 굴곡이 많아 13면의 땅이 모두 바다와 접해 있을 뿐만 아니라 육지는 산악이 중첩되어 있어 평지가 적다. 그렇기 때문에 마을은 대부분이 바다에 연해 위치하고 있음을 볼 수 있다. 지금부터 수산과 관계있는 주요 나루와 포구를 열거하면 대체로 다음과 같다.

---

51) 지오도(芝五島)의 오자이다.
52) 지금의 거금도(고흥군 금산면)이다.
53) 고흥과 거금도 사이에 위치하며 소록도가 이곳에 있다.
54) 지금의 득량만(得糧灣)이다.

동 면 - 저두(猪頭, 저도猪島라고도 쓴다), 대포(大浦), 옹암(瓮巖), 점촌(占村) (이상 여자만에 접해 있다).

남서면 - 선정(仙亭, 여자만에 접해 있다), 탄포(炭浦, 해협의 제일 좁은 지점에 있으며, 득랑만에 접해 있다), 송림진(松林津, 득랑만 입구에 튀어나온 작은 반도의 서단에 있다).

남양면 - 덕면(德面), 거군(巨軍, 거군지巨君地라고도 쓴다), 죽산(竹山), 독태(獨太, 독대獨岱라고도 쓴다) (이상 4개의 마을은 여자만에 면해 있다), 중산(中山, 득랑만에 접해 있다).

남 면 - 도야(道也, 여자만에 접해 있다), 내로(內老), 외로(外老, 내로는 어떤 자료에서는 내촌內村, 외로는 외촌外村이라 쓴다. 모두 득랑만에 접해 있다).

점암면 - 여도진(呂島鎭), 곡강(曲江) (이상 여자만에 접해 있다), 남열(南悅)[55], 해창만 입구에 위치한다), 사도진(蛇渡鎭, 사도진巳渡鎭이라고도 쓴다. 해창만의 북동쪽에 있다).

포두면 - 송산(松山), 당산(堂山, 해창海倉이라고 불린다), 봉덕(鳳德), 외초(外草), 내초(內草) (이상 모두 해창만의 북쪽 및 서남쪽에 있다), 동래도(東萊渡, 내국도의 북서쪽 모서리와 마주하고 있다), 남리(南里, 남포南浦라고도 쓴다. 그 앞에 돌산군의 취도吹島가 떠 있다), 익금리(益今里)

도화면 - 발포진(鉢浦鎭), 선소(船所), 구암(九巖), 단장(丹粧, 최남단 모서리로서 그 앞쪽에 돌산군에 속한 지오도가 떠 있다)

고읍면 - 남당(南塘), 풍남포(豊南浦), 백석(白石) (이상 거금수도에 면한다)

도양면 - 봉암(鳳巖, 봉덕리鳳德里라고도 쓴다), 녹도진(鹿渡鎭) (이상 거금수도에 닿아 있다), 장구미(長九味), 금호(琴湖), 당동(堂洞) (이상 득랑만에 접해 있다)

읍내면 - 고소(姑蘇), 호서(虎西)

두원면 - 풍류(風流), 월하(月下), 관덕(觀德), 구룡(九龍), 대전(大田), 내당(內塘), 천룡(川龍), 금성(金城), 용두(龍頭)

---

55) 현재는 영남면에 속해 있다.

대서면 - 내동(內洞), 옹포(瓮浦), 장선포(長仙浦, 장정長丁이라고도 쓴다), 구남(九
南), 월등(月嶝), 남당(南塘, 보성군의 매곡梅谷에 접해 있다)

어업 상황

연해 마을 중 주요한 곳은 앞에서 제시한 바와 같다. 어업은 수조망, 궁망, 어살을
주로 하며 외줄낚시[一本釣] 또한 성행한다. 어획물로는 새우, 조기, 갈치, 민어, 가오
리, 준치, 가자미, 농어 등이 있고 이들은 연안 도처에서 풍족하게 잡힌다.

군내 수산물의 생산액은 현재로서는 통계가 누락되어 있지만 흥양군이 보고한 바에
의하면, 책 말미에 첨부된 어사 일람표에 보이듯이, 16곳의 주요 어촌에서 1년의 어획
이 대략 4,555원이라고 기록되어 있다. 그러므로 군 전체의 어획은 마을의 수와 비교했
을 때, 적어도 세 배 이상에 달한다고 생각할 수 있다. 또한 연안 도처에서 개불[蟲]이
풍부하게 생산되는데, 종래 미끼 공급지로 일본인 어부들 사이에 알려진 곳이다. 이들
모두를 포함하면 흥양군 전체의 수산 이익도 또한 크다고 할 수 있다.

흥양읍

군읍인 흥양은 고흥(高興) 또는 고양(高陽)이라 불린다. 읍내면의 중앙에 있으며, 동
시에 거의 군의 중앙에 위치한다. 군아 이외에는 순사주재소, 우편취급소, 재무서가 있
다. 일본 상인들 또한 거주하며, 인가가 조밀하고 상업도 제법 번성한다. 동쪽의 해창만
에 있는 당산까지 약 15리(6km), 또한 서쪽의 죽시장에 이르는 것도 대략 같으며, 도로
들은 모두 제법 양호하다. 또 북쪽의 보성군에 속하는 조성원(鳥城院)[56)까지 80리
(32km)이다. 조성원은 순천·보성의 두 읍과 흥양읍에 이르는 우편의 중계지[繼立地]
로 조성원에서 동쪽의 순천까지 90리(36km), 서쪽의 보성까지 40리(16km)라고 한다.

장시

장시는 읍하(邑下) 및 유둔(油屯, 대강면), 과역(過驛, 남면), 초천(草川, 포두면),

---

56) 원문에는 오성원(烏城院)이라 되어 있다.

북어(北禦, 도양면), 가목(加木, 도화면)의 다섯 군데에 있다. 개시일은 읍하가 매 4·9일, 유둔이 매 1·6일, 과역이 매 5·10일, 초천이 매 1·6일, 북어가 매 2·7일, 가목이 매 3·8일이다. 집산물은 각 시장 모두 담배, 목면, 누룩[麴子], 소[生牛], 어류, 종이, 기타 잡화이며, 그중에 읍하장이 가장 번성하다.

농산물

농산물은 쌀과 기타 잡곡이 주를 이룬다. 목화의 재배가 활발히 행해지며, 목면 생산도 제법 많다. 이것 또한 흥양군의 주요 물산으로 꼽을 수 있다. 목면이 반출되는 시기는 3월에서 7~8월에 이르는 사이이고, 1년 생산은 약 30,000원을 넘는다고 한다. 광주와 기타 근처의 여러 군으로 보내어 판매한다.

제5절 보성군(寶城郡)

개관

연혁

본래 백제의 복홀군(伏忽郡)이었는데 신라가 지금의 이름으로 고쳤고, 고려는 패주(貝州)로 바꾸었다가 이후 보성이라고 하였다. 조선은 이를 따라서 세조 때 순천도호부에 예속시켰다가 선조 35년(1602년)에 전영(前營)을 두었고 보성은 흥양과 함께 좌사(左司)가 되었다. 이후 변혁이 있어서 고종 32년(1895년)에 순천도호부가 폐지되었고, 이듬해 각 군의 신설과 함께 군을 두게 되어 지금에 이른다.

경역

북쪽은 동복군(同福郡)57)에, 동쪽은 순천군에 접하고, 서쪽은 능주, 장흥 두 군과

---

57) 1895년 5월 1일 행정구역개편으로 능주군, 화순군, 동복군이 되었으며 1908년 10월 15일에는

붙어있다. 남쪽 지역은 득량만58)에 면한다. 동남쪽 일부는 지협을 이루며 흥양반도와 연결되고, 또한 여자만(汝子灣)59)에 접한다.

지세

해안 산맥은 낙안의 서쪽에서 보성군에 들어와서 가장 바다와 가깝게 나란히 달린다. 그러므로 하류의 대부분은 북쪽으로 흐르고 남쪽 바다로 들어가는 것은 작은 계류에 불과하다. 이와 동시에 평지 또한 적다.

주요 평지

주요한 곳은 흥양반도의 연결부[接著部]인 동서 양쪽의 깊은 만 안쪽에 있는 두 평지이다. 동쪽은 벌교 부근의 평지인데 본래 낙안군에 속했던 것이고, 서쪽은 조성평지(鳥城平地)인데 이는 본래 보성군 경역 중의 평야이다. 기타 읍성 부근의 계류[溪流]를 따라서 각 지역에 다소의 평지가 있기는 하지만 모두 넓지 않다.

해안

득량만은(보성만이라고도 한다) 수심이 깊은 점에서 광양·여자 두 곳의 만과 견줄 바가 아니다. 남해안의 큰 만 중에 진해만(鎭海灣)에 버금가는 아주 좋은 만에 속하지만 요입부는 갯벌이 넓게 펼쳐져 있을 뿐만 아니라 육로 교통도 불편하다. 물품[物貨] 집산구역도 협소하여 시장[市街]이 열리지 않는다. 보성군의 연해[瀕海]60)에서 진포

화순군을 폐지하여 능주군에 흡수시켜서 능주군, 동복군이 되었다. 1913년 능주군을 화순군으로 개칭하면서 동복군과 병존하다가 1914년 3월 1일 동복군마저 폐지하고 화순군에 편입시켜 현재에 이른다.

58) 원문에는 득랑만(得狼灣)으로 되어 있으나, 현재 득량만(得粮灣)이라고 한다. 지명에 대해서 "임진왜란 당시에 이순신 장군이 이곳에서 식량을 구했다고 하여 득량(得粮)이라는 지명이 유래하였다."라는 설과 "이순신 장군이 풀을 엮어 산꼭대기에 마름처럼 쌓아두고 왜군들에게 그것을 군량미로 속인 데서 유래하였다."라는 설이 있으며 현재에도 옛 성의 흔적이 남아 있다.

59) 전남 고흥반도와 여수반도 사이의 바다로, 고흥군·보성군·순천시·여수시에 둘러싸인 내해를 말하며 여수 지역에서는 이 만(灣)의 중앙에 위치한 여자도가 있어 여자만으로 부르고, 순천에서는 만(灣)이 위치한 북쪽 지역이 순천 지역이어서 순천만이라고 부른다.

60) 위치가 바다에 가까이 닿아 있는 것을 말한다.

(津浦)로서 이름난 곳은 오직 벌교 한곳이 있을 뿐이지만 본포(벌교포)는 도리어 수심이 얕고 여자만의 북서쪽 깊숙한 후미진 곳에 위치한다.

구획 및 임해면

군내 구획은 14면이다. 내해에 접한 곳은 고하(古下), 남하(南下), 대곡(大谷), 북내(北內), 송곡(松谷), 도촌(道村), 옥암(玉巖) 7면이라고 한다. 그리고 고하, 남하는 동쪽 여자만으로 향하고, 대곡 이하 5면은 득량만에 접한다. 옥암은 가장 서쪽에 위치해서 장흥군 웅치면(熊峙面)과 접한다. 다만 앞에서 제시한 고하·남하는 원래 낙안군에 속했지만 올해(1908년)[61] 10월[62] 폐합(廢合)에 의해서 보성군에 소속되어 고상(古上)·남상(南上)의 두 면과 함께(합해서 4면) 편입되었다.

연해 주요마을

앞의 각 면(面)에서 연해마을은 권말(卷末)에 표시한 것과 같이 그 수는 적지 않지만 주요한 것은 고하면에 속한 벌교, 남하면에 속한 송정(松亭), 장좌(長佐), 하장(下場), 저두(猪頭)[63], 대포(大浦)(이상 여자만에 위치한다.) ▲ 북내면에 속한 작두(鵲頭), 대통(垈桶)[64] ▲ 도촌면에 속한 예진(禮津), 화동(化洞), 선소(船所), 청포(靑浦) 등이다.

보성읍(寶城邑)

군읍 보성은 서쪽의 장흥군계에 가깝고 용문면(龍門面)에 있다. 인가[人煙]가 제법 밀집해서 이 지역의 일대 집산지이다. 군아(郡衙) 외에 우체소, 순사주재소, 재무

---

61) 원문의 올해는 이 책이 편찬된 1910년이지만, "순종 2년(1908년) 10월 15일 낙안군이 폐지되고, 낙안군의 11개면 가운데 남사, 남상, 고상, 고의 4개면이 고상면과 남면으로 합져져 본군에 편입되었다."라고 명시된 보성군청의 연혁 편을 참조하면, 1908년임을 알 수 있다. 이는 자료가 조사된 해와 출간된 해가 달라서 그런 것으로 생각된다.
62) 본문에는 4월로 표기되어 있다.
63) 한자는 저두인데 현지에서는 '제두'라고 한다.
64) 대통인지 대용인지 분명하지 않다.

서가 있다. 또한 거주하는 일본상인도 2~3명 있지만 해로교통은 매우 불편하다. 육로는 벌교까지 70리(28km)이다. 서쪽에 인접해 있는 장흥읍까지 60리(24km), 장흥에서 영암까지 60리(24km)로 총 120리(48km)를 육로로 가면, 동소(同所-영암)에서 배편[便船]65)으로 목포에 이르는 것이 수월하다. 통신 역시 교통과 마찬가지로 불편하다.

장시

장시는 벌교, 조성(鳥城)66), 읍하(邑下), 예진(禮津), 중막(中幕), 기타 2~3곳이 있다. 개시(開市)는 벌교장은 상시는 매 4일, 하시는 매 9일 ▲ 읍하 매 3·8일 ▲ 조성 매 3·8일 ▲ 예진, 중막은 매 1·6일이라고 한다.

어업 상황

어업은 모두 어살을 주로 하고 또한 초망(抄網),67) 수압망(手押網), 부망을 사용하지만 모두 볼 만한 것이 없다. 수요한 어획물[漁採物]로는 여사만에 가까운 마을에서는 뱀장어[鰻], 새우[鰕], 숭어[鯔], 농어[鱸] 등이고, 김[海苔]과 굴[牡蠣] 양식에 적합한 장소가 없는 곳이 없다. 득량만에 접해 있는 마을에서는 도미[鯛], 오징어[烏賊], 망둑어[無祖魚],68) 갈치[大刀魚], 숭어, 뱀장어, 새우 등이다. 꼬막[伏老貝],69) 굴,

---

65) 정기선이 아니고 때에 따라 탈 수 있는 배를 뜻한다.
66) 원문에는 오성(烏城)으로 되어 있다. 보성군청의 연혁에 의하면, 1911년 행정구역 폐합에 의하여 조양면(兆陽面)과 대곡면(大谷面)을 합하여 조성면(鳥城面)으로 개칭하여 현재에 이르고 있다고 하였고, 현재 면 소재지도 조성리(鳥城里)이다.
67) 초망(抄網, scoop net) 또는 뜰채(dip net)는 잠자리채 같은 모양의 틀에 그물을 씌워 수면 근처의 물고기를 건져 잡는 어망이다.
68) 망둑어는 전 세계적으로 약 2,000여 종, 우리나라에는 약 50여 종이 서식하는 것으로 문절망둑, 말뚝망둥, 짱뚱어 등이 대표적이다. 망둑어를 문절이·문절어(순천·고흥·진해), 망둑이(경상지역), 운저리(진도), 고생이(포항·강구), 문저리(통영), 꼬시래기·소래미(부산·마산) 등으로 불리고 있다. 정약전의 『자산어보』에서는 어미를 잡아먹는다 하여 무조어(無祖魚)라 했고, 『우해이어보』에서는 문절어, 수교, 해궐이라 하였다. 또한 서유구의 『전어지(佃漁志)』에는 민물에 사는 망둥어의 눈이 망원경 모양과 같다고 해서 망동어(望瞳魚), 뛰며 돌아다니는 물고기라는 뜻으로 탄도어(彈塗魚)라고 기록하였다.
69) 꼬막으로 학명은 *Tegillarca granosa(Linnaeus*, 1758)이다.

대합[蛤] 등의 양식에 적합한 장소가 아닌 곳이 없다.

벌교(筏橋)

벌교는 여자만의 서북쪽 깊숙한 후미진 곳으로 흘러 들어가는 홍강(虹江, 흔히 벌교천이라고 한다)의 동쪽 해안에 위치하며 상하의 두 마을로 이루어져 있다. 호수(戶數)는 상하를 합해서 200여 호, 인구는 9,600여 명이며 상업이 융성한 지역이다. 농공은행(農工銀行)[70] 출장소, 우체소가 있고, 또한 일본상인으로 점포를 열고 있는 사람도 몇 호가 있고 금속류[金物], 약품, 기타 잡화를 판매한다. 이 지역 장시는 상시·하시가 있으며 개시 정기일은 앞에서 본 것과 같다(벌교장의 상시는 매 4일, 하시는 매 9일). 그래서 장날[當日]이 되면 연해의 기타 부근 마을에서 모여드는 자가 무려 몇 천 명이고, 온갖 물품[百貨]의 집산이 활발하다. 경남 하동읍과 버금가며 전남 남쪽 해안에 면한 장시 중에서 제일가는 대단히 큰 시장이다. 시장에 모여드는 주된 물품은 미곡, 땔나무와 숯[薪炭], 모시[苧], 삼[麻], 연초[煙草], 목면(木綿), 소[生牛], 쇠가죽 등이고 일본제품으로는 쇠그릇, 질그릇[陶器], 기타 잡화 등이다.

교통은 연안의 경사가 매우 완만하고 홍강의 어귀가 넓지만 물길[澪筋]은 좁고, 굴곡 또한 매우 심해서 선박의 출입과 정계(碇繫)[71]에 불편하다. 육로 중에 옛 읍인 낙안에 이르는 10리(4km)는 하구를 따라서 큰길이 놓여 있어 왕래는 편하지만 기타 도로는 좋지 않다. 하지만 이곳 벌교는 낙안평야 지역의 물품 집산지[呑吐口]이고 또한 부근의 교통 요충지이므로 각 지역과의 왕래가 매우 빈번하다. 부근의 토지는 일반적으로 비옥하여 농산(農産)이 풍부하다. 해변[海濱]의 몇 백 정보(町步)에 이르는 황무지는 개척해서 논[田][72]으로도 만들 수 있을 것이다.

---

70) 1906년 3월에 제정, 공포된 「농공은행조례」에 의거해 전국 주요 도시에 설립되었던 지방은행이며, 1910년 12월 말 당시 27개의 지점·출장소를 두었다. 대한제국 식민정책의 하나로 농업·공업의 개량·발달을 위한 자금 대부를 표면적 이유로 내세워 설립하였고 동양척식주식회사(東洋拓殖株式會社)의 업무를 대행하게 되면서 일본인들의 식민지 정착을 위한 농토 구입자금까지 공급하였다. 1918년 농공은행을 모체로 한 조선식산은행(朝鮮殖産銀行)이 설립되면서 이에 흡수, 해체되었다.

71) 배의 정박과 계류를 뜻한다.

주민은 대부분 농사를 주로 하는 한편에 상업을 영위하며 어민이라 할 자가 없다. 따라서 어업은 수망(受網)73)에 속하는 것으로 사방에 3~4자(90~120cm)정도 되는 것을 사용하여 하구에서 숭어, 농어, 뱀장어, 자라[鼈] 등을 어획하는 데 그친다. 홍강은 뱀장어, 은어[鮎],74) 자라, 숭어의 서식이 많아서 주민의 어업은 이와 같으며, 일본 어부도 역시 아직까지 어획에 종사하는 자가 없다.

수산물 이외의 주요 물산은 미곡 및 기타 잡곡이라고 한다. 또한 특산물로 화문석[花莚]이 있지만 생산은 적어서 1년 반출액은 겨우 840원~850원 정도에 지나지 않는다. 마포[麻布] 또한 생산[製産]이 있어 연 생산액은 약 3,000원이라고 한다.

제6절 장흥군(長興郡)

개관

연혁

원래 백제의 오차현(烏次縣)을 신라 때 오황(烏況)으로 고쳤다. 고려 때 정안(定安)으로 고쳤다가 부(府)를 두어서 장흥(長興)이라고 했다. 목(牧)을 두고 회주(懷州)라고 했다가, 다시 부를 두고 장흥으로 되돌렸는데, 조선이 이것을 따름으로써 지금에 이르렀다.

경역

북쪽은 능주군(綾州郡)에 접하고, 북동쪽 일부는 보성군(寶城郡)과 만난다. 동쪽 및

---

72) 일본에서는 논을 田, 밭을 畑으로 표기한다.
73) 봉수망(棒受網)은 들망의 하나로, 사각형 그물의 한 변에 뜸과 테의 역할을 하는 막대기를 설치하여 수면에 떠 있게 하고 반대쪽은 물속에 가라앉혔다가, 물고기 떼가 그물 위에 모이면 물에 잠긴 쪽을 들어 올려서 고기를 잡는 그물이며, 일본 등지에서 꽁치를 잡는 데 널리 쓰였다.
74) 우리나라에서는 鮎은 메기를 뜻한다.

남쪽 일대는 득량만(得狼灣)에 연하고, 서쪽은 강진군(康津郡)과 이웃하며, 서북쪽 일부는 영암군(靈巖郡)에 접한다.

해안 및 소속 도서

이처럼 장흥군의 대부분은 강진군에 속하는 대곡(大谷), 칠량(七良), 대구(大口)의 3면과 함께 큰 반도를 형성한다. 게다가 연안은 상당히 만입이 많으므로 해안선의 길이는 대략 20여 해리에 달한다.

만입이 큰 곳은 북쪽으로 보성 경계에 한 곳, 남쪽으로 강진 경계에 한 곳이 있다. 후자는 만입이 가장 큰 곳으로 해도(海圖)에서는 그곳을 '샬로우만(シャルロウ灣)'[75] 이라고 했다. 모두 갯벌로 된 만[干潟灣]으로 겨우 물길이 통하는 데 불과하므로 교통상 가치는 부족하지만 조개류(바지락[蜊], 대합[蛤] 등), 혹은 백하(白鰕)의 생산이 많으므로 이러한 어업의 이익이 적다고 할 수 없다. 연해에 도서가 많지만 장흥군에 속하는 것은 겨우 4~5개를 헤아리는 데 그치며 또한 모두 작다. 그중 제법 큰 것은 남쪽 회령진(會寧鎭)의 동쪽에 떠 있는 덕도(德島)[76]인데, 둘레가 4km 남짓이다. 마을 4~5개가 있는데 이를 하나의 면(面)으로 삼아 내덕면(來德面)이라고 한다. 그 외에 동북쪽에 떠 있는 장곶도(長串島)[77]가 여기에 버금간다.

구획 및 임해면

장흥군 내 구획된 20개 면 중 바다에 연하는 것은 회령(會寧), 천포(泉浦), 남하(南下), 고하(古下), 내덕(來德), 대흥(大興)의 6개 면이다. 그런데 회령면은 동북으로 보성 경계에, 천포·남하·고하·내덕의 순서로 남서에 배열되어 있다. 대흥면은 남서쪽 끝에 위치해서 강진군에 속하는 대구면(大口面)에 접한다.

---

75) 영어 shallow의 일본어 음역으로 생각된다.
76) 덕도(德島)는 조선 후기 고지도에 의하면 '내덕도'라 불리고 '萊德島'라 표기되던 섬이었으며, 현재는 육지와 연결되어 장흥군의 회진면에 속하게 되었다.
77) 현재는 '장관도'라는 명칭으로 더 많이 쓰이는데, 당시에는 '장곶도'라는 명칭으로 불렸을 것이라 추측된다.

어업 상황

해안선을 따라서 있는 임해 마을이 적지 않지만 바다는 내만(內灣)이고, 또 연안 수심이 얕아 선박의 출입이 불편하므로 어업이 유치하여 이렇다 할 만한 것이 없다. 다만 주요한 것은 어살, 설망(設網), 수조망(手繰網), 주낙[延繩], 궁선(弓船) 등이고, 어획물은 새우, 조기, 갈치, 농어, 가오리, 방어 등이다. 연해는 아직 일본 출어자의 내어가 많지 않다. 단 봄·여름 교체기에는 새우망 어선이 내어한다. 그 밖에 도미, 붉바리[赤魚][78]를 목적으로 하는 연승어선의 미끼를 구입하기 위해 오는 자가 해마다 20~30척을 헤아리는 데 그친다.

장흥읍(長興邑)

군읍 장흥은 서북쪽으로 치우쳐 강진군 경계 가까이 위치한다. 즉 장흥은 평지에 있는 도시[市場]로 강진읍과의 거리가 30리(12km)이고, 호수는 600여 호이다. 상업이 제법 번성하며, 군아 외에 구재판소(區裁判所), 경찰서[察署],[79] 재무서(財務署), 우편전신취급소(郵便電信取扱所) 등이 있고, 일본 상인 거주자가 있다.

교통

교통은 해로는 불편하지만 육로가 영암(靈巖)까지 60리(24km)에 불과하므로 목포까지는 다소 편리하다. 게다가 이곳은 동쪽은 보성, 남쪽은 강진, 서쪽은 영암에 이르는 세 길의 중간에 위치하므로 왕래가 제법 빈번하다.

장시

장시는 매 2·7일에 열린다. 그리고 시장에 나오는 주요한 것은 소[生牛], 미곡(米穀), 목면(木綿) 및 옥양목[金巾] 등인데, 소의 거래가 왕성한 것은 남해안 여러 장시

---

78) 적어(赤魚)는 붉돔, 붉바리, 빨간고기 등 여러 어종으로 해석될 수 있다. 여기에서는 붉바리로 번역한다.
79) 원문에는 察署라고 되어 있으나 정오표에 따라서 警察署로 정정하였다.

중 제일이라고 한다. 미곡, 면포(綿布)의 거래도 또한 활발하다. 장흥읍장 외에 초천(草川)(매 3·8일 개시. 고상면古上面), 타장(它場)(매 4·9일 개시. 회령면會寧面), 안량장(安良場)(매 5·10일 개시. 안상면安上面), 대흥장(大興場)(매 5·10일 개시. 대흥면大興面), 사장(社場)(매 1·6일 개시. 장서면長西面), 포야장(布冶場)(매 4·9일 개시. 포야면布冶面), 웅치장(熊峙場)(매 3·8일 개시. 웅치면熊峙面) 등이 있다.

물산

군내에 평지가 넓지 않지만 토지가 비옥해서 농산이 풍부하다. 주요한 것은 쌀, 면화(棉花), 콩[大豆], 밤, 기장[黍], 메밀[蕎麥], 담배, 모시[苧麻] 등인데, 그 중 면화 및 콩의 생산이 많다. 기타 제품으로 마포[麻布], 삿자리[葦筵]가 있다. ▲ 담배는 장흥군 특산물 중 꼽을 만한 것으로 연간 생산액이 약 5천 원에 달한다. 포야면(布冶面)이 주산지이다. ▲ 마포는 연간 액이 12,000~13,000원이다. 주로 부동면(府東面), 부서면(府西面)에서 생산된다. ▲ 삿자리는 연간 생산액이 1,400원가량이다. 용계면(龍溪面)을 산지로 한다. 또 해산물로 내덕면의 김[海苔]도 제법 유명하다. 그리고 연간 생산액은 4,000원 정도라고 한다.

제7절 강진군(康津郡)

개관

연혁

본래는 도강(道康), 탐진(耽津), 두 현의 땅이었다. (조선) 태종 17년에 병마절도사영을 도강의 옛 치소에 두고 (도강과 탐진) 두 현을 합쳐서 강진으로 고치고, 탐진에 치소를 두었다. 그 후 세종 11년에 도강의 송계(松溪)로 치소를 옮겼고, 성종 6년에 다시 탐진의 옛 치소로 되돌려서 지금에 이른다.

경역

북서쪽으로 영암군과 이어진 산으로 구획되어 동쪽으로는 장흥군에 접하고 서쪽으로는 해남군과 이웃한다. 남쪽으로는 바다에 접하는데, 크고 깊이 들어온 만으로 그 구역이 둘로 나뉜다.

지세 및 평지

지세는 산악과 구릉이 서로 연결되어 있어도 험하지 않다. 평지는 깊이 들어온 만의 안쪽에 위치하는 군치인 강진읍 부근에서 장흥으로 이어지는 곳이 중요하다. 이외에도 깊이 들어온 만, 즉 강진만의 동쪽에 상당한 면적을 가지고 있는 곳 두 군데가 있다.

읍성 부근의 평지는 그 구역이 광활할 뿐만 아니라, 동쪽의 장흥에서 흘러 내려오는 금강천(錦江川)[80] 외에도 북쪽과 서쪽에서 오는 두 갈래의 작은 물줄기[81]가 흐른다. 토지의 생산력이 높고, 관개와 배수 모두 적절하여 부근에서 유수의 쌀 생산지이다. 이외에도 이 일내에는 황경사시가 많아 밭농사 가운데 특히 면화(棉花) 재배가 활발하다.

연안 및 정박지

연안은 외해에 닿아 있는 구역이 넓지 않지만, 강진만의 만입이 매우 깊어 무려 5해리(浬, 약 9km) 정도에 달할 뿐만 아니라 만 내의 서쪽은 굴곡이 많다. 곳곳에 다소 많은 소규모의 만으로 구성되어 있기 때문에, 해안선의 연장이 비교적 길어 대략 14해리(25.2km)에 달한다. 강진만의 앞에는 두 개의 큰 섬인 완도와 고금도 및 기타 작은 섬들이 떠 있어서 풍랑을 막으며[保障], 하나의 큰 만 내부를 이룬다. 해도에는 이를 마도해(馬島海)라는 명칭으로 기록하였다.

---

80) 본문에는 금강(錦江)이라 되어 있으나 장수에서 발원하여 영동·대전·공주·강경·서천을 거쳐 서해로 들어가는 금강(錦江)과 혼동할 소지가 있어 금강천이라 표기한다.
81) 북쪽에서 오는 물줄기는 학동천, 서쪽에서 오는 물줄기는 월산천으로 학동천은 월출산에서 발원하여 남으로 흐르다 작천면에서 금강천과 합류하고 월산천은 성전면 내부를 흐르다 금강천과 합류한다.

마도해 일대는 수심이 얕아 1길[尋] 내외에 불과하지만, 만의 안쪽으로 들어오면 수심이 다소 깊어 4~5길에 달하는 곳도 있다. 따라서 대부분의 배가 만 내에 있는 강의 입구까지 항해하는 데 지장이 없다. 그러나 만 내의 연안 일대는 갯벌이 넓게 펼쳐져 있다. 특히 서쪽의 경우에는 가장 심해 배를 묶기에 적합한 곳이 없다.

마도진(馬島鎭)

군 내에서 큰 선박의 묘박(錨泊)[82]에 적합한 곳은 마도진(馬島鎭)[83]의 전면이다. 이 곳은 이른바 마도수도(馬島水道)로서 수심이 8길 이상 12길에 달한다. 남쪽에 고금도가 있어서 바람이나 파도를 막아주기 때문에, 배를 묶거나[繫船] 묘박하기에 지극히 안전하다. 어선은 직접 마도진에 정박할 수 있다. 그 전면에는 작은 섬이 떠 있어서 바람을 피해 정박하기에도[風泊] 양호하다.

마도해의 조석(潮汐)

마도해의 조석은 해도에 보이는 것을 근거로 했을 때, 삭망(朔望) 때, 고조(高潮)가 10시간 후에 발생한다. 대조승[大潮昇]은 14.25피트(呎, 4.34m)이고, 소조승[小潮昇]은 9피트(2.74m)이다.

구획과 임해면

군내는 총 16개의 면으로 구획되어 있다. 내해에 접해 있는 곳으로 대곡(大谷), 칠량(七良), 대구(大口), 백도(白道), 보암(寶巖), 군내(郡內), 호계(虎溪)의 7개 면이 있다. 이 가운데, 대곡, 칠량, 대구의 세 면은 강진만의 동쪽을 이루며, 장흥과 닿아 있다. ▲ 대곡면은 북쪽으로 금강천의 주구(注口)의 우측이다. 남단에 위치하고 있는 ▲ 대구면은 장흥반도의 남단에 위치하며, 남쪽 끝에 해당한다. 남쪽으로 좁은 물길을 사이에 두고 고금도와 마주본다. 이 수도는 앞에서 언급한 마도수도이다. ▲ 호계, 군내, 보암,

---

82) 선박이 해상에서 닻을 내리고 머무는 것을 말한다.
83) 강진군 마량면으로 완도군 고금면과 마주 보고 있다.

백도의 네 면은 만의 서쪽을 이룬다. 호계면은 북에 위치하고 금강의 좌측을 이룬다. 백도면은 남단에 위치하며, 남쪽으로 완도 및 고금도와 마주한다. 서쪽은 해남군의 은소면(銀所面)에 인접한다.

강진읍(康津邑)

군읍인 강진읍은 「건치연혁」에서 간략히 설명한 것과 같이, 본래 탐진현을 설치한 곳으로 군내면에 속해 있으며, 금강천 하구의 좌안에 위치한다. 인가가 조밀하며, 군아 이외에 순사주재소와 우체소가 설치되어 있으며, 상업도 대단히 번성한 곳이다. 장시는 성의 동문 밖에 있으며, 매 4·9일에 열린다. 부근 마을에서 집산되는 물건은 무려 수백 가지이며 매우 붐빈다. 시장에 나오는 주된 것으로는 곡류, 면화, 연초, 비단(錦布), 옥양목[金巾], 생견, 삼베포, 참빗[眞梳], 붓[毛筆], 개가죽, 소금, 말린 생선, 철기(鐵器) 등이며, 면화와 소금, 말린 생선은 신지도, 고금도, 완도와 기타 부근의 도서에서 출하되는 것이 많다. 이 지역 부근에서 생산되는 목면(木棉)은 질이 양호하기 때문에 타 지방에서 생산되는 것과 비교했을 때, 3~6부[步] 비싼 가격을 보장받는다. 교통은 해상, 육상 모두 다소 편리하다. 육로는 장흥까지 30리(12km), 해남까지 40리(16km)인데, 이를 우편선로로 삼고 있다.

장시

장시는 읍장 외에도 주교장(舟橋場)(매 4·9일에 열리며 군내면에 있다), 병영장(兵營場, 매 3·8일에 열리며 군내면에 있다), 좌일장(佐日場, 매 3·8일에 열리며 백도면에 있다), 석제원(石梯院, 매 1·6일에 열리며 고읍면에 있다), 칠량장(七良場, 매 1·6일에 열리며 칠량면에 있다) 등이 있다. 그 집산물은 모두 대개 읍장과 같다.

물산

물산은 미곡, 면화, 무명, 생견, 개가죽, 붓, 담배쌈지[煙草入], 철기와 기타 수산물이 있다. 수산물 가운데 주된 것은 식염, 조기, 갈치, 농어, 새우, 문어, 꼬막[伏老貝], 대합

(大蛤), 바지락[蜊]84), 굴 등이 있다.

어업 상황

어업은 어살, 설망, 수조망, 궁선망 등이 있지만, 아주 왕성하지는 않다. 어획물은 앞에서 제시한 종류 이외에 금강천에서 은어가 다소 잡힌다. 일본인 어부들은 만내에 깊이 들어와서 고기잡이를 하지 않는다. 다만, 마도진이 물길에 인접하기 때문에 바람을 피하기에 양호한 이점이 있어서 매년 20~30척의 배가 기항한다. 강진군 연해는 모두 내해에 속한다. 따라서 어업은 볼 만한 것이 없지만, 염업을 경영하는 자가 많다. 만약에 강진만 내에 갯벌을 이용해서 염전을 조성하거나 패류를 양식하면, 장래성이 없지 않을 듯하다.

마도진(馬島鎭)

마도진은 대구면에 속한다. 마도수도에 접해 있으며, 강진만 입구의 요충을 점하고 있다. 조선시대85)에 해상방어를 위해 진(鎭)을 설치한 것이 우연이 아님을 알 수 있다. 호수는 170여 호, 인구는 520여 명이다. 대대수가 상업과 농업을 겸하고 있다. 또한 부업으로 누에를 치는 자도 많다. 마도진 전면의 물길은 물이 깊어서 큰 선박의 묘박지로 적합하다. 또한 연안은 어선을 묶기에 안전함은 앞에서 이미 한 번 언급한 바이다. 하지만 그 어업은 매우 부진하여 특별히 기록할 만한 것은 없다. 단지 주요 어획물로 볼 만한 것으로 문어(蛸)가 있는데, 이를 건조하여 각지로 제법 많이 내보낸다. 그래서 말린 문어는 이 지역의 특산물이라 해도 부족함이 없다. 마도진에서 해로로 강진읍에 이르는 4해리(7.2km), 완도읍에 이르는 9해리(16.2km), 목포에 이르는 63해리 (113.4km)라고 한다.

---

84) 모시조개일 가능성도 있다.
85) 원문에는 전년(前年)이라고 되어 있다.

주요 부속 도서

강진군에 속해 있는 여러 섬 가운데 주요한 것으로는 죽도(竹島), 가우도(駕牛島), 비래도(飛來島) 등이 있는데 이들은 모두 강진만 내에 있다. 또한 연안 어촌이라 볼 수 있는 저두(猪頭), 백사(白砂), 남호(南湖), 마표(馬標)(이상 대구면에 속한다), 월궁(月弓), 옹암(甕岩)(이상 칠량면에 속한다), 논정(論丁), 용정(龍井), 사초(沙草), 내봉(內峰), 선창(船倉)(이상 백도면에 속한다), 용산(龍山), 망호(望湖), 송학(松鶴)(이상 보암면에 속한다), 남포(南浦), 괴동(槐洞), 덕동(德洞)(이상 군내면에 속한다) 등이 있다. 그리고 그 개황은 책 말미에 첨부된 「어사일람」을 보면 살펴볼 수 있기 때문에 여기서는 생략한다.

염업을 영위하는 마을

또한 제염을 하는 마을을 열거하면, 장두리(獐頭里), 마도(馬島), 성두(城頭)(이상 대구면), 구로(舊路), 대통(大通), 만복(萬福), 영동(永洞), 옹점(甕店)(이상 칠량면), 보등(寶燈), 송학(松鶴), 용산(龍山), 월곶(月串), 박리(朴里), 옥전(土田), 시변(市邊), 월하(月下), 수권(水卷), 운동(云洞), 포등(浦嶝), 논하(論下), 대벌(大筏), 송촌(松村), 사초(沙草), 금당(金糖)(이상 보암면) 등인데 이들의 염전 면적은 합쳐서 대략 20여 정보에 달한다. 부옥(釜屋)[86]이 40곳, 소정(沼井)이 364곳이 있으며, 1년의 제염 생산이 대략 180만 근에 이른다.

---

86) 가마를 설치하고 소금을 끓여 정제하는 집, 혹은 그 작업을 하는 장소이다.

제8절 해남군(海南郡)

개관

연혁

원래 백제의 새금현(塞琴縣)을 신라가 침명(浸溟, 또는 투명投溟이라고 한다)으로 고쳐 양무현(陽武縣, 지금의 강진군)의 관할 현으로 하였다. 고려 때 지금의 이름으로 고쳐 영암군(靈巖郡)의 속현이 되었다. 조선 태종 9년(1409)에 진도현(珍島縣)과 합병하여 해진군(海珍郡)이라 불렀는데, 후에 분리하여 태종 13년(1413)[87] 읍치(治邑)를 영암군 옥산(玉山)현으로 옮겼다. 세종 30년(1448) 다시 황원현(黃原縣)을 합병하여 지금에 이른다.

경역

전라남도 가장 남쪽에 돌출된 하나의 큰 반도인데 툭 튀어나온 끝을 해남각(海南角)이라고 한다. 실제로 해남군은 조선에서 가장 남쪽에 위치한다. 북쪽으로는 강진, 영암 두 군에 접하고 있다. 동쪽으로는 완도군(莞島郡)군과 마주한다. 서남쪽으로는 진도와 그 부속 섬을 마주보고 있다. 서쪽은 시아해(時牙海)를 사이에 두고 지도군(智島郡)[88]에 속한 나주군도(羅州群島)[89]와 마주한다.

---

87) 태종 12년(1412)인지 13년(1413)인지는 정확하지 않다.
88) 지도군(智島郡)은 1896년 2월 3일부터 1914년 3월 31일까지 전라도 서해안에 산재한 섬들을 관할로 설치되었던 군(郡)으로, 현재의 행정구역으로는 전라남도 신안군 일원과 영광군 낙월면, 전라북도 부안군 위도면 및 군산시 고군산군도를 합한 지역이고, 군청은 지도(智島)에 있었다. 관할 구역의 섬들은 본래 무안(務安), 나주(羅州), 영광(靈光), 부안(扶安), 만경(萬頃) 등 5개군에 속해 있었다.
89) 나주군도(羅州群島)는 신안군 안좌도·팔금도·상태도·비금도·도초도·자은도·암태도·장산도·하의도·수치도 등과 연결되는 150여 개의 작은 섬들로 이루어졌다. 목포로부터 약 20km 정도 떨어져 있다. 조선시대에는 이 일대의 섬들이 전라도 나주목에 속하였기 때문에 유래한 지명이다.

지세

지세는 군의 동쪽은 해안 가까이 높고 험한 산봉우리가 나란히 달려 남단의 해남각에 도달한다. 그 형상이 마치 동안 일대에 보루(堡壘)를 둘러놓은 것 같다. 잇따른 봉우리 중 가장 높은 봉우리를 두륜(頭輪)과 대둔(大芚)이라고 하는데, 두 봉우리 모두 군치(郡治)의 남동쪽에 솟아 있으며 해발 약 2,300피트(약 700m)에 달하고 이름 높은 산[靈山]이다.90) 그 남쪽에 치우쳐서 험하게 우뚝 치솟은 기이한 봉우리가 남각으로 길게 뻗은 것은 달마산(達磨山) 연령(連嶺)91)으로 해발 약 1600피트(488m)92)이다. 이 산 역시 명산으로 꼽히며 항해자의 표지물이다. 이외에 군 안에 2~3개의 높은 산도 있지만 모두 독립된 봉우리이고, 이어지는 연봉(連峰)은 없다.

산악의 형세가 이와 같으므로 모든 하천과 강은 서쪽으로 흐른다. 동쪽에 있어서는 갈라진 물이 바다로 바로 내려가며 평지는 없고 겨우 협소한 경사지가 있을 뿐이다. 서쪽의 산악은 대개 구릉성으로 경사지가 많고 논은 잘 개간되어 농산물이 풍부하다. 서쪽 지역은 한쪽 끝이 현저하게 갈라져서 더욱 좁고 신내 불규칙한 두 개의 만노를 이룬다. 크고 목포 항구를 껴안은 것을 화원반도(花源半島)93)라고 하며 그 안에 있는 곳을 해남반도라고 부르는데 모두 완만한 경사지가 많다.

연안

연안은 지세 때문에 동쪽과 남쪽 모두 급경사이며, 특히 남단에서 동쪽의 일부는 험준한 언덕을 이루는 장소가 많다. 동시에 수심이 6~7길[尋](10.8~12.6m)에서 10길(18m)에 이르는 곳이 있다. 서쪽은 경사가 제법 완만할 뿐 아니라 들어가고 나온 곳이 아주 많다. 다만 연해의 물은 얕고 특히 요입부에서는 갯벌[干潟地]이 일대에 넓게 펼

---

90) 두륜산은 해발 703m, 대둔산은 해발 672m이다.
91) 원문에는 달령(達嶺)으로 기록되어 있으나 정오표에 따라서 연령(連嶺)으로 정정하였다.
92) 해남군 달마산은 해발 489m이다.
93) 전라남도 서남쪽 해남반도와 무안반도 사이에서 황해로 돌출한 반도이다. 북쪽은 목포, 서쪽은 신안군의 많은 섬들, 남쪽은 울돌목을 사이에 두고 진도와 접한다. 해남읍에서 반도의 서북단 월내까지 약 90㎞에 이른다.

처져 있다. 해남군 서해안 일대는 모두 이러한 상황이다. 그래서 염전 개척에 적당한 장소가 많고 염업이 활발하게 행해진다.

구획 및 임해면

해남군의 전역은 화곡(化谷), 옥시(玉始), 옥종(玉終), 군일(郡一), 군이(郡二), 삼촌(三寸), 녹산(鹿山), 북시(北始), 북종(北終), 송시(松始), 송종(松終), 은소(銀所), 현산(縣山), 화일(花一), 화이(花二), 황원(黃原), 문내(門內), 장서(場西), 관저(管底), 장동(場東), 산일(山一), 산이(山二), 마포(馬浦), 청계(淸溪) 24개 면(面)으로 구획되어 있다. 그 중 바다에 연하는 곳은 북종, 송종, 은소, 현산, 화일, 화이, 군이, 황원, 문내, 장서, 장동, 산일, 산이, 마포, 청계 15개면[94]이다.

각 면의 배열은, 북종은 동북쪽으로 강진과 경계를 이루고, 동쪽으로는 완도군과 마주한다. 송종은 그 남쪽에 위치하며 남각을 이룬다. 은소 이하 군이에 이르는 다섯 면은 차례로 줄지어 해남의 서편을 이룬다. 은소, 현산, 화일, 화이 네 면은 마로해(馬路海)와 마주한다. 군이는 화이를 남쪽으로 하고 황원을 북쪽으로 하며 큰 만(灣)의 안쪽에 위치한다.

황원 이하 장동에 이르는 다섯 면 및 산일면은 화원반도에 줄지어 있다. 장동면은 화원반도의 북쪽 끝에 위치한다. 황원, 산일 두 면은 붙어있으며 산일면은 그 북서쪽의 화원반도와 해남반도 사이의 깊은 만에 연한다. 산이면은 곧 해남반도이고 마포 및 청계 두 면은 산이면과 영암반도 사이의 깊은 만을 마주보고 있다. 그리고 청계는 영암과 경계를 이루는 곳으로 이곳이 해남군의 가장 북단이다.

정박지

진포(津浦)로 이름 있는 것을 들면 동쪽 편에 있어서는 복종면에 속하는 리진(利津), 송종면에 속하는 통호(桶湖) 서쪽 편에 있어서는 은소면에 속하는 어낭진(於蘭鎭), 화이면에 속하는 남창(南倉), 문내면에 속하는 우수영(右水營), 마포면에 속하는 북창

---

94) 본문에는 16개면이라고 기록되어 있으나 총 15개이다.

(北倉) 등이다.

이진(利津, 리진)

이진은 완도와의 해협(海峽)에 위치하여 서쪽으로 달마산연봉(達磨山連峰)을 등지고 그 앞에는 달도(達島)[95]가 있다. 그러므로 대피정박(避泊)은 가능해도 물이 얕기 때문에 출입은 불편하다. 이진의 북동쪽에 남창이 있다. 이 지방의 집산지이며 달도와 왕래하는 도선장(渡船場)이다. 그리고 해남군과 완도의 연락은 달도를 통과하고 우편선로 역시 이곳을 지나므로 왕래가 항상 빈번하다.

용호(桶湖)

용호는 용포(桶浦)라고도 부른다. 남각 동쪽인 만곡부(彎曲部)의 안쪽에 위치한다. 앞에는 완도군에 속하는 생일(生日), 화도(花島) 기타 여러 섬이 있어 남쪽을 막아준다. 수심은 6~7길(10.8~12.6m)에서 10길(18m)에 달하므로 거선의 대피정박에 적합하다. 해도(海圖)에서는 이를 일일항(日日港)이라고 기록하였는데, 군내(郡內) 유일한 묘박지(錨地)이다. 그렇지만 이 부근 연안 일대는 험준한 낭떠러지를 이루고 본포의 앞은 작은 자갈로 이루어진 해안(礫濱)[96]에 지나지 않으므로 어선의 정박지로 좋다고 할 수 없다.

어란진(於蘭鎭, 어낭진)

어란진은 옛날 수군진[鎭]을 두었던 곳이다. 앞에는 어불도(於佛島)[97]가 있는데 그 거리는 겨우 8정(町, 약 873m) 정도이며 동과 남을 막아준다. 일대는 갯벌로 물이 얕지만 어선의 피박에 지장은 없다. 위치는 마로해(馬路海)의 입구[門口]에 해당한다. 남서 양안은 통항(通航)의 요충지로서 이 지방에서 중요한 나루의 하나로 꼽힌다.

---

95) 전라남도 해남군과 완도섬을 연결하는 도로의 중간에 위치한 도서이다. 현재는 남창교와 완도 대교로 두 지역에 연결되어 있다. 행정구역상 군외면 원동리에 속한다.
96) 자갈이 많이 퇴적되어 있는 해안으로 역질해안이라고 하며, 사빈에 비하여 투수성이 강하다.
97) 전라남도 해남군 송지면 어란리에 있는 섬이다.

남창(南倉)

남창은 또한 해창(海倉)이라고도 부른다. 화원반도의 연결부이며 마로해와 마주하는 큰 만의 안쪽에 있다. 그 만은 간석만으로 만 입구의 중앙에 물길이 통하며 1해리 정도 거슬러 올라가면 물길은 남북으로 나뉘어, 하나는 북동으로 하나는 남동으로 흐른다. 북동으로 흐르는 것은 길위강(吉位江)이라고 부르고, 남동으로 흐르는 것은 구영강(九永江)이라고 부른다. 수심은 만 입구에서 두 물길이 합쳐지는 지점 부근에 이르는 사이는 4길(7.2m)에 이르고, 더 올라가면 2~3길(3.6~5.4m)이다. 그러므로 조석(潮汐)을 이용한다면 대부분의 배가 수 해리까지 강을 거슬러 올라갈[溯航] 수 있을 것이다. 남창은 남동으로 흐르는 이 수로, 즉 구영강의 상류에 위치하며, 만 입구에 이르는 거리가 대략 20리이다. 물길은 굴절이 심해 배의 통행이 어렵지만, 이곳은 읍치와 가까워서 거리가 20리에 미치지 않는다. 한편 해남군의 거의 중앙에 위치하며 부근에 인가가 밀집하여 물산 역시 풍부하므로 상선(商船)의 출입도 제법 빈번하다.

우수영(右水營)

우수영은 조류가 격렬하게 소용돌이치는 것으로 유명한 명양도(鳴洋渡, 진도의 여울목)[98]의 서쪽 입구에 위치한 요충지로, 옛날에 수영(水營)을 두었던 곳이다. 앞에 무인도가 하나 있고 그 좌우는 어느 쪽이든 배의 통행을 방해하는 것이 없어서 범선의 출입이 편리하다. 그러나 백화(百貨)를 집산할 수 있는 구역이 좁고 대피항구로도 중요하지 않다. 다만 부근에는 아름답고 고운 얼룩얼룩한 무늬[班紋]가 있는 납석(蠟石)[99] 산지가 있어 담뱃갑[煙草入], 도장재료[印材], 꽃병[花甁]을 만드는데 진도산과 함께 그

---

98) 『여지도서』등에는 명양(鳴洋)이라고 기록되어 있다. 이에 비하여 『해동여지도』에는 완도 땅에 명량선참(鳴梁船站), 『동여도』에는 명량(鳴梁), 『대동여지도』에는 명량항(鳴梁項)이라고 적혀 있다. 이러한 내용을 통하여 볼 때 조선 시대에는 명양(鳴洋)과 명량(鳴梁)이 혼용되고 있음을 알 수 있다. 그리고 『조선지지자료』에 명양리(鳴洋里)에 명양도진(鳴洋渡津)이 기록되어 있는 점으로 보아 20세기 초엽까지도 함께 사용하였음을 엿볼 수 있다. 그러나 그 이후의 자료에서는 명량(鳴梁)으로 통일되어 사용하고 있다.
99) 지방(脂肪) 광택(光澤)이나 석랍(石蠟) 같은 촉감이 있는 암석 및 광물을 통틀어 일컫는다.

명성이 높다.

북창(北倉)

북창은 영암과 해남 두 반도의 사이에 이루어진 깊이 들어간 만의 안쪽에 위치하고 군치에서 멀리 떨어져 있지 않다. 목포와의 왕래가 편리하므로 군내에서 주요한 집산항 [呑吐口]으로 꼽힌다.

해남읍

군읍 해남은 군의 거의 중앙에 위치해 인가가 조밀하며 시가(市街)가 제법 번성하다. 군아(郡衙) 외에 재무서, 경찰서, 우편전신취급소가 있다. 또 일본상인으로서 거주하는 자가 몇 호 있다. 바다와 통하는 곳으로는 서쪽으로 남창, 즉 해창이 있고 북쪽으로 북창이 있다.

그리고 남창에 이르는 도로는 양호해서 가장 편리하다. 그래도 목포와의 교통에는 북창이 편리하나. 북창에서 목포에 이르는 해로는 약 7해리(12.6km)라고 한다. 우편 선로는 육로로 강진읍까지 40리(16km), 완도읍까지는 해로·육로를 합쳐서 120리라고 한다. 우편물 발송은 월 10회, 즉 3일마다 이루어지며 강진을 경유해 장흥에 이르는데 하루 일정이다.

장시

군내의 장시는 읍하 외에 옥시(玉始), 송시(松始), 황원(黃原), 마포(馬浦) 네 면에 각 한 곳씩 있다. 그리고 번성한 곳은 읍하 및 황원에 속하는 시등(市嶝)이라고 한다. 개시는 읍하 매 5·10일, 시등 매 2·7일이며 미곡(米穀), 목면, 면화, 명주, 소[生牛] 등의 집산이 제법 많다.

주요물산

물산은 쌀, 보리, 면화, 식염 등이 주요하다. 연해에는 감성돔, 민어, 조기, 광어, 전어,

방어, 작은 상어, 오징어, 낙지의 어획이 있지만 그 양이 많지 않다. 아마 주민은 농업을 주로 하며 어업에 종사하는 사람은 극히 적은 데 기인할 것이다.

어업 상황

바다와 인접한 마을은 적지 않지만 어촌으로 간주될 만한 곳은 없다. 그리고 어업은 주로 어살을 사용하며 또 소형의 자망(刺網)[100], 초망(抄網)[101], 설망(設網, 건망建網[102] 종류) 등을 사용하지만, 대부분은 농간기에 종사하기 때문에 그 규모는 작다. 단지 문내면에 속한 삼정리(三汀里)는 감성돔 어획을 목적으로 설망을 사용하는 것이 제법 볼만하다. 그 개요는 뒤에 서술한다.

삼정리(三汀里)

삼정리(三汀里, 삼대리)는 우수영의 동쪽으로 10리 떨어져 있으며 진도의 벽파진(碧波津)과 서로 마주한다. 삼정리에서 남쪽으로 10정(町, 약 1.1km) 떨어진 전면에 사슴섬[鹿島]이 가로놓여 있고 그 사이는 해협을 이루는데, 폭은 약 100간(間, 약 182m)이다. 조류가 급하게 흐르는 모습이 명양도에 뒤지지 않는다. 해저 암초는 요철이 심하고 수심은 만조 때 3길(5.4m), 간조 때 1.5길(2.7m)이다. 이곳을 어장으로 한다.

삼정리의 감성돔 어장과 어법

삼정리의 어장에서 사용하는 설망은 주목망(駐木網)[103]의 종류로 새끼줄[藁心]로 만든 그물을 쓴다. 망의 입구 둘레는 4길(7.2m) 자루의 길이는 5길(9m)이고, 입구의 그물코는 1척 5촌목 정도인데 점차 촘촘해져 끝에서는 그물코가 1촌의 크기에 이른다.

---

100) 걸그물. 물 속에 옆으로 쳐놓아 물고기가 지나가다가 그물코에 걸리도록 하는 그물. 가로가 길고, 세로가 짧다.
101) 주머니 모양의 그물 입구에 막대 혹은 테를 붙여 물고기를 떠올려 잡는 어구이다.
102) 정치망·자리그물이라고도 하며, 한 곳에 쳐 놓고 고기 떼가 지나가다가 걸리도록 한 그물을 말한다.
103) 긴 원추형의 낭망(囊網) 또는 대망(袋網)을 지주와 닻으로 고정시켜 조류를 따라 내왕하는 어류가 어망 속에 들어오는 것을 기다려 잡는 재래식 어망이다.

해협 일대에 그물을 치는데, 혹은 두 개소에 나누어 그물을 치는 경우도 있다. 그물을 칠 때는 주목 또는 둥근 대나무를 몇 군데 박아 조류의 흐름을 향해 망구(網口)를 연다. 대부분의 경우 사리 때에만 사용하지만 때에 따라서는 조금 때에도 사용한다. 간조에 그물을 치고 최고조(最高潮) 때에 끌어올린다.

어기(漁季)는 어군 내유(來遊)의 늦고 빠름에 따라 일정치는 않지만 1월에서 3월까지 또는 2월에서 4월까지 3개월간이며 조업에는 6명을 요한다. 종사자는 이 기간 중 해안가에서 작은 집[小舍]을 설치하고 여기에서 일상생활을 하며 결코 나가지 않는다. 또 종사자 외에 어떤 사람이라도 일절 그 집에 들이지 않는다. 만약 이것을 어기면 바다의 신이 저주해서 어획이 적어진다고 전해진다. 많이 잡았을 때는 일본상인이 매수하여 목포 시장으로 수송한다. 시세는 200돈(匁)[104] 내외인 것 한 마리에 560문(文) 정도라고 한다. 이 어장은 때때로 매매되어 지금은 진도 사람이 이를 소유한다. 만약 대차한다고 하면 1년에 30관문(貫文)[105] 정도의 시세라고 한다.

구지동(九之洞)

연해의 물은 얕고 조석간만에 의해 앞에서 언급한 삼정리와 같이 조류가 심한 장소가 적지 않다. 장동면(場東面)[106]에 속하는 구지동도 그와 같은 곳의 하나이다. 이곳은 화원반도에 있다. 앞에는 금호도(錦湖島)가 있어 본 반도와 해남반도 사이에서 깊이 들어간 만의 관문을 이룬다. 물길이 몹시 좁아서 조류에 따라 변화가 급하고 격렬하다. 삼정리에서와 같이 건망을 사용하여 감성돔과 전어를 잡는다. 또 이 부근에서는 어살로 낙지와 오징어를 잡는 경우가 많다.

기타 송종면, 은소면 지역의 연해 마을에서는 완도군에 속하는 어불도 및 마로해에 있는 오마로도(五馬輅島) 부근에서 작은 상어 외줄낚시(一本釣)를 행하는 경우가 있

---

104) 일본의 중량(重量) 단위. '일문전(一文錢)의 무게' 또는 '저울의 일문(一文)의 무게'의 의미로서 '문(匁, 몬메)'이라고 불리게 되었다.
105) 동전 1천닢[文]을 꿴 한 꾸러미를 기준으로 정한 무게 단위이다.
106) 원문에는 관저면(官底面)으로 기록되어 있으나 정오표에 따라서 장동면(場東面)으로 정정하였다.

다. 그 어장은 수심이 7길(12.6m) 정도인 장소이고 어기는 2・3월 경이며 미끼는 낙지를 사용한다.

염막(鹽幕)의 수

해남군에 염업이 왕성한 것은 이미 언급한 바 있다. 그리고 염막 수는 55개소로 1년에 제조되는 산출량은 대략 500만 근에 달한다. 앞에서 언급한 염막 수를 면별로 정리하면 다음과 같다.

은소	8	군일	2	장동	1
현산	1	황원	2	산일	10
화일	2	문내	8	산이	8
화이	5	장서	8	계	55

제9절 영암군(靈巖郡)

개관

연혁

본래 백제의 월나군(月奈郡)이었고 신라 때 지금의 이름으로 고쳤다. 고려 성종 14년(995)에 낭주(朗州)라고 하였고, 안남도호부(安南都護府)를 두었다가 현종 9년(1018)에 강등시켜 영암군으로 되돌렸다. 조선은 이에 따랐고 지금에 이르렀다.

경역

북쪽은 나주군(羅州郡)에 접하고, 동쪽은 능주・장흥 두 군에 남쪽은 강진・해남 두 군에 접한다. 서쪽은 반도가 구불구불하게 긴 모양[蜒蜒]을 이루며 내해로 뻗어 있고 그 끝이 목포 거류지와 마주한다. 해도에서는 이것을 영암반도라 칭한다.

지세

지세를 보면 동부는 월출산맥이 중첩되어 이어져 있지만 평지가 비교적 많다. 서부는 반도와 각각 어지럽게 튀어나와 있는 지세[岬角]이며 지역은 협소하지만, 완경사지가 많아서 군내에 대체로 경지가 많고 전남에서 으뜸가는 곳 중 하나로 손꼽힌다.

구획 및 임해면

군내의 구획은 모두 17면인데 그 중 임해면에 속한 곳은 북일시, 서시, 서종, 곤이시, 곤이종, 곤일시, 곤일종, 종남, 명산, 북시, 북일종, 북이종의 12면이다. 그리고 북이종, 북일종, 명산, 종남의 4면은 임해면 중에서 북부에 위치한다. 북이종과 명산 두 면은 서쪽 영산강의 강폭이 최고로 넓어진 곳에 위치하고 멀리 무안군과 마주하고 있다. 종남면은 명산면의 남부에 이어지고 서쪽 및 남쪽이 영산강에 연해 있다. 북일종은 북쪽으로 북이종 및 명산의 2면에 접해 있고 종남면의 동쪽에서 영산강[107]의 남측에 연한다.

서시, 서종 2면은 모두 동쪽으로 깊이 들어온 강의 한 갈래에 돌출된 갑각이 있는 곳에 위치한다. 서시면은 북쪽으로 북일종면을 마주하고, 서종면은 그 서남으로 이어지며 이 두 면[108]의 사이에 하나의 만(灣)을 구성한다.

곤이시, 곤이종, 곤일시의 3면은 타원형을 이루는 큰 반도이다. 이 반도의 서쪽에는 무안군에 속하는 한 반도가 돌출되어 있어서 강폭이 아주 좁고 양쪽 땅의 사이가 가장 가까운 곳이 겨우 5정(町, 545m)에 불과하다. 이 반도의 동쪽에 완경사지가 있지만 그 가운데부터 서쪽 일대는 산악이 중첩하여 임해면 중에서는 산악지에 속한다.

곤일종면은 멀리 서쪽으로 뻗어 있는 이른바 영암반도 지역이다. 그 말단을 제외하면 낮은 구릉지로 경작지가 많다.

진포(津浦)

연안 수심이 얕아서 진포로서 중요한 곳이 없다.

---

107) 지도로 확인이 되지 않고 설명이 모순되므로, 본문에는 없지만 영산강을 덧붙여 해석하였다.
108) 2면을 서시면과 서종면으로 볼 때는 지류로 볼 수 있고, 북일종과 서시・서종면의 2면으로 본 다면 만이 있다고 할 수 있다.

해창(海倉)

군내의 유일한 정박지[繫船地]는 군읍과 서쪽으로 약 10리 떨어져 있으며 서종면에 속하는 해창이지만, 인가가 겨우 2호로서 마을을 이루지 못했다. 그렇지만 군읍까지 가깝고 도로는 평탄하여 교통은 편리하다. 더욱이 수심이 제법 깊기 때문에, 목포 거류지와의 사이에 석유발동기선이 매일 왕복하며 여행객 및 소하물을 실어 나른다. 승객 배삯은 일인당 50전이고 화물 한 개는 20전이며, 대략 4~5시간 만에 도착한다.

도포(都浦)

해창의 전면, 즉 만의 북안에 한 마을이 있는데 이곳을 도포(都浦)라고 한다. 도포는 북일종면에 속하고 호수는 81호, 인구는 236명이다. 수심이 얕고 작은배조차도 조석을 이용하지 않으면 출입이 어렵지만 군의 집산항으로 상선이 늘 끊임없이 정박한다. 군읍에 이르기까지 20리이고 도로는 평탄하다. 해창과의 사이는 겨우 10여 정(약1km) 정도이고 나룻배[渡船]가 있어 여객이 왕래할 수 있다.

기타 곤일종면에 있는 서창[109]도 역시 군내의 유수한 시장으로 목포와 거리가 멀지 않으며 상선의 왕래가 빈번하다.

영암읍(靈巖邑)

군읍 영암은 월출산의 북쪽 산기슭에 위치하며 월나·낭주·양산이라고도 부른다. 모두 「건치연혁」에 따른 것이다.

호수는 400여 호이고, 인구는 1,800여 명이다. 이곳에 현재 일본인 거주자가 37호, 64명이다. 잡화를 파는 자, 여관(旅舍)·음식점을 운영하는 자, 기타 이발직, 사진사 등이 있어서 웬만한 시설이 갖추어져 있다.

관서에는 군아(郡衙) 외에 재무서, 우편전신취급소, 순사주재소가 있고, 또 일본 헌

---

109) 조선시대에 서창(西倉)이 있었으므로 서창 또는 창말·창촌이라 하였는데, 지금도 서창리가 남아 있다.

병분견소 그리고 수비대를 두었다. 군읍은 군의 주요부에 위치한다. 부근의 경지는 넓고, 땅이 기름지고 비옥하여 농산물이 풍부하고 인가가 밀집해 있다. 그러므로 물자의 집산이 많고 시가가 제법 번성하다. 교육기관으로는 공립보통학교가 있는데 일본인 교사 1명, 조선인 교사[邦人訓導] 2명, 생도 약 100명이 있다. 위생기관에는 일본인 의사 1명이 있다.

장시

군내의 장시로 읍장은 매 5일과 10일, 덕진장(북일시면)은 매 3일과 8일, 독천장(곤이시면)은 매 4일과 9일, 회동장(북이시면)은 매 3일과 8일, 화원장은 매 1일과 6일에 열린다. 특히 읍장과 독천 장시가 활발하며 집산화물은 대개 강진에서 나는 것과 같다.

교통

교통은 읍하에서 목포까지 해로의 경우는 앞에서 말한 바와 같이 해창에서 매일 석유발동기선이 왕복한다. 만약 육로로 간다면 서쪽 영암반도의 끝 용당(龍塘, 또는 龍堂이라고 쓴다)[110]으로 나가서 거기에서 출발하는 배를 탄다. 육로는 총 100리이고, 도로는 평탄하고 왕래가 많다. 기타 북쪽 나주군의 영산포에 이르기까지 60리, 나주군 반남시장에 이르기까지 40리, 동쪽 장흥읍 60여 리, 남쪽 강진읍 50리, 해남읍까지 80리이다. 영산포 사이의 도로는 최고로 양호하고, 또 군내 독천시장까지 40리, 서창까지 60리인데 이 두 곳은 모두 육로로 목포에 이르는 경과지이다.

통신

통신기관은 군읍에 있는데 우편전신취급소가 한 곳 있을 뿐이다. 이 취급소는 목포에서 장흥읍 방면에 이르는 중계소로서 매일 발송한다. 목포 방향으로는 해창에서 석유발동기선 편에 의지한다.

---

110) 현재 삼호읍 서쪽 끝에 해당한다.

물산

군내 물산 중에 중요한 것으로는 쌀과 잡곡인데 일 년 생산량이 약 42만 석이라고 한다. 기타 면화 30만 근, 목면 8천여 필, 명주 백여 필, 빗 약 25만 개를 생산한다. 빗은 옛날부터 본군의 유명한 물산이며, 농가 부업으로서 그 제작에 종사하는 자가 이백여 호이다. 빗 한 개의 값은 평균 30문이므로 계산해보면 일 년에 제작・생산되는 것이 15,000원에 이를 것이다. 주로 경성에 보내지고 그 밖에 본도 또는 경상도 각지로 운송되는 것도 적지 않다.

어업 상황

해산물로 주요한 것은 식염이고 기타 새우[鰕], 숭어[鯔], 농어[鱸], 굴[牡蠣], 낙지[蛸] 민어[鮸] 등이 있다. 그러나 어업이 대체로 활발하지 않다. 본군 및 나주군에 속하는 지선(地先)에 있어서는 하류를 이용하여 하색망(河塞網)이라 부르는 일종의 주목망(駐木網)을 사용한다.

굴 양식 허가지

종남면과 곤이종면이 서로 마주하여 에워싸고 있는 내만은 굴 양식장으로 적합하다. 사가현[佐賀縣]의 한해출어조합 및 오카야마현[岡山縣] 고지마양패회사[兒島養貝會社]의 양식 허가지이다. 아래에 그 구역을 기록한다.

1. 사가현111) 한해출어조합 허가지

서종면 만두기(饅頭崎)112)에서 같은 군의 곤이면 중도(中島)113) 견통선(見通線)을 기점으로 하고 남으로는 서종면 송도(松島)114)에서 곤이면 도산(兜山) 견통선(見通

---

111) 규슈지방의 사가현(縣), 사가가 중심도시로 현청 소재지이다. 기름진 사가 평야의 농촌을 후배지(後背地)로 하여 물자의 집산이 성한데, 최근 공업화가 진행되고 공업제품 출하액(出荷額)의 22%를 차지한다. 면사・면포・전기기구・농수산 가공품・비료・기계류・고무제품・지기(紙器) 등이 주요 산업이다.
112) 기(崎)는 바다로 돌출된 육지를 말한다. 우리말로는 곶・말이라고 한다.
113) 해도 및 「조선5만분1지형도」로 판단하였을 때, 죽도일 가능성이 있다.

線)을 종점으로 한다. 이것을 2구로 나눈다.

제1구 서종면 지선 길이 1,800간(3,272m), 물길[澪沿] 좌우 각 5간(18m)씩, 면적
　　　6정보로 한다(17,999평, 59,504m²).
제2구 곤이종면 지선 길이 1,600간(2,909m), 물길[澪沿] 좌우 각 5간(18m)씩, 면
　　　적 5정보 3단보 3무[115] 10보로 한다(16,000평, 52,800m²).

출원은 융희 원년 9월 2일, 허가는 융희 2년 3월 9일이다. 동년 7월 무렵 살[筬]을
세워서 시험삼아 착수하였고 성적이 양호하지 않았지만, 몽탄지방[116]에 비해 좋은
결과라고 한다.

2. 오카야마현 고지마양패회사[兒島養貝會社會社] 허가지
서쪽 곤이종면 석기(石崎)에서 종남면 비도(飛島)를 잇는 견통선(見通線)을 기점으
로 하고 봉남쪽 곤이종면 안의 섬[117] 서종면 만두기를 잇는 견통선 및 송남면 소송
도(小松島)를 거쳐 서종면 만두기 견통선을 종점으로 한다. 이것을 3구로 나눈다.

제1구 곤이종면 지선길이 2,985.5간(2,713m), 폭 물길 옆 좌우 각 7간씩인데, 면적
　　　13정 9단 7무 20보로 한다(41,930평, 138,369m²).
제2구 종남면 지선길이 2389간 6홉, 폭 물길 옆 좌우 각 7간씩인데, 면적 11정 1단
　　　5무4보로 한다(33,454평, 110,398m²).
제3구 서종면 지선길이 664간 4홉, 폭 물길 좌우 각 7간, 이것을 갑이라 하고 길이
　　　236간 8홉, 폭 물길 옆 좌우 각 7간, 이것을 을로 한다. 면적은 합하여 4정 2

---

114) 정확한 위치를 알 수 없다.
115) 길이로 6척(척)을 1보라고 하고, 6척 사방의 면적도 1보(步)라고 하며, 100보를 1무(畝)라고 한다.
　　　면적으로 1보는 1평과 같다.
116) 무안군 몽탄면을 말한다.
117) 원문에는 중도(中島)로 기록되어 있으나 정오표에 따라서 (곤이종면) 안의 섬[中の島]으로 정
　　　정하였다.

단 16보로 한다(12,616평, 41,633m²).

출원은 융희 원년 9월 30일, 허가는 동년 3월 18일이다. 동년 5~6월 무렵 대나무, 잡목, 소나무 등의 재료로 살[筬]을 계단식으로 세워 시험 삼아 착수했다.

제10절 나주군(羅州郡)

개관

연혁

본래 백제가 발라군(發羅郡) 또는 통의(通義)로 불렀다. 신라 때는 금산(錦山)으로 불렀으며 또한 금성(錦城)으로도 불렀다. 고려가 지금의 이름으로 고쳤다. 후에 성종 14년[118] 절도사를 두어 진해군(鎭海軍)이라 칭하고, 해양도(海陽道)에 예속시켰는데, 현종 9년[119] 승격시켜 목으로 삼았다. 조선은 이를 물려받아 최근에 이르렀는데, 건양 원년[120] 서해에 딸린 섬(속도)을 갈라 지도군을 새롭게 만들었다. 같은 시기에 목을 폐지하고 군으로 삼아 지금에 이른다.

경역

북쪽은 함평군에 접하고, 동쪽으로는 영산강을 경계로 남평군과 나누어진다. 남쪽은 영산강을 끼고 영암군과 접하며, 서쪽으로는 무안군과 이웃한다. 경역이 넓지 않아도 영산강 유역의 평야 주요부로서 기름지고 비옥하여 농산물이 풍부[121]한 것이 전남 제일이고 쌀 생산지로 유명하다.

---

118) 고려 성종 때로 995년이다.
119) 고려 현종 때로 1018년이다.
120) 1896년이다.
121) 豐穰은 오곡이 풍성하게 익는다는 뜻이다.

구획 및 임강면

군내 구획은 27면인데, 면내에 강이 흐르는 곳은 평리, 복암, 동부, 신촌, 시랑, 수다, 앙포, 지량, 상곡, 욱곡, 마산, 오산, 곡강, 두윤, 공수의 15면이다. 그리고 평리 이하 앙포에 이르는 7개의 면은 순차적으로 강의 북쪽에 있고, 앙포면은 사방이 무안부와 이웃하여 접한다. 지량 이하 공수에 이르는 8개의 면은 순차적으로 강의 남쪽으로 나란히 있으며, 지량면은 북쪽에 있어 동북의 남평군에 접하고, 공수면은 가장 남쪽에 위치하여 남쪽으로 영암군과 경계를 이룬다.

군의 경역은 이와 같이 해안이 없고, 수산과 관계하는 곳은 오직 영산강뿐인데, 겨우 소규모의 하천에서 어업을 영위하는 데 지나지 않는다. 그러나 목포와의 교역 중심이자 동시에 수산물의 집산지로서 중요한 장소이다.

나주읍(羅州邑)

군읍 나주는 발라, 통의, 금산, 금성, 신해군 등의 별칭으로 불렸다. 모두「선지연혁」에 기록되어 있다. 본래 전남관찰부를 설치했던 지역으로, 현재 관찰도 소재지는 광주에서 서쪽으로 60리 떨어져 있으며, 영산포에서는 북동쪽으로 10리 떨어져 있고, 영산강을 따라 동부 및 서부의 두 면에 걸쳐있다. 나주평야의 중앙에 위치하며 인가가 조밀한 시가가 번성한[殷賑] 지역이다. 근년 관찰도를 광주로 옮겨 한때 쇠퇴함을 보였지만 원래 천혜의 지리적 조건을 가지고 있어서 일본인 거주자가 나날이 증가하였고, 융희 2년(명치 41년) 6월 말 현재 조사에 의하면 성의 내외를 아울러 호의 숫자가 87호, 인구가 214명에 이르게 되었다.

대부분의 사람이 농업을 목적으로 하며 절반 이상이 성외에 흩어져 산다. 성내에 거주하는 사람은 약 반수에 불과하지만 여관[旅店], 음식점, 잡화점 등 기타 웬만한 시설을 갖추고 있다. 관서로는 군아가 있고 그 이외에 재무서, 경찰서, 우편소 등이 있다. 이 지역의 시장을 살펴보면, 성 내외에서 정기적인 시장이 열리는데, 성 내부의 시장은 매 3일과 7일, 성 외부의 시장(남문 바깥)은 매 4일과 9일에 열린다. 어류, 목면, 각종 칠기, 쥘 부채[扇子], 둥근 부채[團扇], 대나무발[竹簾] 등의 기타 잡화는 집산이 적지 않으며, 부근의 유수한 시장 중 하나이다.

장시

군내 시장은 읍 내외 2개의 시장 외에 지량면에 속하는 영산장[122](매 5・10일에 개시), 공수면에 속하는 남창장(매 2・7일), 반남면에 속하는 도마교장(매 4・9일), 세화면에 속하는 동창장(매 5・10일), 수다면에 속하는 수가장(매 3・8일), 가장 북쪽의 함평군 경계의 삼가면에 속하는 평림장 등이 있다. 그중에서도 특히 영산장 및 도마교장이 번성하다.

생산물

군의 생산물은 미곡이 제일이지만, 면화 또한 많이 생산되며 목면의 제조 생산도 적지 않다. 또 나주군은 예로부터 양잠을 하는 지역으로 알려진 곳이며, 명주를 직조하여 다소 수출한다. 공예품에는 대나무발, 둥근 부채, 쥘 부채, 칠기류가 있으며, 이 또한 저명한 물산으로 손꼽힌다. 제작 종사자는 읍성, 영산포, 기타 주요 마을에 대략 5~6호 내지 7~8호가 있어 매년 생산이 1만 원에 달하며, 경성・평양 및 기타 지역에 수송하는 것이 적지 않다.

운수교통

운수교통은 영산강이 지역 내부를 꿰뚫고 흐르므로 이로운 바가 매우 많다. 영산강은 나주를 지나 상류로의 일정 구간에 주즙[123]편이 있을 뿐 아니라, 영산포에 이르는 사이에는 작은 증기선이 소항[124]하는데도 지장이 없다. 현재는 수 척의 작은 증기선 및 석유 발동기선이 매일 목포와 왕래하며 우편물, 여객 및 화물을 운반한다. 또한 역내 일대의 도로가 있어 왕래가 편하며, 특히 영산포부터 군읍 나주를 지나 광주에 이르는 사이는 평탄하기기가 숫돌과 같고 동시에 보통보다 폭이 넓어 마차가 통행할 수 있다.

---

122) 원문에는 市로 되어 있는 것을 장으로 번역하였다.
123) 舟楫은 크고 작은 배를 통틀어 지칭하는 말이다.
124) 배가 물의 흐름을 거슬러 올라가는 것을 말한다.

통신

통신기관이 설치된 곳은 군읍 및 영산포 두 곳에 그치지만 모두 매일 목포 및 광주편의 집배가 있을 뿐만 아니라, 두 곳 모두 전보를 취급하기 때문에 타군과 비교하여 매우 편리하며, 또한 두 개소에는 긴급전화가 있다.

영산포

영산포(榮山浦)는 영포(榮浦)라고도 약칭하며 또는 영포(永浦)라고도 쓴다. 영산포는 지량면에 속하는데 남동쪽으로 약 10리 떨어진 영산강의 동쪽 언덕에 위치해 있다. 이곳은 집산지이자 동시에 영산강 유역 일대에서 출입하는 화물의 중계지로서 목포와의 관계는 마치 전북, 충남의 경계를 흐르는 금강의 중류에 있는 강경과 군산의 관계와 같다. 다른 여러 가지 점에서 또한 서로 닮은 점이 있다. 다만 영산강 유역은 금강 유역과 비교해서 아주 협소하기 때문에, 이 지방의 시장 상황은 금강 지역에 크게 미치지 못하지만, 목포와의 교통편이 편리하여 왕래가 빈번한 것은 뛰어난 점이다. 이 지역의 일본인 거주자는 부근에 흩어져 사는 자를 합쳐 호수가 88호, 인구는 363명이라고 한다(융희 2년[125] 6월 말 조사에 의함). 대부분이 농업에 종사하지만 각종 상업을 경영하는 자도 적지 않다. 일본인회를 자치기관으로 조직하여 완전히 거류지와 같은 모습을 보인다.

목포와의 교통

현재 목포와의 교통에는 소증기선 3척, 석유 발동기선 1척을 가지고 서로 왕래하는데, 1일 2회 발착이 있다. 정기선을 이용해 우편물을 탑재한다. 기타 기선 1척이 월 10회 부정기적으로 왕래한다. 모두 일본인이 경영하는 것이며 승객의 운임이 1인당 80전[126]이고, 화물 운임은 종류에 따라 다르다. 중요한 것은 기록하면, 곡물 1석에 12전, 명태 1태(200마리)에 8전, 마른 멸치 100근에 15전, 절인 생선 1재(才)[127]에

---

125) 1908년이다.
126) 본문에는 抬라 되어 있으나 拾의 오자로 보인다.
127) 1尺³(입방척)을 말한다.

5전, 해초류 100근에 15전, 설탕 1포대에 10전, 석유 1통에 7전, 술·장·기름은 큰 통 1개에 30전, 1말에 8전, 성냥 1상자에 7전, 목면 및 마포는 1개 60단(필) 20전, 옥양목 1필[反] 1전, 잡화 낱개 1개에 7전 등이다.

중요 이출품으로는 쌀과 기타 잡곡, 면화, 목면, 마포, 우피, 쥘 부채, 둥근 부채, 대나무발, 각종 칠기 등이며 대부분이 범선에 의해 목포로 이송된다.

제11절 무안부(務安府)

개관

연혁

원래 백제의 물아혜군(勿阿兮郡)[128]이었는데, 신라가 무안(務安)이라고 불렀고, 고려가 물량(勿良)으로 고쳤다. 이어서 성종 10년에 전과 같이 무안으로 되돌리고, 나주(羅州)의 영현(領縣)으로 삼았다. 본조(本朝)가 이를 따라 현감을 두었으나, 건양개혁(建陽改革) 때 군으로 삼았다가 후에 부로 삼아 지금에 이른다.

경역

무안부는 영산강의 서쪽 일대의 땅으로서 북쪽의 작은 부분이 함평군과 닿아 있고, 동쪽의 일부는 영산강의 한 지류에 의해서 나주군과 구획된다. 나머지는 모두 바다로 둘러 싸여 있어서, 거의 대부분이 반도를 이룬다. 그리고 그 북쪽에는 다시 서해를 향해서 길게 뻗어있는 반도가 있다. 「해도(海圖)」에서는 이를 임치반도(臨淄半島)라고 기록하였다. 이 또한 무안부가 관할하는 곳이다. 무안부의 서쪽 및 남단의 전면에는 섬들이 무수히 흩어져 있는데, 모두 지도군(智島郡)에 속한다. 무안부가 관할하는 것은 주변을 둘러싸고 있는 수로 안쪽에 있는 갯벌 속의 작은 무인도뿐이다. 그래서 무안부는

---

128) 원문에는 분(分)으로 되어 있으나, 혜(兮)의 잘못이다.

서쪽 일대의 지도군에 속하는 여러 섬들이 병풍처럼 막고 있으며, 외양에 면해 있는 것은 임치반도의 서북[129]에 있는 당두(堂頭) 부근뿐이다.

갑각(岬角)은 함평만의 남쪽 입구에 자리하고 있으며, 함평만의 북쪽 입구를 이루는 갑각은 영광군에 속하는 염소면(鹽所面)이라고 한다. 또한 영산강을 사이에 두고 동쪽으로는 나주군, 남동쪽 일대로는 영암군과 서로 마주본다. 동쪽에서 길게 뻗어 와서 목포 정박지[錨地]의 남쪽을 이루는 반도는 곧 영암군에 속하는 곤일종면(昆一從面) 지역으로, 「해도」에서 영암반도라고 하였다. 소속 도서 중에서 제법 알려진 곳은 목포에 전면에 떠 있는 삼학도(三鶴島)이다. 삼학도는 생산적 가치는 없지만, 어린 소나무가 드문드문 자라고 꽃이 많아 한가하게 놀기 좋은 곳이다. 그래서 봄이 한창일 때 목포 거류민이 배를 타고 오는 자가 적지 않다.

지세

무안부의 전역은 이처럼 남북으로 길고 동서로 좁으며, 산악이 종횡으로 뻗어 있기는 하지만 높고 험한 것은 서다. 지세는 중앙이 융기되어 있고 동서 양쪽은 낮다. 그래서 물길 또한 이를 따라서 동서로 흘러내리며, 동쪽에서는 영산강으로, 서쪽에서는 함평만 및 무안강으로 흘러 들어간다.

산악

산악 중에서 두드러지는 것으로 중부에는 승달산(僧達山)이 있다. 해발 1,095피트로 무안부 내에서 제일의 영산이다. 그 지맥이 남쪽으로 달려서 반도의 남단에 이르러 융기한 것을 유달산(鍮達山)이라고 한다. 두 봉우리로 이루어져 있는데, 한 봉우리는 743피트이고, 다른 봉우리는 617피트에 불과하지만, 모두 검은색을 띤 우뚝 솟은 봉우리여서 멀리서 봐도 크게 두드러진다. 목포는 그 남동쪽 기슭에 있다. 그래서 배를 타고 오면, 시아해(時牙海)에서 화원반도(花源半島)의 북단과 달리도(達理島) 해협을 통과하면 바로 유달산을 볼 수 있고, 동시에 목포의 위치를 알 수 있다.

---

129) 원문에는 서남으로 기록되어 있으나, 정오표에 따라서 서북으로 정정하였다.

영산강

영산강은 섬진강과 함께 노령산맥의 남쪽에 있는 큰 강으로, 국내 5대 강의 하나로 손꼽힌다. 강은 유역에 비옥한 평야를 형성할 뿐만 아니라, 나주읍 부근에 이르기까지 조석간만의 영향을 받아 운항의 이로움이 대단히 크다. 강의 범람기는 8~9월 경인데, 때로는 물이 30척이나 불어나기도 한다. 그러나 이는 극히 드문 일이다. 이곳은 기후가 온화하므로 추운 겨울에도 겨우 살얼음이 어는 데 그치므로, 배가 운항하는 데 지장이 없다.

연안

연안의 형세는 강변과 해안 모두 굴곡이 심하고 특히 서해안은 임치반도가 길게 뻗어 있는데 그 복잡함을 말로 다 표현할 수 없다. 그러나 일대에 갯벌이 넓게 펼쳐져 있으며 물이 얕아서, 겨우 물길이 통하는 데 불과하므로, 목포를 제외하면 배를 댈 수 있는 적당한 곳이 없다.

주요평지

무안부의 주요 평지는 중앙에 있는 좌부(佐府)·엄다(嚴多) 두 면에 걸친 지역, 금동면(金洞面)의 동쪽 일대로 나주군과 이어진 지역, 영산강에 연한 진례면(進禮面)의 일부, 일로면(一老面) 및 삼향면(三鄕面)에 걸친 지역, 임치반도의 남쪽 즉 다경면(多慶面)의 대부분 등이다. 그중에서 좌부와 엄다 두 면에 걸친 평지는 그 중앙부로 함평군에 남하해 온 하나의 계류가 흐르고 논이 잘 개간되어 있어서, 군내 제일의 쌀 산지이다. 금동면의 평지는 이른바 나주평야 일부를 이루는 것이다. 이 또한 함평군에 흘러오는 한 계류가 흐르고 있으며, 좋은 논이 일대에 펼쳐져 있는 것을 볼 수 있다. 그러나 이 계류는 무안부와 나주군을 구획하는 것이고, 금동면에 속하는 부분은 지역이 넓지 않다. 그 밖의 평지 중 강변에 있는 곳은 각각 논이 있지만, 임해면에 속하는 곳은 관개의 이로움이 없어서 그 경지는 대부분 밭이다.

경지면적

최근의 조사에 따르면 무안부 전체의 경지면적은 논 4,032결(結) 6부(負), 밭 2,269결 10부이다. 논은 밭보다 거의 2배 가까이 많은데, 이를 일본의 단(段, 反)으로 환산하면, 논 6,984정보(町步), 밭 4,556정보 7무보(畝步)에 해당한다. 토지의 가격은 논 1마지기[斗落]에 3~5관문(貫文), 밭 1마지기에 2관 200~300문(文)이며, 일본인 농사경영자가 구입하는 평균가격은 16원(圓)이다.

구획 및 위치

행정구획은 부내(府內), 이로내(二老內), 삼향(三鄕), 일서(一西), 이서(二西), 망운(望雲), 다경(多慶), 해제(海際), 진하산(珍下山), 현화(玄化), 외읍(外邑), 신로(新老), 엄다(嚴多), 좌부(佐府), 금동(金洞), 진례(進禮), 석진(石津), 박곡(朴谷), 일로(一老), 이로(二老)의 20개 면이다. 그 중 부내·이로내 및 삼향의 3면은 동쪽은 영산강에 서쪽은 바다에, 일서[130] 이하 현화[131]에 이르는 7면은 바다에, 진례 이하 일로에 이르는 4면은 영산강에 연하며, 나머지 6면은 숭앙무에 있어서 사방이 모두 임상면 및 임해면으로 둘러싸여 있다. 단 엄다면은 한 계류에 의해서 좌부·진례면과 구획되고, 그 계류의 합류점 일부가 영산강에 연한다.

부치(府治)

부치는 지금의 목포 배후 즉 부내면 남교동(南橋洞)에 있다.(이 지역의 상황은 뒤에서 서술할 것이다) 그리고 종래 부치가 있던 곳을 무안읍(務安邑)이라고 한다. 그래서 종종 부치를 착각하는 경우가 있다. 종래 부치가 있던 곳은 무안부의 거의 중앙에 있으며, 그 소속면을 외읍면(外邑面)이라고 한다. 위치는 치소로서 적합하지만 교통편은 현재 부치만큼 좋지 않다. 부치를 현재 장소로 옮긴 것은 목포의 개항 때문이다. 현재 종래 부치에는 순사주재소가 있을 뿐이다. 따라서 종래의 모습은 볼 수 없지만 무안부

---

130) 본문에는 '二'로 되어 있지만, 정오표에 따라 '一'로 변경하였다.
131) 본문에는 '立'이라 되어 있지만, 정오표에 따라 '玄'으로 변경하였다.

전역으로 통하는 요지이고 또한 목포 및 나주에서 함평 및 기타 서해안의 여러 지역으로 통하는 도로의 요충지에 위치하므로, 일본인도 거주하고 있으며, 지금도 여전히 부내의 주요 시가지에 해당한다.

교통

교통은 목포를 중심으로 하며, 삼면이 강과 바다로 둘러싸여 있으므로 수운의 편리함이 적지 않다. 육로도 대체로 양호하다. 주요 도로는 목포로부터 무안을 거쳐 함평 및 서해안 여러 지역으로 연결되는 도로로, 이를 우편선로로 삼는다.

물산

물산 중에서 중요한 것은 쌀, 보리, 콩 및 기타 곡류와 면화 등이다. 그 중에서 면화는 질이 좋은 것으로 유명하며, 1년의 생산량은 대략 270,000근이라고 한다. 대부분은 일본으로 수송된다. 또한 곡류의 연간 생산량은 쌀 10,300~10,400석, 보리 5,400석, 콩 5,500석 정도이다. 면화의 생산이 많고 방직업도 행하여 백목면은 무안부의 특산물로 일컬어지며, 1년 생산량은 20,000필 이하로 내려가지 않는다.

수산물

수산물은 연안의 형세 때문에 그 생산이 많지 않다. 목포 시장에서 거래되는 어류는 일본 어부가 가져오는 것으로 멀리 외양에서 어획된 것이다. 무안부 근해에서 어획되는 어류 중 주요한 것은 감성돔[黑鯛], 농어[鱸], 숭어[鯔], 모치[鮂][132], 뱀장어[鰻] 등이고, 그 중에서 감성돔은 생산량이 제법 많고, 뱀장어·농어·숭어 등은 영산강에서 어획되는 양이 적지 않다. 그러나 뱀장어는 일본어부가 어획한다. 또 영산강에서는 굴이 생산된다. 박곡면(朴谷面)에 속하는 몽탄(夢灘) 부근에서는 일본인이 허가를 얻어 굴 양식에 종사하는 자가 있다.

---

132) 일본어로는 이나(いな)라고 하며, 숭어 새끼를 말한다. 모쟁이·동어라고도 하며 젓갈로 만들고 겨울철의 별미로 꼽힌다.

염전

식염은 다소 생산된다. 종래의 염전 이외에도 또한 개척에 적당한 땅이 적지 않지만, 토질이 지도군에 비하여 좋지 않다. 기존 염전의 소재를 열거하면 다음과 같다.

면이름	염전 소재지
해제면	석포(石浦), 민대포(民臺浦), 아사내(牙士乃), 합진리(蛤津里), 오류동(五柳洞)
다경면	곡자동(曲子洞), 수장리(水場里)
망운면	전창포(前蒼浦), 다경포(多慶浦), 월락리(月落里), 신월리(新月里)
현화면	평산촌(平山村), 태박산(太朴山), 중촌동(中村洞), 영해촌(瀛海村), 용동리(龍洞里)

부내면(府內面)

무안반도의 남서단 지역이고 동쪽의 이로내면에 접한다. 기타 삼면은 바다에 접한다. 지역[地區]은 협소하고 구릉이 종횡하며 특히 남서단의 모든 곳은 유달산(鍮達山)이 구불구불하게 자리 잡고 있어서[蟠屈] 평탄한 지반은 만내의 곳곳에 갯벌와 이어진 작은 구역뿐으로, 다른 곳에서는 평지를 볼 수 없다. 그렇지만 부내면의 남단에는 목포 거류지가 있다.

남교동(南橋洞)

목포 거류지 뒤쪽인 남교동(南橋洞)에는 부치(府治)와 기타 여러 관서(官署)가 있다. 따라서 인가가 밀집[稠密]되어서 부내면은 각 면 중에서 으뜸이다.

지세는 이와 같고, 토지도 또한 협소하여 마을은 모두 다 연안에 있다. 이를 동쪽으로부터 순차적으로 열거하면 아래와 같다.

내동(內洞) 용당리(龍塘里) 연동(蓮洞) 신창동(新昌洞) 양동(陽洞) 북교동(北橋洞) 남교동(南橋洞) 만복동(萬福洞) 죽동(竹洞) 온금동(溫錦洞) 연치동(鳶峙洞) 산정리(山亭里) 관해동(觀海洞)

이들 마을 중에 내동 이하 죽동에 이르는 9동133)은 목포의 동쪽인 간석만의 주위에 늘어서 있다. 온금동은 목포의 서쪽에 있다. 연치동 이하 관해동에 이르는 3동은 서해에 맞닿은 간석만에 접한다. 그리고 북교동, 남교동, 만복동, 죽동은 목포 조계(租界)134)와 이어져서 한 거리를 이룬다. 신창동 및 양동은 북교동의 북동쪽에 떨어져 있지만 모두 목포조계와 거리가 멀지 않다. 그래서 이들은 모두 목포시가의 일부로 간주된다. 다만 남교동 및 북교동은 종래에 존재했던 쌍교리(雙橋里)이고 신창동, 만복동, 죽동은 목포개항 후의 신개발지[新開地]이다.

부내면의 호수(戶數)는 융희 3년(1909년) 6월 말 현재 조계지를 제외하고 1,183호라고 한다. 대다수는 목포조계와 이어진 앞의 각 마을 및 조계의 서쪽인 온금동 등에 집중되어 있고 기타 마을에서는 매우 적다.

부내면은 토지가 협소하고 평지가 매우 적어서 주민이 농업 위주로 삶을 영위하는 자가 없지는 않지만, 대부분은 상업을 영위하거나 목포조계에 이르러 노동에 종사하여 생활은 모두 조계를 중심으로 한다.

주민의 생업은 이와 같아서 고기잡이에 의해 생활을 영위하는 경우는 극히 적다. 각 마을 중에서 어촌이라고 할 수 있는 곳은 오직 온금동만이 있을 뿐이다. 온금동의 개황(槪況)은 별도로 기술할 것이고, 기타 중요한 마을의 대략적 형세[槪勢]는 목포와 함께 서술한다.

목포항

목포항은 영산강의 북쪽 연안, 즉 무안반도의 남서쪽 끝에 위치해서 거의 북위 34도 47분, 동경 126도 22분에 해당한다. 개항장 중의 한 곳이고 영산강 유역 일대의 온갖 상품[百貨]들이 집산되는데 그 규모가 아주 크다

목포의 바깥 출입구[外口]

목포항의 바깥 출입구는 북쪽, 중앙, 남쪽의 세 곳에 출입구[三口]가 있지만 북쪽과

---

133) 본문에는 8동이라 되어 있지만, 실제로는 9동이다.
134) 19세기부터 제2차 세계대전까지, 한국과 중국의 개항 도시에 있었던 외국인의 전관 혹은 공동 거주지역을 말한다. 해당 지역에서는 외국이 행정권과 경찰권을 행사하는 등 치외법권을 누렸다.

중앙의 두 곳 출입구는 부근에 사퇴(砂堆)[135]가 넓게 펼쳐져 있으며, 수심이 얕고 또한 수로(水路)에 작은 섬이 산재되어 있어서 작은 배라도 통선(通船)은 어렵다. 남쪽 출입 구는 해도에서 목포구(木浦口)라고 하였다. 화원반도(花源半島)의 북쪽 끝과 달리도(達里島) 사이의 해협이다. 이 수로는 폭이 겨우 350간(약 636m)이고 조류는 급격하지만 물이 깊고 또한 장애가 없어서 통항에 어려움이 없다.

소고의 해협

목포항에 출입하는 일상적인 수로[常水路]인데 일본인은 소고의 세토(小高の瀨戶)라고 한다. 아마도 목포 개항 당시를 기념하는 것이다(개항 당시 제일 먼저 입항한 배가 오사카 상선회사의 기선 축후천환筑後川丸[136]이고, 선장은 소고小高 아무개라고 한다. 목포의 거류민이 소고선장을 기념하려고 이러한 이름을 붙인 것이라고 한다).

목포의 정박지

정박지는 목포의 앞쪽이 영암반도 및 고하도(高下島)[137]에 의해서 둘러싸여[屛障] 있다. 폭이 넓은 곳이 700간(약 1,273m) 남짓이다. 기선의 정박[投錨]에 적합한 장소는 목포조계의 전면으로 수심이 7길(약 16.8~21m)이 되는 곳이라고 한다.

고하도는 남북으로 길고 북각(北角)은 멀리 북쪽으로 돌출되어 있어 정박지의 서쪽 일대를 보호[保障]하므로 정박지는 어떤 바람에도 매우 안전하다. 조계의 동쪽에 크고 깊게 들어간 만이 있는데, 전형적인 간석만이다. 겨우 구불구불 휘어진 한줄기의 물길

---

135) 모래가 퇴적되어 작은 산이나 언덕 또는 얕은 여울 따위를 이룬 것을 말한다.
136) 원문에는 築後川丸으로 되어 있으나 筑後川丸의 오자임. 筑後川丸은 일본 최조의 鋼製汽船이다.
137) 현재 목포시 충무동에 속해 있는 고하도(高下島)는 고화도(高和島)・보화도(寶和島)・비하도(悲霞島)・고하도(孤霞島) 등으로 불렸고, 임진왜란 당시 이순신은 1597년(선조 30) 진도 울돌목 전투에서 크게 이긴 뒤, 같은 해 10월 29일 고하도에 진을 옮겨 군량미를 비축하는 등 전열을 정비하였다. 그로부터 108일 후인 1598년 2월 17일 완도 고금도로 옮겨 가기까지 이곳 고하도에 머물렀다. 한국 최초의 육지 면화의 시험재배지로도 잘 알려진 곳이다. 일제 강점기 말에는 군사거점지로도 사용하여 지금도 그 흔적을 곳곳에서 찾아볼 수 있다.

만이 통할 뿐이고, 물길은 조계의 동단에 떠 있는 작은 섬인 송도의 북쪽에서 동쪽을 돌아서 조계의 전면을 지나 기선의 정박지로 이어진다. 이 물길은 작은 배의 정박지인데 모여드는 배들이 매우 많다. 조계의 상륙지[上陸所] 또한 이 물길에 있다.

항로 표지[標識]

항로 표지는 시아해(時牙海)[138]의 거의 중앙이고, 항로의 동쪽인 시하도(時下島)와 하원반도의 북쪽 끝에 각각 등대가 있다. 전자는 남쪽 해안 여러 항구에서 목포에 이르는 항로를 보전(保全)하는 것이고, 후자는 목포구(木浦口)를 가리키는 동시에 도등(導燈)[139]의 역할을 한다. 또한 고하도 북쪽 끝의 서북쪽에 부표(浮標)[140]가 있다. 철조원추형(鐵造圓錐形)으로 붉은색으로 칠해져 있고 두부(頭部)에 불이 켜진다. 등화는 핀치(ピンチ)[141] 가스등[瓦斯]인데 명암백색(明暗白色)[142]이다. 본 부표는 그 남쪽인 얕은 여울[淺灘]을 피하는 용도로 쓰인다. 그리고 위치는 무안반도의 남각(南角)과 고하도의 북각(北角)을 연결하는 선과 무안반도의 서각(西角)과 봉수산(烽燧山)을 연결하는 선이 서로 교차하는 곳이라고 한다. 또한 정박지를 가리키는 것으로 조계의 전면에 떠 있는 삼학도(三鶴島)의 남단에 간출(干出)[143]되었을 때 7피트 수면 위로 나타난 바위 위에 입표가 있다.

조석(潮汐)

조석은 남쪽 출입구[南口], 즉 목포 출입구[木浦口]의 안쪽, 달리도(達里島) 동쪽의 박비(泊鼻) 부근에서 삭망고조 2시 12분, 대조승 13.75피트, 소조승 7.5피트이며, 전체적인 소조의 평균은 5피트이다.

---

138) 목포 앞바다의 나주군도 사이에 있는 내해이다.
139) 항구나 좁은 수로에서 안전항로를 표시하는 등대를 말한다. 유도등.
140) 물 위에 띄워 어떤 표적으로 삼는 물건으로 부이(buoy)라고도 한다.
141) Pintsch gas는 혈암유(頁巖油)나 석유로 만든 조명용 가스로, 원래 부표·등대·열차 등에 쓰였다.
142) 흰색 등이 밝아졌다가 어두워졌다가 한다는 뜻이다.
143) 간조시에 물이 빠지고 암초가 수면 위로 나타나는 것을 말한다.

개항의 연혁

목포항이 개항된 것은 군산포보다 2년 앞섰고 진남포(鎭南浦)[144]와 동시에 개항되었는데, 개국 506년(1897년), 즉 광무 원년(명치 30년) 10월 1일이었다. 그렇지만 목포의 개항은 그 이전에 이루어졌다고 전해지는데, 이전부터 이곳을 일본정부가 요구했기 때문이다. 갑오년에 청일전쟁이 일어나자 그해 7월 20일, 즉 명치 27년(1894년) 8월 20일 조·일 간에 체결된 잠정합동조관[145] 제 4항에서 "장래 양국의 교제를 친밀하게 하고 또한 무역을 장려하기 위해서 조선정부는 전라도의 연안에서 통상항을 연다."라고 정하였으므로, 분명히 목포항의 개항과 관계가 없지 않을 것이다.

조계(租界)

조계의 서쪽은 유달산의 남쪽 산중턱[半腹]을 경계로 하고, 북쪽은 유달산의 지맥인 작은 언덕을 수용하고, 동쪽은 송도에 이르며, 남쪽 일대는 강에 접한다. 부정 삼각형 형태로 면적은 약 1백만 평방미터[146](약 30만 평)이라고 한다. 전체가 각국의 조계이다. 융희 3년(1909년) 6월 말 소사에 의하면 조계지구의 소유는 이미 확정된 것이 726,025평방미터인데 그 내역은 다음과 같다.

국적별(國籍別)	관유지(官有地)		민유지(民有地)	
	소유자	면적(평방미터)	소유자	면적(평방미터)
일본	3	50,526	103	593,975
한국	3	16,993		
청국			3	4,088
독일			1	5,140
프랑스[佛國]			1	2,860
영국	1	12,475		
러시아[露國]	1	19,311	1	20,657
합계	8	99,305	109	626,720

비고 : 전표(前表) 외에 목포거류지회 소유인 것이 19,765평방미터가 있다

---

144) 鎭南浦는 일제 때, 평안남도 남포를 말한다.
145) 朝日暫定合同條款은 1894년 청일전쟁을 도발한 일본이 전시하에 1894년 8월 20일 강요하여 체결된 밀약으로 조선의 이권침탈과 관련된 조약이다.
146) 원문의 米突(メートル)은 미터를 일본 음에 따라 표기한 것이다.

이를 통해 살펴보면 여전히 273,900여 평방미터의 지적(地積)은 미경매지로 남아 있는 상황이다.

조계지구는 갑, 을, 병의 세 등급으로 나누어 매도해야 한다. 지구(地區)의 면적은 각 등급에 따라서 최대 및 최소의 제한이 있다. 즉 갑 및 병의 양쪽 지구는 최대한 1천 평방미터(대략 308평) 최소한 5백평방미터(대략 154평), 을 지구는 최대한 5천평방미 터(대략 1,540평) 최소한 1천평방미터(대략 308평)이다. 그리고 공정원가는 1백평방 미터에 갑의 지구는 은화 6불, 을 지구는 은화 3불, 병 지구는 은화 5불이다. 단, 갑 지 구는 수준상(水準上)의 평지 또는 논밭[田圃]이고, 을 지구는 구릉 또는 경사지, 병 지 구는 해안의 갯벌인데 매립을 필요로 한다. 또한 이 표준으로 삼아야 할 은화는 어떤 종류의 은화로 할 것인가는 그 해에 결정할 예정이고 미리 확정하지 않는다.

매도할 수 없는 지구는 희망자의 구입 청구를 기다려서 경매에 붙인다. 희망자는 희 망하는 곳의 지구번호·면적을 기재한 신청서를 자국영사관에 제출[差出]해야 한다. 당해관리는 각국 영사관에서 그 신청서를 접수[受理]하고 경매를 시행할 때는 시행 일 자를 각 관계자에게 예고한다. 당일은 각 관계자가 입회 하에 경매[糶賣]한다.

이리하여 토지가 경락[競落][147]되었을 때는 계약금[手附]으로 경락 대금의 5분의 1 을 즉시 납부하고, 잔액은 10일 이내에 납부를 요한다. 전액 납부한 후에는 토지문서 [地券]를 교부해야 한다. 만약 기한 내에 경락 대금을 납부하지 못할 시는 경락은 무효 로 하며 계약금[手附金]은 몰수된다.

지조(地租)[148]는 첫해[初年]에는 매수 당일부터 그해 말까지 해당 분을 토지문서 교부 전에 납입하고, 그 이후는 매년 1월 10일까지 해당 연도분을 선납[前納]해야 한 다. 체납 시에는 공권행사를 정지시킬 뿐만 아니라 게다가 각각 제재(制裁)를 받아야 한다. 지조의 연간세금은 1백평방미터당 갑 지구는 은화 6불, 을 지구는 2불, 병 지구 는 6불이다. 이는 모두 광무 원년(1897년) 10월 16일 경성에서 외부대신 및 각국[列

---

147) 경매에 의해서 그 대상이 되는 동산 또는 부동산의 소유권을 취득하는 것을 말한다.
148) 토지에 대하여 부과하는 수익세로 1873년(明治 6)의 지조개정법.

國] 사신이 조인한 조계장정에서 규정한 것이다.

목포항 시가 및 부근도

▦ 이사청용지
▨ 세관용지

S 각국 거류지회 용지	ㅁ 우편국
R 러시아인 소유지	ハ 세관
RC 러시아 영사관 부지	ニ 경찰서
D 독일인 소유지	ホ 오사카상선회사
F 프랑스인 소유지	ヘ 소학교
E 영국 영사관 부지	ト 본원사(本願寺)
C 청국인 소유지	チ 조면공장
イ 일본이사청	

조계지의 시가

조계는 이처럼 각국의 사람들이 섞여 거주하는 공간이지만 거류민 대다수는 일본인이고, 시가는 거의 모두 일본인이 독자적으로 조성하였다. 때문에 그 명칭의 경우도 모두 일본명을 붙여 거의 전관거류지[專管地]나 다름없다. 이제 시가를 개략적으로 살펴보면, 하안(河岸)의 서쪽 일대는 남해안통(南海岸通)[149]으로 1정목(丁目)에서 2정목에 이르고, 북쪽에 접하는 곳은 본정통(本町通)으로 5정목까지이다. 서쪽 유달산의 동쪽 기슭은 산수통(山手通)인데 4정목까지이고, 본정통・산수통과 접해서 유달산의 한 줄기가 되는 남쪽 기슭에는 영사관통(領事館通)이 있다. 여기를 횡단하여 해안에서 조선인[邦人] 마을로 통하는 곳에 있는 무안통(務安通)은 6정목까지, 그 동쪽 하안에 있는 동해안통(東海岸通)은 7정목까지 이른다. 시가 중앙의 구릉 및 그 주위를 목포대(木浦臺)[150]라 하는데, 이곳에는 전체 7가(街)가 있다. 그 중 가장 발달한 곳은 영사관통, 동해안통 1정목 등이다. 대체로 거리가 정연하고 상업이 성하여 아주 번성하다.

개항 전과 현재

시험삼아 이곳을 개항할 당시의 지도를 보면, 동・남해안통, 영사관통의 동쪽 끝과 무안통 1정목의 경우는 모두 갯벌이었다. 또 영사관통의 대부분 및 본정통 일대는 논이었고, 무안통 2정목 이북 및 산수통 목포대는 전형적인 구릉으로, 종래 마을이 존재했던 곳은 오직 목포대의 동쪽 일부 작은 구역에 그칠 뿐이었다. 이곳은 예전에 목포진(木浦鎭)을 두어 만호가 통솔하던 곳으로 수군의 요항(要港)이었을 뿐 아니라 공미집적장(貢米集積場)으로 알려진 곳이다. 그렇지만 개항 당시에는 이미 쇠퇴하여 인가는 겨우 40~50채에 불과했다.

본 항의 발전은 군산에 비할 바는 아니겠지만 두드러진 변화가 놀랄 만하다. 이런 변화는 단지 조계지 일부에 그치지 않고 조선인 마을에서도 또한 같은 양상이다.

---

149) "~通"은 큰 도로나 큰 대로를 의미한다.
150) 수산지 내 「목포항시가 및 부근도」 참조.

조선인 시가

조선인 마을 중 조계에 접하는 곳은, 부내면에 대한 첫 설명에서 언급했듯이 죽동(竹洞), 만복동(萬福洞), 남양동(南楊洞), 북교동(北橋洞)인데, 이 4개 동은 목포의 한 거리[街]를 이루는 곳이다. 그 외 북교동의 북쪽에 양동(陽洞), 신창동(新昌洞)이 있고, 조계의 서남쪽에 있는 유달산의 남쪽 기슭을 흐르는 강에 연해서 온금동(溫錦洞)이 있다. 모두 목포의 일부로 간주할 만한 곳으로, 목포 일본거류민단 구역에 포함된다. 이 마을들 중에 옛날부터 존재했던 곳은 남교동, 북교동 및 양동인데, 남·북교동은 쌍교리(雙橋里)라고 한다. 개항 당시에는 인가가 겨우 50호 정도였다. 양동의 경우는 겨우 십수 호의 초가집[茅屋]이 흩어져 있는 데 불과했다.

조선인 마을의 호수(戶數)

융희 3년(1909) 6월 말 현재 호수는 죽동, 만복동, 남교동, 북교동의 4개 동을 합해서 727호, 그 외 신창동 70호, 양동 63호, 온금동 77호로 합계 937호에 달한다. 게다가 이들과 섞여 사는 일본인이 적지 않다

거류 외국인 호수

융희 3년 6월 말 현재 거류외국인은 일본인 825호, 청국인 28호, 미국인 및 프랑스인 3호로 총 856호이다. 일본인 대다수는 상업에 종사하고, 또 농업 및 어업에 종사하는 자가 있다. 청국인은 상업에, 미국인과 프랑스인은 포교 및 교육에 종사한다.

다음에 과거 10년간 거류외국인의 호수를 표시한다

연차		명치33년	동34년	동35년	동36년	동37년	동38년	동39년	동40년	동41년	동42년
일본인	호수	218	251	266	332	329	367	556	733	764	825
	남	544	549	592	782	792	1,172	1,346	1,606	1,567	1,657
	녀	350	391	453	635	650	848	1,018	1,245	1,296	1,414
	계	894	940	1,045	1,417	1,442	2,020	2,364	2,851	2,863	3,071
청국인	호수	12	18	22	16	16	22	26	26	28	28
	남	34	48	42	46	45	65	89	67	67	–
	녀	5	5	3	4	2	2	3	10	2	–
	계	39	53	45	50	47	67	92	77	69	69
기타외국인	호수	3	4	5	5	4	4	3	3	3	3
	남	6	7	7	8	7	8	6	4	6	6
	녀	–	2	3	3	3	4	4	2	3	3
	계	6	9	10	11	10	12	10	6	9	9
합계	호수	233	273	293	353	349	393	585	762	795	856
	남	584	604	641	836	844	1,245	1,441	1,677	1,640	–
	녀	355	398	459	642	655	854	1,025	1,257	1,301	–
	계	939	1,002	1,100	1,478	1,499	2,099	2,466	2,934	2,941	3,149[151]

조계에서의 제반 제도는 광무 원년(1897) 10월 16일에 조인된 조계장정(租界章程)에서 규정한 것으로, 일반 행정은 이 장정에 기초해서 조직된 거류지회가 맡아 처리한다. 단 경찰사무는 개항 당시부터 일본경찰서에 위탁했다.

일본인 자치단체

거류 일본인은 자치기관으로 민단(民團)을 조직하였다. 구역은 거류지 일원 및 그 경계선부터 4km[152] 이내의 지역이다. 개항한 이듬해, 즉 명치 31년(1898) 2월 17일 운영위원[世話掛]을 둔 것에서 기원한다(당시 운영인 7명을 선출하고 그 중 1명을 위원장[掛長]으로 삼았다). 뒤에 거류민회(居留民會)로 고쳤다. 통감정치(統監政治)가 시행되고,

---

151) 본 표에서의 합계 인원수는 표에서 기록되지 않은 청국인 남녀 인원수를 제외한 합계이다.
152) 본문에는 "十韓里"라고 되어 있다. 조선의 10리를 의미하므로 4km이다.

명치 39년(1906) 8월 15일 민단법이 실시되면서 지금의 민단을 조직하기에 이르렀다.

이사청(理事廳)

통감부 소속 이사청은 조계의 북쪽에 정상부가 바위로 이루어진 노인봉(老人峰)의 중턱에 위치한다. 원래 일본영사관으로 건축되었는데, 외관이 아름답고 풍경이 좋아서 각 항에 있는 이사청 중 비교할 만한 것이 없다. 기타 영국은 목포대의 구릉 위에, 러시아는 서쪽의 산수통 구릉 위에 각각 영사관 부지가 있지만 아직 설치하지는 않았다.

교육기관

교육기관은 조계에 일본거류민단이 세운 심상고등소학교(尋常高等小學校)[153]가 있다. 명치 42년(1909년, 융희 3년) 3월, 현재 생도는 268명이다. 목포항에 있는 거류민 아동 교육에 관해서는 동본원사(東本願寺) 목포지원(木浦支院)[154]에 기대한 바가 적지 않았다. 본 지원은 개항한 이듬해 명치 31년(1898) 11월 16일에 이미 사찰 경내에 교사(校舍)를 설치한 이후 계속해서 일을 맡은 것이 3년 남짓이나, 그래서 거류민이 스스로 이 일을 운영하게 된 것은 실제로 명치 35년(1902) 1월이다.(당시 본원사 지원은 종래 사용하던 교사 및 교구 일체를 무상으로 민회(民會)에 기증했다고 한다.) 기타 조선인 아동의 학교는 남교동에 육영중학교(育英中學校)가 있고, 북교동에 공립보통학교(公立普通學校)[155]가 있다. 또한 양동에는 미국선교사가 설립한 중학교가 있다.

---

153) 현재 전라남도 목포시 유달동에 있는 유달초등학교를 말한다.
154) 동본원사는 목포에 들어선 일본 첫 불교사원으로 정식명칭은 '진종 대곡파 동본원사'이다. 동본원사 목포별원은 1898년 4월에 세워졌으며 목포심상고등학교 설립인가를 받아 목포 내에서 일본인 소학교로 최초·정식 운영되기도 했다. 해방 이후 정광사의 관리를 받다가 1957년부터 목포중앙교회로 사용하게 되어 사찰이 교회가 되는 이색적인 약력을 가지게 되었다. 2010년 1월 19일에 오거리문화센터로 개관하여 각종 문화행사 및 전시회 공간으로 활용되고 있다. (대한민국 구석구석, 한국관광공사, 「구 동본원사 목포별원」) 현재 남아 있는 건물은 1930년경에 신축된 건물이다.
155) 이 학교는 1897년 「소학교령」(고종 32년 칙령 145호)에 의거하여 무안읍 향교를 이용하여 '무안공립소학교'라는 이름으로 개교하였다. 현재의 목포 북교초등학교이다.

도서관

도서관은 조계에 목포도서구락부(木浦圖書俱樂部)[156]가 있다. 명치 40년(1907) 7월 다카네 노부아키[高根信禮] 외 5명이 설립했다. 명치 41년(1908) 말 현재 일한서 [和漢書] 315부 540책을 소장하고 있다. 소장한 책은 매우 적지만 각 개항지 중 이러한 기관을 갖추고 있는 곳은 오직 부산과 본 목포항뿐이다.

위생기관

위생기관은 아직 완비되지 않았으며 병원이 한 곳만 있지만 민단은 건물 및 의료기계 · 기구를 설비해서 보조금을 지출하고, 개인에게 경영하게 하였다.

식수가 부족한 것이 본 항의 가장 큰 결점이다. 현재 거류민단은 북쪽 약 4km의 수원 지(水源地)에서 매일 수조선(水槽船)으로 운반해 거류민에게 급수한다.(가격은 1말 에 1錢이다.) 수도(水道) 설치는 목포에서 가장 시급한 사업이라고 한다.

상업회의소

일본인상업회의소(日本人商業會議所)는 거류민단구 내에 있고, 명치 30년(1897) 에 창설했다. 의원 정족수는 15명이다.

수산조합지부

조선해수산조합(朝鮮海水産組合) 목포지점은 목포대에 있고, 명치 33년(1900) 6 월에 설치했다. 순라선(巡邏船)으로 석유발동기선(石油發動機船) 1척을 가지고 있다. 순라 구역은 이사청 관할 구역 연해이다.

여러 회사 및 공장

여러 회사 및 공장을 나열하면 다음과 같다.

---

156) 현재의 목포시립도서관이다.

조일흥업주식회사(朝日興業株式會社), 목포철공합명회사(木浦鐵工合名會社, 이상 목포에 본점을 설정한 것임) 한국흥업주식회사출장소(韓國興業株式會社出張所), 한국실업주식회사지점(韓國實業株式會社支店), 한국면화주식회사출장소(韓國棉花株式會社出張所), 대판상선주식회사지점(大阪商船株式會社支店), 한국은행출장소(韓國銀行出張所), 제십팔은행지점(第十八銀行支店).

한국면화주식회사부속공장(韓國棉花株式會社附屬工場), 복전우지점조면공장(福田又支店繰綿工場), 목촌건부경영목포정미소(木村鍵夫經營木浦精米所), 산본만차랑경영제유소(山本萬次郎經營製油所), 무내학태랑경영정미소(武內鶴太郎經營精米所, 이상 증기원동력을 사용하는 곳임), 고전정미소(高田精米所), 북천정미소(北川精米所), 송영정미소(松永精米所), 이상 석유발동기를 사용하는 곳), 목포철공합명회사공장(木浦鐵工合名會社工場), 다전철공장(多田鐵工場), 석정철공장(石井鐵工場)

기타 민법상의 조합으로 목포흥농협회(木浦興農協會)가 있다. 동업조합으로는 곡물상조합(穀物商組合), 수입상조합(輸入商組合), 송함석유상조합(松函石油商組合)이 있다.

육로교통

목포항은 무안부 내 및 부근의 여러 읍으로 오가는 교통의 중심이지만, 육상교통에 있어서는 왕래가 편리하지 않다. 최근에 나주를 경유하여 광주에 이르는 구간의 도로가 개축되어 완성되었지만, 그 절반은 영산강을 이용한다. 구읍인 무안을 경유하여 함평읍에 이르는 100리(40km) 남짓의 도로는 험하고[崎嶇] 폭이 좁다.

호남철도(호남선)는 장차 가까운 시일에 남북 양쪽 끝에서 착수될 것이라고 전해진다. 이 철도가 전구간 개통되는 그 날에는 목포항이 한 단계 더 발전할 것이다.

수로교통

수로교통은 일찍이 개항지가 되었기 때문에 제법 빈번하다. 오사카 상선회사[大阪商

船會社] 소속의 기선(汽船)이 오사카와 진남포를 왕복하는 것이 두 척, 오사카와 인천 사이를 왕래하는 것이 세 척, 나가사키-대련 사이를 왕복하는 것이 한 척으로 모두 여섯 척이다. ▲ 아마가사키기선회사[尼ヶ崎汽船會社]에 속한 선박으로 오사카-인천 사이를 왕복하는 것이 한 척이다. ▲ 하카타기선회사[博多汽船會社]에 속한 선박으로 당진-진남포 구간을 왕래하는 것이 한 척으로 모두 8척이다. 각각 모두 왕복하고 기항한다. 그러므로 3~4일마다 각지에 이르는 선박편이 있다. 그리고 목포항에서 각 지역에 이르는 오사카 상선회사의 승객요금[賃銀]은 대개 다음과 같다.

지방	1등실	2등실	3등실
인천, 부산, 마산	10엔	7엔	4엔
군산	7엔	4.5엔	2.5엔
진남포	18엔	12엔	7엔
이즈하라(嚴原)	14엔	9엔	5엔
시모노세키, 나가사키	18엔	12엔	7엔
고베, 오사카	24엔	15엔	9엔

또한 부산기선주식회사(釜山汽船株式會社)에 속한 선박으로 남해안의 여러 항구를 거쳐 목포항을 종점으로 하는 것으로 종신환(宗信丸)과 복산환(福山丸) 등이 있다. 이들은 대개 월4회 입항한다. 다만 기항지와 운임 등은 기점인 부산항에서 상세히 서술한 바이다.

목포를 기점으로 하여 연안과 여러 섬 사이를 왕복하는 배도 적지 않다. 그리고 왕래가 다소 장거리에 이르는 것으로는 후쿠다 유조[福田有造]가 경영하는 목포-제주 노선, 목포-장흥 노선, 목포-법성포(영광군) 노선, 목포-군산 노선의 다섯 항로가 있다. 사용되는 기선으로는 도환(都丸), 운세환(運勢丸), 묘견환(妙見丸), 영락환(永樂丸) 등이 있다.

목포-제주 노선 :
추자도에 기항하고 제주도 북안(北岸)에 있는 제주읍에 이르는 노선이다. 월 6회 정기적으로 왕복한다. 다만 제주도는 제주읍을 발착지로 하지만, 현재는 조천리까지 연장

운행하고 있다

목포-장흥 노선 :
진도, 완도에 기항하며, 보성만 안에 있는 장흥군 해창에 이르는 노선이다. 월 4회 정기적으로 왕복한다.

목포-군산 노선 :
지도(신안군), 법성포(영광군), 줄포(茁浦, 부안군)에 기항하며, 군산항에 이르는 노선이다. 월 3회 왕복한다.

목포-줄포 노선 :
지도(신안군), 법성포(영광군)에 기항하고 부안군에 속한 줄포에 이르는 노선이다. 월 3회 왕복한다. 이 노선에 대해서는 일찍이 목포상업회의소가 항해를 장려하는 의미에서 보조금의 지출을 의결(議決)한 적이 있다. 아마노 줄포는 목포, 군산 두 지역 상업이 경쟁하는 구역이기 때문일 것이다.

목포-법성포 노선 :
지도(신안군)를 경유하여 영광군에 속한 법성포에 이르는 노선이다. 월 2회 왕복한다.

이러한 각 노선은 원래 목포에 살고 있는 다케우치 쯔루타로[竹內鶴太郎]가 경영하던 것으로, 정부가 장려하는 취지에 의거하여, 융희 3년 1월 30일 부로 다케우치의 출원(出願)에 대해 금년부터 융희 7년(메이지 46)에 이르는 5년 동안 매년 ▲ 목포-제주도 항로에 7,500원, ▲ 목포-장흥, 법성포 두 항로에 4,800원, ▲ 목포-군산, 줄포 구간의 두 노선에 2,500원, 총합 14,800원을 빌려주기로 결정했다. 동시에 이 항로에 힘쓸 것을 명령했다. 하지만 이 금액은 무이자 거치(無利息. 据置)여서 융희 13년(메이지

52년)부터 향후 10년 동안 연부상환(年賦償還)하기로 규정했다. 그리고 그 경영자를 후쿠다[福田有造]로 변경을 허락하는 지령을 보낸 것은, 융희 3년 6월 22일이다.

앞서 기록된 각 노선 이외에도 오이회조부[大井回漕部]에서 경영하는 영산포를 왕복하는 노선과 히라오카회조부[平岡回漕部]에서 경영하는 영암군 해창을 왕복하는 노선이 있다. 영산포 구간은 기선인 기념환(紀念丸), 길상호(吉祥號)와 석유발동기선인 정복환(正福丸) 등이 있고, 한 달에 60회 왕복하며 매일 2척씩 발착한다. 또한 이들 이외에도 수시로 항행하는 기선이 1척 있는데 한 달에 대개 10회 왕복한다.

영암군 해창에 이르는 것으로 석유발동기선이 또한 매일 왕복한다. 이 구간의 항로는 각 노선 가운데 가장 짧다.

승객 및 화물운임

이들 각 항로의 승객과 화물운임을 표시하면 다음과 같다.

승객운임표

〈목포-해창(장흥) 구간〉

목포			
0.8엔	진도		
1.5엔	1 엔	완도	
2 엔	1.5엔	1엔	해창(장흥)

〈목포-추자-제주-조천리 구간〉

목포			
2.5엔	추자도		
3 엔	1.5엔	제주도	
3.2엔	2 엔	0.5엔	조천리

〈목포-영산포 구간〉

목포	
0.8엔	영산포

〈목포-해창(영암) 구간〉

목포	
0.5엔	해창(영암)

〈목포-군산 구간〉

목포				
0.6엔	지노			
1.2엔	0.7엔	법성포		
2 엔	1.5엔	0.8엔	줄포	
2 엔	2 엔	1.5엔	1 엔	군산

화물운임표〈목포-조천포 구간〉

물품명	단위	목포-조천포 구간		
		추자도	제주	조천
1등품	1 입방척[才]	10	12	12
2등품		9	11	11
3등품		8	10	10
원가급	백원(百圓)	36	45	45
종이(紙), 비단(幣)		12	15	15
곡물류	1석(石)	20	25	25
명태어(明太魚)	1개(個)	16	20	20
해삼(海參)	1 입방척[才]	8	10	10
마른멸치	백 근(斤)	24	30	30
염어(鹽魚)	1 입방척[才]	10	12	12
미역[和布]	1개(個)	40	50	50
설탕(砂糖)	1개(個)	20	25	25
해초류	백 근(斤)	24	30	30
밀가루	1개(個)	10	12	12
소면(素麵)		12	15	15
석유		12	15	15
술, 장유(醬油)	큰 통(大樽)	40	50	50
	작은 통(斗樽)	12	15	15
승입[繩叺]	1개	28	35	35
성냥[燐寸]		16	20	20
성냥 2상자[同二ッ合]		28	35	35
방적(紡績)		48	60	60
무명[木綿]과 삼베[麻布]	1개 60필[反]	48	60	60
옥양목[金巾]	1필[反]	2	2	2
맥주	1개	24	30	30
필터담배[口付莨]	1개	28	35	35
금물(金物)	백 근	24	30	30
잡화 낱개 취급	1개	32	40	40

화물운임표〈목포-해창(장흥) 구간〉

물품명	단위	목포-해창(장흥) 구간		
		진도	완도	해창(장흥)
1등품	1 입방척[才]	10	10	12
2등품		9	9	11
3등품		8	8	10
원가급	백원(百圓)	36	36	45
종이(紙), 비단(幣)		12	12	15
곡물류	1석(石)	20	20	25
명태어(明太魚)	1개(個)	16	16	20
해삼(海參)	1 입방척[才]	8	8	10
마른멸치	백 근(斤)	24	24	30
염어(鹽魚)	1 입방척[才]	10	10	12
미역[和布]	1개(個)	40	40	50
설탕(砂糖)	1개(個)	20	20	25
해초류	백 근(斤)	24	24	30
밀가루	1개(個)	10	10	12
소면(素麵)		12	12	15
석유		12	12	15
술, 장유(醬油)	큰 통(大樽)	40	40	50
	작은 통(斗樽)	12	12	15
승입[繩叺]	1개	28	28	35
성냥[燐寸]		16	16	20
성냥 2상자[同二ッ合]		28	28	35
방적(紡績)		48	48	60
무명[木綿]과 삼베[麻布]	1개 60필[反]	48	48	60
옥양목[金巾]	1필[反]	2	2	2
맥주	1개	24	24	24
필터담배[口付莨]	1개	24	24	30
금물(金物)	백 근	24	24	30
삽화 낱개	1개	32	32	40

화물운임표〈목포-군산 구간〉

물품명	단위	목포-군산 구간			
		지도	법성포	줄포	군산
1등품	1 입방척[才]	10	10	12	12
2등품		9	9	11	11
3등품		8	8	10	10
원가급	백원(百圓)	36	36	45	45
종이(紙), 비단(幣)		12	12	15	15
곡물류	1석(石)	24	24	30	30
명태어(明太魚)	1개(個)	16	20	20	25
해삼(海參)	1 입방척[才]	8	10	10	10
마른멸치	백 근(斤)	24	24	30	30
염어(鹽魚)	1 입방척[才]	10	10	12	12
미역[和布]	1개(個)	40	40	50	50
설탕(砂糖)	1개(個)	20	20	25	25
해초류	백 근(斤)	24	24	30	30
밀가루	1개(個)	10	10	12	12
소면(素麵)		12	12	15	15
석유		12	12	15	15
술, 장유(醬油)	큰 통(大樽)	40	40	50	50
	작은 통(斗樽)	12	12	15	15
승입[繩叺]	1개	28	28	35	35
성냥[燐寸]		16	16	20	20
성냥 2상자[同二ッ合]		28	28	35	35
방적(紡績)		48	48	50	50
무명[木綿]과 삼베[麻布]	1개 60필[反]	48	48	60	60
옥양목[金巾]	1필[反]	2	2	2	2
맥주	1개	24	24	30	30
필터담배[口付莨]	1개	24	24	30	30
금물(金物)	백 근	24	24	30	30
잡화 낱개	1개	32	32	40	40

화물운임표〈목포-해창(영암) 구간〉

물품명	단위	목포-영산포 구간 영산포	목포-해창(영암) 구간 해창(영암)
1등품	1 입방척[才]	8	
2등품		5	
3등품		3	
원가급	백원(百圓)	10	
종이(紙), 비단(幣)		10	
곡물류	1석(石)	12	3
명태어(明太魚)	1개(個)	8	8
해삼(海參)	1 입방척[才]	5	
마른멸치	백 근(斤)	12	3
염어(鹽魚)	1 입방척[才]	5	5
미역[和布]	1개(個)	10	25
설탕(砂糖)	1개(個)	10	20
해초류	백 근(斤)	15	25
밀가루		5	8
소면(素麵)	1개(個)	5	6
석유		7	10
술, 장유(醬油)	큰 통(大樽)	30	35
	작은 통(斗樽)	8	10
승입[繩叺]		15	20
성냥[燐寸]	1개	7	12
성냥 2상자[同二ッ合]		13	24
방적(紡績)		20	25
무명[木綿]과 삼베[麻布]	1개 60필[反]	20	20
옥양목[金巾]	1필[反]	1	2
맥주	1개	15	20
필터담배[口付莨]	1개	10	20
금물(金物)	백 근	10	20
잡하 낱개	1개	7	10

목포항의 방파제[海壁]는 그 장대(壯大)함으로 일찍부터 유명한 곳이다. 이 방파제는 개항 직후에 대한제국 정부의 사업으로 착수하여 광무 5년 초가을에 준공한 것으로 1,100간(間)이다.(방파제의 공사비로 10만 원이 필요했다고 한다) 또한 항만개량이라는 이름하에 지난 광무 10년 이래 3년 동안 계속된 사업으로 매축(206평), 부두(석조 3기), 잔교(棧橋, 40간) 기타 세관지서청사 부속건물 등을 포함하여 축조한 것이 60간이 있다(총 공사비가 116,500원가량). 만조 때 대부분의 선박을 해안에 댈 수 있어서 매우 편리하다.

통신기관

통신기관은 개항한 해, 즉 명치 31년 11월 15일에 일본우편국이 개국하면서 일본과 기타 개항지의 사이에서 통신사무를 취급했지만 오랫동안 정부의 전보사가 담당하였다.(전보사는 만복동에 설치되었다) 그 사무를 일본우편국에 옮긴 것은 광무 9년(명치 38년) 4월 1일로, 합동연락취극서(合同聯絡取極書)가 성립된 이후이다.

우편물은 광주 방면은 매일, ▲ 영암·해남·진도 방면은 격일, ▲ 제주도를 포함한 완도·장흥·지도의 경우는 연안을 도는 선박의 기항지에 선편이 있을 때마다 수송한다. ▲ 기타 낙도의 경우에는 조선해수산조합, 목포순라선이 돌 때마다 체송한다. ▲ 목포항과 다른 여러 주요지역 간에 (우편물의) 도착일수를 나타내면 다음과 같다.

경성, 인천, 군산 : 2~5일째
진남포, 평양 : 3~6일째
마산, 부산 : 2~5일째

전신선은 무안읍을 통과하여 함평과 기타 해안의 여러 읍을 거쳐 전주 방면에 이르는 것과 영산포, 나주, 남평 등의 여러 읍을 거쳐 광주 방면에 이르는 것이 있다.

전화는 융희 원년에 시내통화를 시작으로 전화선의 연장이 212.5리 정도에 이른다. 현재 가입자가 174명이다. 시가(市街) 대화구(對話區)는 현재 광주, 나주, 영산포의 세 곳에 불과하다.

무역

무역의 동향[大勢]은 지난 융희 2년(1908년)의 통계에서 보면 출입하는 선박의 총 수는 2,168척, 448,882톤이며, 외국무역선이 1,020척, 420,073톤, 연안무역선이 1,1 48척,[157] 28,809톤이다. 그러나 목포항은 기항지에 불과하므로 이 통계는 무역을 살펴보는 데 어떤 중요성이 있는 것이 아니고 다만 교통의 동향을 나타내는 것에 불과하다. 다른 항(港)의 예에 따라서 이것을 표시하면 다음과 같다.

목포항의 출입 선박 동향(1908년 현재)

구별		입 항			출 항			합 계		
		외국 무역선	연안 무역선	계	외국 무역선	연안 무역선	계	외국 무역선	연안 무역선	계
기선 (汽船)	척	396	545	941	398	543	941	794	1,088	1,882
	톤	204,813	13,941	218,754	206,196	13,610	219,806	411,009	27,551	438,560
범선 (帆船)	척	71	9	80	70	5	75	141	14	155
	톤	3,679	320	3,999	3,604	238	3,842	7,283	558	7,841
정크선 (戎克)[158]	척	46	23	69	39	23	62	85	46	131
	톤	970	350	1,320	811	350	1,161	1,781	700	2,481
계	척	513	577	1,090	507	571	1,078	1,020	1,148	2,168
	톤	209,462	14,611	224,073	210,611	14,198	224,809	420,073	28,809	448,882

다음으로 무역 금액[價額]의 통계는 총액이 2,646,123원[159]인데, 외국무역은 수출액 860,732원, 수입액 659,102원, 합계 1,519,834원이다. 연안무역은 이출액 292,74 6원, 이입액 833,543원, 합계 1,126,289원이다. 또한 각 항의 예에 따라서 각 중요품을 크게 나누어서 표시한다.

---

157) 원문의 본문에는 1,149척이라고 되어 있으며, 표(원문)에는 1,148로 되어 있다. 표의 계산이 옳다.
158) 중국 및 그 주변 특유의 배의 총칭이다.
159) 원문에는 2,645,622원으로 되어 있지만 외국무역과 연안무역의 합계를 합하면 2,646,123원이 된다.

외국무역

〈제1표〉 외국무역

수출		수입	
종목	금액[價額]	종목	금액[價額]
(내국품)	857,255	곡물 및 종자류	2,228
곡물류	648,228	수산물	10,539
- 쌀	622,556	- 장어[鹹魚]	979
- 보리, 밀[大小麥]	6,793	- 곤포[昆布]	583
- 콩, 팥[大小豆]	13,501	- 건어물[乾魚]	1,886
- 기타 곡물 및 종자	5,378	- 생선통조림[魚罐詰]	3,868
수산물	47,714	- 식염	3,223
- 우뭇가사리[石花菜]	1,805	채소[蔬菜]·과일류	14,762
- 선어[鮮魚]	129	음식물류	26,923
- 건어물[乾魚]	899	설탕 및 사탕류[糖菓類]	26,313
- 염장어[鹹魚]	118	주류	34,647
- 마른새우[乾鰕]	10	피모골각류(皮毛骨角類)	590
- 상어 지느러미[鱶鰭]	78	약재·화학약 및 제약[160]	3,374
- 풀가사리[海蘿][161]	13,851	유류 및 밀랍[油及蠟]	5,519
- 어비료[魚肥料]	27,155	염료·물감 및 도료 [染料彩料及塗料]	3,859
- 기타 수산물	3,669		
음식물류	1,790	밧줄[絲縷繩索] 및 밧줄재료	21,658
소가죽	28,244	면포(綿布)	77,258
우골각아류(牛骨角牙類)	322	마포(麻布)	746
약재 및 염료·도료(塗料)	467	모포(毛布)	1,264
유류 및 밀랍[油及蠟]	220	견포(絹布)	179
생면(生綿)	16,898	각종 포백 및 포백제품	15,522
조면(繰綿)[162]	85,277	의복 및 부속품	19,380
광물 및 광석	403	종이 및 지제품(紙製品)	17,099
금속 및 금속제품	243	광물 및 광석	10,898
기타 각종 물품	27,449	철(鐵) 및 강철(鋼)	23,969
(외국품)	3,477	기타 금속	13,844
음식물	69	금속제품	35,033
약재 및 제약	35	차량 및 선박 각종 기계	11,623
포백(布帛) 및 포백제품	72	가마니[藁叺]	30,246
금속 및 금속제품	1,197	새끼줄·돗자리[繩及莚][163]	8,522
차량·선박 및 각종 기계	418	담배[煙草]	36,274
기타 각종 물품	1,686	목재 및 목제품	33,984
		기타 각종 물품	172,849
계	860,732	계	659,102
총계			1,519,834

---

160) 화학약재가 아닌 생약재를 사용한 제품. 예) 정로환, 청심환, 고약 등
161) 원문에는 海羅로 되어 있다. 끓여서 지붕 회반죽 또는 벽의 도장용으로 사용하였다.
162) 목화를 기계(조면기)를 이용해 씨를 제거해서 만든 섬유 또는 솜이다.
163) 왕골·짚대·대오리 등으로 짜서 만든 돗자리의 총칭이다.

연안무역

〈제2표〉 연안무역

이출(移出)		이입(移入)	
종목	금액[價額]	종목	금액[價額]
(내국품)	276,160	(내국품)	144,803
곡물류	73,346	수산물	78,922
- 쌀	73,086	- 생건염어(生乾鹽魚)	78,912
- 밀[小麥]	260	- 해조(海藻)	10
수산물	8,464	각종 약재 및 유류(油類)	11,179
- 생건염어(生乾鹽魚)	7,120	밧줄[絲縷繩索] 및 포백류	3,680
- 해조(海藻)	1,344	담배	1,260
주류	788	기타 각종 물품	49,762
음식물	2,012	(외국품)	688,740
면포	72,949	주류 및 간장류[醬油類]	16,224
마포 및 갈포(葛布)	29,658	음식물	16,349
약재	2,050	약재 및 염도료(染塗料)	15,346
기타 각종 물품	86,893	석유	68,761
(외국품)	16,586	밧줄[絲縷繩索]류	557
식염	4,007	생옥양목[生金巾]	86,525
음식품류	569	쇄옥양목[晒金巾]	66,129
약재 및 도료	435	각종 면포	47,227
포백 및 포백제품	1,015	견포(絹布)	35,801
의복 및 부속품	579	각종 포백류	18,397
담배[煙草]	2,420	담배[煙草]	17,556
기타 각종 물품	7,561	기타 각종 물품	299,868
계	292,746	계	833,543
총계		1,126,289[164]	

수출 및 이출의 중요품

앞의 〈제2표〉를 보면 출항품(出港品) 중에 가장 금액이 높은 것은 발송지[仕向地]가 외국이든 국내이든 모두 미곡이므로, 그 성쇠[消長]가 목포항 무역의 성쇠인 것을 알 수 있다. 미곡에 이어서 중요한 것은 외국 수출에서 면화, 소가죽, 수산물이고, 국내 이출에서 면포, 마포 등이다. 다음은 이러한 중요품에 대한 지난 10년간의 수출통계를 표시한 것이다.

---

164) 원문에는 3,126,289로 되어 있다.

수출 중요품목의 10년간의 통계

연도[年次]		쌀	보리 [大麥]	콩 [大豆]	실면 (實綿) 165)	조면 (繰綿)	소가죽	해조 (海藻)	마른 정어리 干鰮166)	전복 [鮑]
광무3 (명치32) 1899년	수량 (擔)167)	109,434	–	10,992	108	–	1,013	1,192	–	–
	금액 (円)	342,289	–	27,644	968	–	29,299	5,459	–	–
광무4 (명치33) 1900년	수량 (擔)	135,478	61	20,076	–	–	1,338	4,003	–	–
	금액 (円)	408,085	601	53,319	–	–	38,579	26,699	–	–
광무5 (명치34) 1901년	수량 (擔)	213,873	–	29,173	927	–	1,848	3,543		
	금액 (円)	569,288	–	65,270	4,677	–	55,512	15,947	–	–
광무6 (명치35) 1902년	수량 (擔)	31,531	–	21,202	11,274	–	3,405	3,836	328	5
	금액 (円)	491,502	–	48,533	57,894	–	92,823	30,010	819	212
광무7 (명치36) 1903년	수량 (擔)	152,186	–	18,025	30,070	108	4,020	6,105	5,246	–
	금액 (円)	654,866	–	42,899	194,410	2,688	103,146	30,710	14,927	–
광무8 (명치37) 1904년	수량 (擔)	62,339	411	13,240	30,979	256	3,129	5,574	4,194	13
	금액 (円)	260,028	1,344	41,932	187,771	6,285	118,058	22,527	15,379	20
광무9 (명치38) 1905년	수량 (擔)	62,702	167	17,728	10,697	11	1,867	2,881	2,808	29
	금액 (円)	245,260	289	51,944	60,741	233	84,889	13,307	9,957	59
광무10 (명치39) 1906년	수량 (擔)	40,508	–	12,726	10,904	624	1,590	5,507	5,860	15
	금액 (円)	165,406	–	33,050	79,809	13,571	71,540	27,149	20,685	16
융희元年 (명치40) 1907년	수량 (擔)	215,983	20,958	3,369	4,397	1,576	2,005	7,693	19,058	–
	금액 (円)	963,746	49,973	9,205	29,961	32,564	63,385	37,771	62,623	–
융희2 (명치41) 1908년	수량 (擔)	145,161	3,470	5,596	3,159	4,4,27	117,671	3,426	9,247	–
	금액 (円)	622,556	6,773	12,807	16,898	85,277	28,244	15,656	27.155	–

165) 씨가 그대로 들어 있는 솜이다.
166) 기름을 뺀 정어리, 청어, 멸치 등을 말린 것을 건조비료로 농업에 활용하였다.
167) 擔은 중국의 전통적 무게의 단위로, 1擔=60.478982kg(1담=100근=60kg)이다.

다음에 게재한 것은 목포항이 개항된 첫해[初年]부터 융희 2년(1908년)까지 외국무역 총액의 12년간의 통계이다. 광무 8년(1904년)부터 광무 10년(1906년)에 걸쳐서 수출액이 현저하게 체감(遞減)[168]된 것은 앞의 표에서 나타낸 것과 같이 미곡 수출이 감소되었기 때문으로, 한편으로는 인천과 기타 지역에 이출이 많아졌을 것으로 생각할 수 있다. 그리고 이 현상은 러일전쟁과 관계가 있다.

연도[年次]	수출금액 [輸出品價額](円)	수입금액 [輸入品價額](円)	계(円)
광무원년(명치30년) 1897년	7,256	7,351	14,607
광무2년(명치31년) 1898년	246,011	142,882	388,893
광무3년(명치32년) 1899년	412,805	241,184	653,989
광무4년(명치33년) 1900년	575,826	315,825	891,651
광무5년(명치34년) 1901년	732,548	257,521	990,069
광무6년(명치35년) 1902년	731,868	212,141	944,009
광무7년(명치36년) 1903년	1,030,542	312,586	1,343,128
광무8년(명치37년) 1904년	664,747	201,422	866,169
광무9년(명치38년) 1905년	480,089	320,060	800,149
광무10년(명치39년) 1906년	425,881	413,582	839,463
융희元年(명치40년) 1907년	1,311,333	668,299	1,979,632
융희2년(명치41년) 1908년	860,732	659,102	1,519,834

외국무역 관련 국가들

목포항의 무역 동향[大勢]은 이처럼 수출입 모두 일본을 위주로 하고 기타 여러 국가에서의 최근의 통계를 보면 수출에서 무역 총금액의 1,000분의 42, 수입에서 100분의 14에 그친다. 그리고 수입은 영국, 미국, 독일, 청국[淸], 네덜란드령 인도[蘭領印度][169), 스위스[瑞西], 벨기에[白耳義] 등의 여러 국가들과 관계를 맺고

---

168) 단계별로 차례로 줄어드는 것을 말한다.

있지만 수출은 오직 청국에 한정된다.

연안무역 관련 지방

연안무역은 최근의 상황으로서 이입은[170] 부산이 첫 번째이고 인천, 원산, 마산, 군
산, 진남포 등의 순서[遞次]이며, 이출은 인천이 첫 번째이고 기타는 부산, 원산, 군산,
성진(城津) 등의 순서이다.

상업구역

목포항의 상업구역은 내륙[內地]에서는 전라남도 서부의 여러 군, 즉 영광, 장성,
담양, 창평, 광주, 능주, 남평, 나주, 함평, 영암, 장흥, 보성, 흥양, 강진, 해남, 무안 등이
고, 도서[諸島]로는 지도군도(智島群島), 나주군도, 진도, 완도 및 각각의 부속도서[附
屬諸島], 제주도에 이른다. 그러나 제주도는 최근 거의 부산에 넘어가게 되어 목포항은
제주도의 토산품인 해조류에 의해서 상업이 유지되고 있는 형편이다.

완도도 역시 이입품은 부산에서 공급을 받는 것이 적지 않다. 완도는 최근 부산기선
회사(釜山汽船會社)의 연안을 도는 선박[航船][171]과 목포항을 기점으로 장흥에 왕래
하는 선박이 기항한다. 즉 이 지역은 윤선무역(輪船貿易)에 속하는 두 지역의 경쟁 지점
이라고 한다.

또한 서쪽 연안은 법성포까지이다.

상업회의소(商業會議所)[172]는 상권 확장의 수단(手段)으로 일찍이 목포・줄포(茁
浦)[173]간의 항해를 장려하고 있다.

---

169) 말레이 군도 또는 뉴기니 섬들 가운데 과거 네덜란드령에 해당하는 지역의 총칭, 네덜란드령 동
　　인도의 일반적인 명칭이다.
170) 원문에는 '이입'이란 단어가 없지만 문맥상 이입으로 번역하였다.
171) 정기선 또는 연락선을 말한다.
172) 상공업자의 의사 표시 및 이익 옹호를 목적으로 일정한 소득세를 납입하는 상공업자를 대상으
　　로 해 시역을 단위로서 조직된 자본가 단체이다. 1890년 발족한 후 조선에도 설립되었고, 1927
　　년 4월 상공회의소에 재편성되었다.
173) 전라북도 부안군 줄포면에 위치한 포구이다. 서해안의 주요 어항의 하나였지만 어획량의 감소,
　　교통의 발달, 서쪽에 1931년 새로 개항한 곰소항의 발전 등으로 줄포항의 기능은 약화되었다.

주요물산

목포항에 집산되는 주요 물산의 산지를 대략 살펴보면, 미곡은 영산강 유역 일대, 즉 남평(南平)·나주·영암·광주 등이고, 면화(棉花)는 진도·강진·해남·무안의 각 군, 면포(綿布)는 강진·흥양(고흥)·곡성·나주·해남·무안의 각 군, 삼베[麻布]는 나주·보성·진안(鎭安) 등의 각 군, 담배는 장흥·강진·영광의 각 군, 해조(海藻)는 진도, 그 부속 도서, 제주도(돌산군에서 생산된 것은 주로 부산에 집산된다), 소가죽[牛皮]은 구역 내의 각 군(郡) 등(주로 일본인 거류지), 소금[食鹽]은 지도군도(智島群島)·나주군도(羅州群島)·진도(珍島) 및 영암·해남·강진 등 여러 군의 연안이라고 한다.

금융기관

금융기관은 조계에 한국은행 출장소(韓國銀行出張所), 제십팔은행 지점(第十八銀行支店)이 있다. 한국은행 출장소는 제일은행 출장소(第一銀行出張所)의 후신이다. 과거 3년간 예금액 및 대출금액을 표시하면 다음과 같다.

〈제1표〉 은행예금 종류별 3개년 비교〈제일은행 출장소, 십팔은행 지점〉

연차 / 종별	명치 41(1908)년		명치 40(1907)년		명치 39(1906)년	
	총액	연말현재금액	총액	연말현재금액	총액	연말현재금액
정기	133,033	34,584	100,036	61,072	104,345	22,114
당좌	2,918,061	141,011	4,207,578	124,474	3,778,783	159,605
소액당좌	452,054	47,927	627,042	46,385	592,168	73,929
기타	139,637	7,687	126,567	10,662	116,125	4,365
소계	3,642,785	231,209	5,061,223	242,593	4,591,421	260,013
官公金	51,413	3,114	96,876	15,244	–	–
합계	3,694,198	234,323	5,158,099	257,837	4,591,421	260,013

〈제2표〉 은행대출금 종류별 3개년 비교〈제일은행 출장소, 십팔은행 지점〉

종별 \ 연차	명치 41(1908)년 총액	명치 41(1908)년 연말현재 금액	명치 40(1907)년 총액	명치 40(1907)년 연말현재 금액	명치 39(1906)년 총액	명치 39(1906)년 연말현재 금액
대출금	2,061,407	442,921	1,914,162	475,408	845,590	162,136
당좌예금대월[174]	3,733,025	80,744	5,059,747	68,539	2,191,662	26,697
할인어음	1,718,213	176,302	1,368,557	187,898	347,967	76,423
화물환어음	1,033,461	116,400	1,607,882	120,105	1,320,856	106,055
합계	8,546,106	816,367	9,950,348	851,950	4,706,075	371,311

앞의 표에서 대출은 명치 41년 연말 현재 담보별 금액은 취급 상품이 461,957원(圓), 부동산이 165,319원, 신용은 153,643원, 유가증권은 34,217원, 기타 1,231원이다.

다음으로 명치 41년(1908) 중 두 은행이 취급한 송금환(換), 기타 어음의 수납과 지불액을 각각 구별해서 표시하면 다음과 같다.

은행환 수납지불액

	은행명	수입 송금환	수입 화물환	수입 대금추심	지출 송금환	지출 화물환	지출 대금추심	합 수입	합 지출
내국	제일은행출장소	341,096	4,650	216,157	302,672	19,105	87,487	561,903	409,265
	십팔은행지점	352,765	70,891	179,541	139,484	48,167	98,313	603,197	285,964
	계	693,861	75,541	395,698	442,156	67,272	185,800	1,165,100	695,229
일본	제일은행출장소	328,584	70,419	205,718	155,202	360,680	196,040	614,721	711,922
	십팔은행지점	151,051	119,635	285,019	170,097	413,195	74,028	555,705	657,320
	계	479,635	190,054	490,737	325,299	773,875	270,068	1,170,426	1,369,242
기타	제일은행출장소	643	–	1,035	19,944	–	22,971	1,678	42,915
	십팔은행지점	–	–	522	–	–	3,882	522	3,882
	계	643	–	1,557	19,944	–	26,853	2,200	46,797
합계	제일은행출장소	680,323	75,069	422,910	477,818	379,785	306,498	1,178,302	1,164,102
	십팔은행지점	503,816	190,526	465,082	309,581	461,362	176,223	1,159,424	947,166
	계	1,184,139	265,595	887,992	787,399	841,147	482,721	2,337,726	2,111,268

---

174) 대월(貸越). 은행이 일정한 한도 내에서 예금 잔액 이상의 금액을 결재하는 것이다.

어업

어업은 앞에서 언급한 것처럼 무안부 앞 연안에서 일반적으로 활발하지 않다. 그런데 하물며 목포항과 같이 집산 시장에서 성하겠는가? 그렇지만 온금동은 원래 제주도 이민에 의해 이루어진 마을로, 주민 중 어업에 종사하는 자가 적지 않다. 단 대부분은 일본 어부에게 고용되어 종사하고 독립해서 활동하는 자는 적다. 이곳은 목포항의 서남단에 위치해서 선박 출입에 편리하므로 조선의 일반 범선 혹은 내외 어선이 폭주하는 일이 항상 끊이지 않는다. 그렇지만 목포에 이르는 도로는 유달산의 남쪽 기슭인 경사지를 개착(開鑿)한 것으로, 거마(車馬)가 통하기는 곤란하다.

일본어부의 어업

조선인 어부의 어업은 이처럼 부진하지만 일본 어부의 어업은 제법 성해서 일본인이 경영하는 어시장에 나오는 생·선어는 거의 전부 일본인들이 공급하는 것이다. 현재 목포항에 정주하는 자는 30여 명이다. 출신은 히로시마[廣島], 야마구치[山口], 가가와[香川] 각 현인데, 그 중 다수는 히로시마라고 하며, 명치 32년(1899) 무렵 앞 나두어 정주했다고 한다. 각자 소유한 어선은 대소 합해서 18척이 있다.

모두 연승어선으로 소형선은 근해나 영산강을, 대형선은 남서연해를 두루 다니며 어업하는데 1년이 걸린다. 다음에 일본인들이 연중 어업하는 어장(漁場) 및 미끼에 대한 개요를 표시한다.

월	어장	미끼	적요
1월	태랑도, 청산도, 대흑산도 각 근해	먹장어 [めぐらうなぎ]175)	소형어선은 휴업하기도 하고, 혹은 부근 내해(內海)에서 어업하며 붕장어[海鰻], 숭어를 어획한다.
2월	제주도	동	동상
3월	제주도	동	제주도에서 도미 성어기이다. 이 무렵이 되면 소형어선도 근해에 출어한다.
4월	제주도, 목포 근해, 위도 근해	개불, 낙지	목포 근해에서 감성돔[黑鯛] 성어기이다. 끝나면 위도 이북 근해의 도미 성어기로 바뀐다. 그렇지만 거리가 멀기 때문에 출어하는 일은 드물다.
5월	추자도 근해	동	추자도의 도미 어장은 명치 39년에 발견되었다. 지금까지 이달(5월)에는 도미 어업에 곤란을 겪었다.

6월	진도, 소안도 각 근해	낙지	진도의 어장은 이달(6월)을 초기로 한다. ▲이 무렵은 삼치유망의 전성기로 연승어선은 그 영향을 받는 일이 적지 않다. (연승어선의) 어획도 적다.
7월	진도, 소안도 각 근해	동	진도 근해는 도미의 성어기이다. ▲이 무렵은 대체로 어류가 풍부하다.
8월	진도, 소안도 각 근해	동	
9월	진도, 소안도 각 근해	해파리[海月]	
10월	완도 근해	낙지	이 무렵 어획하는 어류는 도미 외에 감성돔, 뱀장어[鰻], 상어, 농어 등이다.
11월	청산도, 태랑도, 거문도 각 근해	동	
12월	추자도, 대흑산도 각 근해	동	이달 대흑산도 근해의 어획물은 옥돔[べんこだい], 뱀장어 등이다.

앞의 표에 여러 섬 중 육지에서 멀리 떨어진 곳에서는 어업을 행하는데 간조·만조 때를 가리지 않지만, 추자도 혹은 완도에서는 주로 조금[小潮] 때를 선택한다. 수심은 제주도 근해의 어장 베르도[ベル島]176) 앞 바다가 가장 깊어 50~80길에 달한다. 그 다음으로 청산도, 태랑도, 거문도의 어장도 또한 수심이 깊다. 진도 부근의 어장이 가장 얕다. 왕래가 편한 곳은 진도 및 완도 부근의 어장으로 특히 진도의 어장이 가장 편하다. 때문에 이 어장은 목포 정주어부에 의해서 보고(寶庫)라고도 칭해지는 곳이다. 그렇지만 지금은 어장이 점차 앞바다[沖合]로 이동하여 종전처럼 어리가 많지 않게 되었다. 기타 어장으로 출어할 때에는 10일 내지 14~15일 사이에 1회 귀항하는 형세인데, 겨울에 이르면 1개월에 1회도 귀항하지 못하는 경우가 있다. 그렇지만 제주도에서는 기선이 왕래하므로 어획물을 위탁배송[托送]할 수 있는 편리함이 있다. 제주도에서는 북쪽 연안에 있는 펜도[ペン島]177)를 근거로 해서 그 앞바다를 다니며 어업한다.

미끼

미끼 중 개불은 강진만(康津灣) 앞쪽 2해리(3,704m)의 고마도(コーマ島)178)에서

---

175) 메구라우나기(めぐらうなぎ)는 다른 말로 "盲鰻"이라고 하며, 먹장어를 말한다. 혹은 곰장어라고도 한다.
176) 제주지 추자면 신양리 절명여로 추정된다.
177) 제주시 추자면 묵리산 144번지의 대관탈도로 추정된다.

구하는데, 1마리[疋]당 엽전(葉錢) 1문(文) 정도이다. 낙지는 목포 맞은편 연안 사포(沙浦)에서 구하는데, 2~3월 경 가장 비싸서 1마리당 12문인데 4월에 들어서면 절반 가격이 된다. 먹장어(곰장어), 해파리는 도처에서 잡기 쉽다.

어업조직

조선인의 어업조직은 대개 각각 독립적으로 이루어져서 선주(船主)가 선두(船頭)가 된다. 연승어선 1척의 승선인은 5명인데, 각 배가 모두 2명 혹은 3명씩 조선인을 고용한다. 고용인 대다수는 온금동(溫錦洞)에 이주한 제주도인이다. 고용 방법은 급료제와 비율제(보수제)[179]가 있다. 급료제는 월 5~7원(圓)인데, 식료(食料)는 선주(船主) 부담이다. 비율제는 어획량의 10%를 시장 수수료로 하고, 또 그 잔액의 10%를 어구(漁具) 감가상각비로 공제한다. 다음으로 또 잔액의 1/3을 식료, 미끼 비용 및 잡비로 빼고, 그 잔액을 승선인원에 맞추어 균분한다. 단 일본인이냐 조선인이냐에 따라서 다소 차이가 있음은 물론이다. 이 비율제 방법은 어획물을 선매[180]할 경우에도 같은 방식이라고 한다.

어획량

한 어선의 1년 어획매상량[水揚高]은 대략 1,000원 정도가 된다. 그리고 그 중 절반은 여름, 즉 6월부터 9월에 이르는 4개월 간 어획해 얻는다고 한다.

목포항에 많이 기항하는 통어선(通漁船)은 도미연승어선 및 안강망(鮟鱇網)어선인데, 그 중 안강망어선이 가장 많이 온다. 시기는 대략 봄·여름 교체기인데, 겨울에 들어서면 그림자도 볼 수 없게 된다.

판로

이곳 어시장의 개황(槪況)은 이미 제1집에서 기술한 바 있다. 생선어는 주로 정주일

---

178) 전라남도 완도군 고금면의 고금도로 추정된다.
179) 보수란 노력의 대가로 받는 돈을 말한다. 노력을 많이 하여 성과가 좋으면 보수가 높아지고, 성과가 적으면 보수는 낮아진다. 즉 비율제이다.
180) 선매란 미리 예약해서 선금을 주고 구입하는 것을 말한다.

본어부의 공급에 의존하므로 어선이 귀항하지 않으면 어류가 없다. 때문에 휴업하는 일이 종종 있다. 특히 겨울에 심할 때에는 부산으로부터 공급하는 경우도 있다. 판로는 목포항, 광주, 나주, 영산포 등이다. 종전에는 때때로 인천에 수송한 적도 있었지만 지난 명치 40년 광주의 판로가 열린 이후로 인천은 폐지했다.

현재로서는 판로가 부족하지 않아서 오히려 공급 부족을 느끼는 상황이다.

일로면(一老面)181)

영산강 내에 돌출되어 있는 반도 형태의 지역으로 서쪽으로는 삼향(三鄕)182)과 이로외면, 북서쪽으로는 박곡면(朴谷面)에 접한다. 이 땅은 일대가 강에 접하고 있기 때문에 복룡(伏龍), 광암(廣巖), 동정(東亭), 구정동(九井洞), 주룡진(注龍津), 망해동(望海洞), 망월동(望月洞), 사량동(士良洞), 양줄동(良茁洞), 정관(鼎冠) 등은 강에 면한 마을이다. 주룡, 망해 부근은 본면이 돌출해 있기 때문에 강폭이 가장 좁다. 건너편인 영암에 속한 곤일종면 지역과는 부르면 대답할 수 있을 정도로 가깝다. 주룡진은 영암읍에 이르는 나루이고, 망해동은 영암군의 서창 및 해남군에 이르는 나루이다. 모두 여객의 왕래가 제법 빈번하다. 정관동의 하안에 있는 소당(小堂)은 일본인 가시마구미[鹿島組]의 근거지이다. 이 조직은 뱀장어를 잡아서 오사카에 수송하거나 또는 가바야키183) 통조림[蒲燒罐詰] 제조에 종사한다. 소당각의 전면에는 작은 섬이 떠 있고 부근에 암초가 많다. 이 각을 북으로 돌면, 한 줄기의 작은 물길이 있어서 작은 선박이 정박하기에 적당하다.

박곡면(朴谷面)

일로면의 북동에 접하고 있으며, 서쪽으로 이로외면 및 이서면과, 북쪽으로 석진면과 이어진다. 동쪽은 영산강에 연하며, 나주군에 속한 두동면 및 영암군에 속한 종남면

---

181) 지금의 무안군 일로읍이다.
182) 지금의 무안군 삼향읍으로 목포와 맞닿아 있으며 전남도청과 일로역이 위치하고 있다.
183) 뱀장어·붕장어의 뼈를 제거하고 그 살에 꼬챙이에 꿰어 구운 요리를 말한다. 흔히 일단 초벌구이를 한 다음 다시 조리간장을 발라 다시 굽는다.

지역과 서로 마주보고 있다.

강에 인접한 마을로는 명산(明山), 몽탄(夢灘), 명호(明湖), 명암(明巖), 강호(康湖), 신흥(新興), 갈산(葛山) 등이 있다.

몽탄진(夢灘津)184)

몽탄진은 목포에서 영산강을 거슬러 약 60리에 있는 나루이다. 양쪽 모두 몽탄이라 칭한다. 동쪽은 나주군에 속한 몽탄이고, 서쪽은 무안에 속한 몽탄이다. 강둑에 간단한 제방을 쌓아서 배를 대기에 편하다. 이 주변 강의 중심에서는 대조기에 최대 4길 정도가 된다. 조석간만의 차가 1장 1척 정도이고, 바닥은 돌, 조개껍질, 진흙 등이다. 배후, 즉 서쪽 일대에 구릉이 둘러싸서 토지가 좁기는 하지만 다소 개척할 여지가 있다. 논 한 마지기[斗落]185)의 가격은 3~5관문이다. 밭은 1관 200~300문 정도라고 한다.

연안에 인가가 4채 있다. 한 집은 한국인 객주(客主)이고 다른 세 집은 일본인이다. 일본인은 사가현 출신으로 뱀상어 삽이 노는 기타 어업을 하는 사가 1가구 3명, 목포거류민으로 굴 양식을 업으로 하는 자가 1가구 3명, 야마나시현[山梨縣] 출신으로 농업에 임하는 자가 1가구 3명이 있다. 야마나시현 출신자가 이주한 것은, 지난 광무 9년(명치 38년, 1905년)경으로, 논을 소유하고 자작농업을 하는데 생계의 기초가 확실하다. 사가현 어업자는 재작년인 융희 원년(명치 40년, 1907년)에 통어자로 왔다가 이듬해에 정주하게 된 자로, 원래는 사가현에서 시행한 이주장려 하에 거처를 정한 자인데, 그 주된 생업은 뱀장어를 잡는 것이 전부다. 더구나 일년 내내 돈을 벌 수 있는 것이 아니므로 기초가 박약하다.

---

184) 고려 태조 왕건이 후백제를 공략하다가 현 나주 동강면으로 퇴각하였다. 그러나 영산강이 막혀 건너지 못하고 있던 중 꿈에 백발노인이 나타나 눈앞의 호수는 강이 아니라 여울(灘)이니 빨리 건너라고 하므로 말을 타고 현재의 몽탄나루를 건너 견훤군과 싸워 대승을 거두었다 하여 몽탄 이라 부르게 되었다고 전해지고 있다.

185) 논밭 넓이의 단위를 이르는 말. '마지기'의 이두식 한자어로, 한 말의 씨앗을 뿌릴 만한 넓이를 말하며, 대개 논은 150~300평, 밭은 100평 정도에 해당한다.

뱀장어잡이

뱀장어는 목포부근에서 영산포에 이르는 100리(40km) 사이에서 잡는다. 계절은 5월 1일부터 10월 말에 이르는 6개월이다. 하류에서부터 착수하여 초여름과 한여름에 이르면, 몽탄 부근이 중심이 된다. 가을에 들어서면 강을 거슬러 올라가 영산포 부근에 이른다. 어획물은 앞선 2년 모두 정관동 소당(小堂)을 근거로 하는 가시마구미[鹿島組]에 판매되어 왔다. 그 가격은 1관문(貫匁)당 재작년(융희 원년) 여름에는 85전, 가을에는 1원 30전이었다. 작년에는 여름에 78전, 가을에 90전 내지 1원이었다. 그래서 작년 어획기에 한 사람이 일하여 번 돈은 최다 150원, 최소 100원 정도였다고 한다.

굴 양식

굴 양식은 목포 거류민인 이시모리[石森] 외 1명이 운영하고 있다. 이 지역에 거주하는 사람은 이들이 고용한 사람이다. 양식장은 영산강 본류의 물길 좌우 양쪽으로, 북쪽은 몽탄과 마주보고 있는 나주군에 속한 몽탄과의 견통선을 한계로 삼는다. 남쪽은 영암군 종남면의 남비도와 무안군 일로면 정관동의 동쪽에 있는 접발산과의 견통선에 이른다. 이 사이를 세 구역으로 나누었는데 다음과 같다.

제 1구역 나주군에 속한 두동면 지선(地先), 길이 1,200간, 폭 7간(물길 좌·우 각각 3.5간)

제 2구역 영암군에 속한 종남면 지선(地先), 길이 1,100간, 폭 7간(위와 같음)

제 3구역 무안군에 속한 박곡면과 일로면 지선(地先), 길이 2,100간, 폭 7간(위와 같음)

이 굴 양식장은 융희 원년 7월 23일부로 출원되었는데, 해를 넘겨, 이듬해 (융희) 2년 2월 20일부로 허가된 것이다. 그 허가 명령서는 다음과 같다.

「**명령서**」

제1조 허가 기간은 허가일부터 10년으로 한다.

제2조 굴 양식장의 위치와 구역 및 면적은 다음과 같다.

　　　　위치 :　전라남도 영산강 본류 좌·우 양안에 접한 물길

　　　　구역 :　별지의 도본(圖本)과 같다

　　　　면적 :　제1구역 2정 8단보, 제 2구역 2정 5단 6무(畝) 20보, 제 3구역 4정 9
　　　　　　　　단보

제3조 본 허가일로부터 2개월 이내에 양식장의 경계에 표식을 세우고 그 구역과 방법
　　　을 명시한다.

제4조 양식장 구역 내에 있어서 타인의 뱀장어잡이 혹은 기타의 영업이 자기의 사업에
　　　직접 방해되지 않으면 그것을 막을 수 없다.

제5조 허가구역은 굴양식 이외의 목적으로 사용할 수 없다.

제6조 본 허가일부터 4년이 지난 후에는 강면의 구획료(區劃料)를 매년 12월에 있어
　　　서 1정보 당 1년에 50전씩 납부해야 하고, 1정보 미만의 단수(端數)는 각 구획
　　　별로 1정보로 계산한다. 이미 납부한 구획료는 이를 환부하지 않는다.

제7조 본 허가에 의한 권리의 양도 또는 담보를 목적으로 하는 경우에는 당사자가 연
　　　서(連署)한 후에 농상공부 대신에게 출원해야 한다.

제8조 매 사업년도 경과 후 2개월 이내에 그 해에 있어서의 굴양식의 경과 및 성적
　　　서, 아울러 수지계산서를 농상공부 대신에게 제출해야 한다.

제9조 사업에 착수 또는 사업을 휴지(休止)한 때에는 그때마다 농상공부 대신에게 신
　　　고한다. 회사 대표의 변경이 있을 때도 또한 동일하다.

제10조 농상공부 대신이 필요한 경우 이 허가의 취소 또는 본 명령을 변경할 수 있다.

제11조 본 명령의 규정에 위배하는 경우에는 농상공부 대신은 본 허가를 취소할 수
　　　있다.

　　　　본 허가일로부터 1년 이내에 사업에 착수하지 않거나 또는 2년간 연속으로 휴
　　　업하는 경우에도 또한 앞의 항목과 같다.

제12조 허가기간이 만료되거나 허가를 취소한 경우, 허가구역 내에 건설물이 있을 때에는 1개월 이내에 이를 철거해야 한다. 만약 이 기간 내에 철거하지 않는 경우에는 농상공부에서 이를 철거하고, 그 비용을 징수한다.

이와 같이 허가된 해와 이듬해에 걸쳐서 양식용 어살을 제 1구역에 200간, 제 2구역에 600간, 제 3구역에 160간을 세웠다. 재료는 잡목(雜木), 소나무, 대나무 등을 사용했다. 그런데 그 성적이 불량했고 굴 종자의 부착은 모두 나빴다. 원래 이 지역은 굴의 산지로 알려진 장소일 뿐만 아니라, 지금도 또한 굴이 생산되고 있다. 그럼에도 이와 같이 성적이 나쁜 것은 조류와 관계가 있는지, 살을 세우는 방법이 적당했는지, 또한 굴의 생장을 해치는[害敵] 생물이 있는지에 대해 경영자들이 종종 조사를 수행하고 시험을 거듭하고 있지만 확실한 원인을 찾아낼 수 없었다고 한다.

이 일대에서 조선인은 어업을 주로 경영하는 자가 없다. 그래도 가끔씩 어업을 경영하는 자가 있는데, 어구가 유치하고 규모가 작아서 소개할 가치도 없다. 그 어획물은 숭어(鯔), 살모치(鮃, 숭어새끼), 농어, 가지메기(せいご, 농어새끼), 망둑어[鯊], 백하 등으로 모두 자신의 집에서 식용으로 삼는 데 그친다.

이곳의 교통은 목포, 영산포 사이를 왕래하는 소형 증기선이 때때로 기항하기 때문에 매우 편리하다

다경면186) · 해제면187) · 진하산면 · 망운면188)

각 면 모두 임치반도에 나란히 줄지어 있는 것으로, 그 위치는 부의 개세에서 설명한 바이다. 바다와 접한 마을은 적지 않지만 지형을 이용하여 어살[魚箭]을 설치하는 데 그치고, 이외의 어업은 극히 미미하다. 어살은 모두 열 몇 개가 있는데, 그 형상은 사각

---

186) 지금의 무안군 현경면이다.
187) 지금까지 해제면으로 존속되고 있다.
188) 1983년에 운남면이 분리되었다. 목차에는 망운면이라는 제목 아래 전창포(前蒼浦), 다경포(多慶浦), 월락리(月落里), 신월리(新月里)라는 항목이 설정되어 있다.

형이거나 삼각형이다. 사각형인 것은 대개 물고기를 잡는 부분을 두 개 붙이고, 삼각형인 것은 한 곳에 붙인다. 큰 것은 좌·우 양쪽 날개가 각각 150~160간에 이른다. 봄과 여름의 교체기가 물고기를 잡는 철인데, 어획물은 민어, 준치, 농어, 조기, 가자미 등이 있다. 어살 이외에도 소형 자망(刺網)이 있다. 갯벌에 길게 드리워 잡어(雜魚)를 잡는다. 갯벌의 일대는 세발낙지[手長蛸]가 많이 생산되며 1년 내내 (갯벌을) 파서 잡는다. 해제면의 서남각인 강산촌(糠山村)에는 지도(智島)[189]로 가는 도선(渡船)이 있다.

임치반도는 구릉에 기복이 있어서 평지가 적지만, 다경면의 땅은 경지가 다소 많다. 주민은 일반적으로 농업을 주로 하며, 또한 염업을 영위한다. 농산물 가운데 주요한 것은 콩과 잡곡 및 면화라고 한다.

제12절 함평군

개관

연혁

본래 고려의 함풍현(咸豐縣)과 모평현(牟平縣)[190]의 두 현이었는데 조선 태종 9년(1409년)에 통합해서 함평현으로 삼았다. 예로부터 영광군에 속하였지만 최근에 함평군이라고 하여 지금에 이른다.

경역(境域)

북쪽은 영광군에, 동북쪽은 장성군 및 광주군에, 동남쪽은 나주군에, 남쪽은 무안부에 접하고, 서쪽의 한쪽면만 함평만에 연해서 임해구역은 넓지 않다.

---

189) 신안군 지도읍이다.
190) 원문에는 年平縣으로 표기되어 있다.

지세(地勢)

지역은 구릉과 산악의 기복이 있어서 평지는 적다. 다소 넓은 곳은 나주군 경계 근처 영산강의 한줄기에 접하는 곳과 함평읍 부근이다. 그중에 함평읍 부근은 주요한 곳으로 남북으로 10리, 동서로 15정(町) 정도의 면적[廣袤]이며 토질이 비옥하다.

산악과 하천

산악이 제법 험준[高峻]한 곳은 영광군계에 솟아 있는 군유(君遊)[191], 모악(母岳)[192], 불갑(佛甲)[193], 월악(月岳)[194] 등이지만 모두 해발 1,200~1,300피트이고 2,000피트에 달하는 산은 없다.

하천 중에 제법 큰 것은 동쪽의 평지 사이에 흐르는 저천(猪川) 및 함평읍의 동쪽에 흐르는 대천(大川)인데 모두 동남쪽으로 흘러내려가서 영산강과 만난다.

함평만

함평만은 무안부에 속한 임치반도(臨淄半島)에 둘러싸여서 형성된 깊게 들어간 만이다. 만내는 협소하고 작은 섬과 얕은 여울[淺灘]이 가로놓여 있지만 오히려 큰 배가 통항할 수 있다. 그러나 만의 어귀에서 약 3.5해리(6.482km)에 이르면 수심이 얕고 물살 또한 급해서 큰 배가 들어갈 수 없다. 연안 일대는 진흙과 여울이 널리 펴져 있고 곳곳에 겨우 물길이 통과하는 것에 불과하므로 계선(繫船) 또는 접안[著舟]에 적당한 곳이 없다.

함평군의 연해는 함평만의 북쪽 및 만내[灣奧]의 일부를 구성하고, 남쪽 일대와 만내 일부의 지역은 무안부의 관할 지역이다. 그리고 만어귀의 북쪽은 영광군의 육창면(六昌面)과 염소면(鹽所面) 2면이다. 함평만의 표지[目標]는 만내에서 함평읍의 남쪽, 즉 무안부 현화면(玄化面)에 우뚝 솟은 감방산(坎方山)[195]이다. 해발이 겨우 842피트

---

191) 함평에서는 가장 높은 산(403m)으로 전남 영광군 군남면 용암리에 소재한다.
192) 높이 348m로 전남 함평군 해보면 광암리에 소재한다.
193) 높이 516m로 전남 영광군 불갑면 모악리에 소재한다.
194) 높이 165m로 전남 함평군 월야면 외치리에 소재한다.
195) 현재 전남 무안군 현경면 해운리에 소재한다. 1914년 현화면의 19개리, 망운면의 3개리를 병합하여 현화와 다경의 이름을 따서 현경면이라 칭하고 무안군에 편입되었다.

에 불과하지만 붉은색[赭色]의 긴 능선[長嶺]을 이루고, 서쪽에서 관망할 수 있으며 매우 뚜렷하다. 조석(潮汐)은 함평만 어귀의 부근에서 삭망고조 2시 18분, 대조승이 20.75피트, 소조승 14.5피트, 소조차는 8.25피트이다.

조류는 밀물과 썰물[漲落兩流] 모두 2.75노트에 달하고 만내의 전류(轉流)[196]시점은 도리포(道里浦)[197]의 고저조(高低潮)[198] 때와 대략 같다고 한다.(『수로지』에 근거함.)

함평읍

함평읍은 함평군의 서남쪽 끝에 위치하고 만에서 약 15리에 있고 별칭을 기성(箕城)이라고 한다. 군아 외에 재무서, 우편전신취급소(누각리樓閣里에 있다), 헌병분견소, 순사주재소 등을 두었다. 장시가 있는데 함평군의 집산지이며 시가는 제법 활발하다. 호수는 845호, 인구는 3,166명, 일본인 현거주자는 5호, 8명이 있다.

교통 및 통신

교통과 통신 모두 불변하지만 함평읍은 전라도 서해안 도로의 요충지에 위치하여 왕래가 빈번하다. 영광읍까지 60리, 무안읍까지 30리, 목포항까지 100여 리, 나주읍까지 약 50리, 지도읍까지 80리이고, 모두 우편 선로이다. 우편물은 목포항에 매일 체송하고, 영광읍 및 지도읍에 월 15회 서로 체송한다. 전신선은 목포를 기점으로 하여 함평읍을 경유하여 다른 지역의 각 읍에 이른다

장시

장시는 읍전(邑前, 군내면郡內面), 사천(沙川, 신광면新光面), 나산(羅山, 평릉면平陵面), 주포(酒舖, 영풍면永豐面), 수박(水朴, 월악면月岳面) 등이 있다. 그중에서 읍전, 사천, 나산 세 곳의 장시가 활발하다. 개시는 매 읍전장 2·7일, 사천장 매 5·10일,

---

196) 조류가 흐름의 방향을 바꾸는 것이다.
197) 현재 전남 무안군 해제면 송석리에 소재한다.
198) 고조와 저조를 말한다. 그런데 고저조(higher low water)는 하루에 두 번 있는 저조 중에서 더 높은 것을 뜻한다(더 낮은 것은 저저조라 함).

나산장 매 4·9일이며, 집산물은 쌀, 소가죽, 어류, 도기(陶器), 담배, 목면, 소금 등이다. 단 수산물의 집산은 대부분 주포장 및 읍전장의 두 곳이고 그 금액[價額]은 주포장과 읍전장을 합쳐서 1개월 평균이 170원 정도라고 한다. 그리고 함평군 연안의 어획물은 대부분 여기 두 장시에 집산한다.

물산

물산은 농산물을 주로 한다. 종류는 쌀, 보리, 콩, 조, 담배 등이고 매년 생산되는 쌀은 37,000여 석(石), 보리는 8,000여 석, 콩은 2,000석 정도라고 한다. 일반적으로 이모작을 한다. 수산물은 넙치[鮃], 민어[鮸], 기타 새우, 굴, 조개류 등을 생산하지만 생산량은 적다.

구획 및 임해어촌

함평군의 구획은 18면이고 바다에 면한 곳은 영풍면(永豐面), 손불면(孫佛面) 두 면이다. 영풍면은 남쪽의 무안 경계에, 그 북쪽에 있는 손불면은 영광군과 경계를 이룬다. 어업은 연안의 지세 때문에 크게 활발하지 않다. 임해 마을 중에 다소 어업에 종사하는 곳은 영풍면의 석두(石頭)와 손불의 지호(芝湖), 어전(於田), 석계(石溪)의 4곳만이 있을 뿐이다. 개황(槪況)은 다음과 같다.

석두리(石頭里)

석두리는 영풍면의 중부에 만입된 간석만 어귀의 남안(南岸)에 있다. 호수는 15~16호의 작은 마을이고 어살[漁箭] 3기(基)가 있다. 어획물은 가자미, 백하(白鰕), 기타 잡어이고, 판로는 읍전장 및 주포장이다.

석계리(石溪里)

석계리는 손불면 남단의 주봉산(周蜂山, 524피트) 기슭에 위치하며 석두리와 마주하고 있다. 주민은 어업을 주로 하는 자가 없지만 무안부 해제면(海際面)의 주민이 이곳의 지선(地先)에 어살을 설치하였다. 어획물은 석두리와 같다.

지호리(芝湖里)

지호리는 석계리의 서쪽 약 10리에 있다. 호수는 20호 정도이며, 주민들은 어살로 사철[四時] 잡어를 잡는다.

어전리(於田里)

어전리는 지호리의 북쪽에 위치하고 군유산에서 흘러오는 한줄기 작은 계류에 연해 있다. 호수는 30여 호이고, 주민은 그물어업[網漁]을 영위하는 자는 있지만 생산량은 많지 않다.

제13절 영광군

개관

연혁

본래 백제의 무시이군(武尸伊郡)을 신라 때 무령군(武靈郡)이라고 하였고, 고려 때 영광으로 고쳤는데, 조선이 이를 따름으로써 지금에 이르렀다.

경역(境域)

전라남도 최북쪽의 임해 지역이고 북쪽은 전라북도의 무장군(茂長郡)에, 동쪽은 전라남도의 장성군에, 남쪽은 함평군에 접하고, 서쪽 일대는 바다에 면한다. 부속 섬으로 염소면의 동도(桐島), 서도(鼠島), 가마도(加馬島)[199]와 기타 작은 섬이 있다.

지세 및 산악

영광군은 산악이 중첩하여 평지가 적다. 산중에 유명한 것은 영광읍의 남쪽인 함평군계

---

199) 원문에는 가도(駕島)로 기록되어 있으나 정오표에 따라서 가마도(加馬島)로 정정하였다.

에 솟아있는 모악(母岳)인데 산속에 동굴이 있다. 용굴(龍窟)[200]이라 부르며 신령스러운 곳[靈地]이라고 한다. 이로 인해 모악산이 유명하다. 해안에서 높이 솟아 있는 곳은 법성포 남쪽 10리에 있는 매산(梅山)이다. 높이는 1,233피트이고 수목이 무성하여 멀리서 바라보면 검게 보인다. 또한 법성포임을 알 수 있게 해주는 곳으로 구암산(九岩山)이 있다. 법성포항 입구[港門]의 북쪽 해안에 솟아 있고 높이는 853피트에서 922피트에 달한다. 기타 남쪽에 삼악산(三岳山, 1,194피트)과 봉덕산(鳳德山, 967피트) 등이 있다.

하천

하천으로 제법 큰 것은 도편천(道鞭川)이 있을 뿐인데, 원천이 무장군(茂長郡)의 고산(高山)과 백산(白山)의 두 산봉우리에서 발원해서 서쪽으로 흘러내려와 군읍의 북쪽으로 지나 법성포에 이르러 바다로 흘러간다.

평지

평지로서 제법 넓은 곳은 군읍인 영광의 북동쪽에 있다. 동서로 약 20리, 남북으로 10리 정도인데, 이곳이 군민들의 삶의 터전[生命]이라고 한다.

연안

연안 일대에 간석만이 넓게 이어져 계선에 적합한 곳은 없지만 법성포는 영광군내에서 유일한 좋은 항구일 뿐만 아니라 목포에서 북쪽의 군산 사이에 있는 각 항구 중에서 가장 중요한 곳이다. 더욱이 칠산탄(七山灘)의 중앙에 위치하므로 조기어선의 근거지로도 중요한 곳이고, 봄철 성어기가 되면 내외의 어선이 매우 많이 모여든다.

구획

영광군의 구획은 26면이 있는데 바다에 접한 곳은 홍농(弘農), 진양(陳良), 동부(東

---

200) 『신증동국여지승람』(영광) 모악산은 "함평군의 남쪽 20리에 있는데 함평현에서도 보인다. 산 중에 용굴이 있는데 깊이는 헤아릴 수 없고, 가뭄에 비를 빌면 효험이 있다"라고 기재되어 있다.

部), 영마(令麻), 구수(九水), 봉산(峯山), 원산(元山), 염소(鹽所), 육창(六昌)의 9면이다. 단, 봉산, 염소, 원산, 육창의 4면은 외해(外海)에, 홍농면은 외해 및 법성포에 접한다.

읍치(邑治)

영광읍은 오성(筬城) 또는 정주(靜州)[201] 등으로 부른다. 법성포에서 동남쪽으로 25리 정도 떨어져 있는데 거의 영광군의 중앙에 위치한다. 군아 외에 재무서, 순사주재소, 우편전신취급소를 두었고 시가는 제법 번화하다. 호구는 최근의 조사에서 보면 348호, 1,401명이다. 더욱이 이외에 일본인 13호, 38명이 있다. 이곳의 교통은 법성포 사이의 도로는 다소 구비되어 있지만 그 밖에는 모두 험하고 좁아서[險仄] 왕래가 불편하다. 남쪽의 함평읍까지 60리, 나주읍까지 90리, 북쪽의 무장읍까지 40리, 장성읍까지 80리라고 한다. 우편물은 함평읍 및 무장읍에 월 15회 주기로 서로 체송하고 법성포에는 대체로 매일 집배한다.

장시

영광읍내, 법성포, 포천(浦川), 사창(社倉) 등에 장시가 있다. 읍내와 사창은 매 1 · 6일, 법성포는 매 3 · 8일, 포천은 매 2 · 7일에 각각 장이 열린다. 포천은 영광읍에서 서남쪽으로 25리에 있고, 사창은 동쪽의 장성군계 부근에 있다. 각 장시에 집산되는 물품은 쌀, 콩, 담배, 목면, 모시천[苧布], 도기(陶器), 육고기[獸肉], 어류, 돗자리[蓆], 땔나무와 숯[薪炭] 등이고 집산액은 각 장시를 합쳐서 1개월 평균 7,000원 정도라고 한다.

토지 및 농산

영광군민은 농사에 주력하여 군 전체에서 2모작을 한다. 논 1단보[反, 약 300평]의 가격은 평균 12원이며, 주요 작물은 쌀, 보리, 콩, 목화, 담배 등이고 매년 곡류 생산량

---

201) 영광은 고려 성종(成宗) 14년(995) 행정구역 개편에 따라, 고려 현종(顯宗) 9년(1018)까지 정주(靜州)로 칭하고 별칭으로 오성(筬城)이라 하였고, 1018년 지명이 영광으로 복귀되었다.

[産高]은 쌀이 29,000여 석, 보리 6,000여 석, 콩 8,000여 석 정도이다.

어업 및 수산물

어업 또한 일반적으로 행하고 있으며, 어획물[漁採物]은 조기[石首魚]가 첫째이고 갈치[大刀魚], 민어[鮸], 오징어[烏賊], 새우[鰕], 숭어[鯔], 가자미[鰈] 등이다. 그 밖에 죽합[竹蟶][202], 대합[蛤][203], 굴[牡蠣], 미역[和布], 김[海苔] 등을 생산한다. 염업은 제법 번성하며 「염업조사서」에 의하면 염전 총면적이 32정 1단 7무 29보[96,539평][204]이고, 1년 제염생산량은 1,174,896근이라고 한다.

염소면(鹽所面)[205]

영광군의 남서쪽 끝에 돌출한 반도(半島)형의 땅으로, 앞쪽 갯벌에 떠 있는 섬을 아울러 면으로 삼았다. 어업자가 있는 마을은 다음과 같다.

당두리(堂斗里) 92호 월평리(月平里) 13호 이리(梩里) 30호 구내리(九乃里) 4호

이들 마을에서의 어업은 모두 어살을 설치할 뿐이고, 외해(外海)로 출어하지는 않는다. 어살은 전체 40리에 5기(基)가 있다. 어획물은 포천(浦川)[206]으로 수송해서 판매한다. 각 마을에서 포천시[浦川市]까지 대략 30리 내외이다. 제염지로 염소동(鹽所洞)이 있다. 염전이 14정보(町步) 남짓이다. 제염 생산이 많기로는 영광군에서 제일이다.

---

202) 맛조개의 일종으로 죽합과(학명 *Solenidae*) 이매패(二枚貝)의 총칭 또는 그 일종

203) 대합이라고 하는 경우도 있고 조개류를 총칭하는 경우도 있다.

204) 정(보)는 3,000평, 단(보)는 300평, 무(畝)는 30평, 보(步)는 1평이다. 96,539평은 약 319,139㎡이다.

205) 현재의 염산면(鹽山面)이다. 소금을 굽는 염소(鹽所)가 있어서 염소면이라 하였다.(한국민족문화대백과)

206) 조선시대 육창면인데, 이후 군남면으로 바뀌었다. 『여지도서』에는 육창면(陸昌面), 『호구총수』와 『구한국행정구역일람』에는 육창면(六昌面)으로 한자가 달리 표기되어 있다. 1914년 육창면이 영광군의 남쪽에 위치하였다고 하여 군남면(郡南面)으로 개칭되었다. 포천리(浦川里)는 바닷물(갯물)이 들어왔던 내라는 의미로 개+내 〉갯내 〉개내로 되면서 개[浦]와 내[川]의 한자음을 취하여 포천(浦川)이라 하였다(한국지명유래집 전라 · 제주편 지명, 2010. 12. 국토지리정보원).

봉산면(奉山面)

염소면의 북쪽에 위치하고, 동쪽으로 영마(令麻), 구수(九水) 2면을 접하며, 서쪽 일대는 칠산탄(七山灘)에 면한다. 어업자가 있는 마을은 다음과 같다.

삽고리(挿古里) 23호 조량리(早良里) 21호 동백리(冬柏里) 26호 상촌리(上村里) 61호 하촌리(下村里) 29호

위의 마을 중 어업이 다소 활발한 곳은 삽고리로, 대망(大網) 1통(50폭), 어살 3기가 있다. 조기, 기타 잡어를 어획한다. 그 외의 마을은 모두 어살, 외줄낚시를 운영하는 데 그치고 어망류는 없다. 어살은 각 마을이 공동으로 지선(地先)에 설치하는데, 모두 10기가 있다. 어획물은 조기, 기타 잡어인데, 조기는 봄에 많다. 염소면에 있는 각 마을과 마찬가지로 포천시장으로 수송해서 판매한다. 각 마을에서 포천시장까지 대략 20리 내외이다.

진량면(陳良面)

북쪽은 홍농면(弘農面)에, 남쪽은 동부면(東部面)에 접하고, 서쪽은 법성포만과 이어지며 연안에 법성포 및 좌우포가 있다.

법성포만(法聖浦灣)

목포의 북쪽으로 약 40해리 떨어져 있고, 칠산탄의 동쪽에 깊이 들어간 만으로, 남도의 북쪽 끝에 위치하는 곳이다. 법성포만의 표지[目標]는 구암산(九岩山)이다. 이 산은 영광군의 개세에서 언급했듯이 만의 북쪽 귀퉁이에 우뚝 솟아 있으며 해발 853피트에 달하는 뾰족한 정상부가 두드러진다. 만구에 동도(桐島, 최고점 258피트), 서도(鼠島, 116피트), 일암서(一岩嶼, 썰물 때 44피트[207])가 늘어서 있다.

동도는 남쪽에 위치하고 그 동남쪽은 간출퇴(干出堆)[208]에 의해 만의 남쪽 귀퉁이

---

207) 해도에서는 간출암의 높이를 기본수준면으로부터의 높이로 나타낸다(해양수산부 용어사전).

와 연결된다. 이 섬도 또한 뾰족한 정상부를 가지고 있어 멀리서 보면 제법 두드러져 보인다. 서도는 만구의 중앙에 떠 있는 작은 섬으로 수목이 매우 무성하다. 그 남북 양측은, 곧 법성포만으로 출입하는 통로이다. 만 안은 수심이 얕지만 조석을 이용하면 작은 기선을 수용할 수 있다. 만은 정면 중앙에 돌출한 구릉지에 의해 남동과 북동으로 구분한다. 북동쪽의 지만(支灣)은 크고 만입도 깊지만 물이 매우 얕고 갯벌[泥堆]이 넓게 펼쳐져 배를 대기 좋은 곳은 없다. 이에 반해 남동쪽 지만(支灣)은 북동쪽에 비해 협소하지만 도편천(道鞭川)이 흐르는 곳으로 물이 제법 깊고 저조(低潮)일 때에도 역시 좁은 물길[狹澪]이 존재해 작은 배가 왕래하는 데 지장이 없다.

남동쪽 지만의 북안(北岸), 즉 만을 남북으로 이분하는 돌출지의 남쪽에 큰 마을이 있는데, 바로 법성포(法聖浦)이다. 남동쪽 지만의 동쪽, 즉 법성포의 남동쪽에 높이 780피트에 달하는 봉우리가 있는데, 진양산(晋陽山)이라고 한다. 이 산은 남동쪽 지만으로 들어가는 표지[目標]로, 외해(外海)에서 만으로 1해리쯤 들어가면 바라볼 수 있다. 법성포만은 사면을 구릉이 둘러싸고 있어 산수가 수려하다. 그러므로 예부터 소동정호(小洞庭湖)라는 이름이 있다.

법성포(法聖浦, 법성포)

위치는 앞에 본 것과 같다. 앞쪽 해안은 제법 만곡을 이루어 정박지는 풍랑의 우려가 조금도 없다. 게다가 조석을 이용하면 100톤 미만의 작은 기선도 올 수 있다. 그렇지만 물길[澪筋][209] 밖은 통항할 수 없으므로 수로를 숙지하고 있지 않으면 출입하는 데 위험을 피할 수 없다. 조석 간만의 차가 크므로 밀물과 썰물[張落] 때에 조류(潮流)도 또한 매우 급격해져서 배가 거슬러 항해할 수 없다. 그렇지만 이를 이용해서 왕래하면 신속함이 화살보다도 빨라서 자기도 모르게 쾌재를 부르게 될 것이다.

---

208) 간출퇴는 저조(低潮, low water) 때에만 노출되는 대륙붕의 얕은 부분이다. 해도에서는 간출암과 마찬가지로 간출퇴의 높이를 기본수준면(基本水準面, datum level)으로부터의 높이로 나타낸다.

209) 영근(澪筋)은 본래 배가 지난간 뒤에 남는 항적을 말한다. 본문에서는 썰물 때 갯벌 사이에 남아있는 물길 수로를 뜻한다.

법성포는 옛날 수군만호의 법성포영(法聖浦營)을 두었던 곳이며, 당시에 또 창고를 설치해 공미(貢米)를 수송하는 기점이었다. 군읍과 멀지 않다. 영광군의 집산지임과 동시에 근해의 칠산탄(七山灘)은 유명한 조기어장이므로 봄철 어기에 들어가면 어선 및 출매선(出買船)이 아주 많이 모인다. 시가의 번성함이 서안 여러 항 중에서 손꼽히는 곳으로 알려져 있다. 호구는 최근의 통계가 없지만 호수는 종래 500호라고 했다. 마을 사람은 농업과 상업을 주로 하지만, 어업도 영위하는 자가 있다. 거류외국인은 융희 3(1909)년 6월 현재 일본인 24호, 43명(남29, 여14), 청국인 2호, 3명이 있다. 일본인은 농업 1, 미곡상 1, 잡화상 13, 요리점 1, 여관 1, 조합원 1호이고 나머지는 관리이다. 청국인은 포목상 1, 음식점 1(호)[210]이라고 한다.

경비기관으로 순사주재소, 헌병분견소가 있다. 어업자 기관으로 조선해수산조합출장소(朝鮮海水産組合出張所)가 있다. 단 이 출장소는 이번 봄에 설치된 것이다.

교육기관은 비교적 갖추어져서 일어학교(日語學校) 및 법성학교(法聖學校)가 있다. 법성학교는 보통학교로 재적 생도는 70명이라고 한다.

교통은 법성포를 기점으로 하는 연안회항 기선이 아주 빈번하므로 매우 편리하다. 즉 목포, 군산 간 회항하는 것이 월 3회 ▲ 목포, 줄포(茁浦) 사이를 회항하는 것이 월 3회 ▲ 목포와 법성포항 사이를 회항하는 것이 월 2회인데, 각각 왕복할 때마다 기항한다. 운임[賃銀]은 목포 1원(圓) 20전(錢), 지도(智島)에 70전, 줄포에 80전, 군산은 1원 50전이다.

통신 기관은 아직 설치되지 않았다. 우편물은 영광우편전신취급소(靈光郵便電信取扱所)에서 집배하므로 불편함을 피할 수 없다.

객주 5호가 있다. 이입품(移入品) 거의 전부는 객주에 의해서 취급된다. 이출품(移出品) 중 중요한 것은 미곡(米穀), 조기 등이고, 이입품은 명태, 옥양목[金巾], 석유, 잡화 등이다. 1년 간 취급액은 정확한 통계를 얻을 수는 없지만 조선측 통계에 따르면, 이출은 쌀 10만여 원(圓), 조기 18,000여 원(圓)이고, 이입은 명태 약 20,000원(圓), 옥양목, 목면(木綿) 16,000여 원(圓), 석유, 잡화 20,000여 원(圓)이라고 한다.

---

210) 원문에는 戶가 없으나, 戶로 번역하였다.

앞에 본 이출품 중 조기는 이곳 어민이 어획하는 것 외에 모여든 어선(漁船)이 가져 오는 것이다. 조기는 전라도의 명태라고 부르는 동시에 조기와 법성포의 관계는 명태와 신포(新浦), 혹은 차호(遮湖)의 관계와 제법 유사한 점이 있다. 즉 이곳에는 조기의 건조를 업으로 하는 자가 30호이고, 또 특히 조기 중매업을 하는 자가 십여 호 있다. 게다가 그 어기에 들어서면 마을 사람이 거의 모두 처리, 판매, 운반 등에 관계해서 아주 분주하고, 모든 건조장은 조기를 매달아 건조하는데 매우 성황을 이룬다.

건조장은 소나무 통나무를 세워 거의 삼각형을 만든다. 높이는 4간(間) 정도, 폭은 약 6간(間)이다. 여기에 가로목[橫木]을 설치해 몇개의 계단을 만든 것이다. 그리고 조기를 건조하는 데에는 각 계단의 뒤쪽[背面]을 짚이나 대자리로 병풍처럼 두르고, 하루 밤낮 사이에 소금에 절여두었다가 10마리를 1련(連)으로 만들어 각 계단, 즉 가로목에 매달아둔다. 추락이나 도난을 방지하기 위해 표면을 망(網)으로 가린다. 건조장의 1회 건조량은 대개 70,000마리라고 한다.

건조 기간은 5~6일, 혹은 20일 이상인 경우도 있다. 그 기간은 발송지의 거리에 따라서 가감한다. 건조장은 때때로 임대하는 경우도 있다. 이 경우에는 1기간에 측면 1간(間) 당 2원(圓)의 비율이라고 한다.

매출하기 위해 모여드는 어상인(魚商人) 대다수는 날생선인 채로 사들이는데, 처리는 주로 염장(鹽藏)을 하고 건조하는 경우는 적다. 염장 및 건조제품에 필요한 소금의 양은, 염장일 때 물고기 1,000마리당 6두(斗, 일본량. 이하 같음) 내지 1석(石) 2두(斗)이고, 저장 예상 목표는 일수에 따라서 가감한다. 건조하는 경우에는 1,000마리당 약 5두(斗)를 보통으로 한다. 출매선은 대개 소요할 식염(食鹽)을 준비해 오지만 육로 매출을 하러 오는 자는 이곳에서 구입한다. 매년 봄 이들로 인해 목포에서 소비하는 소금의 양은 무릇 1,000석(石)이라고 한다.

칠산탄(七山灘)의 조기 성어기는 음력 3월부터 4월 중순까지이고, 이 시기가 끝나면 뒤이어서 갈치를 입하한다. 칠산탄의 갈치 성어기는 4월 중순부터 5월 중순 사이라고 한다. 갈치의 집산은 조기에 비해 매우 적다.

어가(魚價)는 융희 3년 봄에 조기 날생선인 것 1,000마리에 8원(圓), 염장 조기는

60원(圓)이었다. 조기는 백중[盂蘭盆] 직전에는 현저하게 등귀한다. 지난 융희 2년에는 1마리에 15~20문(文) 정도였다.

기타 부근 어장에서 이곳으로 가져오는 어류는 가오리, 도미, 민어, 삼치, 상어, 잡어인데, 그 중 가오리가 다소 많다.

어호는 7호 있다. 어선은 7척, 대망(大網) 7통(350폭)이 있으며 칠산탄으로 출어한다. 주로 조기, 갈치 등을 어획한다. 1년 어획고는 대략 3,500원(圓) 정도라고 한다. 또 만내에서 새우[小鰕]를 어획하는 자도 있다.

목포 앞쪽에 약 4~5만 평(坪)의 갯벌이 있다. 최고 지점은 모래로 제법 견고하여 대조(大潮) 때가 아니면 침수되지 않지만, 기타 부분은 간만에 따라서 드러났다 사라졌다 한다. 대합, 바지락[蜊][211], 굴 등을 생산하고 부근의 마을 사람이 채취한다.

1년 생산액은 약 100관문(貫文)을 내려가지 않는다고 한다. 이 갯벌은 도편천(道鞭川)이 흘러 내려오는 입구에 위치해 한겨울이 되어도 겨우 살얼음만 보일 뿐이므로 조개류의 생육에는 최적합지이다. 그러므로 만약 이를 이용해서 양식을 하면 유망할 것이다.

좌우포(左右浦, 좌우포)

좌우포는 법성포의 북쪽 7~8정(町)에 있는 작은 마을이다. 어호 3호, 궁선(弓船) 2척이 있다. 만구 부근에서 새우, 기타 잡어를 잡는다.

홍농면(弘農面)

법성포 만의 북안을 이루는 지역으로, 서쪽은 외해에 면하고, 북쪽에는 크게 만입한 만이 있어서, 경역이 거의 반도를 이루고 있다. 면 안에 산악이 중첩되어 평지가 아주 협소하다. 소속 도서로는 서도(鼠島)·가마도(加馬島)가 있다. 서도는 법성포 만 안에 떠 있는 작은 섬이고, 가마도는 북쪽에 있는 깊은 만 입구에 있다. 법성포 만에 연한 일대에서는 제염업이 행해지며, 외해에 면한 지역에서는 어업이 제법 활발하다. 어촌

---

211) '蜊'는 일본어로는 '아사리(あさり)', 즉 바지락을 말한다. 하지만 우리나라와 중국에서는 이 한 자는 '참조개'를 의미한다.

포구로는 가마포(加馬浦)·안마포(安馬浦)·계동포(桂洞浦)·항월포(項月浦)가 있다. 모두 정선(碇船, 닻배)을 가지고 칠산탄에 출어하며, 주로 조기·갈치를 어획한다. 각 포구 중에서 인가가 많은 곳은 안마포이고 어업이 활발한 것은 가마포이다.

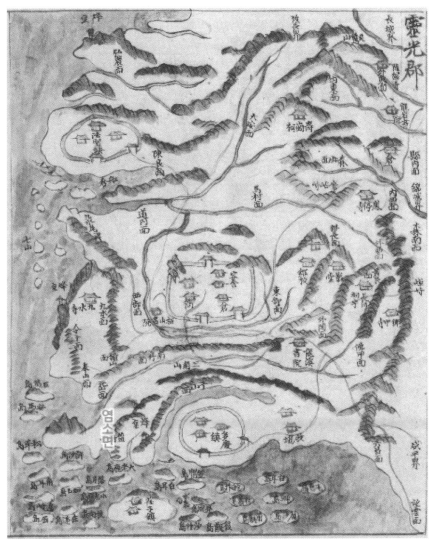

전라도 영광군(地乘, 규장각한국학연구원 소장)

제14절 돌산군(突山郡)[212]

개관

연혁

본래 백제의 돌산현(突山縣)인데, 신라가 여산현(廬山縣)[213]으로 고쳤고, 고려가 다시 돌산현으로 칭하여 승평군(지금의 순천군)의 속현으로 삼았으며, 조선에서 이를 따랐다. 이후 돌산군이라고 하여 지금에 이른다.

경역(境域)

전라도의 도군(島郡)[214] 중 하나이고 여수반도의 앞면에 떠 있는 돌산도를 비롯하여 돌산도 근해에서 흥양[215])반도의 앞면에 걸쳐 여기저기 흩어져 있는 여러 섬들과 함께 광양만과 여자만 내의 여러 섬을 아울러서 관할한다. 그러므로 경계선을 나누면 북쪽은 경상도의 하동과 전라도의 광양, 여수, 순천의 각 군과 접하나, 동쪽은 경상도와 경계를 이루고 서쪽은 흥양군[고흥군]의 전면 일대를 지나서 완도군에 접한다. 남쪽은 먼 외양(外洋)에 이른다. 전체 관할하는 주요 섬은 모두 69개인데, 여기에 작은 무인도를 합하면 그 수는 무려 100개가 넘는다. 이처럼 경역이 넓고 섬이 아주 많은 것은 오직 전라도에서만 볼 수 있다. 여기에 견줄만한 곳은 완도군, 진도군, 지도군의 3군(郡)이다.

소속 도서

소관(所管)하는 섬 중에 큰 곳이 돌산도이다. 동서로 20여 리, 남북으로 40여 리,

---

212) 현재는 突山邑(전라남도 여수시), 1896년 돌산군 두남면이라 개칭되었다가 1914년 행정구역 개편에 따라 여수군 두남면이 되었다. 1917년 두남면이 다시 돌산면으로 개칭, 1980년 여천군 돌산읍으로 승격, 1998년 여천시·여천군·여수시가 여수시로 삼여 통합됨에 따라 여수시 돌산읍이 되었다.
213) 원문에는 廬山縣으로 되어 있다.
214) 섬으로 이루어진 郡을 말한다.
215) 현재는 고흥군이다.

면적이 400방리(方里) 남짓이다. 돌산도 다음으로 내·외나로도 및 금오도(金鰲島)가 있는데 모두 면적이 100방리이다. 그 밖에 둘레[周圍]가 20~30리 달하는 곳의 비루(ビール)군도216) 내에 초도(草島)와 삼도(三島, 巨文島)217)의 동서 양쪽의 2섬 및 개도(蓋島), 묘도(猫島), 신리도(新里島), 안도(安島) 등이 있다. 이 섬들과 그 이하 이름있는 각 섬들을 포함하면 총면적이 대략 1,700방리에 이른다. 즉 이것이 돌산군의 총면적이다.

각 섬은 모두 해발 700~800척218)에서 1,000척 이상에 달하는 산봉우리가 있어 평지는 협소하지만 주민이 농경에 힘써 개간되지 않은 땅이 없다. 그리고 산에 제목[用材]이 될 만한 것은 자라지 않지만 잡목이 무성[繁茂]해서 땔감[薪材] 부족은 없다고 한다. 식수는 대체로 양호하며 공급이 넉넉하다.

구획

돌산군은 두남(斗南), 금오(金鰲), 대인(大仁), 화개(華蓋), 옥정(玉井), 봉래(蓬萊), 금산(錦山), 삼산(三山)의 8면으로 구획한다. 위치 및 소속 섬 등은 각 면(面)에서 상술할 것이다.

교통

교통은 모두 도서지역[離島]이므로 불편함을 면할 수 없지만 돌산도는 북단의 여수읍 간의 거리가 가깝고, 왕래[渡津]하기 쉽다. 읍내에서 여수읍에 이르는 거리가 바다와 육지를 합쳐서 50리 인데 이것을 우편선로로 한다. 왕래는 제법 빈번하지만 아직 기선의 정기 기항에 이르지 못했다. 여러 섬 중에 기선이 정기적으로 기항하는 곳은 삼도(거문

---

216) 현재 전남 여수시 삼산면 초도의 동남쪽 근해 부근을 말한다(일본 해군 海圖320号 朝鮮叢島南部 참조).
217) 서도·동도·고도의 세 개의 섬으로 이루어져 삼도라고 함. 옛 이름은 삼도·삼산도·거마도 등이었으나 중국 청나라 정여창 제독이 거문도에 자주 상륙하여 섬 주민과 한문 필담으로 의사소통을 하면서 섬에 학문이 뛰어난 사람이 많은 것을 보고 문장가들이 많다는 뜻인 거문(巨文)으로 개칭하도록 건의하여 거문도가 되었다는 일화가 있다.
218) 원문에는 尺으로 기재되어 있으나, 呎(피트)일 가능성이 있다.

도)의 해밀턴[ハミルトン]항과 나로도이다. 동시에 일본 어선의 출입 또한 많다.

나로도는 일본 어부가 소위 기타야마[北山]라고 부른다. 봄철 어획기가 되면 항상 수십 척의 어선들이 한꺼번에 모여든다. 이에 따라 운반선의 출입 또한 많다. 잡화상 등이 기타 임시거처를 짓는 일이 매우 많아서 황량하고 적막하던 바닷가[海瀬]가 갑자기 활기찬 곳이 되어 노랫소리[絃歌]가 끊이질 않는다. 그렇지만 어획기가 지나면 다시 원래 모습[舊體]으로 돌아간다. 이와 같은 상황은 해마다 변화[變易]가 없으므로 이 지역 근해 어업이 유망함을 알 수 있다. 성어기에 들어서면 군읍도 또한 일본 어선의 출입이 빈번하다.

통신
통신기관으로는 군읍에 우체소가 있다. 또한 삼도에는 우편소가 있어서 전신도 취급한다.

일본인이 정수하는 여러 섬
돌산군에서 일본인이 정주하는 섬은 삼도(거문도), 나로도, 돌산도 3곳인데 그중에서 삼도와 나로도에 다수가 정주한다. 그리고 이들 정주자의 대부분은 잡화와 기타 상업을 영위하는 자이고 어업자는 오히려 적다. 이와 같은 상황은 얼핏 보면 기이하지만 매년 출어자 중에 다수를 차지하는 상업자가 정주하기 때문이다. 그들은 실제로는 출어자에 대한 물자 공급자이다. 따져보면 이것은 오히려 자연스러운 발달과정에 가깝다.

어업 상황
돌산군의 근해 기후는 해양의 영향으로 한서(寒暑) 모두 혹독하지 않다. 섬들이 무수히 많아서 각종 수산물이 풍부하고, 판로(販路)도 또한 멀지 않다. 남해의 손꼽히는 좋은 어장으로 알려진 곳이지만 조선인의 어업은 아직 발달하지는 않았다.

군아의 조사에 의하면 어호(漁戶)는 635호, 종업자 가족을 합쳐서 1,986명이고, 어선이 234척, 어망이 57통, 어살 30좌가 있다. 어채물(漁採物)은 멸치[鰛], 삼치[鰆],

조기[石首魚], 갈치[大刀魚], 고등어[鯖], 중하(中蝦), 소하(小蝦) 등이 주이며 1년 어획액은 11,755원이다.

조사가 정확하지 않다고 해도 이것으로써 돌산군의 어업대세를 충분히 살펴볼 수 있다. 그리고 어채물의 판매처[販賣先]는 경남의 하동 장시 및 전라도의 여수, 광양, 순천, 낙안, 벌교, 흥양[고흥], 장흥, 보성 등의 장시라고 하며 각각의 편의에 따른다. 상세한 상황은 각 섬 및 포구마을[村浦]에서 기술할 것이다.

두남면(斗南面)

두남면의 경역
군치가 소재한 면인데, 두남(斗南)이라는 이름이 붙은 것은 군치의 위치가 돌산군의 팔대명산(八大名山)[219]중의 하나인 두산(斗山)의 남쪽 기슭에 위치해 있기 때문이다. 두남면의 소관은 돌산도를 비롯하여 북쪽 여수군 간의 해협 부근에 떠 있는 여러 섬과 가막양(駕莫洋)에 흩어져 있는 각 섬이다.

부속도서
두남면의 섬들을 열거하면 돌산도, 대경도(大京島), 소경도(小京島), 가장도(加長島, 소경도의 북쪽에 있다), 금죽도(金竹島, 소경도의 남쪽에 있다), 진도(進島, 가장도의 서쪽에 있다), 송도(松島, 돌산읍[220]의 서남쪽에 있다), 오동서(梧桐嶼,[221] 북동쪽 여수항의 동쪽 출입구의 바깥쪽, 즉 돌산도 백초百草의 북쪽 여수군 덕대동德大洞의 동쪽에 있다. 주위 200보), 참경서(斬鯨嶼, 여수읍의 정남쪽에 떠 있다. 총죽叢竹[222]이 있어서 일명 죽도라고 부른다), 고고서(皷皷嶼, 소경도의 서쪽에 딸려 있다), 부서

---

219) 돌산도에는 천왕산, 두산, 대미산, 소미산, 천마산, 수죽산, 봉황산, 금오산의 八大名山이 있는데, '팔(八)', '대(大)', '산(山)'에서 한자어 '돌산(突山)'이 만들어졌다고 한다.
220) 원문에는 突邑이라고 되어 있다.
221) 현재는 오동도라고 한다.
222) 울창한 푸른 대나무 숲을 말하며, 중국에서는 강남지방에 자생하는 대나무의 품종을 이르기도 한다.

(缶嶼, 소경도의 남쪽에 딸려 있다), 이상 7도(島) 4서(嶼)이다. 단 열거한 섬들 중에 소·대경도[223] 이하 진도에 이르는 5도(島)는 원래 참경서 이하 3서(嶼)와 함께 별도로 금호면(錦湖面)을 이루었다. 지금은 이를 합쳤기 때문에 경역선을 그으면 돌산군의 북단인 여수군 경계에서 시작해서 동쪽은 해도에서 기록한 여수해만(驪水海灣)을 통하여 경상남도와 경계를 이룬다. 남쪽은 금오면 수태도(秀泰島, 일명 화태도)에 이른다. 서쪽은 화개면(華蓋面)의 자봉도(自峰島, 일명 자봉산紫鳳山), 옥정면의 백야도(白也島)에 이른다. 가막양에서는 여수군의 화양면(옛 돌산반도)과 쌍봉면(雙鳳面)의 연안을 가까이 돌아서 여수의 서쪽 출입구를 지나서 기점과 연결된다.

두남면의 호구

두남면의 각 섬에는 모두 다 마을이 있는데 그중에 큰 것은 몇 군데뿐이다. 마을의 호구는 두남면 모두 712호, 2,380명이고 그중 남자가 1,286명이라고 한다.

돌신도

돌산도는 여수반도 앞쪽에 가로놓여진 섬이고 동서 폭이 20리 9정, 남북 40리 6정, 면적이 400방리 남짓이다. 섬의 북쪽은 굴절이 심하고 대단히 좁은 지협으로 연결되는 곳이 3곳이다. 얼핏 보면 섬이 각각 떨어져 있는 것 같다. 섬 안에 산맥이 종횡으로 뻗어있고 중앙에 있는 것이 제법 높아서 해발 1,360피트에서 1,520피트에 달한다. 또한 그 남쪽 끝은 바다로 들어가는데 높이가 840피트가 되는 산봉우리가 있다. 해도에서 이것을 검두(檢頭)라고 기록하였는데 말안장 형태로 움푹해서 항해자에게 좋은 표지[目標]이다. 돌산도 전체가 산악이 종횡으로 뻗어 있어서 평지가 적고, 경작지도 협소하지만 섬 주민들이 농경에 힘써서 개척이 잘 이루어져 있다.

돌산도 마을

마을은 28곳이 있는데, 군내(郡內), 예교(禮橋), 대복(大福), 신기(新基), 금천(金

---

223) 원문에는 中·大京島로 되어 있다.

川), 복치(伏雉), 장성(長城), 속전(粟田), 직천(稷川), 작금(作錦), 성두(星斗), 율포
(栗浦), 임포(荏浦), 방죽(防竹), 역기(驛基), 죽포(竹圃), 서기(瑞基), 승월(昇月), 덕
곡(德谷), 둔전(屯田), 줄포(茁浦), 월암(月巖), 평사(平沙), 나진(羅津), 굴전(窟前),
우두(牛斗), 월전(月田), 백초(百草)이다.

마을의 배치는 대부분 동쪽에 있고 서쪽에 적다. 그리고 가장 북쪽에 있는 것은 백초
이고, 가장 남쪽에 있는 것은 성두라고 한다. 남서쪽의 읍하[224] 앞쪽에 떠 있는 작은
섬을 송도라고 하는데 모양이 오이[瓜]를 닮았다. 지역은 협소하여도 토질이 비옥하여
개간해서 한 마디의 남는 땅도 찾을 수 없다. 읍내 주민 모두가 경작하고 있어서 마을사
람들이 말하기를 이 섬을 식도(食島)라고 한다.

돌산도의 호구

호구는 읍내 주재 경찰관의 조사에 의하면 각 마을을 합쳐서 712호, 2,380명인데
그중 남자가 1,286명, 여자가 1,094명이다.

돌산도의 어촌 포구인 군하포와 죽포포

돌산도의 주민 대부분은 농사를 생업으로 하고 있어서 어촌포구는 군하포(郡下浦,
즉 읍내)와 죽포포(竹圃浦) 2곳에 그친다. 그리고 군하포는 174호, 603명이고, 어호는
32호, 115명, 어선은 15척, 어망 2개가 있다. 어획물은 조기, 갈치, 민어, 문어[章魚][225]
등이고, 1년 어획액은 500원 안팎이다. 죽포포는 103호, 299명이고, 어호는 9호, 28명,
어선은 3척, 어망은 3통이다. 어획물은 군하포와 별 차이가 없고 1년 어획액은 350원이
라고 한다. 이것은 모두 돌산군의 보고에 근거한 것이므로 정확한 수치는 보장하기 어렵
지만 돌산도가 어업 상 좋은 위치에 있음에도 불구하고 부진한 것은 사실이다. 도민(島
民)이 수산으로부터 이익을 얻을 수 있는 것은 주로 풀가사리[海蘿]와 김[海苔]이다.

---

224) 돌산읍을 말한다.
225) 문어, 낙지류를 말한다.

돌산읍 및 정박지

군읍은 돌산이라고 한다. 예전에 방답진(防踏鎭)[226]을 두어 첨절제사[僉使]가 있었던 지역이었지만 고종 32년(1895년) 을미 7월에 조선 연해의 각 수영을 폐지한 것과 동시에 방답진 또한 폐지되었다. 다음해 병신년 7월 돌산군의 신설과 함께 군수가 이곳에 부임하여 지금에 이르렀다. 이곳을 일명 여산이라고 한다. 아마 신라시대의 현명(縣名)을 여산(廬山)[227]이라고 했기 때문인 것 같다. 돌산읍은 두산(斗山)의 남쪽 기슭에 있고 석성(石城)이 감싸고 있으며 남서로 향한다. 마을은 성의 안팎으로 이어져서 동동(東洞)과 남동(南洞)의 2개로 나뉜다. 호구는 앞에서 제시한 것과 같고 상업을 영위하는 자가 많다. 성내에 일본인 거주자가 2호 있고 주류 및 잡화상을 한다.

정박지[碇繫場]

정박지는 북동쪽에 둘러싸인 산이 송도 앞쪽에 가로놓여 서남쪽을 막고 있다. 그러므로 만내는 매우 고요[靜穩]해서 풍박(風泊)에 안전할 뿐만 아니라 위치는 남해 어업의 요지를 차지하고 있어서 일본 어선의 출입이 빈번하다. 그러나 규모노 삭고 수심 또한 얕다. 융희 3년(1909년) 6월 중에 입항한 일본 선박은 기선이 2척, 소증기선 1척, 석유발동기선 2척, 돛단배[帆船] 58척이고 돛단배 중에 36척은 어선, 22척은 모선(母船)이다. 단 기선 2척은 시찰선이고 소증기선 1척 및 석유발동기선 2척은 어류운반선이라고 한다.

조류(潮流)

조류는 송도의 남북 양쪽에서, 썰물[落潮流]은 동쪽으로, 밀물[漲潮流]은 서쪽으로 급하게 흐른다. 송도의 남안 부근은 그 흐름이 빠르고 세차다. 조석(潮汐)은 항내(港

---

226) 방답진은 지금의 돌산읍 군내리에 있었던 왜적 침입을 막기 위해 설치된 수군 거진이었다. 1488년(성종 19)에는 돌산도에 방답진(防踏鎭)을 설치하고 만호를 두어 전라도 해안 방어기지로 삼았으며, 여수에 위치했던 전라좌도수군절도사영의 관하에 두었다. 1895년에 일본의 강압으로 병영·수영·진영·진보를 폐지함에 따라 방답진도 폐지되었다.

227) 원문에 廬山으로 되어 있다.

內)에서 대조승이 약 12피트에 달한다.

중요 지역[樞要地] 간의 거리

이곳에서 각 지역에 이르는 거리는 부산까지 165해리, 삼도(거문도)까지 40해리, 통영까지 78해리, 나로도까지 28해리, 삼천포까지 71해리, 목포까지 225해리, 여수까지 17해리이다.

대경도

대경도는 일명 경호도(鏡湖島)라고 한다. 돌산도의 북쪽 여수항의 서쪽출입구 바깥에 가로놓여 있는데 둘레가 20여 리이다. 북쪽일대는 여수반도의 남동각(南東角)에 의해서, 동쪽일대는 돌산도에 의해서 둘러싸여 있고, 북서쪽에 가장도(加長島, 연도沿島라고 한다)와 서쪽에 소경도 등이 나란히 떠 있다. 그래서 대경도 연해는 파도가 잔잔하여 호수 같다. 특히 대경도의 북각(北角) 부근에서 가장도에 이르는 사이는 조수가 항시 와류(渦流)228)를 일으켜 마치 거울[鏡面]을 보는 것 같다. 경호도라는 이름이 있는 것은 분명히 우연이 아니다. 더욱이 이곳의 수심은 2~3길에 달하여 계선에 적당하고 그중에 가장도의 동쪽이 가장 좋다. 그래서 종래 일본 활주모선의 중요한 근거지로 선택되어 봄철부터 초여름까지 갑자기 모여드는 자가 매우 많다. 이에 따라서 어선의 출입 또한 많다. 게다가 이 철에 들어서면 부산수산회사도 또한 출장소를 두어서 운반선을 파견하여 어획[捕魚]물의 매입 및 수송에 종사한다.

금오면(金鰲面)229)

경역 및 소속도서(島嶼)

두남면230)의 남쪽에 떠 있는 여러 섬들로, 면에 소속된 섬 가운데 금오도가 가장

---

228) 물 따위가 소용돌이치면서 흐르는 것을 말한다.
229) 지금의 여수시 남면이다.
230) 지금의 돌산읍이다.

크다. 그래서 면의 이름을 여기서 따왔다. 이 면은 남면(南面)이라고도 부른다. 군치의 정남쪽에 위치하고 있기 때문이다.

금오면에 속한 11개의 도(島)[231]와 8개의 서(嶼)[232]는 각각 근접하여 집단을 이루고 있다. 그 명칭을 열거하면 수태도(秀太島, 속칭 화태도禾太島로 두남면 송도의 남쪽에 있다)[233], 대횡간도(大橫干島, 수태도의 동쪽에 있다)[234], 소횡간도(小橫干島, 대횡간도의 남쪽에 있다), 나발도(羅發島, 수태도의 남쪽에 있다), 대두리도(大斗里島, 나발도의 서쪽에 있다), 소두리도(小斗里島, 대두리도의 남쪽에 있다), 금오도, 안도(雁島, 속칭 안도安島로 금오도의 남단에 있다), 연도(鳶島, 속칭 소리도所里島로 안도의 남쪽에 있다), 수항도(水項島, 금오면의 북쪽에 있다), 부도(釜島, 금오도의 남쪽 안도의 남서쪽에 딸려 있다)[235], 문서(文嶼, 수항도의 동쪽에 딸려 있다), 삼서(三嶼, 안도의 북쪽에 딸려 있다)[236], 배다서(倍多嶼, 삼서의 북쪽에 떠 있다), 오동서(梧桐嶼, 금오도 중 실동室洞의 동쪽에 있다), 형제서(兄弟嶼, 수정도의 남쪽에 딸려 있다), 가리도(加里島, 금오도의 동쪽에 있다)[237], 검동서(檢東嶼, 부도의 동쪽에 있다), 목서(木嶼, 부도의 동북쪽에 있다)이다. 여러 섬 가운데 읍하에서 가까이 있는 것이 수태도이고(그 거리가 1해리), 가장 멀리 떨어져 있는 것이 연도이다(그 북단까지 10해리에 이른다). 이들 가운데 큰 것은 금오도이지만, 이름이 일본 출어자들에게 알려진 곳은 안도이다. 무릇 이곳은 모두 남해어업의 요지를 점함과 동시에 어선 왕래의 요충지이고, 또 적당한 피난항을 가지고 있기 때문이다.

금오면의 호구(戶口)

여러 섬에 모두 마을이 있다. 그리고 마을을 두 개 이상 가지고 있는 곳으로 금오도,

---

231) 큰 섬을 일컫는다.
232) 작은 섬 내지 큰 섬에 딸린 섬을 일컫는다.
233) 愁太島로 기록된 경우도 있다.
234) 看으로 기록된 경우가 있는데 이는 오기(誤記)이다.
235) 지금의 대부도이다.
236) 초삼도, 중삼도, 외삼도로 나뉘어 있다.
237) 지금의 오동도이다.

연도, 안도의 세 섬이 있다. 호구는 이들의 최근 조사에 의하면 면 전체의 호수(戶數)가 406호, 인구 1,282명이고 이들 가운데 남자가 718명이다. 군내에서 인구가 세 번째로 많다. 이하 주요 도서에 대하여 개관할 것이다.

금오도와 금오도의 마을

금오도는 읍에서 남쪽으로 30리 떨어져 있으며 수태도의 남쪽에 있다. 해도에 금오열도(金鰲列島)라고 기록되어 있는 군도(群島) 가운데 가장 큰 섬이 이 곳이다. 동서가 20리 14정, 남북이 19리 9정이고 면적이 100방리이다. 이 섬은 본래 봉산(封山)으로 (전라)좌수영이 이를 감독했다. 큰 나무가 섬 전체에 울창하고 푸르고 맑음이 실로 남해 가운데 제일 뛰어난 곳이다. 그런데 고종 2년 을축(乙丑, 일본의 경응慶應 원년)[238]에 경복궁을 조영하려고 할 때, 자주 벌채하여 한양으로 운송했다. 게다가 그 해 가을에 연해에 큰 바람이 불어 나무가 꺾여 넘어지게 된 것이 많았다. 이 산도 역시 이때부터 민둥산이 되어 현재 상태를 보이기에 이르렀다. 후에 17년이 지난 갑신년(1884)에 친군(親軍)[239]을 좌수영에 소속시켰고, 이듬해인 을유년에 간척을 허가하자 사람들이 사방에서 이주해 왔다. 10년도 되지 않아 무리를 이루었다. 지금은 섬 전체에, 장지(張芝), 심포(心圃), 미포(尾浦), 진동(軫洞), 우실동(牛室洞), 학동(鶴洞), 직포(織浦), 관하동(貫賀洞), 두포(斗浦), 태포(太浦), 송고리(松高里), 여천동(女泉洞), 대류포(大柳浦), 소류포(小柳浦) 등의 마을이 점점이 산재해 있다. 인가는 4백에 이른다고 한다.

금오도의 연혁은 이와 같이 섬 전체가 지금은 큰 나무가 없지만 여전히 잡목이 무성한 것을 볼 수 있다. 그리고 그 북단에 해발 1,395피트에 이르는 높은 봉우리가 하나 있는데 이를 백산(白山)이라 부른다. 남단에 1,130피트의 봉우리가 솟아 있는데 이는 망산(望山)이라 한다. 이들 모두 항해의 표식[目標]이다.

---

238) 경응은 1865년부터 1867년까지 사용된 일본의 연호이다(1868년에도 사용했으나 메이지 천황 즉위(1868.10.23) 이후 메이지로 변경되었기에 1867년이 慶應이라는 연호를 사용한 마지막 해이다).
239) 군주가 직접 통솔하는 군대를 일컫는다. 1882년에 고종이 친군을 설치하였다.

심포(深浦), 우실포(牛室浦), 오동도[240], 삼서

섬의 서쪽은 험한 절벽이 이어져 있으며, 돌출된 바위 사이에는 여러 개의 작은 만이 있다. 그 최남단의 만 안이 심포로 편동풍을 피하기에 충분하다. 섬의 동쪽 해안은 거의 직선을 이룬다. 그 남단 가까이에 우실포가 있는데 만은 좁고 길며, 수심이 3~9길에 달한다. 바닥이 진흙이며 작은 배를 대기에 적당하다. 이 만의 입구 부근에는 높이 113피트에 이르는 원형의 작은 섬이 있어서 쉽게 찾을 수 있다. 이 작은 섬을 오동도라고 부른다. 또한 우실포 입구에서 동쪽으로 1해리에 작은 섬이 3개 떠 있는데 솥발 모양으로 되어 있다. 이를 삼서(三嶼)라고 부르는데, 높은 것이 해발 158피트이다. 수로지에는 이곳을 외삼도라고 기록하였다. 이 삼서에서 북쪽 끝에 이르는 사이에는 가리서(加里嶼), 목서(木嶼), 형제서(兄弟嶼) 등의 암서(巖嶼)들이 점점이 펼쳐져 있다. 이들 가운데 가장 바깥에 있는 것이 배다서(倍多嶼, 해도에 배다기서倍多機嶼로 기록되어 있는 것이 이곳이다)로 높이가 72피트이다. 이들 암서 사이는 수심이 일정하지 않다.

우실포의 조석

우실포의 조석은 삭망고조가 7시 58분, 대조승이 약 7피트이다. 우실포의 남쪽에 하나의 만이 있는데, 그 동남쪽 방향에 도서(해도에는 말삼도末三島라고 기록되어 있다)가 떠 있어서 만의 입구를 보호하고 있다. 만 내의 수심이 7길에 달하는 곳은 작은 배가 묘박(錨泊)하기에 좋은 곳이다.

횡간도 · 두리도

이 섬과 돌산도의 사이에는 횡간(대·소 두 섬이 있다)과 두리(대·소 두 섬이 있다) 등의 많은 도서가 줄지어 있다. 그러므로 이 군도와 본섬과의 수로를 통항할 때는 그 중앙을 유지하면서 항해하여 본섬 북쪽의 많은 돌각(突角)이 있는 거센 여울[激湍]을 피해야 한다.

---

240) 앞에는 오동서(梧桐嶼)로 기록되어 있어, 둘 중 하나가 오기(誤記)로 생각된다.

금오도의 어업 상황

금오도는 난류의 길목에 있다. 연해에 회유하는 물고기의 모습이 다소 보이지만 어획을 하는 섬사람들은 많지 않다. 섬 내의 각 마을에서 다소 어업을 영위하는 곳은 서쪽 남단 가까이에 있는 심포(深浦)로 가구 수가 30호, 인구가 94명이다. 이 가운데 어호(漁戶)가 20호, 어민이 63명이고 어선이 7척이다. 어망은 한 통을 가지고 있다.

어획물은 갈치, 조기 등이고 그 생산이 많지 않다. 이곳의 근해는 지금까지 일본어민의 삼치 유망[鰆流網], 도미낚시[鯛繩], 상어낚시[鱶繩] 등의 근거지로 이름난 곳이다. 근래에 지역주민의 동향이 불온해서 다소 쇠퇴하였지만, 이는 원래 일시적인 현상에 지나지 않기 때문에 장래에 다시금 더욱 발전할 것이다.

안도(雁島, 安島) · 상산(上山) · 동향(東鄉) · 서향(西鄉)

안도는 일명 안도(安島)라고도 쓴다. 원래 이는 속칭이었으나 지금은 오히려 일반적으로 널리 이 글자를 사용하기에 이르렀다. 금오열도 가운데 하나로 금오도의 동남단에 가깝게 떠 있다. 안도는 (해안의) 굴곡이 심하고 주변 둘레가 30리이다.

마을은 세 곳이 있는데, 상산(上山), 동향(東鄉), 서향(西鄉)이라 불린다. 가구 수는 합쳐서 150호, 인구는 430여 명이다. 평지가 적으므로 이곳의 생활은 주로 해산의 이익에 의지한다. 그렇지만 섬사람들은 농경에 힘써서, 개간에 적합한 남은 땅이 없다.

안도의 정박지

섬은 굴곡이 많은 동시에 만입(彎入)이 많다. 동쪽과 남쪽에는 만입이 다소 크다. 그렇지만 모두 어선을 계류하기에 적합하지 않다. 하지만 남쪽의 만은 다소 보호를 받을 수 있다. 물 또한 깊어 큰 배를 받아들일 수 있으나, 바닥이 바위이기 때문에 닻을 고정시키는 데 어려움이 있다. 북쪽의 만은 금오도의 남동단과 서로 마주보는데, 바닥이 진흙과 조개껍질로 되어 있다. 수심은 4~10길에 이르고 만입이 깊어서, 다소 동·남·서풍과 파도를 피하기에 충분하나 강풍이 일면 안전하지 않다.

이 만의 중앙에 해당하며, 암벽의 사이에 어선이 겨우 통과할 수 있는 해문(海門)이 한 군데 있다. 들어가면 즉 다시금 만의 안쪽을 형성한다. 사방이 산으로 싸여 있으며 주변의 둘레가 4~5정(町)이고 완연히 호수와 같다. 그렇지만 일대의 물이 얕아서 대부분이 썰물 때 드러나기 때문에 보통의 어선 또한 이 문의 입구를 통과하는 데 어려움이 있어서 아쉬운 감이 있다. 단, 이 내만은 외만이 짧은 것을 보완해 주므로 외만과 내만 모두 서로의 단점을 충분히 보완한다. 이 때문에 종래에 어선의 피난 장소로 손꼽혀 왔다.

내만의 남서쪽에 다소 높은 봉우리가 한 군데 있다. 수목이 그 서남쪽부터 정상까지 무성히 자라고 있어서 표지로 삼기에 충분하다. 만은 그 북쪽 산기슭을 동쪽으로 둘러서 남쪽으로 깊게 요입되어 있다. 섬의 남쪽에서 만입이 가장 깊은 곳과 떨어진 것이 1백 보(步)에 미치지 않는다. 두 만의 사이는 자갈이 퇴적되어 있어 마치 제방처럼 두 만을 차단한다. 아마도 원래 이곳에는 해수가 통했던 것 같다. 이 내만의 동쪽을 연해서 하나의 마을이 있는데 서향이라 칭한다.

서향의 개황

서향(西鄕)은 구지동(舊地洞)이라고도 부른다. 안도를 대표하는 곳으로 호수가 70호 내외이다. 선박은 대·소형 합쳐서 13척이 있고, 그 가운데 망선이 4척 있다. 어채물은 갈치, 조기, 정어리·멸치[鰮], 학공치[鱵], 기타 잡어, 풀가사리[海蘿], 김, 미역[和布], 우뭇가사리[天草] 등이 있다. 그 가운데 풀가사리와 우뭇가사리는 섬사람들의 생명과도 같은 것으로, 안도 전체에서의 1년 생산이 둘을 합쳐서 1만근을 넘는다. 단, 풀가사리는 참가사리[まふのり]가 많다. 매년 부산지방에서 출매선이 온다. 정어리와 학공치는 여름철에 이곳의 내만에서 어획하는 경우가 종종 있다. 본만(本灣)을 이용하여 물고기를 저장하거나 또는 양어장으로 삼으면 유망할 것으로 생각된다.

땔나무나 식수 모두 부족하지 않지만, 곡류의 생산이 많지 않아서 양미(糧米)는 외부에서 들여온다. 채소류가 풍족하다고 할 수 없어도 출어선이 일시적인 수요를 충당할 수 있다.

매년 이곳 근해에 일본 출어선이 와서 고기를 잡는 경우가 많았다. 그리고 그들 중에 다수는 이곳에 기항한다. 그래서 마을 사람들은 일본 어민들과 친하다. 이들 가운데 일어에 정통한 자도 있다.

안도 부근 일본 출어선의 개황

일본 출어선의 종류와 이들의 왕래에 관해서는 마을 주민인 하군범(河君範, 나이가 40세에 가깝고 일어에 정통하다. 일본 어부를 위해 모든 일의 알선에 힘써 노력했다. 그래서 출어자들 사이에 알려졌다)의 말에 의하면 다음과 같다.

(어선의) 종류는 주로 상어낚시·도미낚시 어선, 삼치 유망 어선이다. 상어낚시 어선은 오이타현[大分縣]의 출어자이다. 이들이 처음 온 것은 갑오년(1894) 청일전쟁 당시로, 출어자들 가운데 가장 오래되었다. 이후 매년 오는 것이 지금도 변함이 없다. 계절은 음력 5월 말부터 8월 중순에 걸치며, 선박의 수는 12~13척이다.

▲ 도미낚싯배는 가가와현[香川縣]의 출어선이다. 음력 8월 중순경에 와서 10월 중순 혹은 11월 중순에 돌아간다. 선박의 수는 30척 정도이다.

▲ 삼치 유망은 봄 3월 중순부터 와서 이 지방에서 어업에 종사하는 데 대개 14~15 일 간이다. 이들의 출신지는 한 곳이 아니며, 많이 모인 경우에는 1백 척 내외에 달해 아주 활발하다고 한다.

안도 연해어업의 연중행사

이 섬 연해에서 한·일 어민의 연중행사의 개황을 기록하면 다음과 같다.

1~3월 : 도미 외줄낚시 및 주낙 어업
4월   : 도미, 붕장어 등의 주낙, 삼치 유망, 기타 잡어의 외줄낚시, 우뭇가사리와 풀가사리의 채취.
5~8월 : 도미, 갯장어, 붕장어 등의 주낙 및 외줄낚시, 상어 주낙, 삼치 유망, 우뭇가사리, 새조개 채취.

9~12월: 도미, 붕장어 주낙 및 외줄낚시, 상어 주낙.

부도(釜島)

부도는 안도의 정박지이다. 즉 서향(西鄕)에서 서쪽으로 항해해서, 금오도 남동각 사이의 좁은 수로, 즉 해도에 이른바 반성수도(磐城水道, 일본 군함인 반성磐城241)이 통과를 시도했기 때문에 이러한 이름이 생겼다)를 통과하면, 그 서쪽 입구에 안도와 인접해서 작은 섬이 떠 있는데, 이를 부도라고 한다. 섬의 정상은 344피트이고 주위가 험준하지만 부도와 안도와의 좁은 수로는 북쪽에 있는 금오도의 남단이 막아주고, 동남 은 안도의 서남각이 막아, 서로 마주보면서 사방의 풍랑을 차단한다. 그러므로 선박을 대기에 제법 안전해서 작은 선박의 피박(避泊)에 적당하다. 이곳은 한·일 어선의 중요 한 근거로, 봄, 여름, 가을의 교체기에 어선이 기박(奇泊)하는 일이 매우 많아 출입하 는 배가 항상 끊이지 않는다.

종류는 삼치 유망, 도미낚시, 상어낚시 선박 및 이들의 모선(母船)과 해녀선(海女船) 등이고, 가장 많이 모여드는 것은 가을로, 그 수가 70~80척에 이르는 경우가 있다. 부도는 음료수 공급에 있어서 부족함이 없다. 땔나무는 이를 안도 또는 금오도에 의지 해 얻지만 거리가 가깝기 때문에 불편하지 않다. 이는 장래 어업의 발달과 함께 더욱 중요한 피난항으로 간주될 것이라는 데에 의심할 여지가 없다.

연도(鳶島)

연도는 일명 소리도(所里島)라고 한다. 소리도는 속칭이지만 지금은 오히려 널리 사용된다. 연도의 북단은 읍하에서 남쪽으로 9해리 정도 떨어져 있다. 안도와 수로(해 도에 신강수도新江水道라고 되어 있다)를 사이에 두고 그 남쪽에 떠 있다. 금오면 가운 데 가장 남쪽에 위치한다. 연도에서 폭이 넓은 곳의 동서가 27정, 남북은 약 10리 10여 정이고, 주변 둘레가 30리이다.

---

241) 1880년부터 1907년까지 운용했던 포함(砲艦)으로 길이 47.7 폭 7.7, 흘수(吃水) 3.7미터, 최 대출력 650마력으로 112명을 태우고 10노트로 항해했다. 무장(武裝)은 17cm 포 1기, 12cm 포 5기, 8cm 포 3기, 기타 포 3기가 있었다. 참전한 주요 전쟁으로는 청일, 러일전쟁이 있다.

연도에서 가장 높은 곳은 842피트이며, 삼각형으로 두드러져서 확실히 알기 쉽다. 섬의 동북단에 하나의 만이 있다. 만입이 다소 깊으며 수심 또한 깊지만 풍파를 막아주는 것이 없다

역포동(役浦洞), 서편리(西便里)

만 내에는 마을이 있는데 역포동이라 한다. 섬의 서쪽 중앙에서 다소 남쪽으로 치우친 곳에 깊게 들어온 만이 한 군데 있다. 또한 이 만의 반대쪽인 동쪽에 만이 하나 있는데 거의 섬을 가로지른다. 이 동서 양쪽의 만에 의해 형성된 좁고 협소한 지협의 북단에 마을이 하나 있는데 서편리(西便里)라고 한다.

군의 보고에 의하면 두 마을을 합쳐서 80호, 229명이며, 이 가운데 어호가 31호, 83명이다. 어선이 12척이고, 도미어망 두 개를 보유하고 있다. 어채물로는 갈치, 정어리・멸치, 기타 잡어와 해조 등이 있다. 이들 가운데 청각채의 수확이 많다고 한다.

아직까지 일본어민이 근거를 정한 자가 없지만, 최근에 발포된 어업법에 따라 동북단과 동쪽, 서쪽의 각 만에서 대부(大敷)[242], 표망(瓢網), 멸치 분기망[鰮焚奇] 등을 출원한 자가 있다.

화개면(華蓋面)

화개면 소속 도서(島嶼)

화개면[243]은 읍의 서쪽 여수군의 돌산반도(突山半島, 화양면)의 남쪽에 떠 있는 군도(群島)로 이루어진다. 군도 중 화개도(華蓋島)가 큰데 화개산(華蓋山)이 있으므로

---

242) 정치망(定置網)의 일종으로 울타리 모양으로 그물을 친 다음에 출구에서 자루 모양의 그물로 잡는다.

243) 현재의 여수시 화양면 일부에 해당한다. 1896년 개도(蓋島)・상화도(上花島)・하화도(下華島)・월호도(月湖島)・자봉도(自峰島)・제도(諸島) 등을 포함하여 돌산군 화개면이 되었다. 『돌산군읍지』에 따르면 화개면은 개도의 화개산에서 유래했다고 한다. 하지만 고지도나 지리지에서 "화개산"이라는 명칭은 찾기 힘들다. 다만 위치상 화개산은 "개산"을 말하는 것으로 보인다. 화개면은 1914년 행정구역 개편 때 옥정면과 통합하여 여수군 화정면이 되었다.

화개를 면의 이름으로 삼았다. 소속 도서를 열거하면 개도(蓋島), 자봉도(自峰島), 제
리도(諸里島), 하화도(下花島), 상화도(上花島), 월도(月島), 불무서(佛舞嶼), 계서
(鷄嶼)인데 모두 6도(島) 2서(嶼)이다. 호구는 총 182호, 526명이다.

개도(蓋島, 기도)

개도는 돌산군읍의 서남쪽 3해리 남짓에 떠 있는 섬인데, 둘레 약 40리이다. 섬의
남쪽에 우뚝 솟은 한 개의 봉우리(높이 1110피트)가 있는데, 화개산(華蓋山)이라고
한다. 연안은 굴곡이 풍부하고 만입이 많다. 그렇지만 배를 정박하기에 다소 편리한
곳은 남쪽에 위치하며 동쪽에 치우쳐 있는 하나의 만(灣)뿐이다.

개도의 마을

섬 안에 대동(大洞), 월항(月項), 여석(礪石), 혼성(混城), 제전(第田)의 다섯 마을
이 있다. 섬사람들은 주로 농경에 힘쓰고, 어업은 활발하지 않다.

자봉도(自峰島)・제리도(諸里島)

자봉도는 '자봉도(紫鳳島)'라고도 쓴다. 아마 같은 음이어서 그럴 것이다. 개도의
북동쪽 송도와의 사이에 있다. 서쪽, 즉 개도의 북쪽 끝에 제리도(諸里島)가 떠 있다.
이 섬은 '제리도(齊里島)'라고도 쓴다. 이 또한 음이 같다. 호구는 20호, 57명인데, 이
중 15호, 25명은 어업자이다. 어선 5척, 어망(漁網) 1통이 있다. 어채물은 갈치, 조기,
잡어 및 해조류이다.

하화도(下花島)・상화도(上花島)

개도의 서쪽에 위치하여 동서로 길고 남북으로 짧게 가로놓인 것을 하화도(下花島)
라고 하고, 그 북쪽에 떠 있는 것을 상화도(上花島)라고 한다. 상화도는 군읍과 6해리
남짓 떨어져 있는데, 화개면 여러 섬 중에서 가장 멀리 떨어진 곳이라고 한다. 두 섬
사이는 겨우 7~8정(町)이다. 하나의 큰 만 형상을 이루고 수심이 2길에 달하지만 조류

가 급해서 선박을 매어두기에는 적합하지 않다. 상화도에는 상화봉(上花峰), 당제봉(堂祭峰)이 솟아있고, 하화도에는 단서산(丹嶼山), 입암산(立岩山) 등이 우뚝 솟아 있다. 모두 토지가 메말라서 경작하기에 적합하지 않다. 두 섬에 각각 한 개의 마을이 있다. 이름은 섬의 명칭과 같아서 한 곳은 상화동(上花洞), 다른 곳은 하화동(下花洞)이라고 한다. 호구, 어민, 어선, 어구 등은 다음과 같다.

동명	총호구		어업자 호구		어선수	어망수
	호수	인구	호수	인구		
상화동	11	33	5	20	5	3
하화동	28	84	10	40	8	4
계	39	117	15	60	13	7

하화동의 앞쪽에는 작은 방파제를 쌓아 어선의 정박에 편리하지만 상화동은 불편하다. 두 섬 모두 땔나무와 식수가 풍부하다. 수산물 중 주요한 것은 조기, 갈치, 가자미, 농어, 뱅에돔[흑돔], 풀가사리, 김, 미역, 우뭇가사리 등이다. 조기, 갈치를 어획하는 데에는 주로 외줄낚시를 사용하지만, 조류가 느릴 때에는 수조망(手繰網)을 사용한다. 근해에 일본 출어자의 내어(來漁)가 많다. 출신은 히로시마[廣島], 가가와[香川], 오카야마[岡山] 등이며 계절은 매년 봄 4월 하순부터 6월 상순까지, 가을 8월 하순부터 10월 하순에 이른다. 그리고 어획물은 주로 도미, 농어, 삼치 등이다 (도미 및 농어는 주낙[配繩]244)을 사용하는 경우가 많다. 삼치는 유망流網을 많이 사용한다).

---

244) 配繩은 母繩이라고 하는 긴 외줄[主繩]에 많은 줄을 달아서 각 줄의 끝에 낚싯바늘을 달아 어획하는 것을 말하며 延繩과 같다.(『歷史民俗用語辞典』)

태인면(太仁面)

태인면[245] 소속 도서

　광양만 내에 산재하는 여러 도서를 합해서 태인면을 이룬다. 면의 이름은 태인도(太仁島)에서 취했다. 아마도 소속 섬들 중에서 태인도가 가장 북쪽에 위치하고 규모가 크기 때문일 것이다. 태인면은 북면(北面)이라고도 하는데, 위치에 기인한 것이다. 소속도서를 열거하면, 태인도, 금도(金島, 금호도金湖島[246])라고도 한다. 태인도의 서쪽 광양군 옥곡면玉谷面의 남쪽에 있다. 둘레는 15리이다), 길도(吉島[247], 길호도吉湖島라고도 한다. 금도의 서쪽 광양군 골약면骨若面의 남쪽에 있다. 둘레 10리이다), 묘도(猫島, 묘도苗島라고도 쓴다), 우진도(牛脣島[248], 묘도의 서쪽에 있고 둘레는 10리가 채 안 된다), 삼천도(三千島[249], 우진도의 남쪽에 있고 둘레는 10정(町) 내외이다), 송도(松島, 삼천도의 서쪽에 있고, 우진도보다 약간 작다), 늑도(勒島, 송도의 서쪽에 있고 크기는 송도와 거의 같다), 장도(獐島, 송도의 서쪽 광양군 읍내의 정남쪽에 있다. 둘레는 10정 내외이나), 배알서(拜謁嶼[250], 태인도의 북쪽에 속한다), 소아서(小兒嶼)·서서(鼠嶼, 모두 태인도의 남쪽에 속한다), 유두서(油頭嶼, 묘도의 동쪽에 있다), 지신서(智信嶼, 유두서의 서쪽에 있다), 초서(樵嶼, 장도의 남쪽에 있다)의 9도(島) 6서(嶼)이다. 호구는 262호, 653명이고, 그 중 남자는 347명이다.

---

245) 태인면은 1896년 행정구역 개편으로 두남면·남면·화개면·옥정면·삼산면·봉래면·금산면과 함께 돌산군의 행정구역을 이루었다. 이후 1914년 행정구역 개편으로 돌산군이 폐지되면서 두남면·남면·화개면·옥정면·삼산면의 5개면은 전라남도 여수군에, 봉래면·금산면은 전라남도 고흥군에, 태인면은 전라남도 광양군에 각각 편입되었다.(한국학중앙연구원, 디지털여수문화대전-돌산군)

246) 현재 금호도라고 불린다.

247) 길도는 지금의 광양시 중동인 것으로 보인다. 중동과 광양제철을 잇는 다리의 명칭이 "길호대교"이고, 수변 상가나 노로병의 병칭에 "길호"가 보인다.

248) 읍지에서는 "우순도(牛脣島)"라고 표기되어 있으며, '우신도', '우승도', '눌은밥섬', '보탱이섬'이라고도 한다. 현지에서는 눌은밥섬을 보탱이(볼떼기의 방언)섬이라고 하는데, 북쪽 묘도(고양이)가 한입 베어문 모습을 하고 있어서 붙게 된 이름이라고 한다.(김주석, 지명 연구, 물목선의 각시바위, http://saturi767.tistory.com/1921 (2017년 4월 2일))

249) 전라도 읍지에서는 "삼간도(三干島)"로 표기되어 있다.

250) 현재는 매립으로 인하여 태인도와 연결되어 광양시 태인동에 속한다.

태인면의 어업상황

태인면의 여러 섬은 만내에 위치하고 해면(海面) 일대에 물이 얕을 뿐 아니라 하동강(河東江, 일명 섬진강蟾津江)은 토사를 많이 운반해 온다. 강 하구에서 묘도 부근까지 5해리 남짓 사이에는 모래톱[沙灘]이 넓게 펼쳐져서 태인도, 금도 및 그 부속도서의 경우 모두 이 큰 모래톱 사이에 있다. 기타 여러 섬들도 묘도 및 부속 섬을 제외하면 대부분 갯벌에 위치한다. 그러므로 어업은 모두 지형을 이용해서 어살[箭]을 설치하든지, 그렇지 않으면 패류(貝類) 및 김 종류를 채취하는 데 그친다. 그 외에 볼 만한 것은 없다. 그렇지만 이 만내는 김의 생육에 적합하여 김양식이 활발하고, 이미 광양군에서 상술했듯이 광양군의 한포(閑浦)·골약(骨若) 2면을 중심으로 금오도 및 길도에 이른다. 어살로는 하동강 아래 큰 모래톱 일대 및 묘도 동쪽이 가장 성행한다. 동쪽에서 노량수도(露梁水道)를 통항(通航)하면서 멀리 이곳을 바라보면, 만구 일대가 어살로 빽빽하게 채워져[杜塞] 통로가 없는 것처럼 보인다. 그리고 어획물은 새우[鰕]를 주로 하고, 갈치, 조기, 기타 잡어를 잡는다. 단 겨울은 운영하지 않는다. 여러 섬 중 가장 큰 것은 묘도이고, 여기에 버금가는 것은 태인도이다.

묘도(猫島, 묘도)

묘도는 여수반도 동쪽 귀퉁이의 북쪽에 가까이 떠서 광양만 입구를 막고 있다. 동서로 10리 9정(町), 남북으로 32정 정도이고, 둘레는 30리에 이른다. 섬에 창촌(倉村)·읍동(邑洞)·온동(溫洞)의 3개 마을이 있다. 호구는 총 78호, 195명이다. 주로 농업을 생업으로 하고, 어업은 새우를 목적으로 어살을 설치하는 것 외에 수조망(手繰網)을 운영하지만 어획은 많지 않다. 섬 안에 산악과 구릉이 이어져 있지만 가장 높은 곳이 908피트이고 다소 완만한 경사지가 있다. 그렇지만 주민은 비교적 적으므로 곳곳에 개척할 수 있는 풀밭[草生地]이 산재한다. 묘도 연해는 북쪽, 즉 하동강 아래로 큰 모래톱 사이에 제법 수심이 깊은 곳이 있지만 이 일대 연안은 급경사이고 굴곡이 많아서 배를 매어두는데 적합한 곳은 없다. 단 묘도의 북동쪽 부근에 수심이 4~9길에 이르고 진흙 바닥인 곳은 광양만 내의 유일한 정박지로 꼽을 만한 곳이다. 그렇지만 여기는 오직 큰 배만 댈 수 있고, 어선을 대기에는 안전하지 않다. 남쪽 여수반도 사이의 수도(水道)는 북쪽에 비해 물은 깊지 않지만, 오히려 2길에서 가장 깊은 곳은 9길에 달하고, 다소 굴곡이 있어 어선 정박에 적합한 곳이 적지 않다.

태인도(太仁島, 딘인도)

태인도[251)는 돌산군읍에서 북쪽으로 20여 해리 떨어져 있다. 군의 가장 북쪽을 나타내는 곳으로 광양군 옥곡면(玉谷面)의 남쪽에 위치하며, 둘레는 약 30리이다. 태인면 소속 섬 중 크기가 두 번째로 크고, 섬 내에 하동고지(河東古地)[252) · 장내(墻內) · 도촌(道村)의 3개 마을이 있다. 호구는 돌산군 보고에 따르면, 전체 섬을 통틀어 89호, 123명이고 이 중에서 57호 160명은 어호(漁戶)이다. 그리고 어업은 어살을 설치하거나 수조망[253), 궁선(弓船)을 사용해서 새우 어업을 주로 하거나 패류 및 김류를 채취한다.

이 두 섬 외에 어업지로 살펴 볼만한 곳은 금도(金島), 길도(吉島), 송도(松島), 장도(獐島), 늑도(勒島) 능이다. 그렇지만 이러한 여러 섬의 개황은 모두 대농소이해서 특별히 기록할 만한 가치는 없다. 단 송도, 늑도 등에는 일찍이 일본 출어자가 새우 어업을 목적으로 근거지로 삼은 곳이 있다. 위치는 태인면의 첫 설명에서 제시했던 곳이며, 주민의 어사(漁事)에 대해서는 3권 말미에 첨부한「어사일람표(漁事一覽表)」에서 전체를 살펴볼 수 있을 것이다.

---

251) 『세종실록지리지』(광양)에는 태안도(泰安島), 『신증동국여지승람』에 대안도(大安島)로 각각 나타난다.
252) 현재 태인도에는 용지(龍池) · 장내 · 도촌마을이 있는데, 아마도 "용지마을"을 말하는 것 같다.
253) 본문에는 "手繰"라고만 되어 있는데, 내용상 수조망을 의미하는 것으로 보인다.

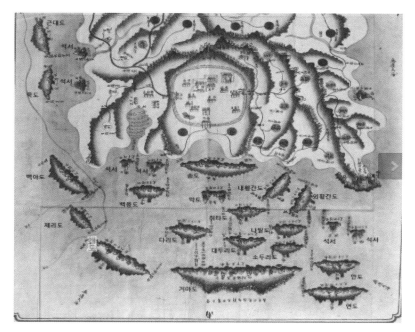

순천방답진지도(1872년 지방도)

전라도 광양현(지승)

옥정면(玉井面)[254]

옥정면의 소속 도서

여자만 내(일명 순천만) 일원 및 그 만의 입구에 떠 있는 여러 도서를 합쳐서 옥정면을 이룬다. 그리고 옥정이라는 이름은 여수군 고돌산반도의 전면에 떠 있는 백야도(白也島)[255]에 솟아 있는 옥정산(玉井山, 높이 931피트)에서 따왔다. 소속 도서를 열거하면 백야도(일명 하도荷島라고 불린다), 사도(沙島, 화개면 상화도의 서쪽에 있다. 둘레는 10리가 되지 않는다), 낭도(狼島, 사도의 서쪽에 있다. 둘레가 약 30리이다), 조발도(早發島, 낭도의 북쪽, 고돌산반도의 남서각에 가깝게 가로놓여 있다), 둔병도(屯兵島, 해도에 두당도頭堂島라고 기록된 것으로 낭도의 북쪽에 있다), 적금도(赤金島, 일명 적금도積金島라고 쓴다. 둔병도의 서쪽에 있다), 여자도(汝子島, 해도에 대여자도大汝子島라고 기록되어 있는 것이다. 원래 여자도荔子島라고 쓰며, 적금도의 북쪽에 가로놓여 있다), 송여자도(松汝子島, 원래 송여자도松荔子島이다. 여자도의 동쪽에 나란히 있다. 소나무 한 그루가 있기 때문에 송松이라는 글자를 쓴다), 도달천도(島達川島, 송여자도의 동쪽, 여수군 덕안면의 서쪽에 붙어서 떠 있다), 운두도(雲斗島, 도달천의 북쪽에 있다), 장도(長島, 도달천의 남쪽, 여수군 덕안면 백초의 남쪽에 있다), 장도(獐島, 여자도의 북쪽에 있다. 주변 둘레가 20리 남짓이다), 해도(蟹島, 장도의 북쪽에 있다), 대강죽도(大江竹島, 장도의 남쪽에 있다), 백일도(白日島, 장도의 서쪽에 있다. 둘레가 10리 남짓이다. 산남山南, 산북山北 두 마을이 있기 때문에 내도內島, 외도外島라는 명칭이 있다), 우도(牛島, 백일도의 서북쪽에 속해 있다), 원앙서(鴛鴦嶼, 백야도에 속해 있다), 추서(鰍嶼, 사도의 서쪽에 속해 있다), 광서(廣嶼, 낭도의 남쪽에 속해 있다), 응도(鷹島, 적금도의 남쪽에 속해 있다)[256]이다. 이상 17도(島) 3서(嶼)[257]로 되어 있다. 호구는 310호, 973명이며 이 가운데 남자가 533명 있다.

---

254) 지금의 전남 여수시 화정면이다.
255) 전남 여수시 화정면에 속해 있으며 백야대교를 통해 육지와 연결되어 있다.
256) 책에는 응서(鷹嶼)로 되어 있다.
257) 원문에는 16도(島) 5서(嶼)로 되어 있다.

이 면에 소속된 여러 섬이 떠 있는 여자만은 그 형세가 태인면에 소속된 여러 섬들이 산재해 있는 광양만과 거의 비슷하지만, 광양만과 비교했을 때 안쪽이 훨씬 넓다. 또한 세류(細流)가 무수히 흘러들지만, 하동강과 같은 큰 물줄기가 흘러들지 않는다. 그렇기에 만의 주변 일대에 갯벌이 넓지만 그 중앙은 퇴적물이 덜 쌓여서 다소 깊다.

수산물은 잔새우[小鰕], 백합, 꼬막 및 기타 조개류의 주요 산지이다. 특히 이 만은 전국 제일의 잔새우 어장으로 이름난 곳이다. 일본어민이 근거지로 삼아 어획에 종사하며, 새우가루[摺鰕] 제조에 한창 힘쓰는 자가 있다.

흥양반도[258]에 접해 있는 부분은 만의 입구에서부터 안쪽까지 약 8해리에 이르는 구간에 수심이 9길 내지 12~13길에 이르는 물길이 지난다. 이 물길은 조기잡이에 좋은 어장이여서 조기잡이 철이 되면 어선이 활발하게 고기를 잡으러 온다.

만의 형세는 이와 같으며, 그 입구에는 낭도, 적금도, 둔병도, 조발도 등이 서로 인접해 떠 있다. 또한 이들 섬 가까이에는 암초가 흩어져 있어 자연스럽게 좋은 어장을 형성하고 있다. 도미와 붉바리[赤魚] 및 기타 어류의 서식이 많지만 특히 붉바리 어장으로 유명하다.

적금도(赤金島)와 적금도의 정박지

적금도는 적금도(積金島)라고도 쓰는데, 일반적으로 널리 사용되는 것은 쌓을 적(積) 자이다. 여자만 입구에 가로놓여 있으며 낭도(狼島)의 북쪽에 위치한다. 흥양반도의 동쪽과 서로 마주보고 있으며 여자만 입구의 수도를 막는다. 적금도는 동쪽에 굴곡이 많으며, 낮은 언덕이 섬 중앙을 남북으로 가로지르는데 소나무가 흩어져 있다. 그리고 그 앞쪽 즉 동쪽에 둔병도(해도에는 이른바 두당도頭堂島)가 떠 있다. 남쪽에는 낭도가 가로놓여 있어서 세 섬 사이가 하나의 내해(內海)를 이룬다.

물이 깊은 곳은 4길 내외이다. 대부분의 배가 이곳에 정박할 수 있지만 어선 정박지로서의 안전함은 적금도의 동쪽에 있는 작은 만과 같은 곳이 없다. 만 내의 수심은 2길 남짓이고, 바닥이 진흙과 모래로 되어 있으며, 동·서·남풍을 피하기에 좋다. 만의 중앙에 작은 섬이 한 곳 있는데, 송백(松柏)이 무성하여 풍경이 빼어나다.

---

258) 고흥반도이다.

적금동과 호구

만 안쪽에 봉우리가 하나 솟아있는데 이를 구아산(狗牙山)이라고 한다. 그 동쪽 기슭을 따라서 만에 연하는 마을이 하나 있는데, 이것이 적금도에 유일한 마을이다. 그 이름은 섬과 같은 적금동(積金洞)이라 불린다. 호구는 50호, 124명이고, 이들 가운데 30호, 72명이 어업에 종사한다. 어선은 14척이 있다. 이 가운데 궁선(弓船)이 5척, 수조망어선이 2척 있다. 이처럼 섬 주민의 절반 이상이 어민이고 어업을 주된 생업으로 하지만 동시에 농경에도 힘쓴다. 그렇기에 섬 전체가 잘 개간되어 남은 땅이 조금도 없다. 주된 농작물은 좁쌀, 보리, 콩, 모시[苧麻] 등이다. 또한 부업으로 소를 기르는 자들도 많다. 쌀[稻米]은 논이 없기 때문에 생산하지 못한다. 식수는 부족하지 않지만 땔나무가 부족하다. 또한 염전이 없다. 따라서 외부로부터 공급받는[輸入] 주된 물품은 쌀, 소금, 석유, 면포, 성냥, 땔나무 등이다.

적금도의 어업 상황

수산물의 종류는 붉바리[赤魚], 조기, 갈치, 갯장어, 감성돔[黑鯛], 볼락[目張], 민어, 서대기[牛舌魚] 등이 있다. 이들의 어장은 적금도, 둔병도 및 둔병도의 동쪽에 떠 있는 조발도(早發島) 및 낭도의 연해, 즉 여자만 입구의 물길이라고 하며, 주로 낚시로 잡는다. 그 가운데 붉바리, 갯장어, 감성돔, 우럭의 어획이 많다. 반면 갈치, 조기, 서대기 등은 섬의 서북쪽(여자만 내에 가까운 곳)의 물길, 또는 수심이 3~9길에 이르며, 바닥이 모래진흙과 조개껍질이 서로 섞인 곳에서 어획이 많다. 하지만 이 주변은 간만(干滿) 때 모두 조류가 급하기 때문에 많이 잡기를 원한다면 소조기의 간조 때를 택해야 한다.

어기는 매년 3월 하순부터 10월 하순에 이르는 기간, 즉 봄·여름·가을에 걸치지만 가장 많이 잡히는 계절은 봄과 가을이라고 한다. 이 계절에 접어들면 돌산군의 낭도, 조발도, 돌산도, 나로도 등의 어선 및 흥양군 연안의 각 포구에서 어선이 집합한다. 많게는 40~50척에 이르는 경우가 있을 정도로 매우 성황을 이룬다.

적금도의 일본인 어업

적금도의 위치와 어업상황은 이와 같다. 따라서 붉바리를 목적으로 하는 일본 출어자의 주낙 및 외줄낚시 어선이 매년 양력 5월 초순부터 8월 중순 사이에 와서 어업하는 자가 아주 많다.

이들의 출신은 에히메[愛媛], 히로시마[廣島], 오카야마[岡山]현이며, 마을의 남쪽인 섬의 남단에 작은 건물을 세웠는데 그 수가 7개에 이른다.(토지 임대료는 10평당 1어기, 즉 대략 3개월 동안 500문文의 비율이라고 한다) 무릇 일본 출어자가 이곳에 처음으로 와서 물고기를 잡은 시기는 광무 2년(명치 31년) 경이다. 이들 가운데 가장 먼저 온 자는 히로시마현 주명견(洲名見) 사람인 상원우위문(上原友衛門)과 오카야마현 비전일비촌(備前日比村)259)의 어부인 중도장차랑(中道長次郎)이라고 한다. 당시 붉바리를 목적으로 몇 시간동안 시험삼아 잡았는데 낚시로 50관(貫)260)을 쉽게 잡았다고 한다. 지금은 당시와 같이 어획의 이익이 많고 크지 않다고 해도 여전히 돌산군 유수의 어장임에는 변함이 없다.

지난 융희 2년의 어기[漁季]에 이곳에 주낙어선 44척(에히메 6척, 히로시마 12척, 오카야마 25척), 외줄낚시선 70척, 활주모선 7척, 활주통[活洲籠] 35개가 모여들었다. 또한 부산수산주식회사 및 기타 수산회사에 소속된 활주장치를 설치한 석유발동기선이 활어[生魚] 수집을 위해 때때로 기항하는 경우가 있다. 이로써 이 지역 어업의 유망함을 엿보기에 충분하다

아울러 일본 출어선은 적금도 근해에서 어업이 완료되면 경남 욕지도 근해의 도미잡이로 이동한다. 또한 근해 어업에서 쓰는 미끼는 젓새우[眞鰕], 점상어[ツノジ], 코네리(コネリ, 학꽁치로 추정), 보리멸[鱚]261) 등이고, 소형의 대망(袋網)을 사용하여 각 어획한다. 또한 지역 주민들에게 구입하는 것도 있는데, 구입할 때는 새우 1마리당 엽전(葉錢) 1

---

259) 오카야마현 타마노시(玉野市)로 다카마츠에 이르는 우고항로(宇高航路)의 기종점이다.
260) 187.5kg이다.
261) 보리멸과에 속한 바닷물고기. 몸길이 24센티미터 내외로 해안 가까이 모래 바닥에 살며, 우리나라, 중국, 인도 등지에 분포한다. 학명은 *Sillago sihama*.

문(文) 내외라고 한다. 또한 각 어선은 각자 어류 20관 정도를 저장할 수 있는 활주장치를 갖추고 포획한 것이 가득 채워지면 근거지로 돌아가서 모선에 매도한다.

1관목(貫目)의 시세가 붉바리[赤魚]은 60전, 갯장어[鱧]는 38~39전이 보통이라고 한다. 모선은 각 어선에서 구입했을 때는 조류가 적당한 곳을 택해서 미리 준비한 활주통[活洲籠]에 넣어둔다. 이렇게 5~10일이 지나서 1천관 내외에 이르면 활주선으로 옮겨서 일본[日本內地]으로 운반한다.

여자도(汝子島)[262]

여자도(荔子島)라고도 한다. 해도에 대여자도(大汝自島)로 기록된 것이 바로 이곳이다. 여자만(汝自灣)의 거의 중앙에 위치하며 크고 작은 두 섬이 있다. 서쪽에 있는 섬이 제법 크고 남북 약 15정, 동서 5정 정도인데, 그냥 여자도라고 부른다. 동쪽에 떠 있는 섬은 여자도에 비교해서 다소 작은데 이를 송여자도(松汝子島)[263]라고 한다. 아마 소나무 한그루가 있어서 송(松)자를 붙여서 구별한 데서 기인한 것 같다. 송여자도의 북쪽에 있는 작은 섬을 납다도(納多島)[264]라고 한다. 본래는 무인노였는데 지금은 일본인이 여기에 근거지로 하여 새우 잡이에 종사한다.

여자도에 있는 마을 및 호구, 기타

마을 및 호구 등은 다음과 같다.

도명 (島名)	마을명	총호수	인구	어업자 호수	어업자 인구	어선	논[水田] 斗落	밭[畑] 斗落[265]
여자도	대동(大洞)	18	80					53
	마파리(馬波里)	25	121					12
송여자도	송여리(松汝里)	11	42				3	19
계	3	54	243	20[266]	54[267]	13[268]	3	84

---

262) 현재는 한자 표기를 汝自島라고 하고 있다.
263) 소여자도라고도 한다. 송여자도는 본래 이름이 솔님자였다고 한다.
264) 현재 북쪽에 있는 섬으로 납계도가 있다.

토지는 협소하고 비옥하지 않지만 주민들이 농경에 힘쓰고 있어서 남아있는 땅을 볼 수 없다. 농산물은 조, 보리269), 콩 등이고 또한 모시[苧麻]를 경작한다. 식수는 넉넉하고 질과 양이 좋지만 땔감은 부족하다. 생활물자는 대부분을 순천 또는 벌교에 의존하며 생산물 중에 새우, 건염어(干鹽漁), 모시[苧麻]를 벌교시장에 내어 판매[放賣]한다.

교통은 남쪽 또는 서쪽의 여러 섬에서 순천과 벌교로 통항하는 요충지에 해당하므로 기항하는 배가 적지 않다. 따라서 순천과 벌교 간의 왕래가 제법 빈번하다. 군읍까지는 해로로 16해리 남짓이라고 한다.

여자도의 어업 상황[漁情]

어채물은 새우, 갈치, 조기, 민어, 서대기[牛舌魚]270), 농어 등이다. ▲ 새우, 서대기, 갈치 등은 여자도의 서북쪽 앞바다에 바닥이 검은 모래진흙이고 수심이 4길인 조류가 급한 곳(에서 많이 잡힌다) ▲ 조기, 민어, 농어 등은 여자도 동단 1~2해리 떨어진 앞바다에서 많이 잡힌다. 그리고 갈치, 조기, 새우, 서대기 등은 대부분 궁선 및 어살로 어획하고, 또한 수조망을 사용하는 경우도 있다. ▲ 기타 어류는 주로 외줄낚시를 사용한다. 외줄낚시 또는 궁선은 장도(獐島)와 흥양군(현재의 고흥군) 연안 마을에서 출어하는 자가 적지 않다. 궁선, 수조망 등은 대개 이곳으로 출어한 일본 새우분말[搯鰕] 제조업자로부터 계약선수금[仕込]을 받는데, 계약선수금은 한 어획기에 배 1척당 25~40원이고, 어획물과 차감[差引]하여 계산한다.

---

265) 한 마지기는 볍씨 한 말의 모 또는 씨앗을 심을 만한 넓이로, 지방마다 다르나 논은 약 150-300평, 밭은 약 100평 정도이다.
266) 합계란에만 어업자의 호수를 나타내어 각 마을별 어업자 호수는 알 수 없다.
267) 합계란에만 어업자의 인구를 나타내어 각 마을별 어업자 인구는 알 수 없다.
268) 합계란에만 어선수를 나타내어 각 마을별 어선 수는 알 수 없다.
269) 麥은 보리, 밀을 뜻하지만 여자도에는 보리가 생산된다.
270) 양서대과와 참서대과에 딸린 모든 바닷물고기. 몸빛은 어두운 갈색에 혀처럼 납작하고 왼쪽에 두 눈이 달렸으며 각시서대, 개서대, 참서대 따위가 있다.

여자도의 새우잡이업 및 마른새우 제조상황[槪況]

여자도 근해는 유명한 새우 어장이며, 일본 어선의 출어가 매우 왕성하다. 건물[小屋]271)을 송여자도 및 납다도에 지어서 마른새우 제조에 종사하는 자가 있다. 송여자도를 근거지로 한 자는 오카야마현 어민인 삼곡(森谷) 아무개인데, 시작은 광무 7년(1903년, 일본 명치 36년) 경이라고 한다. 이후 계속해서 해마다 건너왔으며 작년의 경우에는 어선 12척, 작은 운반선[小廻船] 4척을 인솔하여 왔다. 더욱이 여자도 부근에서 조선인의 궁선 30척과 계약을 하고 어획물을 매수해서 제조가 매우 활발하였다.

어획기는 봄철은 양력 3월 초순부터 5월 중순까지이고, 가을철은 8월 중순부터 11월 하순에 이른다. 봄철에 어선 1척의 어획은 보통 1,500관 이상이고 금액[價額]은 250~260원이다. 가을철은 1척당 500~600관이고, 금액은 100원 내외이다. 납다도에 근거한 자는 부산에 살고 있는 동강(桐岡) 아무개인데 시작은 4~5년 전이다. 전자에 비교해서 규모는 작다. 이외에 후쿠오카, 구마모토, 나가사키에서 온 출어선이 많다. 재작년 융희 원년(1907년) 봄철의 경우에는 안강망으로써 새우 어획을 시도한 자가 있었는데 성적이 매우 좋았다. 이에 따라 작년 융희 2년에는 출어자[來漁者]들이 매우 성황을 이루었는데 구마모토, 나가사키에서 120척, 후쿠오카에서 40여 척에 이르렀다.

그런데 이 출어자들은 여자만 일대에서 어획[稼行]하는 자들이지만 여자도 근해에만 그치지 않은 것은 물론이다. 만내의 여러 곳에서 조선인으로서 궁선, 수조망 또는 어살로서 어획하는 자도 매우 많다. 그래서 순천, 벌교 등에서 출매선이 오는 경우가 많다. 일본 출어자도 또한 여자도에 근거한 자, 기타 나로도에 근거한 자 등은 각각 수선(手船)272)을 내어서 매수에 힘쓴다. 그러므로 어획기에 들어서면 만내 전체의 어촌은 활기를 띠고 매우 성황을 이룬다.

---

271) 삼곡조(森谷組)의 건물의 개황은 본권의 목차 앞에 사진과 같이 실려 있다(송여자도松汝子島의 말린 새우 제조 사진).
272) ① 자신이 소유하는 배, ② 배 운전을 부탁하지 않고, 자신의 힘으로 배를 저어가며 낚시를 하는 것, ③ 그물조업을 지휘하는 사람을 태운 배를 뜻한다.

장도(獐島, 쟝도)

장도만(獐島灣)의 북부에서 거의 중앙, 즉 여자도의 북서쪽 약 2해리에 위치한다. 연안은 굴곡이 많고, 둘레는 20리 남짓이지만 일대가 멀리까지 얕아서 배를 대기에 적당한 곳은 없다. 게다가 북쪽 일대는 갯벌이 3척(尺) 깊이에 달해 건너다닐 수 없다. 단 동남쪽은 모래와 갯벌 바닥이어서 이곳을 상륙지점으로 한다.

대동(大洞) 및 부수동(浮水洞)

섬 안에 마을이 2곳 있는데, 대동(大洞) 및 부수동(浮水洞)이라고 한다. 호구 등은 다음과 같다.

마을명	총호수	총인구	어업 (戶)	농업	상업	어선	어망	논 (斗落)	밭 (斗落)	미개간지 (斗落)
대동	26	82	20	3	3	10	1 3 1	30	80	80
부수동	32	111	18	12	2	3		40	80	178
계	58	193	38	15	5	13	4[273]	70	160	258

토지는 거칠고 메마르지만 섬사람들이 농경에 매우 힘써서, 미개간지라고 할 만한 것이나 바로 개간할 만한 땅은 없다. 산림은 볼 만한 것은 없지만 잡목이 곳곳에 무성하므로 땔나무는 섬사람의 수요에 부족하지 않다. 식수도 윤택하고 질도 양호하여, 출어선에 공급하는 데 부족함이 없다. 생활 물자는 순천 및 벌교에 의지하고, 교통은 이 두 읍으로 왕래하는 선박이 때때로 기항하기 때문에 큰 불편을 느끼지 않는다. 장도에서 순천읍까지 6해리, 벌교까지 5해리라고 한다.

장도의 어업상황

어채물은 새우, 조기, 꼬막[伏老貝] 등이다. 새우잡이는 근래 대개 일본출어자(현재 강전조岡田組)의 계약선수금을 받고 어획한 전부를 매도한다. 계약선수금은 대체로 한 어기에 25~26원(圓)이고, 어획물 매도 대가는 일본 되[桝]로 7승(升) 5합(合)

---

273) 원문에는 합이 3으로 되어 있다.

정도를 100문으로 한다. 계약선수금을 받지 않는 자는 벌교 및 순천 지방에서 오는 출매선(出買船)에 매도한다. 그 가격은 대체로 1조(笊, 일본 되로 약 5되 들이)에 60문 내외이다. 어구는 궁선(弓船)이 많고, 또 수조망(手繰網)을 사용한다. 어살[魚箭]도 또한 주로 새우를 어획물로 할 목적으로 설치하는 것으로서 조기, 넙치, 민어, 농어, 숭어, 뱀장어 등을 어획하는 경우도 있지만 이들은 부수적인 것에 불과하다. 어기는 2월 하순부터 8월 하순까지이고, 한 어살의 한 물[潮] 때의 어획은 많을 때는 2~3관문(貫文) 내지 10관문에 이른다. 1년의 어획은 900관(貫) 안팎에 이른다고 한다.

장도의 북서쪽에 사방 둘레 1해리 남짓 되는 작은 섬이 있다. 무인도인데 제법 풍경이 아름답다. 일본인은 이 섬을 "손겐우찌[ソンゲン內]"[274]라고 부른다. 매년 새우 수조망, 가오리 낚시, 뱀장어 낚시 등을 하는 어선이 많이 출어한다.

봉래면(蓬萊面)

봉래면의 경역(境域)

봉래면은 흥양반도의 앞쪽 가까이에 떠 있는 여러 섬으로 이루어진다. 봉래면의 경역을 표시하면, 북쪽은 흥양군 연안을 경계로 하고, 동쪽은 화개면(華蓋面), 금오면(金鰲面) 2면의 서쪽 앞바다[沖合]를 지나, 남쪽의 삼산면(三山面) 손죽도(巽竹島, 「해도」에서 횡개열도橫介列島라고 표시)의 북쪽을 통과하고, 서쪽은 금산면(錦山面), 절금면(折錦面, 「해도」에서 거금도居金島로 표시)의 동쪽을 지나 기점으로 돌아온다. 소속 섬들 중 가장 큰 것은 내·외국도(內·外國島)라고 한다. 그리고 그 서쪽에 애도(艾島)가 떠 있다. 애도는 원래 이름이 속칭 '봉래(蓬萊)'라고 한다. 풍경이 아름다우므로 면의 이름을 이 섬에서 취했다.

---

274) 둘레 1해리 정도의 작은 섬으로는 장도의 북쪽에는 "해도"가 있고, 장도의 서쪽에 있는 지주도의 북쪽에 "웅도"가 있다.

소속 도서

소속 도서를 열거하면, 내국도(內國島, 일명 내나로도內羅老島), 외국도(外國島, 일명 외나로도外羅老島), 오동도(梧桐島, 내국도의 북쪽 흥양군 사도蛇渡의 서쪽에 있다. 둘레는 44~45정町이다), 취도(吹島, 오동도의 남쪽에 있다. 둘레는 46~47정), 사양도(泗洋島[275], 내국도의 남서쪽 끝, 외국도의 북서쪽 끝 가까이에 떠 있다. 둘레는 20리), 수락도(水洛島, 사양도의 서쪽에 있다. 둘레는 17~18정), 지오도(芝五島[276], 수락도의 서남쪽에 있다. 「해도」에서는 이곳을 지오리도之五里島[277]라고 표기했다. 둘레는 10리 남짓이다), 가모도(可暮島, 지오도의 북동쪽에 있다.), 죽도(竹島, 지오도의 서쪽에 있다. 둘레는 7~8정이다), 시산도(示山島, '矢山島'라고도 쓴다. 지오도의 남서쪽에 있다. 둘레는 40리 정도이다), 무학도(舞鶴島, 시산도의 남동쪽 손죽도(「해도」에서 횡개도)의 북서쪽에 있다. 둘레는 10정 내외이다), 정서(頂嶼[278], 내국도의 동쪽에 속한다), 도서(島嶼)·수호서(睡虎嶼, 두 섬 모두 내국도의 북쪽에 속한다), 목서(睦嶼, 외국도의 동쪽에 있다), 형제서(兄弟嶼, 지오도의 서북쪽에 있다)로 이상 12도[279] 5서라고 한다.

봉래면의 여러 섬 중에서 유명한 곳은 국도(國島)인데, 일본인이 거주하는 곳도 역시 이 섬 한 곳뿐이다. 기타 여러 섬 모두 일본출어자가 내어하지만 그 이름이 아직 널리 알려지지는 않았다. 그리고 근해 수산 중 주요한 것은 잔새우[小鰕], 갯장어, 삼치 등이다. 기타 조기, 갈치, 농어, 감성돔[黑鯛] 등도 역시 어획이 많다. 다음에 주요 도서에 대해서 개황을 서술한다.

국도(國島, 북산北山)

국도는 남북 2개 섬으로 나누어져 있다. 북쪽에 있는 것을 내국도(內國島)라고 하고,

---

275) 본문에는 '泗洋島'로 표기되어 있으나 '泗洋島'의 오기로 보인다.
276) 현재의 지죽도로 추정된다.
277) 원문에는 원오리도(元五里島)로 기록되어 있으나 정오표에 따라서 지오리도(之五里島)로 정정하였다.
278) 위치상 현재 내나로도 동쪽의 '항도'로 보인다. '項島'의 오기로 보인다.
279) 본문에 제시된 도(島)는 11개로 차이가 있다. 내·외국도 서쪽의 애도까지 포함하면 12개이다.

남쪽에 있는 것을 외국도(外國島)라고 한다. 속칭 나로도(羅老島)라고도 부른다. 또 혹은 '영주(瀛洲)'라고도 쓰는데, 아마도 옛 호칭일 것이다. 일본 어부는 북산(北山, 기타야마)이라고 통칭한다. 국도나 나로도라는 이름은 오히려 이들 사이에 알려져 있지 않다.

국도의 마을 및 호구

내·외국도의 면적, 마을, 호구, 기타 내용을 표시하면 대개 다음과 같다.

	마을명	호수(戶)	인구(人)	농업(戶)	상업(戶)	어업(戶)	어선(척)	논	밭
내국도	양화楊花	11	41	4	2	4	3	20	87
	덕흥德興	18	38	17	1	.	.	56	120
	봉남鳳南	35	135	33	1	1	.	30	89
	소영少榮	16	154	12	2	2	2	10	69
	사동寺洞	17	51	16	1	.	.	21	73
	세초細草	8	31	8	.	.	.	120	78
	소계(6마을)	105	450	90	7	7	5	257	516
외국도	신구新九	21	80	17	1	3	1	90	120
	진포鎭浦	11	41	9	1	1	2	10	68
	예하리曳下里	24	96	23	1	.	.	82	94
	내동內洞	13	61	12	1	.	.	65	78
	외초리外草里	29	120	26	3	.	.	50	65
	소계(5마을)	98	398	87	7	4	3	297	425
합계 11마을		203	848	177	14	11	8	554	941

국도(國島)[280]의 정박지와 소영리(少榮里)

내·외 두 섬[281] 사이에 있는 해협은 수심이 3길 이상, 7길이고 소형기선이 통행할 수 있다. 일본 어부는 이를 '기타야마의 좁은 해협[北山の瀬戸]'이라고 부른다. 남·북 양안이 모두 굴곡이 많지만 대개 갯벌이고, 배를 대기에 적당한 곳이 적다. 앞에 제시한 마을 가운데 이 좁은 해협에 접해있는 것은 봉남(鳳南), 소영(少榮, 이 두 섬은 내국도),

---

280) 지금의 나로도이다.
281) 외국도와 내국도를 의미하며 지금의 외나로도(봉래면), 내나로도(동일면)이다.

신구(新九, 일명 신구神龜라고 쓴다. 외국도의 약간 중앙에 있다) 세 마을이다. 그렇지만 배를 댈 만한 곳은 소영리뿐이다.

일본인이 거주하면서 마른새우의 제조에 활발히 종사하는 사람이 있다. 따라서 한·일 어선이 많이 모여든다.

외국도 양포

외국도(外國島)의 북동단에 하나의 작은 요입이 있는데, 이를 양포(養浦, 일명 창포鎗浦라고 한다)라고 한다. 양포는 해협이 양안과 마찬가지로 갯벌이고 포구 안에 어살을 설치하였기 때문에 어선이 깊이 들어오기 어렵지만, 그 북동각의 안쪽은 다소 수심이 있어서 사방에서 부는 대부분의 바람을 막을 수 있다. 더욱이 외해에 가까워 출입이 편리하다.

조류가 갑각(岬角)에 충돌하여 해수가 와류를 이루면서 순환을 멈추지 않을 때는, 활주모선의 근거지로 적합하다. 때문에 매년 갯장어 및 삼치의 어획기인 봄에 접어들면 일본 활주모선이 30척 가까이 모여든다. 또한 부산수산주식회사도 이곳에 출장소를 두고, 소속선박을 보내 잡은 물고기의 매입 및 수송에 힘쓴다. 그러므로 어선 및 예선(曳船) 등의 출입이 많게는 140~150척에 이른다. 그러므로 이와 더불어 거의 매년 잡화점, 음식점 등이 임시로 개점하여 매우 성황을 보인다.

국도의 기타 정박지

이 좁은 해협 이외의 연안 역시 외국도의 동남쪽을 제외하면 굴곡이 심하고 만입이 많다. 이 가운데 두드러지는 곳이 내국도의 동쪽에 두 곳 있다. 이를 방축포(防築浦, 안에 양화리楊花里가 있다), 고포(古浦, 안에 덕흥리德興里가 있다)라고 하고, 외국도의 남서쪽에 한 곳 있는데 이를 내동포(內洞浦, 만 입구의 서북쪽에 외초리外草里가 있고 안쪽에 내동內洞이 있다)라고 한다.

이에 버금가는 만입이 내·외국도의 서쪽에 각각 1곳이 있다. 내국도에 있는 것을 백추포(白秋浦, 만 입구의 북쪽에 세초리細草里, 남쪽에 사동寺洞이 있다), 외국도에 있는 것을 역포(驛浦)라고 한다. 입구가 하나이고 안쪽에서 두 갈래로 나누어지는데, 남쪽 갈래를 대역(大驛), 북쪽 갈래를 소역(小驛)이라 부른다(만의 입구 북쪽 해안에 진기鎭基, 안쪽에 사리泗里라고 불리는 작은 마을이 하나 있다). 이들 여러 만 가운데 제법 수심이 있는 곳은 오직 방축포 한 곳이며, 다른 곳은 갯벌만이지만 어선의 피박에 지장이 없다.

방축포는 만입이 깊고 수심이 1길 이상이어서 배를 대기에 편하다. 또한 연안에 개불[蟶]의 생산이 매우 많아 미끼의 공급지로 유명하다. 다른 곳은 특별히 기록할 만한 가치를 지닌 것이 없다. 마지막으로, 역포는 일본 오카야마현 어민의 이주지로 제법 알려져 있다.

역포의 남쪽에 작은 포구가 하나 있는데, 무구미(茂求味)라고 한다. 섬 전체에서 일본 어민이 가장 일찍부터 거주해온 곳이다. 그 위치가 어장에 가까이 있고, 출입이 편하기 때문에 한·일 어선이 몰려오는 경우가 많다.

국도의 개황

토지는 두 섬 모두 산악이 길게 뻗어 있으며, 높고 험하기 때문에 평지가 좁다. 그러므로 경지면적은 앞에서 표시한 것과 같이 매우 적다. 더욱이 주변 바다의 수산물이 풍부하며, 그 이익은 무려 헤아릴 수 없을 정도임에도 불구하고 주민들은 대부분이 농업을 생산의 근본으로 하며, 어업을 주로 하는 자가 많지 않다.

주된 농산물은 조, 피, 보리, 콩, 쌀, 면화, 삼베 등이지만, 어느 것도 생산이 많지 않다. 때문에 농가는 부업으로 목우에 힘을 쓰며, 한 집에서 많게는 40여 마리를 사육하는 경우도 있다. 농가에서 목우를 부업으로 하는 경우는 돌산군의 여러 섬에서 종종 볼 수 있지만, 그 가운데 국도의 경우가 제일 번성한 곳이라고 할 만하다.

경지 매매가격은 상중하에 따라 차이가 있지만, 보통은 대개 한 마지기에 13~14관문이다. 만약 일본인이 매수를 하게 되면, 1~2할 정도 비싸게 구입할 수밖에 없다. 섬 전체에 산악이 길게 뻗어 있으나 산림을 볼 수 없다. 그렇지만 잡목이 곳곳에 무성하기 때문에 땔나무는 부족하지 않다. 식수는 각 지역이 모두 풍부하며, 수질이 양호하다.

국도의 교통과 통신

교통은 연안을 돌면서 운항하는 기선이 기항한다. 또한 남해항로의 요충에 위치함과 동시에 보통 범선 또는 어선이 기항하는 경우가 빈번하므로 매우 편리하다. 내·외 두 섬 사이의 교통은 좁은 해협 안의 서쪽 끝에 있는 가장 좁은 곳에 도선장이 있는데 와교(臥橋)라고 한다. 서쪽 출입구는 사양도(泗洋島) 및 애도(艾島)가 막고 있기 때문에 파도가 조용하며, 바다를 건너는 데 매우 안전하다.

육지인 흥양군과의 교통은 내국도의 북단인 동래나루[東萊渡]에서 흥양군 포두면에 있는 진곶(鎭串)에 이른다. 이 사이는 약 0.5해리이다. 북방에 오동도(梧桐島), 남방에 취도(吹島)가 가로놓여서 서로 마주보기 때문에 물길을 보장해주므로, 도선이 매우 안전하다.

통신은 군읍인 돌산에서 월 3~4회 집배하는 것 외에 최근에 소영리(少榮里)에 있는 오카자키합자회사 출장소에 우편 수취소를 설치하여 흥양읍과 연결하며, 매주 1회 내지 10일에 1회 목포 및 부산으로 체송한다.

국도의 어업 상황

근해 수산물 가운데 주된 것은 갯장어, 삼치, 잔새우가 있다. 갯장어와 삼치의 어장은 동쪽 연안에서 4해리 떨어진 앞바다의 수심이 7길 내외인 장소이다. 새우어장은 동·서 연안에서 수심이 4~6길이고 조류가 급한 곳이다. 단 봄에는 동쪽 해안, 가을에는 서쪽 해안이 좋다고 한다. 어획기는 모두 봄·가을 두 계절이지만, 삼치는 봄에 주로 어획하며 음력 4월 중순부터 6월 중순까지가 성어기이다.

▲ 어구는 갯장어는 주낙을, 삼치는 유망을 사용한다. 새우는 조선인은 주로 궁선(弓船)을 사용하지만 일본인은 조망(漕網), 안강망을 사용한다. 단, 조망을 사용하는 자들은 오카야마, 히로시마, 가가와 등지의 출어자이고 안강망을 사용하는 자들은 후쿠오카, 구마모토, 나가사키, 사가 등지의 출어자들이다.

이외에도 조기, 갈치, 농어, 감성돔 등은 어살 또는 외줄낚시로 어획한다. 새우는 어살을 사용하여 잡어와 혼획하는 경우도 적지 않다.

국도(國島)의 일본인 어업

일본인 거주자는 돌산읍 주재 경찰관의 최근 조사에 의하면 국도 전체(내·외국도)에 19호, 71명이 있다. 직업별은 다음과 같다.

직업	호수(戶數)	인구		계	출신지 별
		남	여		
어업	8	23	12	35	오카야마현[岡山縣]
어구상	1	3	1	4	오카야마현
잡화상	7	11	11	22	오카야마현 3호 10명, 오사카부 3호 10명, 야마구치현 1호 2명
무역상	1	2	1	3	시마네현[島根縣]
대공직(大工職)282)	1	2	3	5	와카야마현[和歌山縣]
과자 제조	1	1	1	2	오사카부[大阪府]
계	19	42	29	71	

이와 같이 일본인 거주자 가운데 중심이 되는 것은 소영리(少榮里)의 오카자키합자회사[岡崎合資會社] 출상소, 무구미(茂求味)의 기리오카합사회사[桐岡合資會社] 출장소, 대역포(大驛浦)의 오카야마현 이주어민 등이라고 한다.

오카자키합자회사와 기리오카합자회사는 본사가 모두 오카야마현에 있다. 또한 창립도 같은 명치 38년(1905년 광무 9년) 4월이다. 자본금은 오카자키합자회사는 3만원, 기리오카합자회사는 2만원이며 이곳에 출장소를 설치[定設]하게 이른 것은 모두 창립 당시이지만 내력은 기리오카합자회사가 가장 먼저이고 그 전신(前身)이 일본 명치 27년(1894년, 고종 31년) 소야(小野) 아무개가 시작하였다.

두 회사 모두 일한어선(日韓魚船)에 계약선수금[仕入]을 주고 잔새우[小鰕]를 매수하여 활발하게 건새우 제조에 종사한다. 제조량[製造高]은 매년 다르지만 재작년 융희 원년(1907년) 봄가을의 오카자키합자회사 제조량은 236,750근이고 판매지는 고베라고 한다. 100근에 25원이며 총 매상은 56,687원 남짓이다. 또한 이곳에 잡어 매상도 1,500원 안팎에 이른다고 한다.

---

282) 대공은 솜씨가 뛰어난 장인을 말한다. 특히 건축기술자나 목공 등의 장인을 가리킨다.

기리오카합자회사 제조량은 정확하지는 않지만 매년 봄가을 합쳐서 20만 근을 밑돌지 않는다고 한다. 계약선수금[仕入金]은 조선 어선 1척당 한 어획기에 25~30원이고, 일본어선 1척당 30~50원이다. 그리고 어획물 거래금액[引取値段]은 어장 매도[漁場渡し] 시세[相場]로 100근에 20전이라고 한다.

다만, 조선어선은 1켄치(ケンチ)를 한전(韓錢) 100문(文)의 비율로 거래한다. 1켄치는 1관 800문(匁)[283] 정도이고, 한전(韓錢)은 시세 등락폭이 있지만 100문은 대략 23전(錢) 정도로 본다고 한다.

대역포(大驛浦)의 오카야마현 이민은 지난 융희 원년 5월(일본 명치 40년) 처음으로 이주경영에 착수한 자들인데 어민가족을 합쳐서 7호, 20명이다.

성어기의 양포(養浦)

국도에 일본인 정주자는 앞에서 제시한 것과 같지만 봄철 갯장어[鱧]와 삼치[鰆] 성어기가 되면 양포(외국도의 북동쪽 끝) 또는 무구미(외국도의 서쪽 끝)에 임시 가건물을 지어서 잡화상을 하는 자, 음식점 또는 요리점을 하는 자들이 있어서 처마가 닿을 정도로 늘어서 있어서 성황의 극치를 이룬다. 그중 양포가 가장 번성하다. 작년 융희 2년(1908년) 돌산주재 경찰관이 조사한 바에 의하면 잡화점 2호, 요리점 14호, 음식점 2호 합이 18호이고 인원수가 220명이다. 그리고 대부분 부녀자인데 더욱이 매춘[醜業]이 143명에 달했다고 한다. 풍속 상의 문제는 잠시 별도로 접어두고 이러한 상황이 빚어지는 것은 근해어업의 유망함을 증명하고도 남는다.

사양도(泗洋島)·애도(艾島)

사양도와 애도 모두 내·외국도 사이 해협의 서쪽 출입구 바깥에 접한다. 사양도는 크고 북쪽에 있으며 애도는 작고 남쪽에 있다. 애도는 멀리서 바라보면 아름다워서 일명 봉래도(蓬萊島)라고 하고 면명(面名)을 이에서 취한 것은 앞에서 이미 언급한 것과

---

283) 1891년(메이지 24년)의 도량형법에 의해, 1관=3.75kg, 1문은 1/1000관으로 규정되어 1문 =3.75g이 되었다.

같다. 사양도와 애도의 호수 등을 표시하면 다음과 같다.

도명(島名)	호수(戶)	인구(口)	농업(戶)	상업(戶)	어업(戶)	어선(隻)	밭(斗落)
사양도	22	82	4	2	16	7	120
애도	17	52	3	2	12	20	70
계	39	134	7	4	28	27	190

이와 같이 주민은 주로 어업을 하지만 농경에도 매우 힘쓴다. 수산물 및 어업의
상태 등은 국도(國島)에 기록된 것과 같다. 사양도와 애도 또한 해마다 일본어부
가 많이 내어(來漁)한다.

지오도(芝吾島)

지오도는 해도에 지오리도(之五里島)라고 기록된 것인데, 흥양군 도화면(道化面)
에 속한 단장리(丹粧里)에서 남쪽으로 300간(약545m) 남짓 떨어져 있고, 국도의 서
쪽 끝인 무구미에서 서쪽으로 약 7,5해리 거리에 있다. 지오도는 둘레가 10리 정도이고
북동쪽에 가모도(可暮島)와 염도(鹽島)가 떠 있다. 북서쪽에 죽도가 가로놓여 있고
북쪽으로 하나의 만이 있다. 수심은 4~5길이고, 바닥[底質]이 모래뻘로 되어 있다.
섬으로 둘러싸여 보호받을 수 있어서 크고 작은 선박을 매어두기에 적합하며 풍박에도
안전하다.

지오도의 개황(槪況)

지오도는 대체로 험준해서 평지는 적지만 주민은 개척에 매우 힘써서 쌀, 보리, 조,
콩 등이 다소 생산이 된다. 그렇지만 본래 생산량이 적어 겨우 수요의 절반을 충당하는
데 불과하다.

지오리(芝吾里)

북쪽의 만을 따라서 오직 하나의 마을이 있다. 섬 이름과 같이 지오리라고 하며 호수

는 74호, 인구는 351명이다. 농사를 생계의 기초로 삼는 것은 다른 여느 섬들과 다를 바 없지만 지오도는 경지도 좁고 농산도 적고, 다른 부업을 하지 않아서 생계를 해산물에 의존하는 자가 많은 편이다. 어호는 30호, 어선 17척이 있다. 그밖에 앞바다에서 어류를 매매하는 배가 2척 있다

지오도의 교통

교통은 남해 연안항로(특히 돌산, 여자만 등에서 절금도, 득량만[284], 강진만에 이르는 항로라고 한다)의 요충지에 자리하고 있어서 보통 범선 및 일한어선이 기항하는 경우도 많아서 다소 편리하다. 흥양읍까지 해륙(海陸) 50리, 군읍인 돌산까지 23 해리 정도, 부산까지 약 120해리, 목포까지 42해리 정도라고 한다.

지오도(芝吾島)의 어업 상황

수산물은 갈치, 조기, 농어, 참새우, 백하(白鰕), 가자미, 가오리, 갯장어, 붕장어, 붉바리[赤魚], 도미, 감성돔[黑鯛], 뱅어, 전복[鮑] 등이고, 어장은 섬의 사방이라고 한다. 단 새우, 조기는 지어도와 시산도(示山島)의 중간, 「해도」에 이른바 거금수도(居金水道) 중 해류가 급하고 수심이 6길 내외의 모래와 진흙 바닥인 곳에서 특히 많이 어획한다.

지오도는 아직 일본 어민이 정주하지 않지만 섬의 서면(西面)인 고지대를 선택해 오카야마현[岡山縣]의 어민 모리야[森谷] 아무개가 작은 건물[小舍]을 짓고, 매년 도래해서 말린 새우 제조에 종사한다. 일본, 조선 어민에게 선수금 계약을 하고, 그 어획물을 거두어 들이는 것은 국도에 거주하는 동업자와 다르지 않다. 기타 봄·가을 두 계절에 출어자가 많이 내어한다. ▲ 갯장어는 3~8월까지 ▲ 새우는 3~9월까지 ▲ 가오리는 4~7월까지 ▲ 붉바리는 5~7월까지 ▲ 붕장어는 10~11월까지라고 한다. ▲ 붉바리는 외줄낚시 ▲ 가오리, 붕장어는 연승 ▲ 가오리는 대부분 공갈미끼(루어낚시) 연승 ▲ 새우는 조망(漕網)을 일반적으로 한다. 근래에는 안강망(鮟鱇網)을 사용

---

284) 현재 득량만(得粮灣)이다.

하는 자가 많다.

시산도(示山島)

시산도는 시산도(矢山島)라고도 한다. 지오도(芝吾島)의 남서쪽에 떠 있는 제법 큰 섬으로, 남북은 10리 남짓이고 동서는 넓은 곳이 28~29정, 둘레는 40리에 달한다. 북쪽에 만이 하나 있는데, 수심은 6길 내외에 달하며, 모래진흙 바닥이다. 만 입구에 작은 섬 두 개가 떠 있고 사방의 풍랑을 막을 수 있어 배를 대기에 편리하다.

시산리(示山里)

이곳에 마을이 있는데 시산리(示山里)라고 한다. 호수는 43호이고, 인구는 132명이다. 이 마을 뒤에 큰 봉우리가 솟아 있는데 이를 대보산(大寶山)이라고 한다. 해발 1,000피트가 되지 않지만, 단독 봉우리이고 정상에 소나무가 무성하고 산의 모습이 수려하다. 이 주변의 항로 표지로 삼는다.

시산도의 목우(牧牛)

이 산의 기슭은 경사가 완만하고 푸른 풀이 무성하여 목장의 적지이다. 그래서 제법 활발하게 소를 키우는데, 1호에서 많은 경우에는 7~8마리를 키우는 경우도 있다(전체 수는 아직 분명하지 않으나 100마리에 이를 것이다. 벌교 보성 장흥 등의 각 시장에 내어 판매한다. 가격은 큰 소의 경우 15~16관문 내지 20관문이라고 한다). 소는 이 섬의 물산 중에 중심이 되는 것이며, 그에 버금가는 것이 콩이다.

시산도의 어업상황

수산물 중 중요한 것은 도미·농어·새우·조기·갈치이다. 연안에 많이 서식하고 있지만 섬주민은 겨우 외줄낚시로 잡는 데 그칠 뿐이어서 어업은 볼 만한 것이 없다. 일본 출어선으로 이 섬의 근해에 오는 것은 도미낚시선인데, 매년 여름철(6~8월 무렵)에 20척 정도가 온다. 그들은 주로 이 섬의 동남쪽 3해리 근해를 다니면서 조업한다.(어획물은 소금에 절여 일본에 수송한다) 또한 작년 여름에 이 섬의 동단 2해리 근해에서 안강망을 사용하여 시험 조업을 해 보았던 사람이 있는데, 조기·갈치·서대·민어·준치 등을 많이 잡았다고 한다.

금산면(錦山面)

금산면의 경역

홍양반도의 남서단에 떠 있는 큰 섬인 절금도(折金島) 및 그 주위에 있는 소록(小鹿)·오마(五馬)·분매(粉梅)·형제(兄弟)·연홍(蓮洪)의 여러 섬을 아울러 금산면으로 삼았다.

절금도(折金島, 宮島)

절금도(절금도)는 「해도(海圖)」에서 거금도(居金島)라고 기록하였다. 홍양반도의 남서쪽, 고읍면(古邑面)과 도양면(道陽面)의 전면에 가로놓여 있으며, 동서 30리 남짓, 남북 20리 남짓이고 둘레는 100리이다. 산악과 높고 낮은 언덕이 오르내리고 이어져 있으며, 수목이 울창하여 멀리서 보면 아름답다. 그래서 일본어부는 이 섬을 미야지마[宮島]라고 부른다. 원래 히로시마[廣島] 지방의 어부들이 붙인 이름이다. 섬 안에는 마을이 11곳 있으며, 호구 등은 다음과 같다.

절금도의 마을 및 호구

마을명	호수	인구	어선	마을명	호수	인구	어선
금진(錦津)	27	93	2	석교(石橋)	14	28	8
신촌(新村)	40	162	0	신평(新平)	18	45	0
신흥(新興)	14	64	0	진장(眞庄)	14	40	0
오천(梧泉)	33	120	3	어전(於田)	57	151	2
동정(洞井)	15	38	0	대망(大網)	30	87	0
명천(明川)	미상	미상	미상	수명(水鳴)	미상	미상	미상

절규도의 어업 상황

도민은 대부분 농업으로 생업을 영위하며, 어업은 활발하지 않다. 농산물은 보리·조·콩·모시 등을 위주로 하며, 해산물은 조기·갈치·민어·새우·풀가사리·김·미역 등이 주요한 것이다. 그중에서 해조 채취의 이로움이 크다. 그 시기는 ▲ 김은 음력 정월부터 3월까지 ▲ 미역은 3월 경 ▲ 풀가사리는 4~5월 경이라고 한다. ▲ 부근 일대가 붉바리[赤魚]와 새우의 좋은 어장이므로, 일한 어선의 출어자를 볼 수 있다.

소록도·오마도

그밖에 소록도에는 27호 68명, 오마도에는 20호 70명이 있다. 또한 다른 섬에도 주민은 있는데 통계가 없다. 모두 반농반어이며, 어업은 모두 해조 채취를 주로 한다. 특별히 기록할 만한 가치가 있는 것은 없다.

삼산면(三山面)

삼산면의 소속 도서

돌산군에서 가장 먼 바다[洋中]에 위치하고 여러 섬으로 이루어져 있다. 소속된 섬 중에서 면적이 크고 또한 이름난 곳이 삼도(三島, 「해도」에 거문도라고 기록함)라고 한다. 삼도 앞에 삼봉서(三峰嶼)가 떠 있다. 그래서 면명(面名)을 이것에서 취하였다. 이곳의 소속 도서 가운데 주요한 것을 열거하면 초도(草島, 시산도의 남쪽 약 8해리에 있음), 손죽(巽竹, 「해도」에는 손죽損竹이라고 기록함. 초도의 북동쪽 5해리에 있음), 거문도(「해도」에는 거이도(距伊島)[285]라고 기록함. 손죽도 동쪽에서 1해리에 나란히 줄지어 떠 있다) 평도(平島, 거문도의 동남쪽 3해리 남짓에 있음)[286], 영만도(盈萬島, 「해도」에는 적만도赤萬島라고 기록함. 손죽도의 남쪽 5해리 남짓, 삼도의 북쪽으로 6해리 남짓이고 대략 그 중간에 있음), 삼봉서(「해도」에는 삼부도三夫島라고 기록함.

---

285) 해도에는 "거이도 또는 거문도라고 한다(距伊島一名巨文島)"라고 기록되어 있고 현재 지도에는 소거문도로 표기되어 있다.

286) 원문에는 거문의 남서쪽이라고 되어 있다.

삼도의 동쪽에 있음), 백서(百嶼, 삼도의 동쪽 앞바다에 있으며,「해도」에 소두도小頭島, 백도白島, 단리도旦里島라고 기록된 여러 섬을 말함), 중결서(中結嶼), 용서(龍嶼) 상서(床嶼,287) 이상 3서는 초도의 북쪽에 있음) 등이다. 그리고 이 섬들 외에 작은 섬들은 그 수가 매우 많아서 일일이 열거하지 못했다.

손죽도(巽竹島)

손죽도는 해도에서 소위 손죽도(損竹島)이고, 동서 약 18정, 남북 27정, 둘레가 20리 정도이다. 중앙에 우뚝 솟은 손죽봉288)은 해발 500피트289) 남짓에 불과하지만 경사가 급하고 연안 또한 이에 따라 부근에 암초가 많다. 섬의 북쪽에 작은 만이 있는데 남쪽으로 7~8정 남짓 만입한다. 폭이 3정 정도의 작은 만에 불과하지만 수심이 3길 정도이고, 모래와 진흙 바닥인데 배를 매어 두기에 편리하다. 조류는 연안에서는 밀물과 썰물이 모두 거의 남북으로 흐르지만 남쪽에 2~3해리되는 앞바다에 이르면 점차 동서로 바뀐다.

손죽도의 개황

마을은 앞에 기록한 만의 깊숙한 곳에 있다. 호구는 63호, 258명이고 농경에 매우 힘쓰고 있지만 토지가 너무 좁아서 겨우 보리, 조를 생산할 뿐이다. 그래서 대부분 어업으로 생계를 영위한다.

식수는 양호하고 공급이 넉넉하다. 생활 물자는 흥양군(현 고흥군)의 남포 또는 금산면에 속한 소록도 또는 삼산면에 속하는 삼도를 다니는 상선(商船)에 의해서 공급되는데 해조 또는 건어물[干魚類]과 현물교환을 한다

---

287) 원문에는 屛라고 되어 있으나 床 혹은 庠의 잘못으로 생각된다. 현재 상섬으로 불린다.
288) 현재 깃대봉으로 추측되며 손죽도 중앙에 솟아 있는 산으로 높이 242m로 손죽도에서 가장 높다. 1896년 일본이 지도 제작을 위해 측량 기점으로 삼고 기를 꽂았다 하여 깃대봉으로 명명되었다고 한다.
289) 원문에는 척으로 되어 있지만 일본 수로부가 제작한 해도 320호에 785피트로 되어 있는 것과 일치하므로 피트[呎]를 잘못 기재한 것 같다.

손죽도의 어업상황

연해에서 주요 수산물은 도미, 갯장어, 붉바리, 삼치, 농어, 가오리, 민어, 볼락[目張], 작은 상어[小鱶], 조기, 미역, 우뭇가사리[天草], 김, 풀가사리[海蘿] 등이고, 어채물 가운데 주된 것은 조기, 볼락, 작은 상어, 민어, 해조류 등이다.

어구는 유망 또는 외줄낚시를 한다. 유망은 손죽도 전체를 합쳐서 6통 있다. 매년 4월 상순부터 9월 하순에 이르는 동안 저녁 5시경에 육지에서 5~6정(町) 거리의 앞바다에 이르러 해저에 암초가 있는 부근 또는 굴곡이 많은 연안에 암초가 많아서 조류가 완만한 곳을 정해 설치한다. 외줄낚시 또한 대부분 같은 시간, 같은 계절이라고 한다. 그리고 어획물은 대개 건제[干製]하여 내다판다. 가격은 말린 조기 20문, 가오리 60문 안팎이라고 한다. 생산량은 상세한 것은 아니지만 해조류 생산량은 1년에 400관 정도에 달한다고 한다.

일본 어민 중에서 정주자는 없지만 삼치와 도미 성어기에 들어서면 내어자가 많고 어획기 동안 손죽도에 근거하는 자도 또한 적지 않다.

삼도(거문도)

삼도는 해도에서 거문도로 기록한 것이며 서도(西島), 동도(東島)와 고도(古島)의 3섬이 가까이 떠 있다. 멀리서 바라보면 한 섬 같아서 총칭해서 삼도라고도 한다. 삼도 중에서 서도가 가장 크다. 동서는 10리가 채 안되지만 남북은 10리 23정에 달한다. 다음으로 동도도 제법 면적이 넓은데 동서와 남북 각각 약 10리에 이른다.[290] 고도는 작고 둘레가 10여 정에 불과하다.[291]

삼도 부근에는 수많은 도서가 흩어져 있지만 삼도는 규모가 크고 배열된 위치가 특이하여 먼 곳에서 바라보아도 쉽게 알아볼 수 있다. 각 섬에 모두 수목이 매우 무성하여 경치[風光]가 좋다.

---

290) 기록에 잘못이 있는 것 같다. 서도의 크기와 비교할 때 동서남북 10리로 보기 어렵다.
291) 현재 고도의 면적은 0.82㎢, 서도의 면적은 7.77㎢, 동도의 면적은 3.43㎢이다.

삼도의 정박지

삼도 사이에 내해는 넓고 수심이 9~15길에 이른다. 큰 함선과 큰 배들이 여러 척 함께 정박할 수 있다. 이곳은 소위 해밀턴항인데 이전에 영국 함대가 점거했던 곳이다. 위치는 동서 항로의 요충지에 자리하고 있고 정박지 또한 앞에서 언급한 바와 같다. 군사상의 가치에 대해서는 세상에서 이미 인정하고 있다.

항의 출입구는 북쪽에 1곳, 남쪽에 2곳이 있다. 북쪽에 있는 곳은 수심이 얕아서 흘수(吃水)가 얕은 배가 아니면 통과하기 어렵지만 남쪽에 있는 2곳은 모두 수심이 깊고 특히 동쪽으로 열린 곳, 즉 동도 및 고도 사이의 수로는 폭이 넓고 수심이 5길 이상 8~9길에 이른다. 이곳을 큰 선박의 통로로 삼는다.

서도의 남단에는 사퇴에 의해서 겨우 이어진 작은 섬이 하나 있는데 별서(別嶼)라고 부르며 섬 안에 우뚝 솟은 봉우리는 해발 637피트이다. 해도에 후수월산(後水越山)[292]이라고 기록하였으며, 남쪽에 등대가 있다. 러일전쟁 당시 일본 대본영에서 건조(建造)한 것이고 이미 제1집에서 상세하게 기록한 것이지만 요지를 다시 기록하면, 등화의 높이는 해면 위로 220피트이고, 광력은 67,000촉광(燭光), 섬광(閃光)[293]은 홍백섬, 광달거리는 22해리이다. 전시 중에 설치된 것으로 항해자에게 큰 도움이 되고 있다.

별서의 북쪽으로 동서 두 섬 사이의 남쪽에 끼어 있는 것이 고도인데 일명, 왜도(倭島)라고 부른다. 영국 함대는 관측소섬[オブセルウェートリー][294]라고 불렀다. 서쪽 끝에 있는 작은 만은 앞쪽이 서도에 의해 병풍처럼 둘러싸여 있을 뿐 아니라 게다가 보호받을 수 있어서 거의 천혜의 부두를 이룬다. 이곳은 영국 함대가 점거했을 때 함선 수리소로 사용했던 곳이고 당시 흔적[遺物]인 한 작은 방파제[波止場]가 남아있는 곳이다. 지금은 일본인이 이 섬에 거주하여 방파제를 이용하여 작은 배를 대는 데 편리함이 적지 않다.

삼도(三島, 거문도)의 조석(潮汐)

일본수로부(日本水路部)에서 간행한 『조선근해수로지(朝鮮近海水路誌)』[295]에서

---

292) 현재 지도에는 수월산(128m)으로 표기되어 있다.
293) 순간적으로 강력하게 번쩍이는 빛을 말한다.
294) 영어로 Observatory Island이다.

해밀턴항[296]의 조석 및 기상에 대해 자세히 설명했는데, 아래에 이 가운데 일부를 발췌해 적었다.

조류 - 해밀턴항(Port Hamilton)에서의 조수는 삭망고조(朔望高潮)[297] 평균 9시간 15분이다. 대조승(大潮升)은 약 10피트[298]이고, 소조승(小潮升)은 약 7피트이다. 조수의 높이[潮升]는 풍향에 의해 증감하며, 편남풍이 불 때는 편북풍이 불 때에 비해 2피트 혹은 3피트 높다. 또한 창조류(漲潮流)[299]는 북쪽으로, 낙조류(落潮流)[300]는 남쪽으로 흐른다. 북쪽 출입구에서는 그 속도가 빠르다.

기상 및 풍향 - 겨울 중에 편북풍이 주로 분다. 연초의 3개월은 공기가 제법 건조하지만, 여름에는 주로 편남풍 또는 편동풍이 불기 때문에 비가 많이 온다. 7월부터 9월 사이에 태풍[颶風]이 불어오는 일이 있다. 그리고 만약 남동쪽에서 태풍이 올 때는 (해밀턴항) 입구의 파도가 높아지고 큰 파도가 항구 안으로 침입한다. 이를 대비하여 묘박(錨泊) 중인 선박은 서서히 동력[汽力]을 사용하여 닻줄[錨鎖]이 팽팽해지는 것을 막아야 한다. 쏙풍은 여름보다 겨울에 많다. 안개는 농상 3월에 발생하여 6~7월에 이르면 가장 잦아진다.

삼도의 마을

마을은 동·서 두 섬에 각각 두 개가 있다. 호구는 최근 조사에 의하면, 각 마을을 합쳐서 513호, 2,229명이다. 주로 어업으로 생계를 영위한다. 어느 마을이나 땔나무가

---

295) 일본 해군성 수로부에서 1894년과 1899년에 간행한 책이다.
296) 영국 수병들이 거문도를 지칭하던 말로, 『조선수로지』에는 파견돈항(波見敦港, ハミルトン)이라 기록되어 있다.
297) 달이 해당 지역의 자오선을 통과한 후에 고조가 일어날 때까지 걸리는 평균 시간을 말한다.
298) 조선수로지에는 10.5피트라고 기록되어 있다.
299) 밀물 중에 그 유속이 가장 빠른 방향의 조류 혹은 저조(low tide)에서 고조(high tide)로 해면이 상승할 때 해안(shore)이나 감조하천(tidal river)의 위 또는 하구(estuary)를 향하여 흐르는 조류이다.
300) 썰물 중에 그 유속이 가장 빠른 방향의 조류 혹은 조에서 저조로 해면이 낮아질 때, 하구로부터 멀어지면서 흐르는 조류이다.

풍부하며, 식수 또한 풍족하기 때문에 모두 수요를 감당할 수 있다. 일본어를 이해하는 자가 적지 않으며, 또한 영어를 하는 자도 있다.[301]

일본인은 모두 고도(古島)에 거주한다. 그 수는 융희 3년(1909년) 6월 말 현재 130명 내외이다. 대다수가 어업 또는 어업과 관계된 사람이며, 일찍이 일본인 모임을 조직하여 자치를 계획하고 있다.

삼도의 교통 및 통신

교통은 부산기선회사(釜山汽船會社)의 종신환(宗信丸)[302], 질자환(蛭子丸)이 월 4~5회 기항한다. 또한 목포-제주 사이를 왕래하는 배와 기타 범선의 기항이 많기 때문에, 이곳의 주민들은 절해(絶海)에 있어도 크게 불편함을 느끼지 않는다. 삼도에서 각 주요 지점 사이의 거리는 대체로 다음과 같다.

기점	종점	해리
삼도	부산	약 120
	마산	약 110
	통영	약 80
	돌산	약 43
	제주(우도)	약 40
	목포	약 85

통신은 고도에 우편소[303]가 있으며, 우편 이외에 전신도 취급한다. 그리고 근해에 나가 고기를 잡는 일본인 어부들이 통신을 위해 일부러 이 섬에 기항하는 경우도 적지 않다. 아마도 이 또한 러일전쟁의 결과 때문일 것이다.

---

301) 이는 1885년 4월부터 1887년 2월까지 영국이 거문도를 점령한, 거문도 사건의 영향이라 볼 수 있다.
302) 1904년에 진수된 목조 화객선(貨客船)이었다.
303) 1907년 4월에 접수사무만 보는 우편취급소와 우편전신취급소를 대체하기 위해 신설되었다(우편취급소와 우편전신취급소는 1910년경에 폐지된다).

삼도의 농산물

농산물[陸産物]은 보리, 조, 피를 주로 한다. 보리는 섬 전체를 통틀어 500석 정도 생산되지만, 원래 주민들의 수요에 미치지 못한다. 때문에 곡물은 청산도 및 흥양에서, 보리는 돌산군 기타 지역에 의지하는 것이 보통이다.

삼도의 어업 상황

해산물은 섬의 위치가 난류의 영향을 많이 받기 때문에 매우 풍부하다. 그리고 이들의 어채물 가운데 주된 것으로는 갈치, 삼치, 고등어, 방어, 멸치, 도미 및 해조와 전복 등인데, 1년간 어획고는 통계가 없다.

그렇지만, 섬 전체를 통틀어 어호가 119호, 436명이고(이상은 군의 보고에 의함) 대부망[大敷]304) 2통, 끌망[引網] 12통, 분입망(焚入網)305) 9통, 정치망[建網] 3통, 주낙어선[繩船] 6척, 외줄낚시선 20척 내외(이상 조사원의 보고)가 있다. 따라서 주민들 생계의 대부분이 수산의 이익에 의한 것임은 상상하고도 남을 것이다.

삼도에 거주하는 일본인들의 어업

(삼도에) 거주하고 있는 일본인들의 어업은 키무라(木村) 아무개[某]가 대부망 2곳, 어선 10여 척, 운반용 범선 2척(1척에 20톤 남짓)을 가지고 어업에 종사하는 것과 부산수산주식회사가 경영하는 대부망 2곳, 평망(坪網)306) 몇 곳 이외에는 특별히 기록할 만한 곳이 아직은 없다. 후자(부산수산주식회사)는 지난 융희 2년(1908년)에 경영에 착수한 것으로, 그해에 8000원 이상의 어획을 이루었다. 더욱이 올해는 작은 집[小舍]을 몇 동 세우고, 20여 톤의 석유발동기선을 준비하여 어획물을 이들의 본거지인 부산

---

304) 정치망의 일종으로 길그물에서 통그물로 유도하는 방식이지만 물고기가 쉽게 도망간다는 단점으로 인해 잘 쓰이지 않는다.
305) 불을 피워서 물고기를 유인하여 잡는 그물로 분기망(焚寄網)과 같은 그물로 추측된다.
306) 해수면에 망을 설치하여 산란이나 먹이 섭취를 위해 연안을 회유하는 물고기를 유인하여 잡는 방법으로, 큰 그물 주변에 고깔모양의 작은 그물이 있다.

으로 운송할 계획이라고 한다.

이들 이외에도 이 섬에는 이번의 어업법 공포[發布]와 더불어 대부망, 방어잡이 건망[鰤建網], 표망(瓢網)307), 평망(坪網), 멸치 분기망[鰮焚寄]의 출원이 매우 많다. 그러므로 장래에 한층 더 발전할 것임에 의심할 여지가 없다. 그리고 이곳 근해에 오는 출어자의 어업은 삼치 유망, 도미낚시[鯛繩], 상어낚시[鱶繩]와 고등어 및 오징어[烏賊]의 외줄낚시 등이다. 매년 봄과 가을 두 계절에 내어자들이 매우 많고, 성어기에 접어들면 집합하는 어선이 100척 이상이다. 이들 1척의 어획량[水揚]이 300원을 내려가지 않는다고 한다. 그러므로 삼도 부근의 어업이 장래성이 있음을 알 수 있다.

제15절 완도군(莞島郡)

개관

경역

조선의 도군(島郡) 중 하나로 해남각(海南角)의 동쪽에 떠 있는 완도(莞島) 및 그 주변에 촘촘히 흩어져 있는 여러 섬들을 아울러 이루어진다. 앞의 예에 따라서 그 경역선을 구획해 보면, 완도의 북쪽 끝을 기점으로 해서 마도해(馬島海)에 떠 있는 여러 섬을 거쳐 강진만구(康津灣口)를 지나서 마도수도(馬島水道)를 통과해 장흥군의 연안을 북쪽으로 거슬러 올라가 득량만(得狼灣)으로 들어간다. 보성군(寶城郡)의 앞쪽을 가로지르는 득량도(得狼島)를 포함하고 남쪽으로 내려가 흥양군 도양면(道陽面) 및 돌산군에 속하는 소록도(小鹿島), 절금도(折金島, 거금도居金島라고도 한다)의 서쪽, 즉 「해도」에서 이른바 금당수도(金堂水道)를 통과해서 약간 동쪽으로 치우친다. 해도에서 필[ピール]군도308)라고 기록된 여러 섬 중 원도(圓島) 및 이산도(爾山島)를 포

---

307) 정치망의 일종으로 그물에 들어온 물고기가 도망가지 못하게 통발을 경사지게 연결된 형태의 그물을 달았다.
308) 일본 해군 해도 「朝鮮南岸及南西岸」에 의하면, 초도(草島)·원도(圓島)·이산도(爾山島, 현재

함하고(이 군도 중 가장 큰 초도(草島)는 돌산군에 속한다) 남서쪽으로 이동한다. 여서
도(餘瑞島), 추자도(楸子島)의 남쪽을 통과해서 그 근해[沖合]에 떠 있는 작은 섬들을
포괄하여 여기서부터 북상해서 해남각(海南角)의 남서쪽에 흩어져 있는, 해도에서 장
군도(長群島) 및 외모군도(外毛群島)라고 기록한 곳의 서쪽을 지나 해남, 진도 사이의
마로해(馬路海)로 들어가 마로도(馬路島)를 포함한다. 이동하여 해남군의 연안을 따
라 간다. 그 부근에 떠 있는 여러 섬을 모두 권내에 수용해서 출발점에 잇는다. 그러면
그 장대한 경역선은 무수한 섬들이 있는 돌산군과 비견할 만하다. 그렇지만 완도군 부
속 섬 중에는 큰 섬이 많아서 총 면적은 약 2,600방리(方里) 남짓이 되어 돌산군을
훨씬 능가한다.

부속 도서

  부속 도서 중 큰 것은 완도의 동쪽에 위치한 고금도(古今島), 신지도(薪智島), 조약
도(助藥島), 금당도(金塘島), 평일도(平日島), 산일도(山日島)와 동남쪽에 위치한
청산도(靑山島), 남쪽에 위치한 소안도(所安島), 노아도(露兒島), 보길도(甫吉島)
세 섬 등이고, 또한 그 외 섬으로 앞에 본 경역선의 권역 바깥에 팔금도(八禽島, 팔금도
는 원래 나주군에 속했던 것이 지도군智島郡이 신설될 당시 본군에 편입되어 나주군
도 중 중 암태도巖泰島, 기좌도箕佐島[309] 사이에 있다)가 있다. 이들 여러 섬에 버금
가고 면적이 있는 것은 추자도(소안도의 서남쪽 앞바다[沖合]에 떠 있다), 횡간도(橫
看島, 노아도의 북쪽에 있다), 대모도(大茅島, 소안도와 청산도의 중간에 있다), 용문
도(龍門島, 항문도港門島라고도 한다. 소안도의 남쪽에 있다), 넙도(苀島, 보길도의
북서쪽에 떠 있다) 등이다. 기타 부속 섬 중 다소 이름 있는 곳을 합산하면 그 수는
60여 개 남짓으로, 여기에 사람이 살지 않는 작은 섬을 추가하면 무려 100개가 넘을
것이다.

  長島)의 여러 섬을 필군도라고 하였다.
309) 원문에는 기좌도의 한자를 其佐島로 기록하였는데 정오표에 따라서 箕佐島로 정정하였다.

호구

완도군 내 호구는 9,643호, 39,449명이다. 이웃한 진도군에 비해 적고 돌산군과 비교하면 많다.

행정구획

행정구획은 총 23면이다. 각 섬 중 큰 것은 1면, 혹은 2개 면으로 하고, 작은 섬은 여러 섬을 묶어서 1개 면으로 만들었다. 면의 구성은 다음과 같다.

군내면	완도 절반	고금농면	고금도 절반	득랑면	득랑도 일원
군외면	완도 절반 및 부근 여러 섬	조약면	조약도 일원	금당면	금당도 일원
고금남면	고금도 절반	신지면	신지도 일원	평일면	평일도 및 부근 여러 섬
생일면	생일도 및 부근 여러 섬	노아동면	노아도 절반	추자하면	하추자도
청산면	청산도 및 부근 여러 섬	노아서면	노아도 절반	어불면	어불도 및 부근 여러 섬
모도면	모도 및 부근 여러 섬	보길면	보길도 일원	마로면	마로도 및 부근 여러 섬
소안동면	소안도 절반	잉도면	잉도 및 부근 여러 섬	팔금면	팔금도 일원
소안서면	소안도 절반	추자상면	상추자도		

장직로(長直路)

정박지 중 유명한 곳으로 장직로(長直路), 소안(小安) 2개 항이 있다. 장직로는 고금, 조약, 신지 세 섬에 의해 이루어진 해협이다. 해협이 넓고 수심이 깊은 것은 돌산군에 속한 삼도내해(三島內海, 해밀턴항)에 비교할 만하지만 부근의 대륙은 산지가 많아서 물산이 풍부하지 않다. 위치도 또한 기선항로와 멀리 떨어져 있으므로 정박지는 양호하지만 이용이 적다. 오직 역사상 이름이 알려진 데에 그친다.(갑오년 청일전쟁 당시 일본 함대의 근거지였다.)

소안항(小安港)

소안항은 노아, 소안, 보길도 세 섬에 의해서 이루어진 내해(內海)이다. 장직로에 비하면 길고 좁다. 또한 배를 매거나 정박하기에 양호하지 않지만 남서 연해 기선항로의 요충지에 위치하기 때문에 피항지로서 가치가 있다.

추자도

그 외에 작은 배의 정박지로 이름난 곳으로 추자도가 있다. 목포, 제주도 사이 항로의 중간에 위치해서 중요한 기항지일 뿐 아니라 게다가 이 섬은 정어리·멸치[鰮], 고등어, 오징어 등의 좋은 어장이므로 봄 여름 교체기에 한일 어선이 많이 모여든다. 어업이 성행하는 것이 삼도와 비교해 손색이 없다.

교통 및 통신

각 섬 중 기선이 기항하는 곳은 완도, 소안도, 추자도라고 한다. 완도는 부산을 기점으로 하는 연안운항선[地廻線], 소안도는 부산을 기점으로 하는 근해운항선[沖廻線], 추자도는 목포를 기점으로 하는 제주선(濟州線)의 기항지라고 한다. 통신은 완도 읍내에 우편소가 있어서 해남읍과 연락한다. 이 읍에 도달하는 발송우편[差立便]은 1개월에 10회, 즉 매 3일째에 도착하는데, 우편선로는 읍내에서 육지행으로 북서쪽에 있는 원동(院洞)에 이르고, 이곳에서 해남군 남창(南倉)으로 도항한다. 본 읍내까지 110리이다. 각 섬에서 집배(集配)는 1개월에 5회로 규정되어 있지만 바람과 파도 등의 피해가 있으면 일정하지 않다.

어업 상황

일본인이 거주하는 곳은 완도읍내 및 소안도(所安島), 항문도(港門島)³¹⁰⁾, 추자도

---

310) 지금의 당사도(唐寺島)로 보길도와 소안도 사이에 있는 섬이다. 항문도(港門島) 이외에도 자지도(者只島, 自只島), 자개도(者開島)라고도 불린다.

(楸子島)311)의 네 섬이다. 그렇지만 봄과 여름의 어기에 접어들면, 각 섬 모두 어선의 기항이 적지 않다. 특히 산일도(山日島)312)는 수년 전부터 작은 집을 지어놓고, 전복과 기타 통조림[罐詰] 제작에 종사하면서 매년 일정기간 거주하는 자가 있다.

완도군의 전역이 도서로 되어 있어도 주민 대부분이 농업에 종사하며(주요 농산물은 보리, 피, 콩이 있으며 쌀의 생산이 적기 때문에 대부분 외부에서 들어오는 것에 의지한다) 어업을 생업으로 하는 자는 많지 않다.

군의 보고에 따르면 각 섬을 통틀어 어민이 724호 2,800여 명으로 집계된다. 그리고 이들의 주된 어채물은 멸치, 고등어, 삼치, 갯장어, 조기, 갈치, 가오리, 민어, 숭어, 도미, 새우, 전복, 해삼[海鼠], 우뭇가사리, 청각채, 김, 미역 등이며, 1년 생산액은 대개 18,500여 원일 것이라고 한다. 예상액에 불과하지만, 너무 적은 감이 있다.

주요 어촌의 개황은 각 섬에 대해 차례대로 서술하겠지만, 여기에서 특별히 기록할 필요가 있는 섬으로는 여서도(余瑞島)313)가 있다. 이 섬은 근해의 해산물이 풍부하지만, 매년 가오리 잡이를 목적으로 멀리 서해의 어청도(於靑島)314) 근해에서 출어하는 자가 많다. 이 어업의 번성함은 조선 전체의 연안 가운데 손꼽을 만하다.

군내면(郡內面)315) · 군외면(郡外面)

군내 · 군외면의 경역

완도를 나눠서 군내(郡內) · 군외(郡外)의 두 면으로 나누고, 또한 그 부근에 떠 있는 작은 섬을 분속(分屬)시켰다. 즉 군내면은 완도의 북동쪽 절반으로 북동쪽의 마도해(馬島海)에 떠 있는 여러 섬을 관할한다. 군외면은 그 서남쪽 절반으로, 서남쪽 바다의 해남각에 이르는 구간에 떠 있는 대·소화도(大·小花島), 백일도(白日

---

311) 1914년에 제주로 편입되었다
312) 지금의 생일도(生日島)이다.
313) 『완도군읍지』에는 여서도(麗瑞島)라고 기록되어 있으며 『해동여지도』에는 여서도(餘鼠島)라고 기록되어 있다.
314) 전북 군산에 속한 섬으로 군산에서 72km 떨어져 있다.
315) 지금의 완도읍이다.

島), 생일도(生日島)³¹⁶⁾ 및 기타 작은 섬을 관할한다. 아래에 일괄하여 개요를 서술한다.

완도(莞島)

완도는 군에서 제일 큰 섬으로 면적은 대략 500방리 남짓³¹⁷⁾이다. 지세는 북방의 일부를 제외하면 산악과 구릉이 이어져 있으며, 가장 높은 곳이 2126피트라고 한다. 삼림이 울창한 것으로 유명하다. 이 삼림은 황실에 소속된 곳으로, 나무가 서있는 곳의 면적은 300방리에 이른다. 이는 팔도의 연안에서 보기 드문 것으로 매우 진귀한 장소이다.

연안

연안은 남쪽 지역에서 다소의 굴곡이 보일 뿐이다. 다른 곳의 해안선은 대체로 직선이고 갯벌이 넓기 때문에 배를 대기에 적당한 곳이 없다. 남쪽 해안에 하나의 만이 있는데, 부흥포(富興浦)³¹⁸⁾라고 한다. 이 섬에서 가장 큰 만이지만 갯벌만이기 때문에 배를 대기에 불편하다.

완도읍

군읍은 섬의 남동단, 신지도(薪智島)와의 해협에 인접한 작은 만 내에 있다. 원래 진(鎭, 수군기지)을 둔 곳으로, 일명 청해(淸海)라고 하는데 아마도 옛이름일 것이다. 앞에 작은 섬이 하나 떠 있는데 이를 왜암(倭巖)³¹⁹⁾이라고 한다. 예전에 일본인이 점령했기 때문에 이러한 지명이 붙었다. 섬에는 수목이 울창하며, 풍경이 빼어나다. 만 내부가 얕지만, 이 작은 섬 부근은 수심이 3길 내외이기 때문에 대부분의 배를

---

316) 백일도와 생일도가 반대에 있다는 점을 감안했을 때, 백일도 옆에 있는 흑일도(黑日島)의 오자(誤字)일 수 있다.

317) 2017년 현재 섬의 면적은 88.57㎢이며, 완도읍과 군외면에 속한 유·무인도서를 포함한 면적은 96.82㎢이다.

318) 완도방조제 조성으로 인해 간척지화 되면서 현재는 포구의 기능을 상실했다.

319) 완도항 앞에 떠 있는 주도(珠島)를 나타낸다. 섬 전체가 난대 원시림이라는 특성을 인정받아 1962년에 천연기념물 제 28호로 지정되었다.

묶기에 지장이 없다. 또한 이곳 앞에 있는 신지도(薪智島)에 의해 보호받기 때문에 풍박(風泊)에 제법 안전하다. 읍하의 호수(戶數)는 130호며, 군아 이외에 우편소 및 재무서(財務署), 경찰관 주재소가 있다. 또한 보통학교와 일어학교가 있다. 일본상인으로 거주하는 자는 겨우 잡화를 취급하는 두 사람이 있을 뿐이다. 이곳에서 강진에 이르는 해로가 15해리, 소안도(所安島)의 맹선리(孟仙里)까지 7해리, 목포까지 53해리이다.

경지

섬 전체의 경지 면적은 대략 816정보라고 한다. 즉 총면적의 1할이 조금 넘는다. 대부분이 밭이며 논이 적기 때문에 쌀[糧米]은 외부에서 들어오는 것에 의지한다.

완도의 수산물과 해조류

연해에 수산이 풍부하지만 주민들은 주로 농사를 영위하기 때문에 어업은 부진하다. 그렇지만 해조류가 풍부해서 생산이 많다. 종류는 김[海苔], 풀가사리[海蘿], 우뭇가사리[石花菜] 등이 있다. 그리고 이들의 발아시기는 대체로 진도와 비교했을 때, 빠르다는 점을 알 수 있다. 즉 풀가사리의 발아기는 10월 중순 또는 11월 상순이며, 채취하는 시기는 이듬해 1월 중순에서 4월에 이른다. ▲ 김의 발아기는 9월과 10월의 교체기이며, 채취하는 시기는 12월 초순부터 이듬해 2월 하순까지, ▲ 우뭇가사리의 발아기는 조사가 이뤄지지 않았지만 채취하는 시기는 2월부터 6~7월 사이라고 한다. ▲ 생산지는 남쪽 바다에 접한 부분이 많고 특히 석장리(石場里), 망리(望里), 정도리(正道里) 등지의 생산액이 많다. ▲ 품질은 풀가사리의 경우에는 부드럽고 연하기 때문에 진도산에 비해 양호하지만, 김은 좋지 않다. 김은 길이 1척, 폭 5~6촌으로 가공하고, 30장을 1묶음[束]이라고 한다. 시세[相場]는 최상품이 20문이며, 점차 가격이 내려가 끝물[末物]은 7문이라고 한다. 이 시기의 제품은 제색과 윤기[色澤]를 잃고, 향과 맛이 모두 좋지 않다.

어류

어류는 조기, 상어 등이 어획되지만 그 양이 많지 않다. 어장은 외해 일대에 14~15길인 곳이며, 어획 시기는 조기가 9~10월, 상어가 2~3월이다.

상어는 점상어[つのじ][320]와 작은 상어로, 1척 2촌~3촌 정도의 크기가 많고, 전어를 미끼로 사용한다. 조기는 갯벌 또는 암초 사이에 숨어 사는 갯지렁이[いそめ]를 미끼로 사용한다. 봄과 여름의 교체기에 일본 어부들이 와서 물고기를 잡는 것이 적지 않다.

소금

섬에서 염업을 영위하는 곳이 두 곳 있다. 한 곳은 군읍의 북쪽 20리에 있는 대야소(大也所)로 군내면에 속한다. 다른 한 곳은 부흥포의 남쪽[321]에 있는 정도리이다. 염전의 면적은 두 곳 모두 크지 않다. 그리고 1년의 생산량을 합쳐서 10만 근에 이르지 못한다. 이 섬에서의 염업은 땔나무의 공급이 부족하지 않기 때문에 진도와 비교했을 때 이익이 많다

고금면(古今面)

고금면 경역

고금도 및 주위의 작은 섬을 합쳐서 면으로 삼았고 남면(南面)과 농면(農面)으로 양분하였다. 다음에 개황을 기술한다.

고금도

고금도는 완도 동쪽에 위치한 큰 섬이며 면적이 200방리 남짓이다. 북쪽은 마도수도(馬島水道)를 사이에 두고 강진군에 속한 대구면(大口面), 동쪽은 조약도(助藥島)와

---

320) 별상어(ほしざめ)라고 불리기도 한다.
321) 원문에는 서쪽이라고 되어 있다.

마주보며, 남쪽은 장직로(長直路) 동항(東港)322)을 사이에 두고 신지도(薪智島)와 서로 마주한다.

지세

섬의 동남부를 제외하면 산악이 연이어 뻗어 있지만 최고 780피트로 일대가 높지 않다. 도처에 소나무, 편백나무[柏], 잡목이 무성하며 또한 완만한 경사지가 많다. 두루 개간되어 경지가 비교적 많다.

고금도 정박지

연안은 대체로 굴곡[屈折]이 적고 동서남의 삼면에 각각 하나의 만입이 있지만 모두 간석만이다. 남쪽에 있는 것이 가장 깊게 만입[凹入]되어 거의 섬의 절반에 이른다. 중앙에 물줄기가 통해서 작은 배가 출입할 수 있다. 고금도와 조약도 사이에 좁고 굴곡이 심한 수로가 있다. 장직로 동항(東港)의 중앙에서 북쪽으로 분기하는 것으로 수심이 7~8길에 이른다. 곳곳에 얕은 여울이 가로놓여 있지만 수심이 3길 이상에 이르러 대부분의 기선이 통과하는 데 지장이 없다. 특히 고금도 동남단에 있는 덕동(德洞)의 앞쪽은 수심이 6~7길이어서 좋은 정박지이다.

고금도 마을 및 호구

섬 내에 마을은 28곳, 호구는 합쳐서 931호, 3,869명이다. 내용은 다음과 같다.

---

322) 고금도 상정리의 갑각을 중심으로 동쪽은 東港, 서쪽은 西港이라고 하는 것 같다.

지명	호수	인구	어호	지명	호수	인구	어호
용초리(龍草里)	12	49	5	내동(內洞)	20	85	-
계동(桂洞)	40	182	3	세동(細洞)	40	210	-
교동(橋洞)	50	187	-	동촌(東村)	10	36	-
덕동(德洞)	60	248	28	청도(靑島)	40	33	3
활동(濶洞)	20	81	2	정동(頂洞)	10	33	2
영부동(永富洞)	30	129	2	장치동(長峙洞)	50	192	7
장중리(長中里)	20	82	-	대곡동(大谷洞)	12	69	-
백령동(白靈洞)	20	86	-	봉암동(鳳岩洞)	20	96	3
대평리(大坪里)	40	162	-	상정동(上亭洞)	70	366	7
신장리(新場里)	20	72	-	농상리(農上里)	60	300	
가구미리(駕九尾里)	60	242	6	중목리(中木里)	40	182	7
수자리(袖子里)	20	87	-	도곡리(道谷里)	70	266	3
척찬리(尺賛里)	20	82	6	장항리(獐項里)	7	27	6
동백정(冬柏亭)	10	42	-	건천리(乾川里)	60	243	-
합계	931	3,869	90				

이와 같이 대개는 농민이며 고기잡이는 부업에 물과하다. 농가에서 누에를 치는 자도 있다. 상기 마을 중에 가장 수산과 관계가 있는 곳은 동남단에 있는 덕동이라고 한다. 앞쪽에 있는 조약도 사이의 해협은 수심이 깊어서 배를 매어놓거나 정박하기 좋은 것은 앞에서 밝힌 것과 같다. 더욱이 작은 배가 연안에 정박해도 안전하다.

고금도의 어업상황

덕동 주민 중에 고기잡이를 전업으로 하는 자가 28호이고, 어획물은 조기, 갈치, 상어, 가오리, 숭어. 농어. 가자미 등이다. 외줄낚시가 많고 또한 수조망을 사용한다. 섬 주변 곳곳이 어장이라고 할 수 있지만 그중에 좋은 곳은 남쪽 일대라고 한다.

또한 연안에 도미 미끼로 좋은 개불[蟶]과 세발낙지[手長蛸]의 생산이 많다. 그러므로 매년 봄 여름 교체기에 구입하기 위해 오는 일본어선이 50척 이상에 이른다. 낙지는 크기[大小]에 따라서 1마리당 가격이 1문에서 5문 정도이다.

김 양식

고금도에서는 김 양식을 한다. 부착은 잘되지만 담수 부족으로 발육이 좋지 않다. 김 제조 종사자가 21호 있고 집집마다 김발장[干簀][323)이 500~600매가 있다. 한 기간의 제조량은 3,400~3,500매 내지 5,000매 이상이고 합쳐서 83,000매에 이른다.

그 밖에 고금면 동쪽에 깊게 들어온 만내에는 염전이 제법 많이 조성[開拓]되어서 1년 제염 생산량은 대략 245,000근에 이른다.

조약면(助藥面)

조약도

조약도를 면으로 삼았다. 조약도는 고금도의 동쪽에 있고 장직로 동항의 북쪽 일부를 이루는 섬이다. 동쪽은 화도수도[花島水道]를 사이에 두고 평일도와 산일도[324)의 두 섬을 바라본다. 북쪽의 장흥군 대흥면과 마주하고 남쪽의 신지도와 마주본다. 면적은 100방리 남짓이다.

연안 일대는 사빈인데 북쪽은 출입이 많지만 동남쪽 연안은 단조[平調]롭다. 서남쪽에 아주 넓은 간석만이 있다. 동남쪽을 혁호두각(革胡頭角)이라고 한다. 신지도의 하명지포(下明地浦)와 서로 마주한다.

산맥은 섬 중앙을 차지하고 있으면서 북동쪽에서 남서쪽으로 달리며 최고 1,307피트에 달하는데 이곳을 망봉(望峰)이라고 한다. 형상이 평평한 산마루[山脊]와 비슷하다. 그 남서쪽인 가장 끝은 즉 혁호두각이라고 한다.

조약도의 마을과 호구

조약도에는 마을이 12곳이 있다. 호구는 합쳐서 414호, 1,756명이며 내용은 다음과 같다.

---

323) 갈대를 여러 가닥으로 줄지어 매거나 만든 김 건조용 발이다.
324) 생일도(生日島)를 말하며 현재는 전남 완도군 금일읍에 속하는 섬이다.

미을명 [洞里別]	호수	인구	마을명	호수	인구	마을명	호수	인구
득동 (得洞)	61	261	천도리 (天道里)	32	127	어두리 (漁頭里)	21	90
우두리 (牛頭里)	11	43	곡가내리 (曲加乃里)	56	197	죽선리 (竹仙里)	11	43
구성리 (九城里)	22	87	신흥리 (新興里)	31	143	천구미리 (泉九味里)	21	83
가내리 (加乃里)	31	140	궁상리 (宮上里)	92	450	당목리 (堂木里)	25	92
합계	414	1,756						

조약도의 어업상황

주민의 생활은 농업 위주이고 어업, 해조류채취[採藻] 및 제염의 경우는 부업에 불과하다. 어업의 종류는 어살, 수조망 및 외줄낚시이며 주요 어획물은 조기, 갈치, 가오리, 감성돔[黑鯛], 민어, 가자미 등이다. 어살은 조약도 내에 모두 합쳐서 22곳[座]이 있다. 설치비는 길이[手先]가 40간(間)인 경우에 30관문 내외이다. 1곳의 1년 수확은 十조불의 크기[大小]와 장소에 따라 일정하지 않지만 대략 150~160관목(貫目)에 불과하다고 한다. 염전은 조약도 북쪽 우두리 등에 있다. 1년 제염 생산량은 대략 4만 근에 이른다.

어두리

앞에서 제시한 마을 가운데 주요 어촌으로 들 수 있는 곳은 어두리(漁頭里)이다. 어두리는 조약도 북쪽의 동쪽 끝에 돌출한 반도의 안쪽에 위치하며 20여 호, 90여 명이 있다. 앞쪽은 수심이 얕지만 어선 출입에는 지장이 없고 배를 매어두기에 편리한 섬 중에 손꼽을 만한 곳이다. 봄·가을 어획기에 들어서면 어선이 한꺼번에 모여드는 자가 많고 때때로 일본 어선도 기항한다. 어업 및 어획물은 앞에서 말한 것과 다르지 않다.

이 지역에 김 양식을 하는 자가 있다. 매년 음력 8월, 9월의 교체기에 대나무를 묶어서 2열 또는 3열로 설치해서 이듬해 봄 2~3월 경에 채취한다. 고금도 덕동의 지선(地先)과 비슷해서 부착은 되지만 발육은 충분하지 않다. 김 양식장은 토지와 마찬가지로 관행상

개인의 소유에 속한다. 1단보[反步]의 가격이 대나무발[簾竹]이 설치된 상태로는 4관 문이고 그냥 장소만이라면 1관문 정도라고 한다. 이곳의 김은 길이가 7촌, 폭 5촌이고 1년 김 생산량은 80관 정도라고 한다.

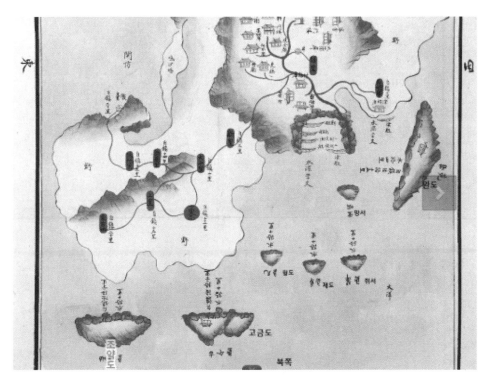

1872년 지방지도(전라도-강진, 규장각 소장)

신지면(薪智面)

신지도(薪智島)로 면을 삼고 여기에 부근의 작은 섬을 부속시켰다.

신지도(薪智島, 신지도)

신지도는 고금도(古今島), 조약도(助藥島) 두 섬의 남쪽에 위치하는데, 동서로 길고 장직로(長直路)의 남쪽을 이룬다. 면적은 100방리(方里) 남짓이다.

연안은 굴곡이 많다. 섬의 동북쪽 끝에 돌출한 각(角)의 남북 양측에는 각각 만입이 있어서 목 형태의 지형[頸地]을 이루고 있다. 북쪽을 하명지포(下明地浦)라 한다. 진흙 바닥으로 수심이 2길 반이지만 저조(低潮)에는 바닥이 드러난다. 남쪽은 군령포(軍令浦)라고 한다. 동남쪽에 면한 곳은 수심 2~4길에 이르고 험한 절벽이 여기저기 드러나[錯出] 있다

장직로(長直路)

동서 2개 항으로 나눈다. 동항(東港)은 동서로 약 6해리, 남북으로 약 1~2해리에 달해, 때때로 풍랑이 일어도 파도가 갑자기 솟구치는 일은 없다. 조류도 또한 급하지 않아서 아주 안전하다. 조류는 삭망고조(朔望高潮)가 9시 57분, 대조승(大潮昇) 11.5 피트, 소조승(小潮昇) 7.5피트이다. 서항(西港)은 남북으로 긴데 약 3.5해리, 동서로는 1.5해리에 달하여 이 곳 또한 배를 대기에 안전하다.

섬의 중앙부에 우뚝 솟은 봉우리를 동봉(東峯)이라고 하는데, 높이 732피트이다. 동쪽으로 달려서 군령포(軍令浦)의 남각(南角)을 이루며 바다 속으로 늘어간다. 이것과 대치하듯이 서쪽에 하나의 봉우리가 있는데, 이를 서봉(西峯)이라고 한다. 높이 1,125피트로 섬 안에서 최고점(最高點)이다. 이곳에는 높은 산악은 없고 일대가 구릉이며 수목이 아주 무성하다. 비교적 완경사지가 많다.

신지도의 마을 및 호구

섬 안에 마을이 12곳, 617호, 2,463명이 있다. 내역은 다음과 같다.

마을[里洞]	호수	인구	마을[里洞]	호수	인구	마을[里洞]	호수	인구
동고리(東古里)	97	450	신기리(新基里)	20	86	송곡리(松谷里)	60	316
양지리(陽旨里)	43	139	금곡리(金谷里)	50	206	신리(新里)	107	432
상리(上里)	50	201	대평리(大平里)	40	160			
가인리(加仁里)	40	156	양천리(陽川里)	40	187	합계	617	2,463
일복동(日復洞)	60	200	강독리(江獨里)	10	30			

섬사람들의 생업

섬사람 대부분은 농업에 종사하고, 어업은 볼만한 것이 없다. 앞에 기록한 마을 중 다소 어업과 관계있는 곳은 군령포 내에 있는 동고리(東古里)라고 한다. 외줄낚시, 수조망(手繰網)을 사용하고, 어획물로 조기, 갈치, 갯장어, 민어, 새우가 있다. 이곳은 땔나무와 식수가 풍부하고, 또 개불이 많이 생산되므로 매년 5~6월 무렵에 이르면 일본 어선이 때때로 기항해 많게는 십 수 척에 달할 때도 있다. 부속 섬 중 동쪽 연안에 줄지어 있는 것은 천공도(穿孔島)[325], 갈마도(渴磨島), 형제도이고, 남동쪽에 있는 것은 달내도(達內島), 모황도(牟黃島)이다. 모두 작은 섬이지만 해조류가 잘 착생하고, 또 연안 바위틈에서 서식하는 어류[磯付魚]가 많다.

득랑면(得狼面)

득랑도(得狼島)로 면을 삼았다.

득랑도(得狼島, 득낭도)

득랑도는 득랑만(得狼灣)의 중앙에 떠 있는 작은 섬인데, 군읍인 완도군과의 거리가 약 27해리로 멀리 떨어진 면[遠隔面] 중 하나이다. 섬은 원형이고 동서, 남북 길이가 거의 같으며 모두 18정(町) 정도에 불과하다. 서북쪽 및 동남쪽에 돌출된 각(角)이 있다. 서북쪽 각에서 동쪽 연안을 지나 서남쪽 끝에 이르는 사이에는 모래사장으로 되어 있어 물이 얕다. 섬의 최고점은 806피트이다. 험준해서 평지나 완경사지는 부족하다. 주민은 40호, 287명이다. 농업과 어업을 겸하여 생계를 영위한다. 어획물은 새우를 주로 하고, 그 외에 조기, 갈치, 가오리, 민어, 숭어 등을 잡는다고 한다.

---

325) 천공도는 전라남도 완도군 신지면 동고리 산7-4번지에 있는 현재의 혈도(穴島)로 추정된다. '구멍섬'이라고도 불린다.

금당면(金塘面)

금당면의 경역

금당도(金塘島) 및 부근에 산재하는 작은 섬을 합해서 면을 이룬다. 부속 섬 중 제법 면적을 가지고 있는 것은 동쪽에 있는 각점도(角占島), 남쪽에 있는 충도(忠島) 및 신도(薪島)라고 한다.

금당도(金塘島, 금당도)

금당도는 '금당도(金堂島)'라고도 쓴다. 득랑만구(得狼灣口)의 중앙에 떠 있으며, 동쪽은 돌산군에 속하는 절금도(折金島, 거금도居金島라고도 한다)와 마주하고, 남쪽은 충도(忠島), 용도(龍島)를 끼고 평일도(平日島)에 잇닿는다. 서쪽은 멀리 조약도와 마주한다. 동서 10리(里) 9정(町), 남북 10리 22정이고, 면적은 100방리(方里) 미만이라고 한다. 연안 북쪽 및 동쪽은 험한 절벽을 이루지만 서쪽은 경사가 다소 완만하다. 북쪽 및 남쪽으로 만입이 있다. 남쪽에 만입된 곳은 넓고 싶다. 서소(低潮) 때에는 바닥이 드러나지만 어선을 대는 데 지장이 없어 이곳을 금당도 유일의 계선지(繫船地)로 삼는다. 섬 안에 소나무, 동백나무[柏][326], 잡목이 곳곳에 무성하게 자란다.

금당도의 마을

마을은 7개가 있는데, 마을 이름 및 호구는 다음과 같다.

마을[里洞]	호수	인구	마을[里洞]	호수	인구
육동(陸洞)	50	230	삼산리(三山里)	41	190
가궁리(駕宮里)	40	177	허월동(許月洞)	19	83
우호리(禹湖里)	40	198	거월리(車月里)	86	425
합계	276	1,303			

---

326) '柏'은 측백·편백·동백 등 다양한 나무에 쓰이는 한자이지만 금당도에는 동백나무숲이 유명한 관광지이므로 '동백나무'로 번역하였다.

섬사람들의 생업

(마을 현황은) 위와 같고, 섬사람들 대부분은 농업을 생업으로 한다. 삼산리 및 거월리에서는 염업(鹽業)을 운영하는 자가 있으며, 1년의 제염량은 삼산리가 약 14만 근(斤) 남짓, 거월리는 8만 6,500여 근으로, 합해서 22만 6,500여 근이라고 한다. 대부분은 목포 지방으로 보낸다[搬出].

금당도의 수산물

어업을 전업으로 하는 자는 매우 적어 섬 전체를 통틀어 겨우 20여 호에 불과하다. 어획물 중 주요한 것은 조기, 새우, 문어[蛸] 등이고, 그 중 새우와 문어[蛸]의 어획이 많다. 새우는 소금에 절이고[醃藏], 문어[蛸]는 건문어로 판매한다. 새우젓은 1사발(沙鉢, 약 1홉)에 30~50문이고, 문어는 크기에 따라 차이가 있지만 대체로 1마리에 20문 정도이다. 조기는 어살[魚箭] 혹은 외줄낚시로, 새우는 대부분 수조망(手繰網)으로 어획한다. 거월리에서 목포에 이르는 해로는 약 70해리, 읍내까지는 약 17해리라고 한다.

평일면(平日面)[327]

경역

금당면(金塘面)의 남쪽에 있는 평일도(平日島) 및 그 부근에 있는 도서를 합쳐서 평일면으로 삼았다. 평일면에 속해 있는 도서 가운데 평일도의 동남쪽에 인접한 것이 소랑도(小浪島)[328]이고, 동쪽으로 차례대로 다랑도(多浪島)[329], 가마도(加馬島)[330], 섭도(攝島)와 기타 작은 섬들이 나란히 서있다. 다만 가마도는 북쪽에, 섭도는

---

327) 지금의 금일읍으로 1896년부터 1914년까지 있었다. 1914년 행정구역 개편 당시 인근의 평일면·생일면·금당면의 3개 면을 합쳐 금당의 '금' 자와 생일과 평일의 '일' 자를 따와 금일면(金日面)으로 통합 개칭하였다. 1980년에 금일읍으로 승격된 이후 1986년에 금당면이, 1989년엔 생일면이 분리되었다.
328) 현재는 소랑대교를 통해 평일도와 연결되어 있다.
329) 소랑도와의 사이에 소다랑도(小多浪島)가 있다.
330) 「조선5만분1지형도」지도에는 부도(釜島)라고 되어 있다.

남쪽에 나란히 떠 있으며, 이들 사이의 거리는 0.5해리가 되지 않는다. 섭도는 등대의 건설이 예정된 곳으로 등대의 건설이 완성되는 날에는 항해자에게 이로움이 많아질 것이다. 평일면의 호구는 625호, 2,785명[331] 이다. 아래에 평일도 및 그 부근의 개황을 서술하고자 한다.

평일도

평일도는 금당도(金塘島)의 남쪽, 조약도(助藥島)의 동쪽에 떠 있는 큰 섬으로 동서가 20리 27정, 남북이 20리이며 면적이 100방리 남짓이다. 섬 안에는 산줄기가 이어진 곳이 적고, 가장 높은 곳은 777피트로 섬의 중앙에 좁아지는 지점에 솟아있다. 다른 곳은 대개 구릉지로 일대에 경사지가 넓으며 경작지가 많다.

연안은 굴절이 심하며 갑각이 돌출[斗出]된 곳이 매우 많다. 동시에 만의 형태를 이룬 곳이 많다. 그렇지만 모두 갯벌만이기 때문에, 배를 대기에 적당한 곳이 없다. 다만 염전을 개발하기에 적합한 곳이 많으며, 실제로 남북 양쪽에 다소의 염전이 보인다.

이 섬의 서쪽과 소약노 사이의 해협은 「해노」에 화노수노(化島水道)라고 되어 있으며, 가장 가까운 곳의 거리가 약 2해리이다. 이 수도는 남쪽에서 득랑만(得狼灣)으로 들어가는 주된 물길[本水路]로, 북수도(北水道)의 중앙에 화도(花島)[332]가 떠 있고, 북쪽에 있는 금당도의 서쪽[333]에 칠기도(七器島)[334]가 있다. 이 섬 주변에는 바위섬[巖嶼]이 점점이 넓게 분포되어 있어 물길 가운데 있는 장애물이다. 「해도」에는 전자인 화도 주변을 남점열도(南點列島), 후자인 칠기도 부근을 북점열도(北點列島)라고 기록했다.

평일도의 마을과 수산물

섬 내의 마을은 감목(甘木)[335], 월송(月松), 동면(東面), 일정(日亭)[336], 도장(都

---

331) 2015년 기준으로 2051가구 3947명이다.
332) 대화도, 중화도, 소화도의 세 섬이다.
333) 정확히는 금당도의 남서쪽에 위치하고 있다.
334) 소칠기도, 대칠기도, 중칠기도의 순서로 되어 있다.

庄)337), 구두(龜頭)의 6곳이다. 주민은 농사를 주로 하며, 어업을 생업으로 삼는 자는 극히 드물다. 섬 전체를 합쳐서 어선이 25척 있다. 어채물은 조기, 삼치, 가오리, 갯장어, 서대, 도미, 전복, 우뭇가사리, 풀가사리, 김 등이 있지만 생산량이 많지 않다. 이 섬의 연간 소금 생산량은 약 17만 근 정도이다.

감목리(甘木里)

감목리는 섬의 남쪽에 위치하며 생일도(生日島)와 마주하고 있다. (감목리) 앞바다는 수심이 얕기 때문에 선박이 출입하거나 정박하기에 불편하지만, 이곳 앞에 두세 개의 작은 섬338)이 떠 있어서 파도가 매우 잔잔하다. 바닥이 모래진흙으로 되어 있으나, 앞바다[沖合]에 이르면서 모래와 자갈로 변한다.

연안 지선[地先]에 대나무를 꽂아서 김 양식을 영위하는데, 그 구역이 대략 5천 평 남짓이다. 김발[粗朶]의 높이는 7~8척 정도이며 1평에 약 50개씩 포물선 형태로 여러 줄을 나란히 세운다. 매년 음력 9월 초순에 심고, 이듬해 봄 정월 하순에 채취한다.

이곳은 섬 제일의 어촌으로 김 양식 이외에도 정치망과 주낙을 사용하여 조기, 가자미, 삼치, 갯장어 등을 어획한다. 매년 봄·여름의 환절기에 일본인 통어자의 잠수기선(潛水器船) 및 도미주낙, 삼치 유망 어선의 기항이 적지 않다.

생일면(生日面)

경역

평일면의 서남쪽에 떠 있는 생일도(生日島)와 동남쪽에 펼쳐져 있는 원생도(圓生島), 장구도(長口島), 가우도(加牛島)339), 갈구도(渴九島), 매물도(每勿島)340), 황

---

335) 상화전리, 하화전리와 같이 법정리인 화목리를 구성하고 있으며, 금일읍의 중심지이다.
336) 평일도의 최서단에 위치하고 있으며 북쪽에 칠기도가 있다.
337) 「조선5만분1지형도」에는 도장(都莊)이라고 되어 있다.
338) 대굴도, 소굴도를 지칭한다.
339) 「조선5만분1지형도」에는 덕우도(德牛島)라고 되어 있다.
340) 「조선5만분1지형도」에는 매물도(每物島)라고 되어 있다.

제도(黃堤島)341) 및 기타 작은 섬을 합쳐서 면으로 삼았다. 이와 같은 작은 도서 가운데 다소 큰 섬은 가우도이고 가장 높은 곳은 갈구도로 해발 556피트이다. 생일면의 호구는 274호 인구는 1,242명이다.342) 아래에 생일도와 그 근해의 개황을 기록한다.

생일도

생일도는 마도(馬島)라고도 불린다. 해도에는 이곳을 산일도(山日島)라고 기록했으며, 일본인 어부들은 장도(樟島)라고 부른다. 조약도에서 남동쪽으로 약 2해리, 평일도의 남쪽 수로를 사이에 두고 가로놓여 있다. 동서가 10리 14정, 남북이 10리 15정이고 면적은 100방리에 이르지 못한다.

가장 높은 봉우리는 서쪽 중앙에 있는데, 높이가 1,590피트에 이르고 산등성이가 제법 편평하다. 이에 버금가는 곳은 남쪽 끝에 있으며, 그 높이는 1,134피트이다. 해상에서 이를 바라보면 마치 두 개의 젖가슴과도 같은 모습이기 때문에, 남서 연해의 여러 섬 가운데 가장 두드러지는 곳 가운데 하나라고 한다. 이곳 이외에도 산맥이 종횡하여 서로 이어서 있지만 내부분이 구릉이기 때문에 높고 험하지 않다. 중앙에 이르면 송백이 매우 무성하다.

이와 같이 섬 내에 산악과 구릉이 겹겹이 이어져 있지만 주민들은 농경에 힘써, 산중턱까지 경작지를 개간한 곳이 적지 않다.

생일도의 마을

섬 내의 마을은 서성(西城), 금곡(金谷)343), 용출(龍出)344), 유보(柳甫), 굴전(屈前) 5곳이 있다. (이곳의) 호구는 생일면의 대부분을 차지한다. 주민 대부분이 농업을 영위하며, 어업을 생업으로 하는 자는 적다.

---

341) 「조선5만분1지형도」지도에는 황제도(皇帝島)라고 되어 있다.
342) 2015년 기준으로 467가구 864명이다.
343) 생일도의 서남쪽에 있다.
344) 굴전리와 같이 법정리인 봉선리를 구성하고 있다.

서성리(西城里)

서성리는 생일도의 북쪽에 있으며, 평일도와 마주보고 있다. 이곳 앞바다는 수심이 깊지 않지만, 만입이 7백간 남짓에 이른다. 또한 구릉이 둘러싸고 있어서 각종 바람으로부터 보호받을 수 있기 때문에 어선을 대기에 안전하다. 생일도에서 가장 큰 마을이다. 또한 이 지방에서 중요한 어항(漁港)이다. 호(戶)수는 50호 남짓이며, 인구는 200명 남짓이다.

마을 사람[里人]들의 생업은 농업과 상업이 거의 반반이고, 어업만으로 생업을 하는 자는 몇 호에 불과하지만 어선이 15척 있으며, 자망(刺網) 또는 주낙을 사용하는 자도 있다.

어채물은 조기, 갈치, 상어, 도미, 삼치, 문어, 미역, 김, 우뭇가사리 등이며, 풀가사리는 관행상 섬 주민들이 공동으로 채취한다. 또한 면장의 감독 하에 전부를 판매하고, 대금을 공금으로 사용한다.

생일도의 통조림업

생일도에서 부산에 살고 있는 일본인 서방첨태랑(緒方鍬太郎)이 건물을 지어 매년 봄여름 교체기에 와서 전복과 기타 통조림업을 한다. 처음 생일도에 온 때는 지금부터 15~16년 전이다. 최근 한 어획기에 제조량은 50~80상자[函]에 달한다고 한다. 이 밖에 매년 봄여름 교체기에 일본 통어자의 잠수기선 또는 도미 낚시, 삼치 유망어선 24~25척 내지 30척 정도가 와서 근거지로 삼는다.

생일도에는 땔나무가 풍부하고 식수도 넉넉하다. 농산물도 또한 도민의 수요에 부족함이 없다고 한다. 수입품은 질그릇[陶器], 사기그릇[磁器], 쇠그릇[鐵器], 무명[綿布], 석유, 성냥[燐寸] 등이고 대부분을 목포에 의지한다. 생일도에 서당[書房]이 있는데 각운재(角雲齋)345)라고 한다. 생일면의 유일한 교육기관이며 학생이 십수 명 있다.

생일도 부근에 산재한 작은 섬에 대해서는 조사가 아직 끝나지 않았다. 「수로지」 또는 「해도」에 의해서 연해의 상황을 기록한다.

---

345) 원문에는 각운제(角雲齊)로 되어 있지만, 齋가 집이라는 의미가 있어서 수정했다.

원생도(圓生島)

원생도는 「해도」에서 원우도(圓牛島)346)라고 기록하였다. 생일도의 남쪽에 있으며 높이 248피트이다. 북서각(北西角) 부근은 기슭에서 2케이블[鏈] 거리까지는 큰 배의 통항은 위험하다. 또한 남동쪽에서 2케이블 되는 곳에 검은 바위가 있고 그 사이에 얕은 여울이 넓게 이어져 있다. 남서쪽에 이르면 썰물[低潮]에 7피트 간출(干出)하는 암초가 있다.

장구도(長口島)

장구도는 원생도의 남쪽 약 7.5케이블 거리에 있고 높이가 174피트인 작은 섬이다.

가우도(加牛島)347)

가우도는 원생도의 남쪽 1.5해리에 있다. 섬의 형태가 남북으로 길고 동남쪽 연안(東南岸)에 한 암초가 있다. 정상의 높이[高頂]가 449피트이고 동쪽과 서쪽에서 바라보면 2개의 뚜렷한 봉우리를 볼 수 있다.

갈구도(渴九島)348)

갈구도는 가장 높은 곳이 556피트이다.

매물도(每勿島)

매물도는 463피트이다. 가우도의 남쪽에 있고 서로 나란히 하여 그 형상이 서로 닮았다.349) 모두 수목이 무성하여 멀리서 바라보면 부근의 여러 섬들에 비해 짙은 흑색을 띤다. 남동쪽으로 작은 섬들이 많고 높은 바위가 있다.

---

346) 현재 생일도의 남쪽에 소덕우도가 있다. 당시 「해도」에는 원우도의 한자표기는 円牛島로 되어 있다.
347) 현재 덕우도로 추정된다.
348) 현재 구도로 추정된다
349) 매물도는 가우도(現在 덕우도)의 남서쪽에 있고 서로 형상도 닮지 않았다.

황제도(黃堤島)

황제도의 높은 봉우리는 244피트이다. 갈구도의 남동쪽에 있고 주위에 수심이 15~18길에 달한다. 동쪽 연안(東岸)에는 어선이 정박할 수 있는 항이 있다. 황제도 주변에는 여러 개[數箇]의 외딴섬[離島]과 노암(露岩)[350]이 흩어져 있다.

청산면(靑山面)

경역

청산도와 부속도서를 면으로 삼았다. 부속도서 중에 동쪽에 있는 것을 정도(頂島)라고 하고, 서쪽에 세 섬이 나란히 줄지어 있는 것은 장도(長島), 지초도(芝草島), 두억도(斗億島)라고 한다. 청산면의 호구는 969호, 3,266명이다.

청산도(靑山島)

청산도는 완도의 동남쪽 앞바다, 즉 대모도(大茅島)의 동쪽 약 4.5해리에 위치한다. 동서가 10리 29정, 남북이 10리 32정 정도이고 면적은 약 250방리이다. 전라도 연해의 여러 섬 중에 가장 높은 봉우리가 있는 섬이며 동남쪽 기슭에 우뚝 솟은 보적산(寶積山)의 경우에는 해발 4,400피트[351]에 그 밖에 1,000피트 이상의 높은 봉우리가 3곳이 있다. 섬은 이와 같이 높은 산이 많고 더욱이 수목이 매우 무성하여 멀리서 보면 짙은 흑색을 띤다.

하류가 몇 줄기 있는데 어느 곳이나 맑은 물이 세차게 흐르며 사철 멈추지 않는다. 이 중에 제법 큰 하류가 두 줄기 있는데 모두 중앙의 산골짜기에서 발원한다. 한 줄기는 북동만(北東灣)으로, 한 줄기는 남만(南灣)으로 흘러 들어간다.

청산도 일대는 거의 산악이 차지하고 있어서 평지는 매우 협소하지만 물대기[灌水]

---

350) 수면 위로 노출된 바위를 말한다.
351) 현재 청산도 보적산의 높이는 330m(1,082ft)인데 아마 잘못 기재한 것 같다.

가 편리해서 계곡의 경사지는 모두 개간되어 남아 있는 땅이 없다. 경작지는 겨우 논이 10정 남짓, 밭이 27정 남짓이지만 완도군 내에서 쌀 품질이 좋은 것으로 유명하다.

청산도의 마을과 호구

청산도의 마을과 호구 등은 다음과 같다.

마을[里洞]	호수(戶數)	인구(人口)	마을[里洞]	호수(戶數)	인구(人口)
도청리(道淸里)	100	370	신흥리(新興里)	50	199
상승리(上勝里)	60	250	동리(東里)	30	113
신등리(新登里)	30	101	동촌(東村)	60	211
해의리(海衣里)	10	33	당리(堂里)	60	245
중오리(中奧里)	40	140	후흥리(後興里)	60	270
복유리(福有里)	20	82	소공리(小空里)	20	86
국화리(菊花里)	20	77	구리(龜里)	90	355
도락리(道樂里)	60	264	청계리(淸溪里)	80	366
진산리(珍山里)	30	123	지리(池里)	80	331
합계	900	3,616			

수산물 및 어업

청산도 근해에서 생산하는 중요 수산물은 삼치, 도미, 정어리・멸치[鰮], 고등어, 조기, 갈치, 민어, 상어, 가오리, 전복[鮑], 문어[蛸], 해삼, 풀가사리, 김, 우뭇가사리, 미역 등이고, 청산도 주민의 어채물은 멸치, 고등어, 문어 및 풀가사리, 김, 미역 등이다.

삼치, 도미, 전복, 해삼, 우뭇가사리 등은 주로 일본 통어자들에 의해서 어획되며 매년 봄・여름 철에 내어하는 어선이 50~60척에 이른다. 요즘은 출어자 중에서 매년 청산도에 와서 표망(瓢網)을 사용하여 정어리・멸치 어업에 종사하는 자가 있다. 완도군의 보고에 의하면 도민 중에 고기잡이를 전업으로 하는 자가 177호, 509명이다.

1년 어획금액은 어림잡아 8,200원(圓) 남짓이라고 하지만 이 추정[槪算]은 매우 적어서 잘못된 것으로 짐작된다.

청산도의 정박지

청산도의 동북쪽에 만이 있는 데 수심은 얕지만 어선이 들어오는 데는 지장이 없다. 만은 구릉으로 둘러싸여 있어서 사방의 풍랑을 피할 수 있다. 매년 봄·여름 철에 내외의 어선들이 한꺼번에 모여드는 경우가 많다.

신흥리(新興里)

만의 서쪽 안에 신흥리라는 마을이 있다. 주민은 외줄낚시 또는 건망(建網)을 사용하여 조기, 상어, 가오리 등을 어획한다. 성어기는 대개 봄 음력 4월 경이다. 외줄낚시에 사용되는 미끼는 개불, 갯강구[船蟲], 볼락 등인데 이것들은 손쉽게 얻을 수 있다.

청계리(淸溪里)

남쪽에 하나의 만이 있는데 동북서(東北西)의 풍랑을 막아준다. 수심은 8~9길이며 진흙바닥이다. 큰 배를 4~5척 매어놓을 수 있다. 만안에 마을이 있는데 청계리라고 한다. 호구는 앞에서 밝힌 바이고 신흥리에 비해서 훨씬 많다. 마을 중앙을 흐르는 작은 하천이 하나 있는데 물이 맑고 수질도 좋아서 식수로 공급할 수 있다. 청산도 주민의 생필품[生活物資]은 대부분을 목포에 의지하며 목포까지 약 60해리, 군읍까지는 9.5해리라고 한다

모도면(茅島面)

대모도(大茅島)와 소모도(小茅島) 및 부근의 작은 섬을 합해서 면으로 삼았다. 최근의 조사에 의하면, 모도면 내 호구는 149호, 479명이다. 아래에 두 섬의 개황을 서술한다.

대모도(大茅島, 디모도)

대모도는 청산도(靑山島)와 소안도(所安島)의 중간에 위치하며 완도(莞島)의 남쪽 6해리에 있다. 동서로 18정(町), 남북으로 10리(里)이고, 면적은 50방리(方里)가 채 안 된다. 남북으로 연이어 있으며, 최고점은 790피트에 달하는데 이를 대상산(大上山)

이라고 한다. 산 정상은 톱날[鋸齒] 모양을 이루고 있어 두드러져 보인다. 남부 일대는 아주 험준하지만 다른 곳은 대체로 경사가 완만하다.

동리(東里)

마을은 동서 양측에 각각 하나씩 있다. 동쪽에 있는 것은 동리(東里)라고 하고, 인가 48호, 153명, 어호 26호가 있다.

서리(西里)

서쪽에 있는 곳은 서리(西里)라고 하며, 인가 59호, 198명, 어호 29호가 있다. 모두 어업을 주로 하지만 농업에도 매우 힘써 논 20마지기[斗落]352), 밭 80마지기가 있으며, 섬 전체에 개간할 만한 땅은 없다.

대모도 및 부근의 어업

수산물은 조기, 갈치, 노미, 가오리, 선어[鰰], 상어, 민어, 볼락[日張] 등이 주요하고, 어장은 주변 및 앞바다[沖合] 5~6해리 사이라고 한다. 두 마을 모두 통틀어 어선 11척, 건망(建網) 25통이 있다. 건망은 일정한 장소에 정치(定置)해 두지 않고 섬 주변 암초가 많은 앞바다[沖合] 모래사장을 택해 밤 사이에 어망을 설치해두었다가 다음날 아침에 끌어 올린다. 그리고 어선 1척에 7~8명이 타며 어망 6~7장(張)을 사용한다. 건망으로 어획하는 것은 작은 상어[小鰐], 민어, 가오리, 볼락 등이다. 기타 어류는 대부분 외줄낚시를 사용하고, 어장은 섬 앞바다 2~3해리 사이라고 한다. 미끼는 갯강구[船虫], 작은 멸치, 낙지, 개불 등인데 섬 주변에서 그것을 구하기 쉽다. 어획물은 대부분 건제(乾製)해서 완도, 고금도, 혹은 목포 부근에서 오는 출매선(出買船)에 팔거나 일용품과 교환한다. 표준 가격은 대개 다음과 같다.

---

352) 논밭 넓이의 단위를 이르는 말. '마지기'의 이두식 한자어로, 한 말의 씨앗을 뿌릴 만한 넓이를 말하며, 대개 논은 150~300평, 밭은 100평 정도에 해당한다.

말린 가오리		25문文	생대구어	길이 3척 정도인 것	30문
말린 상어	길이 3척 5촌 정도인 것	50문	말린[干揚] 우뭇가사리	1사발(1되[升] 정도)	30문
말린 조기	길이 7,8촌 정도인 것	18문	말린[干揚] 미역	1파(7매를 1파로 한 것)	10문

일본 통어자는 잠수기선 및 도미 승망(繩網), 삼치유망 어선 등 각 12~13척 정도가 내어하는 데 그친다. 계절은 매년 5~7월 무렵이라고 한다.

소모도(小茅島, 소모도)

소모도는 대모도의 북쪽 약 1해리에 있다. 섬의 최고점은 동쪽 연안에서는 403피트에 불과하다. 연해는 저조(低潮) 때에 물 밖으로 드러나는 암초가 많다. 특히 남서쪽에는 0.5해리까지 길게 이어진 것이 있다. 그래서 대모도와 소모도 사이의 해협을 통과하려는 경우에는 주의를 기울여야 한다. 마을이 하나 있는데 섬 이름과 동일하게 소모리(小茅里)라고 한다. 호수는 25호, 인구 93명이다. 섬 주민은 농업을 주로 하는 자가 절반이고, 상업을 겸하는 자가 있다. 어업을 생업으로 하는 자는 9호이고, 어획물의 종류는 대모도와 다르지 않다.

소안면(所安面)

소안도(小安島)를 면으로 삼는다. 남서 2개 면으로 나누어지는데 서면(西面)에는 구도(鳩島), 소구도(小鳩島, 소안도의 북서쪽에 있다) 등이 속해 있다.

소안도(小安島, 소안도), 소진리(小珍里)

소안도는 완도의 남쪽에 떠 있다. 동서로 10리 9정, 남북으로 20리 16정이고 면적은 약 200방리이다. 좁은 목 형상의 지역에 의해서 남북 두 부분으로 나누어진다. 북부는 면적이 작고 동서로 넓고 길다. 동쪽 가에 높이 1,116피트에 달하는 봉우리가 있다. 이를 청변봉(淸邊峯)이라고 하는데 북부에서 최고점이라고 한다. 청변봉의 동쪽 끝을 청변각(淸邊角)이라고 하는데 절벽이 매우 험하다. 북각은 '금천녀(クムチヨンニヨ)'

라고 하는데 이곳 역시 매우 험한 절벽을 이룬다. 그 북쪽 1해리에 외로이 떠 있는 바위가 있는데,「해도(海圖)」에서는 이것을 은서(隱嶼)라고 했다. 고조(高潮)일 때는 잠긴다. 이 섬은 소안도항 북쪽 입구 바깥 중앙에 위치하므로 밤에 다닐 때는 더욱 경계해야 한다.

은서와 남쪽 노아도(露兒島)의 동각(東角) 사이에 떠 있는 작은 섬은 구도(鳩島)이다. 남부는 남북으로 길고 최고점은 북쪽의 동변(東邊)에 있으며 높이 1,204피트이다. 이것을 가학령(駕鶴嶺)이라고 한다. 청변만(淸邊灣)을 사이에 두고 청변봉과 서로 마주한다. 최남단을 거망치각(擧網峙角)이라고 한다. 그 남쪽에 북동쪽을 향해서 요입한 만이 있는데 소진리포(小珍里浦)이다. 조류가 약하고, 그 중앙부는 4길이다. 진흙 바닥으로 닻을 내리는 것이 다소 가능하다. 그 만 안쪽 동쪽에 소진리(小珍里)가 있고, 또 만 안에 진산리(珍山里)가 있는데 모두 어선을 댈 수 있다.

소안도의 마을

(소안도의) 마을은 북부에 있는 월앙리(月項里), 북암리(北岩里), 이남리(梨南里), 이목리(梨木里), 비자동(榧子洞)의 5마을과 남부에 있는 관청리(官廳里), 미라진(美羅津), 예하리(曳下里), 소진리(小珍里), 동진산리(東珍山里), 서진산리(西珍山里), 맹선리(孟仙里)의 7마을을 합쳐 12개가 있다.353) 호구는 섬 전체를 합쳐서 723호, 인구는 3,238명이다. 이들의 생업은 농업을 주로 하며 어업을 영위하는 자는 겨우 30호, 120명에 불과하다. 어채물은 풀가사리가 주를 이루며, 연간생산액이 약 5만 근에 달한다.

---

353) 원문에는 북부에 5개 마을, 남부에 7개 마을 합계 12개 마을로 기록되어 있다.

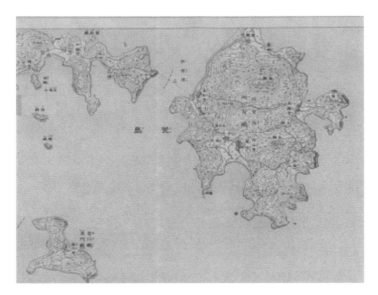

소안도 남부 (「조선5만분1지형도」)

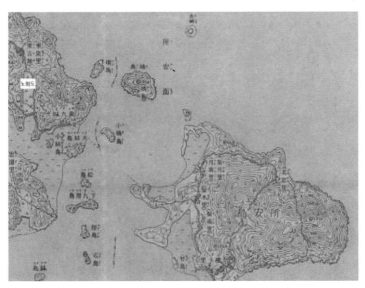

소안도 북부 (「조선5만분1지형도」)

맹선리(孟仙里)

맹선리는 소안서면에 속하고 소안항 남쪽 출입구 안쪽의 동측에 위치한다. 이곳의 남쪽에 돌출한 돈암각(敦岩角)은 보길도(甫吉島)의 사암각(射岩角)과 서로 마주보면서 소안항의 남쪽 입구를 에워싼다.

그 전면은 소안항의 남쪽 묘박지로 연안을 순환하는 선박이 기항하며 때때로 기선이 피박하는 경우가 있다. 해변은 모래와 자갈로 되어 있으며, 먼 곳까지 물이 얕지만 장애가 되지 않는다.

인가는 산록의 경사지에 있고 해변은 방풍림이 에워싸고 있다. 호수는 60호, 인구는 300명이다. 평지가 협소하고 경지가 적어서 농산물이 빈약하다. 여름철에는 근해에서 상어와 갈치 등을 잡는다.

정주 일본인 어부의 마른 전복[明鮑]과 해삼 제조업

이곳의 해변에는 일본 어업자가 2호 있다. 하나는 죽내웅길(竹内熊吉)이고 다른 하나는 죽내택조(竹内宅造)라고 한다. 이들은 모두 삼수기 어업을 영위하며 마른 전복과 해삼의 제조에 종사한다. 죽내웅길이 처음으로 이 섬에 근거를 잡은 것은 지금으로부터 20년 전, 즉 명치 22년(1889년) 4월 경이다. 그 해 12월까지 이 섬에 머물렀지만, 이듬해 봄에 제주도로 옮겼다. 명치 26년(1893)에 이르러 다시 이 섬으로 근거를 옮겼다. 이때부터 이어져서 오늘날에 이른다.

어장은 전라도 및 경상도 연안으로 계절에 따라 각 지역을 다니면서 물고기를 잡는다. 여름에는 전복, 겨울에는 해삼의 어획이 많다. 죽내웅길이 말한 내용에 의하면 작년쯤에 기계 9대를 가지고 작업했지만 융희 3년 현재 6대로 줄였다고 한다. 이는 어획량이 감소하였기 때문일 것이다.

재작년인 융희 원년에 두 조의 제품 생산액은 마른 전복이 대략 1만 3천근(죽내웅길 약 8천근, 죽내택조 약 5천근), 해삼이 2만근(죽내웅길 1만 2천근, 죽내택조 7천근) 정도라고 한다.

잠수기선 1척의 승선 인원은 8명이고, 이 가운데 잠수부[潛夫]가 1명이다. 대부분이 나가사키 지방에서 고용되어 왔다. 잠부의 1개월 급료는 일반적으로 20원이고 많게는 30원이라고 한다. 수부(水夫)는 1개월 급료가 5~6원이고, 식사와 더불어 어획물 4말통[斗樽] 1개당 어획물의 비례에 따라 약간의 추가 수당[步合金]을 받는다. 때때로 지역 주민을 수부로 고용하는 경우가 있다. 이때의 급료는 2관에서 2관 5백문 정도라고 한다. 이와 같이 잠수기선 1척이 한 달에 필요로 하는 비용은 약 140~150원 이라고 한다.

전복의 종류는 말전복(むくろがい) 및 가막전복(めだかがい) 두 종류가 있으나, 소안도 및 완도 부근에서는 가막전복이 많다. 어장이 먼 경우에는 염장을 하여 소안도로 운송해 온다. 이곳 부근의 전복은 생복 1관목(貫目)을 가공하면 말린 전복 90몬메[匁]를 얻을 수 있다고 한다.

전복껍질[介殼]은 몇 년 전까지 오사카로 운송하여 100근에 4원 50전에 거래가 되었으나, 작년에 가격이 내려가 1원 50전 정도에 지나지 않아 운송하지 않는다. 해삼은 로구도(ログード)354)로 착색한다. 4말통 1통에 생물 130근이 들어가는데, 제품으로 가공하면 14~15근이 된다고 한다.

진산리(珍山里)

진산리는 맹선리의 남쪽 20정, 소진리포 안의 북쪽 연안에 있다. 동서로 나뉜 호구는 합쳐서 44호 142명이다. 농업을 생업으로 삼고 있으며, 쌀과 보리가 생산된다. 식수가 충분하며 땔나무 또한 부족하지 않다.

어업을 생업으로 하는 곳이 몇 호 있으며, 어선이 3척 있다. 어장은 소안도 외해 일대로 7~8월 경에 상어를 낚시로 잡는다. 상어의 미끼는 조기를 사용한다. 조기를 낚시로 잡을 때는 미꾸라지를 사용한다.

어선 1척에 5~6명이 타는 것이 일반적이다. 만약 5명이 승선한 경우에는 어획물을 6등분하여 그 한 몫[一步]을 용선료[船賃]로 한다. 낚시도구, 미끼 및 식료 등은 각자 준비한다. 또한 여름에는 삼치 낚시를 위해 추자도 근해에 출어하는 경우가 있다. 풀가사리의 생산이 많아 연간 생산이 1만근을 넘는다. 김의 생산은 많지 않다.

---

354) 당시에 사용하던 식물성 염료의 이름이다.

노아면(露兒面)

노아도(露兒島)를 면으로 삼았는데, 다시 동서 두 개의 면으로 나눴으며, 소속 도서는 7개이다. 동북쪽 연안에 있는 것은 장구도(長鳩島)이고, 동쪽 연안에 있는 것은 장구룡도(長龜龍島)·석도(石島), 남쪽 연안에 있는 것이 용구도(龍龜島)·저도(猪島), 서쪽 연안에 있는 것이 송도(松島)·노록도(老鹿島)이다. 호구는 706호, 2663명이다. 아래에 노아도 및 부근의 개황을 기록한다.

노아도

노아도(露兒島)는 노화도(露花島)라고도 하며, 소안도의 서쪽 보길도의 북쪽에 있으며, 동서남북이 거의 같아서 각 10리 20정이며, 면적은 150방리 남짓이다. 섬의 북쪽은 사빈 또는 험한 절벽이고 제법 물이 깊지만 적당한 계선지는 없다. 그 전면 3케이블 되는 곳에 횡간도가 떠 있고 좁은 물길이 있다. 이 물길의 동쪽 입구에 장구도가 떠 있다. 그때시 해도에서는 이 물길을 장구수도(長鳩小道)라고 기록하였다. 그 중잉의 수심은 3~4길 내지 16~17길이다.

동남쪽에 2개의 깊은 만이 있는데, 그 북동쪽에 있는 것을 석중리포(石中里浦)라고 하며, 남서쪽에 있는 것은 도청리포(都廳里浦)라고 한다. 후자는 전자에 비하여 아주 크다. 모두 주변에 갯벌이 펼쳐져 있어서 작은 배도 역시 수용하기 어렵다. 다만 후자에는 물길이 통하지만 굴절이 심하여 배가 들어가기 쉽지 않다. 석중리포에는 고도(姑島)와 다른 작은 섬이 가로놓여 있고, 도청리포에는 저도(楮島)와 작은 1~2개의 섬이 떠 있다. 이 섬 동남쪽은 소안항의 북서안을 이룬다. 그리고 그 남쪽은 보길도와 접근하여 그 사이에 좁은 수로를 형성한다. 이 수로는 수심이 6~7길 내지 8~9길로서, 대부분의 배가 통행하는 데 지장이 없다. 해도에서 이를 사도수도(蛇島水道)라고 하였다. 그 동쪽은 소안도의 북쪽 입구를 이룬다. 그리고 연안에 점점이 펼쳐져 있는 것은 앞에 말한 구도·소구도·장구룡도·석도 등이다. 남쪽은 또한 험한 절벽을 이루는 곳이 많으며, 중앙에 미라리포(美羅里浦)가 있다. 반은 갯벌이 드러나 있지만 어선을 수용하는 데 지장이 없다.

섬의 최고점은 도청리포를 감싸는 남서각의 중앙에 있다. 이를 대곡(大谷)이라고 하며, 높이는 겨우 502피트에 불과하다. 그 다음 가는 것이 소안항의 북쪽 입구를 감싸고 북동각에 솟아있는 구당산(鳩堂山)이다. 그밖에 곳곳에 산악이 솟아있지만 모두 낮은 봉우리와 구릉에 불과하다. 그래서 이 섬은 경사지나 평지가 많아서 경작지가 많다.

마을

노아도는 24개의 마을이 있다. 연안에서 주요한 곳은 북서쪽에 있는 산양진(山陽津)이다. 동쪽에 전근리(縛355)斤里), 동고지(東古地), 남쪽에 석중리(石中里), 충도(虫島), 도청리(都廳里), 서쪽에 당산리(堂山里), 삼막동(三幕洞), 미라리(美羅里), 북고지(北古地) 등이 있다. 평지가 많아서 주민은 대개 농업을 영위하며, 재배한 농산물[農産]로 노아도 주민의 수요를 감당한다. 해산물 중에 중요한 것은 식염이며 1년 생산이 약 60여 만근에 달한다. 식염 다음으로는 풀가사리인데 1년 생산이 약 2만근을 웃돈다. ▲ 풀가사리의 주산지는 북쪽인 산양진, 북고지와 서쪽인 미라리(美羅里) 등이다. ▲ 염업을 하는 곳은 도청리포, 석중리포, 미라리포 등이며 그중에서 도청리포가 활발하다. 아래에 석중리의 염업 전반[一班]을 기록한다.

석중리와 제염업

석중리포에 인가(人家)는 44호, 163명이다. 염막(鹽幕)이 2곳[座]이 있는데 한 곳은 5명, 또 한 곳에는 6명이 공유한다. 염막 1곳의 염전 길이는 34간(間), 폭이 23간이며 782평인데 진도군 여러 섬의 염전과 비교하면 약 ⅓에 불과하다. 염정[沼井]356)은 3간, 사방이 각형(角形)이고 한 곳에 10개가 있다. 1인당 염정수는 2개라고 한다. 염정 바닥에는 잡초와 솔가리[松葉]를 깐다. 침출구덩이[浸出溜]는 사방 1간을 각형(角形)으로 만든다. 주위를 판자[板]로 둘러싸고 판자로 지붕을 덮는다. 함수 채취법은 염전

---

355) 한자음이 '전'과 '견'의 두 가지인데 현재는 정확히 알 수 없다.
356) 염업에서 염정을 뜻하는 말이다.

의 면[田面]을 평탄하게 고르고[耕起] 1일 1회 도랑[溝渠]의 바닷물[潮水]을 부어 5일간 건조하고 다시 바닷물을 붓는다. 이렇게 4~5회 반복한 후에 흙을 모아서 침출시킨다. 그래서 이에 필요한 일수는 20~25일이다.

전오가마[煎熬釜][357])는 굴껍질을 섞어 만든 것[牡蠣釜]으로 폭이 7척 6촌, 길이가 1장 1척, 깊이가 3촌이다. 높이 1척 4촌이 되는 부뚜막[竈]에 설치하여 가마[釜]에 불을 지피면 1.5포대[俵]를 얻을 수 있다. 3포대를 1섬[石]이라고 하는데 1포대는 일본 량의 3말[斗] 3되[升] 정도의 비율이다.

1년 제염 생산량은 300포대, 즉 3만근이다. 제염 계절은 3~4월과 8~10월, 5개월이며 그 외는 휴업한다. 땔나무는 솔가리[松葉] 및 잡목인데 보길면(甫吉面)[358])에서 구한다. 값[價]은 진도의 약 반값이라고 한다.

보길면(甫吉面)

보길도를 면으로 삼았다. 보길도에서 서남쪽 약 10해리 추자도 부근에 있는 횡간도(橫看島)를 포함[配屬]한다. 보길면 호구는 108호, 1,743명이다.

보길도

보길도는 소안항의 서쪽이고 사도수도(蛇島水島)의 남안(南岸)을 이루는 큰 섬이며 동서로 20리 27정, 남북의 폭(넓은 곳)이 10리 23정, 면적이 150방리 남짓이다. 보길도 동쪽에 소안항 및 사도수도를 구성하는 부분은 북쪽에서 갯벌만[泥堆灣]이 깊게 만입해서 외해와 협경지(狹頸地)[359])를 사이에 두고 조금 떨어져 있을 뿐이다. 협경지이기 때문에 서쪽은 거의 원형을 이루며 1,000피트 내외의 연이어진 산봉우리로 둘러싸고 있다(최고점이 1,429피트이고 송진봉松眞峯이라고 한다). 그리고 이 중앙부는 협곡을 이룬다(협곡 가운데 계류가 흘러 북쪽의 사도부근 갯벌만으로 들어간다). 그리

---

357) 바닷물의 염도를 높인 뒤에 가마에서 끓여 소금을 석출한다.
358) 원문에는 포길면(浦吉面)으로 기록되어 있으나 정오표에 따라서 보길면(甫吉面)으로 정정하였다.
359) 긴 목처럼 좁고 긴 지형을 말한다.

고 이 협곡의 각 고봉(高峰) 안쪽 일대는 모두 수목이 울창하다. 동백나무[椿], 메밀잣밤나무[椎], 팽나무[榎], 졸참나무[楢], 후박나무[山樟] 등 견목(堅木)[360] 또한 매우 많아서 남해에서 삼림이 울창한 것으로 유명하다. 여름철에 들어서면 부근 각지의 통선(通船)이 땔나무를 출하[積出]하기 위하여 보길도에 모여드는 경우가 많다. 서쪽인 선창구미(船倉九味)의 경우는 선박이 항상 폭주하여 각 지역 간에 왕래가 끊이지 않는다. 협경지의 동쪽에는 고봉은 적지만 경사가 급해 경작지로 개간할 만한 땅은 없다.

보길도 주민의 생업, 수산물

보길도에는 마을이 12곳 있다. 호구는 합해서 263호, 953명이다. 대개는 농민이지만 벌목(伐木)에 의지해서 생활을 하는 자도 또한 많다. 수산물은 풀가사리를 주로 하며 1년 생산량은 약 5만근이다. 다음으로는 우뭇가사리이며 약 5천근이고, 김은 적다. 기타 어업으로는 여름철에 고등어잡이, 가을철에는 멸치잡이이며, 완도군의 보고에 의하면 1년 중 판매금액이 1천원(圓)에 이른다고 한다. 보길도에는 일본 어부 중에 내어하는 자가 드물지만 보길도의 동쪽 끝에 있는 소안도의 맹선리(孟仙里)와 서로 마주보는 갯벌만 내에는 조선해수산조합(朝鮮海水産組合)의 소유지가 약 500평이 있다. 이주 어민의 근거지로서 경영하기 편리하기 때문에 구입한 것이라고 한다. 이 만은 간출만(干出灣)[361]이지만 어선을 수용하는 데 지장이 없다.

횡간도(橫看島)

횡간도는 보길도의 서남쪽이고, 추자군도의 북쪽 경계에 위치한다. 섬의 형태는 동서로 길게 뻗어 있고 남북은 좁다. 횡간도에서 최고점은 동쪽 끝에 있고 487피트이다. 근해의 조류에 관하여 『수로지』에 기록된 바는 다음과 같다.

횡간도 근해는 동서의 조류가 서로 맞부딪쳐서 그 기세가 매우 격렬하다. 또한 한창

---

360) 堅木(かたぎ)은 재목으로 쓸 수 있는 활엽수를 말하며, 떡갈나무·상수리나무·졸참나무·느티나무 등을 말한다
361) 간출지는 썰물 때는 물위에 드러나고 밀물 때는 물에 잠기는 지역을 말한다.

밀물[漲潮] 때는 동남쪽으로 급하게 흐른다. 일반적으로 밀물[漲潮流]은 서쪽으로, 썰물[落潮流]은 동쪽으로 흐른다. 그 속도가 대조(大潮)에는 모두 5노트[節]에 달하며, 각 섬 부근에는 작은 배[端舟]가 지나기에는 위험한 소용돌이가 생긴다.

잉도면(芿島面)362)

보길도의 서북쪽에 떠 있는 잉도(芿島)363)와 그 부근에 떠 있는 매안도(埋鞍島), 장리도(長里島), 서도(西島)364), 태거도(兌去島)365), 명도(明島), 저도(楮島), 소저도(小楮島) 등을 합해서 면으로 삼았다. 단, 소안항 남쪽 입구에 떠 있는 용문도(龍門島) 또한 잉도면에 속한다. 잉도면의 호구는 각 섬 합쳐서 177호 582명이다. 다음은 잉도와 부근의 개황을 기록한다.

잉도(芿島)

잉도는 동북에서 서남으로 길게 뻗어서 동서는 좁다. 연안선은 대체로 단조롭다. 또한 주변[四邊]은 수심이 얕은데 특히 동안(東岸) 일대가 심하다. 잉도의 북각을 노적암각(露積岩角)이라고 하고 동남각을 묘도각(猫島角)이라고 한다. 산맥은 섬 형태와 비슷해서 동북에서 서남으로 달리며 가장 높은 곳은 517피트이다. 최남단에 울창한 잡목림[雜樹林]이 있다. 잉도 마을에서 인가가 제법 많은 곳은 북동안(北東岸)에 있는 내리(內里)라고 한다.

서도(西島)

서도는 넙도의 서남단에 가까이 떠 있는데 그 사이 거리가 겨우 2케이블[鍊]로 썰물 때는 걸어서 건너갈 수 있다. 서안(西岸) 중부에 다소 만입된 이 있다. 진흙 바닥이지만 수심이 얕아서 배를 매어두기에 편리하지 않다. 최고점은 북쪽에 있으며 525피트이다.

---

362) 현재의 전남 완도군 노화읍 내리로 추정된다,
363) 현재의 완도군 노화읍 넙도로 추정된다.
364) 현재의 완도군 노화읍 서넙도로 추정된다.
365) 현재의 완도군 노화읍 명도로 추정된다.

용문도

용문도(龍門島) 또는 작지도(作只島)라고 한다. 「해도」에 항문도(港門島)366)라고 기록되어 있다. 최고점은 남부 중앙에 있고 높이가 569피트이다. 병암산(餠岩山)이라고 하며 정상에 등대가 있다.

각 섬의 주민들은 대부분 고기잡이로 생계를 이어가고 있지만 이 지역은 아직 조사되지 않아서 상세하게 기록할 수 없다. 그렇지만 어업은 보길도와 큰 차이가 없을 것이다. 봄여름 교체기에 일본 어부 중에 내어하는 자가 없지 않지만 그 수 또한 많지 않다.

추자면(楸子面)

보길도의 서남쪽 바다에 떠 있는 추자도(楸子島) 및 추가리도(楸加里島, 「해도」에 수덕도愁德島367)라고 기재했다)를 합해서 면으로 하고, 이것을 다시 상·하 2면(面)으로 나누었다. 약간의 무인도(無人島)가 소속되어 있다.

추자도(楸子島, 츄자도)

상하 두 섬으로 구성된다. 북서쪽에 위치한 것은 상추자도(上楸子島)인데, 간단하게 '상도(上島)'라고 한다. 둘레는 10리(里)이다. 동남쪽의 것은 하추자도(下楸子島)인데 '하도(下島)'라고 부른다. 크기는 상도의 2배이다. 상하 두 섬 사이에서 가장 가까운 곳의 거리는 겨우 150간(間) 정도이다. 하루 종일 도선(渡船)이 통한다. 섬은 모두 중앙에서 융기하며 최고점은 하도에 있는데, 높이 517피트이다. 상도는 서부가 매우 험준하고, 하도는 북부가 험한 절벽을 이룬다.

마을

마을은 상도에 대작지(大作只), 사구미(寺九味, 혹은 절금리節金里라고도 한다)의

---

366) 현재 명칭은 당사도(1982년)이며 1906년 경 등대를 세우면서 항구로 들고 나는 곳이라 하여 항문등대라고 불리어졌다고 한다. 현재 당사 항로표지관리소가 있다.

367) 원문에는 무덕도(愁德島)로 기록되어 있으나 정오표에 따라서 수덕도(愁德島)로 정정하였다.

두 마을이 있고, 하도에 신상(新上), 신하(新下, 혹은 어유구미魚遊九味라고 한다), 예초(禮初), 묵지(墨只, 혹은 묵리默里라고도 한다), 장작(長作), 석경(石頸, 혹은 석주두石柱頭라고도 쓴다)의 6개 마을이 있다. 호수는 496호, 인구는 2,367명이다. 남해(南海)에서 인가가 조밀한 섬 중 하나라고 한다. 섬은 난류(暖流)의 요충지에 위치하고, 주위의 수심이 얕지 않다. 회유어(回遊魚)와 바닷가에 서식하는 어류[磯付魚類]가 많고, 예부터 남해의 중요한 어장으로 알려져 어리(漁利)가 큰 것으로 조선 여러 섬 중 손에 꼽을 만하다. 어채물 중 주요한 것은 정어리·멸치[鰮], 고등어, 오징어, 갈치, 해조류이고, 군의 보고에 따르면 1년 중 정어리·멸치 및 고등어의 어획만으로도 항상 대략 8,560원(圓) 정도이다.

그렇지만 산은 민둥산인데다가 수목이 없고, 완경사지 또한 붉은 바위[紫巖]가 겹겹이 쌓여 있어 경지가 적다. 농산물 중 주요한 것은 보리이고, 1년 생산은 겨우 350석(石) 정도에 불과하므로 양미(糧米)는 물론이고 일상생활 물자는 대체로 수입에 의존하지 않을 수 없다(주요 수입품은 쌀, 보리, 콩, 소금, 짚[藁], 관솔[脂松][368], 무명[木綿], 옥양목, 석유 등이라고 한다). 그래서 만약 어업을 못하게 된다면 섬사람의 곤궁은 심해지고, 다음 해의 어획물을 담보로 해서 목포 혹은 기타 지방으로부터 곡물이나 현금을 차입해 간신히 이슬 같은 목숨을 이어가는 참상을 누누이 볼 수 있다.

이처럼 섬사람이 모두 어민일 뿐 아니라 섬은 남해 항로의 요충에 위치해서 선박이 피박하는 일이 끊이지 않는다. 게다가 해산이 풍부해 매년 봄·여름 무렵에 이르면 안팎의 선박이 매우 많이 몰려들기 때문에 섬사람은 자연히 겉만 화려하고 경박하며 조급한 습속을 가지고 있다. 성격은 간교하며, 또 급하고 사나운 것[慓暴]으로는 남해 여러 섬 중에 유명하다.

계선지(繫船地)

섬 안에 계선지로 좋은 곳은 동쪽에 있는 만(灣)이라고 한다. 만은 입구가 좁고 안은 사방이 넉넉하며, 수심이 항상 4~5길을 유지한다. 구릉으로 둘러싸여 물결이 잔잔하므

368) 지송(脂松)은 소나무에서 진이 많은 소나무의 가지나 옹이를 말하며 불이 잘 붙는다.

로 서해 지방에서 제주도로 통항하는 자는 반드시 이곳에 배를 대고 순풍(順風)을 기다린다. 또 목포・제주 간의 우편선이 매달 수 차례 기항한다. 여름철 근해에 성어기가 되면 일본 통어선이 몰려와서 근거지로 삼거나 뭍에 작은 임시 건물을 만들고 대부망(大敷網, 큰 들그물)에 종사하는 자가 있다. 혹은 마른 오징어[鯣烏賊]나 쪄서 말린 정어리・멸치[鰮] 제조에 종사하는 자가 있다. 잡화를 파는 자가 있고, 기타 어채물을 사가기 위해 오는 자도 있어서 선박이 몰려드는 항(港) 중에 번성한 삼도(三島, 巨文島)의 고도(古島)에 버금간다.

지난 융희 원년(1907) 7월 말 조선해수산조합(朝鮮海水産組合) 소속 제2호 순라선(巡邏船)이 순항할 때 이곳에 집합한 일본 어선 및 기타 선박은 136척이고, 그 내역은 고등어 낚시선 54척, 오징어 낚시선 55척, 오징어 낚시 및 고등어 낚시선 14척, 대부망선 4척, 잠수기선 3척, 말린 정어리・멸치, 오징어 및 고등어 매입 운송선[廻船] 4척, 고등어 낚시 시험선 1척, 순라선 1척이라고 한다. 그 외에 마른 오징어 제조장 2곳, 쪄서 말린 정어리・멸치[鰮] 제조장 1곳, 잡화상 2곳, 음식점 1곳이 있다고 한다.

이 만 안에 있는 마을은 대작지(大作只)이고, 그 남쪽에 있는 마을은 사구미(寺九味, 節金里)라고 한다. 사구미에는 흥양학교(興陽學校)가 있다. 교사 2명 모두 조선인인데, 한 사람은 일어(日語)를 가르친다. 생도(生徒)는 20인이 있다. 학교를 유지하는 것은 추자도의 물산을 매매할 때 도매상 소개료 명목으로 징수하여 자금에 충당한다.

조선인 의사 1명이 있다. 섬은 민둥산이지만 각 마을에 있는 우물은 용출량(湧出量)이 많고 고갈되는 일이 없다.

통신

통신은 완도우편취급소(莞島郵便取扱所) 및 목포순라선(木浦巡邏船) 내의 우편소 2곳에서 담당한다. 섬 사람의 무편물은 완도우편소가 취급하고, 근거지 어업자와 기타 일본인의 우편물은 순라선 내에 있는 우편소에서 취급한다

중요 어채물

이 섬의 중요 어채물은 앞에서 본 것처럼 정어리·멸치, 고등어, 오징어, 갈치, 해조라고 한다. 다음에 각 어채물에 대해서 개황을 서술한다.

정어리·멸치[鰮] 어업

정어리·멸치[鰮]는 섬 주변 도처에서 어획하지만 그 중 그물을 치기에 가장 좋은 장소는 하도(下島)의 동남쪽 중앙부에 있는 만에 있다. 만은 안쪽 폭이 좁으며 약 1,000간(間)이다. 수심은 8~10길이고, 조석의 차가 5피트 정도이다. 중앙에 암초가 있는데, 마을 사람들이 오서암(五嶼岩)이라고 한다. 만 안에 있는 마을은 신하리(新下里)이고, 그 북쪽 만구(灣口)에 있는 마을은 신상리(新上里)라고 한다. 남쪽 갑각(岬角)에 있는 마을은 석두리(石頭里)라고 한다. 만 안의 좌우 해변은 모두 자갈이고, 중앙의 오서암과 마주하는 소암초(所岩礁)가 있다. 이 자갈 해변은 어망(漁網)을 건조하는 곳인데, 만내의 깊이가 깊은 곳은 만조선(滿潮線)[369]경계[界]에서 30~50간이다.

이 장소에 다음가는 곳은 신상리의 북쪽에 있는 작은 요입(凹入)이라고 한다. 바다의 바닥은 자갈이고 평탄해서 지예에 적합하다. 재작년인 융희 원년 제주도의 어민이 이 섬으로 와서 이곳에 지예를 운영했는데, 어획이 아주 많았다. 마을 사람이 이것을 보고 놀라 갑자기 막으려고 다툼을 벌인 일이 있다. 이외에 지예 방렴으로 적당한 곳은 북쪽 해안에 있는 예초(禮初), 남서쪽 해안에 있는 장작지(長作只)라고 한다.

섬사람이 사용하는 정어리·멸치 그물은 2종류가 있다. 하나는 가는 면사로 그물눈을 2푼(分) 5리(厘)에서 3푼으로 한다. 5~6단[反][370]으로 짜서 길이를 각 10길 정도로 만든다. 둘레에는 짚[藁]으로 듬성듬성[大目]하게 짠 거친 그물[荒手][371]을 1척

---

369) 밀물이 가장 높게 들어찼을 때의 바다와 육지의 경계선을 말한다.
370) 천 등의 단위로 폭 약 35cm, 길이 약 10m 정도이다. 옷감 한 단이라고 했을 때의 '단'과 유사한 의미이며, 직물의 종류에 따라서 길이가 다르다. 현재는 그물일 때 100그물코 길이 100길을 1단이라고 한다.
371) 아라테아미(あらてあみ, 荒手網)는 그물 어구(漁具)의 끝 또는 위 테두리에 붙이는 발이 거친 그물이다.

(尺) 정도 붙이고 끝에 대나무장대[竹竿]를 꿴다.

어법은 첫째, 어선에 어부 20~24명이 승선한다. 야간에 횃불을 붙여[焚火] 앞바다[沖合]에 나가 물고기를 가까운 연안으로 유인하고, 그물을 던져 물고기가 가는 길을 차단하여 포획하는 방법[趣向]이다.

둘째, 감물을 들인[澁染] 목면 길이 1장(丈) 정도인 것을 8매 꿰매고, 길이와 폭은 각각 1장(丈) 정도로 한다. 마찬가지로 테두리에 거친 그물을 붙인다. 이 그물은 고등어 낚시의 미끼로 공급하기 위해 (정어리・멸치를) 잡는 것으로 좁은 암초 사이로 쫓아 몰아서 그물로 떠서 잡는다.

정어리・멸치의 종류는 정어리[まいわし] 중우(中羽, 쥬바)가 가장 많으며, 드물게 멸치[鯷]가 혼획되는 경우가 있다. 어획기는 음력 6월 중순부터 8월 말에 이르는 기간이다. 정어리・멸치의 처리는 젓갈[鹽辛]을 만들거나 말린다. 젓갈에 필요한 소금의 양은 7월 경에는 정어리・멸치 1말에 5되[桝], 8월 경에는 4되의 비율이다. 1개월이 경과하면 먹을 수 있지만, 반년이 지난 것이 가장 맛있다고 한다.

말릴 때는 자갈밭[砂礫] 또는 바위 위에 놓고, 직접 말린다. 6~7월 경에는 5~6일간, 8월 경에는 3일 사이에 다 마른다. 이 기간 중에 매일 1회 손으로 뒤집어야 한다. 이곳에서 말린 제품은 모래가 섞이지 않아서 상품(上品)으로 취급하여 거래한다. 가격은 100문(文)에 생물은 7~8홉들이 되로 5되, 마른 멸치는 6되이다. 다만, 말린 것 1되의 무게는 180~190돈[匁]이다. 어획기에 접어들면 일본과 한국인 출매선이 많이 온다.

멸치 초망어업의 조직 및 어획물 분배방식을 보면, 선주 한 사람 또는 두 사람이 공동으로 한다. 그리고 그 배당 방법은 선박 및 그물의 사용료[損料], 연료값, 밥값[食料], 술・담배 대금 등을 어획물 판매가격에서 공제한 잔액을 선주와 어부 일동이 반으로 나눈다.

고등어 어업

고등어는 어장이 추자도 근해 4~5해리[372] 사이에 있는 수심 20~30길의 장소이다.

고등어를 잡을 때, 횃불[焚火]로 유인해 잡는데, 이는 일본의 어획법과 차이가 없다. 낚는 방법은 손낚시[手釣]이며, 낚싯줄[緡絲]을 내리고 절대로 움직이지 않는다. 이때 잡은 것은 곧장 목뼈를 꺾는다. 한 사람이 낚싯줄을 두 줄 사용하는 것이 일반적이다. 만약 낚싯줄을 세 줄로 사용하는 경우에는 한 줄은 상투[結髮]에 묶어 놓는다. 어선 한 척의 승선원은 10명 또는 15명이다. 낚싯줄을 내릴 때는 줄의 길이를 2~8길로 한다.

어획기는 5월 초순부터 7월 중순까지이며, 6월 경에 가장 많이 잡힌다. 고등어 한 마리(尾)의 가격은 18~20문 정도이다.

갈치어업

갈치는 바다의 깊이가 4~8길인 곳이 좋다고 한다. 고등어와 마찬가지로 횃불로 갈치를 유인한 후에 낚시로 잡는다. 낚시바늘은 길이가 5~6촌인 철사[鐵線]를 구부린 것으로 천평(天坪)[373]이라고 한다.

연결부[釣元] 1척 정도를 덧감기[セキ卷]해서 이를 길이 2척 5촌의 발돌[沈子]에 묶어둔다. 낚싯줄은 명수실[綿絲][374] 세 가닥으로 꼰 것[三十撚り] 50~60개를 합쳐서 감물[柹澁]로 염색한다. 길이는 보통 7~8길 정도이다. 미끼는 멸치 또는 고등어 내지 갈치를 잘라서 쓰기도 한다. 어획기는 6월~9월에 이르는 기간이다.

어선 한 척의 승선원은 배의 크기에 따라 10명 또는 15명이다. 갈치는 여름의 성어기 무렵에는 연안에서 유영한다. 늦은 가을, 즉 10~11월 경에 이르면 점차 인근 해안의 암초 깊숙한 곳으로 옮긴다.

오징어 어업

오징어는 어장이 근해에 (수심이) 5길 내지 8길인 곳이다. 낚시 도구는 고등어 낚시와 비슷하며, 미끼는 멸치 또는 고등어를 사용한다. 어획기는 5월부터 7월 중순까지이다. 오징어 가격은 1마리에 3전(錢) 내지 3전 5리(厘) 정도이다.

---

372) 본문에는 4~5리(里)로 되어 있는데 해리[浬]의 오자일 가능성이 있다.
373) 천칭(天秤)의 잘못으로 생각된다.
374) 무명실을 뜻하는 면사(棉絲)일 가능성이 있다.

해조류 채취업

해조류 가운데 생산액이 가장 많은 것이 풀가사리이며, 이에 버금가는 것이 우뭇가사리, 김, 미역이다. 이들 세 종류는 그 생산이 서로 비슷하다. 이들 모두 진도 및 완도산과 비교했을 때 품질이 양호하다.

풀가사리는 참가사리(まふのり)와 불등가사리(ふくろふのり)[375]의 두 종류가 있지만 불등가사리가 많다. 채취 시기는 풀가사리가 1월 중순부터 4월 하순까지, 우뭇가사리가 2월 초순부터 6월 하순까지, 김은 9월 중순부터 2월 하순까지, 미역은 3월 상순부터 6월 하순까지라고 한다. 재작년인 융희 원년(1907년)에 풀가사리 생산은 약 2만 근이었다고 한다.

김은 11월, 12월 경의 제품이 가장 좋다. 20장을 한 묶음[束]으로 하며, 크기는 완도산 김과 같다. 미역은 한 다발[把]이 160푼이며, 작년 한 해의 생산액이 2천 묶음이라고 한다. 이들 이외에도 감태[搗布]가 생산되지만 아직 활용하는 데 이르지 못했다.

이와 같은 해조류 가운데 미역은 전부 조선인이 취급하며, 다른 것은 목포 및 부산에 주재하는 일본상인에게 판매한다.

판매기관

해산물 판매기관으로는 섬 내에 객주[問屋]가 5곳[軒] 있다. 어류의 판매는 반드시 이 객주의 손을 거쳐야 하며, 수수료[口錢]는 대부분의 경우에 매수자에게 받는다. 만약 일본어부가 판매자이고 조선인이 매입하는 경우에는 이 수수료를 판매자(일본어부)가 부담한다. 수수료의 기준은 마른 멸치 4되 들이 되 1개당 1문 7푼[376](이 가운데는 되질

---

375) 학명은 *Gloiopeltis furcata*이다.

376) 원래 1문(文)은 1푼[分]과 등가라고 할 수 있다. 푼이 보조적인 화폐 단위로 등장하게 된 것은 1894년(고종 31)에 「신식화폐발행장정(新式貨幣發行章程)」을 발포한 때다. 이 장정에 의하여 우리나라는 은본위제도를 채택하게 되었는데, 이때 화폐산식(貨幣算式)은 '1냥(兩) = 10전(錢) = 100푼(分)'으로 정해졌다.
그 이전에도 상평통보인 엽전(葉錢)이 일반적인 교환 수단으로서 널리 유통되고 있어 '1관(貫) = 10냥 = 100전 = 1,000문(文)'이라는 화폐산식이 적용되고 있었다.

하는 사람[桝立人][377])의 수수료를 포함한다), 생멸치는 1되 들이 항아리 1개당 7문이다. 고등어, 갈치, 오징어는 마리 수 및 시가에 따라 이를 징수하며, 그 비율은 일정하지 않다. 조선인 출매선이 입항하면 객주는 약간의 술과 안주[酒肴]를 주면서 환대한다.

추자도 신상리(新上里)의 일본인 어업

하도(하추자도)의 신상리에서는 일본인 미전(尾前) 아무개와 각전(角田) 아무개 그외 몇 명이 협동해서 경영하고 있다. 어선 4척과 운반선 1척을 가가지고 두 군데에 작은 건물을 지어 대부망 어업에 종사한다. 그물을 내리는[張下] 장소는 남쪽 석두리(石頭里)의 돌각(突角)에서 북쪽 신하리(新下里) 앞쪽에 있는 오서암(五嶼岩) 사이이다. 어획기는 5~10월에 이르는 6개월 간이고, 주된 어획물은 멸치·정어리, 고등어, 오징어, 도미인데 그중에 정어리·멸치의 어획이 많다. 시작한 해는 지난 광무 9년(명치 38년)의 봄이고 이후에 계속 이어져 해마다 이 사업이 영위된다. 시작되던 해는 태풍 때문에 그물이 파손되어 성적이 부진[不良]했지만 그다음 해에는 어획액이 40원[378]) 을 웃돌았고 이후에도 상당한 수익이 있었다고 한다.

추자도의 항해표지[航海目標]인 수덕도(水德島)

동쪽으로부터 항해할 때 추자군도의 좋은 표지[目標]가 되는 곳은 하도의 남동쪽 약 3해리에 있는 수덕도[379])이다. 북부는 높이가 404피트이며 깎아지른 듯 험한 절벽으로 이루어져 있는 것이 매우 두드러진다. 유명한 거암, 쵸루메키(チヨルメキ)[380])는 서남쪽에 있는데 높이 149피트이며 원추형을 이룬다. 이 바위의 북동쪽 1해리 이내에는 조류가 충돌해서 세찬 소용돌이[激湍]가 발생하는데 큰 배 또한 파도가 솟구쳐서

이들 두 경우에 있어서 양이 기본적인 화폐 단위로 되어 있었는데, 1문은 엽전 한 닢을 가리키는 것이었고, '1푼＝1문'이라는 등가관계가 성립되게 되었다. 그런데 수산지에 1문 7푼이라고 한 것은 이해하기 어렵다

377) 되를 사용하여 담아주는 사람이다.

378) 四千圓의 잘못으로 생각된다.

379) 현재 제주특별자치도 제주시 추자면 소속 섬이며 사자가 엎드린 모습과 닮았다고 하여 사자섬 이라고도 한다. 추자10경 중 하나인 '수덕낙안'으로 알려져 있다.

380) 당시의 용어인 것 같다.

[跳浪] 상갑판을 쓸고 나가는 경우가 있다. 어선의 항행에 주의를 기울여야 한다.

기타 『수로지』의 기록한 바에 의하면 하도의 북쪽 기슭에서 북쪽으로 약 ½해리의 거리에 암초가 있는데 저조(低潮)시에는 암초가 수심 6피트에 불과하다고 한다.

어불면(於佛面)381)

「해도」에서 말하는 어불도(於佛島)와 장군도(長群島), 외모군도(外毛群島)를 합하여 면으로 삼았다. 어불면의 여러 섬은 아직 조사가 완료되지 않았기 때문에 『수로지』와 「해도」 기타 군도(郡圖)를 참고하여 지리의 개요를 기록한다.

어불도(於佛島)

어불도는 해남각의 서쪽인 어란진(於蘭鎭)의 정남쪽 가까이에 떠 있다. 저조시에는 동안(東岸)이 해수면에 드러난다. 최고점은 섬의 서북쪽에 있으며 433피트이다.

장군도(長群島)

장군도는 어룡(魚龍), 대장구(大長龜), 소장구(小長龜), 대정원(大正元), 소정원(小正元)의 5개의 작은 섬으로 이루어져 있다. 이 가운데 가장 큰 섬은 어룡도이고 최북쪽에 위치하며 어불도의 정남쪽이다.

최고점은 298피트이며, 장군도의 북동단과 해남각 사이는 수심이 13~17길에 달한다. 방해물이 없는 항로[水道]이기는 해도 조류가 매우 급하고 세차다. 대정원도와 소정원도는 남북으로 서로 가까이 있으며 장군군도 중에 가장 서쪽에 위치한다. 그리고 대장구와 소장구도는 어룡도382), 정원도의 중간에 위치해 있다. 소장구도는 북쪽에 위치하며 수목이 드문드문 자라고 있으며 가장 높은 곳이 231피트이다. 대장구도는 가장 높은 곳이 265피트이며 북쪽에 우물이 하나 있는데 수질이 매우 좋아 식수로 적합하다.

---

381) 원문에는 魚佛面으로 기재되어 있지만 1872년 '靈巖楸子島地圖'·'靈巖地方於蘭鎭地圖'에 於佛島가 있다. 또한 원문에서도 於佛島가 기재된 것에서 어불면의 한자가 於佛面으로 추정된다.
382) 원문에는 '龜龍'으로 표기되어 있다.

외모군도(外毛群島)

외모군도는 장군도의 남서쪽에 위치한다. 죽굴도(竹堀島), 잠두도(蠶頭島)[383], 외모도(外毛島)의 작은 3개 섬으로 이루어져 있다. 죽굴도는 정원도의 정남쪽에 있는 좁다란 긴 섬이고 높은 정상이 남단에 있으며 216피트이다. 잠두도는 죽굴도의 서쪽에 있는데 북동쪽에서 서남쪽으로 길게 뻗어 있다. 남단이 솟아올라 있는데 높이가 272피트에 달한다. 외모도는 대정원도에서 남서쪽 3해리의 거리에 있는데 외모군도 섬 중에 가장 서쪽에 있고 남단은 높이가 298피트이다. 북쪽 방향으로 점차 경사가 있기 때문에 남쪽에서 바라보면 돌출된 형태를 쉽게 알아볼 수 있어서 좋은 표지가 된다.

마로면(馬路面)

오마로도(五馬路島)

해님깃과 진도의 사이에 있는 내해이다. 『해도』에서 언급한 미로해(馬路海, 일명 화성만華聖灣이라고 한다.)에 떠 있는 4개의 작은 열도를 면으로 삼았다. 열도 가운데 남쪽에 위치한 것을 하마로도(下馬路島)라고 하고 다음은 중마로도(中馬路島), 그 다음은 안도(鞍島)라고 하며, 북쪽에 있는 것을 상도(上島)라고 한다. 상도가 가장 크고 만조 때에는 중앙의 연결부[頸地]가 잠기지만 만조가 지나면 두 개 섬이 된다. 그래서 이 열도를 오마로도(五馬路島)라고 한다. 섬은 모두 높이가 200피트 이하이며, 다소 수목이 있다.

마로도 정박지

주변의 바다는 수심이 대략 4~9길에 달한다. 상도의 서쪽은 북·동·남쪽 세 방향은 산을 등지고 작은 만을 이룬다. 만내는 제법 넓고 바람이 조용해서 이 근해에서는 좋은

---

383) 원문에 한글음이 '산수도'로 표기되어 있지만 蠶의 한글 음이 '잠'이므로 잠두도(蠶頭島)으로 한다. 또한 잠두도는 현재 잠도로 추정된다.

정박지[碇泊所]이다. 그러므로 진도의 여울[瀨戶]384)을 통항하기에 적당하다. 물때를 기다릴 때와 피항[避泊]을 위하여 기항하는 경우도 많다. 인가는 상도에 13호, 중마로도 6호, 하마로도 9호, 합계 28호이며 안도는 무인도이다. 논은 30마지기[斗落], 밭은 200마지기가 있다. 모두 해남 지역 사람들의 소유이며, 보리, 면(綿),385) 콩, 조를 약간 생산한다. 어선 7척으로 3~4월에 칠산탄(七山灘)에서 중선망으로 조기어업을 영위하며 어획물은 모두 어장에서 수매[售賣]한다. 한 어선에 대개 10명이 승선한다. 식료와 제반 잡비는 선주가 부담하지만 그물은 승선 어부의 공동 소유이므로, 분배법은 어획물의 13분 등분하여 3등분을 선대(船代)로 배당하고 나머지는 어부들이 모두 똑같이 분배한다.

상도의 동면에 어살이 2곳 있다. 어획기는 3~6월의 4개월이며 민어, 조기, 갈치 기타 잡어를 포획한다. 어살의 어장 또한 해남 지역 사람들의 소유이다. 임차료[借場料]는 1년 50관문(貫文)이라고 한다. 어살은 소나무 재목[松材]과 대발[竹簀]을 합쳐서 약 50관문이 필요하다. 진도의 어살에 비해서 무려 3배 크기에 상당한다. 어획물은 해남과 건너편 진도지방에서 매수자가 온다. 해조는 김을 약간 생산하는데 섬 주민들의 식료 공급에 그친다

---

384) 진도의 울돌목을 말한다.
385) 綿은 명주실을 뜻하는데 면화일 가능성이 있다.

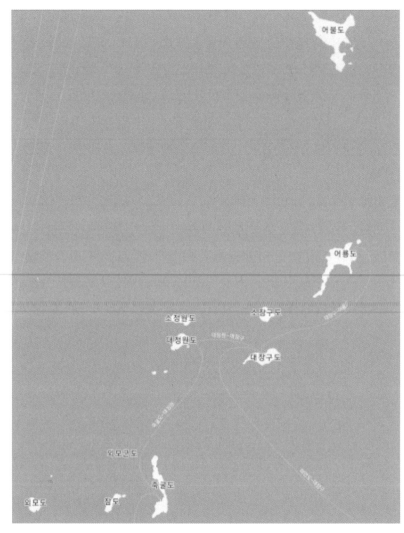

어불도 · 장군도 · 외모군도

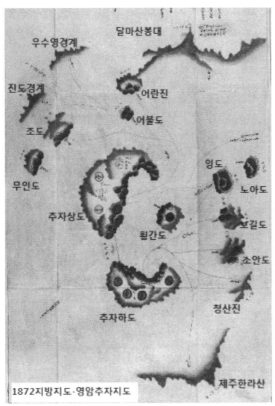
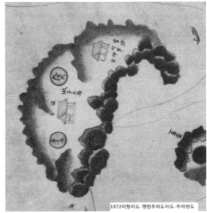
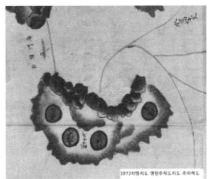

1872지방지도·영암추자지도

우수영경계
달마산봉대
진도경계
어란진
조도
어불도
무인도
잉도
노아도
추자상도
횡간도
보길도
초안도
추자하도
청산진
제주한라산

1872지방지도·행영추자도지도·추자상도

1872지방지도·행영추자도지도·추자하도

팔금면(八禽[386]面)

팔금도(八禽島)

신지도에 속하는 나주군도(羅州群島) 중에 포함되는 팔금도(八禽島, 팔니도)를 면으로 한다. 팔금도는 원래 나주목(羅州牧)에 속했지만, 지금으로부터 14년 전인 건양 원년에 지도군(智島郡)이 신설됨과 동시에 분리되어 완도군에 편입된 것이다. 팔금도는 동서로 20리 남짓, 남북으로 10리 남짓이다. 동부는 폭[幅員]이 넓고, 서쪽에 이르러

---

386) 원문에는 '禽'이라 되어 있다. 하지만 본문에서는 음가로 '팔니(尒)도'라 표기하고 있고, 『신증동국여지승람』「전라도」「나주목」에도 '팔니도'라고 기재되어 있다. 현재는 "팔금도"라는 명칭을 사용하고 있다.

점점 좁아진다. 면적은 100방리에 못 미친다. 산맥이 이어져 있지만 높은 봉우리는 찾을 수 없다. 수목이 적고 경사지가 비교적 많다. 연안은 대개 완경사이고 서북쪽 일부를 제외하면 모두 갯벌로 둘러싸여 있다. 또 동쪽에는 바위섬이 많다. 북쪽 중앙 편에 백계두(白鷄頭)가 있다. 이곳은 좌도(佐島)에 이르는 선착장[渡船場]으로 조류가 다소 급하지만 바다 수심이 1~2길이고 바람을 피해 정박하기에 안전하다. 또 목포염업주식회사(木浦鹽業株式會社) 출장소가 있다.

팔금도의 마을 및 염업

팔금도 내 마을은 각지에 산재하며, 호수는 427호, 인구는 1,845명이다. 대부분 농업을 생업으로 하지만 농업 생산으로 섬사람들의 수요에 충족하지 못하고, 절반은 수입에 기댄다. 염업이 성한데 염전 소재지를 열거하면, 당고지(塘古地), 고산(高山), 작도(鵲島), 백계(白鷄), 원산(遠山), 대산두(大山頭), 장판(長坂), 우구리(牛口里), 거사리(巨沙里) 등이다. 면적은 통틀어 23정보 남짓이고, 가마는 24개가 있으며 1년의 생산은 대체로 46,000근이라고 한다. 땔나무가 부족해서 이것 역시 대부분 수입에 의지한다. 어업에서는 오직 어살만으로 영위하거나 혹은 겨우 새우 및 잡어를 어획하는 데 그쳐 매우 부진하다.

제16절 진도군(珍島郡)

개관

연혁

원래 백제의 진도군을 신라가 고쳐 무안(務安)의 영현(領縣)으로 삼았고, 고려가 나주(羅州) 소속으로 하였다. 조선 태종 9년 영암군(靈巖郡)의 영현이던 것을 해남현(海南縣)과 합병해서 군으로 삼고 해진(海珍)이라고 이름했는데, 2년 후에 다시 분리하고 옛 명칭인 진도(珍島)를 이어받아서 지금에 이르렀다.

경역

조선의 도군(島郡) 중 하나로, 서남해상에 있는 큰 섬인 진도(珍島)를 주체로 하고, 그 주위에 산재한 여러 섬을 부속시켰다. 이제 그 경역선(境域線)을 그어보면, 시아해(時牙海)에 있는 마진도(馬津島, 지도군智島郡에 속하는 나주군도羅州群島 중 장산도長山島의 동쪽에 있다)를 북단으로 하고, 명양도(鳴洋渡)를 통과하여 완도군에 속하는 오마로도(五馬路島)의 서쪽을 지난다. 남하해서「해도(海圖)」에 기재된 금도열도(金島列島), 장자도(長子島), 독거군도(獨巨群島), 오도군도(烏島群島), 거차군도(巨次群島), 맹골군도(孟骨群島)를 포함하고, 돌아서 정등해(丁嶝海)로 들어간다. 나주군도에 속하는 하태도(下苔島)의 남쪽을 통과해 가사(加士)·고사(高沙) 등 여러 섬을 수용하고 시작점[起線]에 이른다. 다만 이 경역선의 범위 밖에 있지만 관할하는 곳으로 나주군도에 있는 도초도(都草島)가 있다.

소속 도서

소속 도서 중 섬 둘레가 20리 이상에 달하는 곳은 상도도(上島島), 하도도(下島島), 보을막도(甫乙幕島, 볼막도), 가사도(加士島), 대마도(大馬島), 접도(接島), 동·서거차도(東·西巨次島), 왕도(王島), 맹골도(孟骨島), 대석남도(大石南島), 내·외알도(內·外謁島), 눌자도(訥子島), 관청도(官靑島), 소마도(小馬島), 진목도(進木島), 죽정도(竹頂島), 독거도(獨巨島), 비아도(飛鴉島), 청등도(靑登島) 등이다. 이들 이하 작은 섬 및 작은 무인도도 적지 않다. 모두 합산하면 관리하는 전체 도서의 수는 무려 100여 개에 달할 것이다.

구획 및 호구

진도군의 전역을 부내(府內)·군내(郡內)·고일(古一)·고이(古二)·의신(義新)·명금(鳴琴)·임일(臨一)·임이(臨二)·지산(智山)·조도(鳥島)·도초(都草)의

11개 면으로 나누고, 군치를 부내면에 두었다. 단 부내면 이외에 군내면에서 지산면에 이르는 8개 면은 진도 내의 구획이고, 조도면은 진도의 남쪽에 바둑돌처럼 분포되어 있는 군도 및 정등해(丁嶝海)에 떠 있는 가사도(加士島)[387], 기타 여러 섬을 포함한다. 도초면은 나주군도 안에 들어있는 도초도를 한 면으로 삼았다. 진도군 전체의 마을은 260여 개, 호구는 통틀어 6,430여 호, 인구는 대략 24,000명이라고 한다.

진도읍(珍島邑)

군치인 진도읍은 진도의 서부 소포강(素浦江)의 안쪽 북측에 있다. 이곳은 군아(郡衙) 외에 재무서, 우편취급소, 경찰관주재소, 면화채종지[綿花採種圃] 등이 있고, 시가는 제법 번화하다. 일본인 거주자가 14호, 29명 있다.

교통

교통은 읍내에서 목포까지 가는 길이 두 갈래가 있다. 하나는 육로를 주로 이용하는 것으로 읍내에서 명양도(鳴洋渡)까지 30리, 거기서 해남군에 속하는 우수영(右水營)으로 건너간다. 그곳에서 화원반도(化源半島)의 사촌(砂村)까지 40리, 사촌에서 바닷길로 30리를 가면 목포에 이른다. 육·해로로 총 100리이다. 또 하나는 직항로인데, 약 130리이며 3척의 선박이 항상 통항하고 있다. 또 조도로 도항할 수 있는 곳으로 남안(南岸)의 남도리(南桃里)에 나루가 있다. 단 이 사이의 장죽수도(長竹水道)는 조류가 제법 급하므로 바람과 파도가 일 때에는 운행이 곤란할 수 있다.

통신

통신 기관은 읍내에만 있다. 목포국(木浦局)까지 발송하는 것은 1개월에 10회이고, 오전 7시 진도를 출발해 앞에 말한 육로를 거쳐 다음 날 오후 1시에 목포에 도착한다. 왕복 3일이 소요된다. 각 섬에 있는 조선인의 우편물은 군(郡)의 주사(主事)가 나누어 담당하고, 죽도등대는 목포순라선 우편소가 집배하는 구역에 속한다.

---

387) 원문에는 가토도(加土島)로 되어 있으나 정오표에 따라서 가사도(加士島)로 정정하였다.

교육과 위생

교육기관으로는 읍내에 광신학교(光新學校)388)와 한어학교(韓語學校) 두 곳이 있다. 광신학교는 공립이며 보통학(普通學) 이외에 일어를 가르친다. 기본재산으로 약간의 논을 소유하고 있으며, 매달 15원씩 국고에서 보조받는다. 또한 예산이 부족하면 한국인과 일본인 유지들의 기부에 의지한다. 한어학교는 사립이고 유생(儒生)이 교편을 잡고 있으며, 그 경비는 각 호별로 부담한다.

진도를 중심으로 동쪽의 완도군에 속하는 여러 섬과 서쪽의 지도군(智島郡)389)에 속한 여러 섬은 제주도와 마찬가지로 유형(流刑)을 집행하는 곳으로 현재 형기 중인 자들이 십 수 명 있다. 죄인[囚人]의 대부분이 문자를 알기 때문에 주민들은 자연스럽게 이들의 영향을 받아 다른 섬과 비교했을 때, 다소 학문을 숭상[尙學]하는 기풍이 있다.

위생기관은 군아에서 허가[認許]를 받은 의사가 각 면에 한 명씩 있다.

장시

장시는 읍내장 이외에 의신면(義新面) 평지(平地), 고이면(古二面) 모정(毛亭), 임이면(臨二面) 하석포(下石浦)의 세 곳이 있다. 이들의 장날은 읍내장이 매 2·7일, 평지가 매 4일, 모정이 매 5일, 하석포가 매 10일이다. 집산물의 종류는 생옥양목[生金巾], 표백한 옥양목[晒金巾], 견직물, 종이, 석유, 성냥[寸燐], 철기(鐵器), 소, 건어, 누룩[麴], 담배[煙草], 무명 등이 있으며, 1개월 평균 집산액은 3만 9천원이라고 한다.

중요물산

중요물산은 목화(棉花)와 식염이고, 이들 이외에 곡물, 어류, 해조, 석재 등이 있다. 하지만, 쌀과 보리의 생산은 섬사람들의 수요에 부족하다.

---

388) 지금의 진도초등학교로 1904년에 사립학교로 출발, 1909년 3월에 공립으로 전환되면서 진도공립보통학교로 개명하였다.
389) 지금의 신안군이다.

목화는 진도의 특산물로 활발하게 재배하고 있다. 매년 10월부터 11월에 걸쳐서 채집하여 목포를 거쳐 일본으로 반출한다. 최근 조사에 의하면 진도의 연간 생산량이 약 140봉도(封度)390) 정도이며, 판매가격은 8만 4천원 정도에 이른다.

주민의 말에 의하면 진도의 예산[公費]인 6만원은 목화로 채우고도 충분히 남는다고 하는데, 아마도 거짓말[誣言]은 아닌 듯하다.

제염업

식염은 목화와 더불어 중요한 물산이며, 군 전역에 56곳의 염막[鹽幕]이 있다. 이들의 소재지는 다음과 같다.

면 이름 (面 名)	마을 이름 [洞里名391)]	염막 수 (鹽幕 數)	비고[摘要]	면 이름	마을 이름	염막 수	비고
부내면 (府內面)	포산리 (浦山里)	2		지산면	봉암(鳳巖)	1	
	지도(芝島)	1			가치(加峙)	1	
군내면 (郡內面)	대사(大沙)	2		명금면 (鳴琴面)	오류(五柳)	1	
	죽전(竹田)	3			금갑리 (金甲里)	1	
	신동(新洞)	3			만길(晩吉)	1	
	둔전(屯田)	3			원두(元斗)392)	2	
	덕병(德柄)	4			도목(桃木)	1	
	고길(古吉)	1		임이면 (臨二面)	연동(蓮洞)	2	
	보하(寶下)	1					
	소포(素浦)393)	16	4개소 일본인 소유	조도면 (鳥島面)	가사도 (加士島)	1	
고일면 (古一面)	오유(五有)	1			명지(明之)	1	하조도(下鳥島)에 있음
고이면 (古二面)	마산(馬山)	1			동구상리 (洞口上里)	1	
	벽파진 (碧波津)	1			율목(栗木)	1	
지산면 (智山面)	유목(楡木)	1		합계		56	
	심동(深洞)	1					
	대판(大阪)	1					

---

390) 무게의 단위인 파운드라는 의미를 담고 있으나, 약 63kg이라는 점을 감안했을 때 맞지 않는다.
391) 원문에는 洞里面으로 되어 있다.
392) 원두(元頭)로 표기하는 경우도 있다.

이처럼 소금의 생산량[製産]은 탁지부에서 간행한 『한국염업조사보고서』에 의하면 진도에 있는 지산, 명금, 부내, 고일, 고이, 군내의 6면에서만, 이미 1년에 3,739,600근에 이른다고 한다. 그렇다면 군 전체의 총 합계가 4백만 근 이상이라는 점은 아마도 의심의 여지가 없을 것이다.

각 면 가운데 가장 번성한 곳은 지산면으로 연간 생산이 2,692,330여 근에 이른다고 기록되어 있다. 지역별로 나누어 담는[裝俵] 용량은 현저한 차이가 있다. 즉 군내면 덕병 부근에서는 1가마니[俵]에 6말 5되(이하 일본 도량형[日本量] 기준이다), 지산면 소포 부근은 3말 5되, 명금면 만길 부근은 7말이라고 한다.

해조업

해조류 또한 진도군의 주된 산물이다. 그 종류는 풀가사리, 김, 파래[靑苔], 미역 등이며, 이 가운데 풀가사리가 많이 생산된다.

풀가사리

(풀가사리의) 수확기에 접어들면 진도의 동남단에서 그 부근에 떠 있는 여러 섬의 연안 일대에 있는 암초가 담황색을 띠게 된다. 이 지역의 풀가사리는 불등가사리가 많으며 참가사리는 적다. 발아기는 음력 10월 초~중순이며, 2개월 반 내지 3개월이 경과하면, 채취를 시작해 대략 5월 말에 끝낸다.

풀가사리의 채취는 각 지역마다 모두 동네규약[村規]이 있어 함부로 시작[著手]하는 것을 허용하지 않는다. 12월 하순 또는 1월에 시작하여 3월에 끝내는데 이를 제1회 채취기라고 하며, 마을 사람들이 모두 이에 종사한다. 제1회 채취가 끝나면 지속적으로 채취하는 부녀자를 제외한 다른 마을사람들의 채취는 자율에 맡기며, 5월에 이르면 끝난다.

김

김은 암초에 붙어서 자연에서 자란 것으로 양식은 하지 않는다. 질이 양호하고 향과

---

393) 원문에는 군내면에 속한 것으로 나오지만 원래 지산면에 속해 있다.

맛이 좋지만 제조법이 조잡하기 때문에 때때로 어떤 것은 두껍고, 어떤 것은 뜰 때 잘린 경우가 있다. 혹은 작은 조개[稚貝], 모래 또는 미역[海藿], 파래[靑海苔]가 섞여서 색과 윤기가 좋지 않은 점이 단점이다.

어업

어류의 종류가 풍부하지만, 많이 잡히는 것은 조기, 갈치, 감성돔, 가오리, 민어, 숭어, 가자미, 작은 상어, 전어 등이다. 어업은 사계절 내내 영위할 수 있지만, 이 가운데 가장 좋은 계절은 봄과 여름 무렵이라고 한다.

군에서 보고한 바에 의하면 군 전체를 통틀어 수조망 47통(統), 거망(擧網) 27통, 좌망(坐網) 25통이 있고, 그 밖에 휘라(揮羅)와 궁망(弓網)이 다소 있으며, 또한 어장(魚帳) 17좌(坐)와 어살 14좌가 있다. 1년 어획은 대략 14,100원 정도라고 한다.

진도의 동쪽에 있는 접도(接島) 부근에서 추자도 부근에 이르는 곳은 일본 도미줄낚시 어선의 어장이며, 어획기는 매년 양력 7월에 시작해 10월에 끝난다. 이곳은 위치가 목포에서 가까워서 목포에 거주하는 일본어민에 의하면 보고(寶庫)라고 불리는 곳이지만, 최근에 어획이 매년 감소해 최근에는 5일간 잡아도 종래 3일간 잡는 양에 이르지 못한다. 더구나 점차 앞바다까지 나가 물고기를 잡을 수밖에 없는 상황에 이르렀다고 한다.

진도

진도는 조선의 5대 큰 섬 가운데 두 번째로 큰 섬[394]이며 타원형을 이룬다. 동북에서 서남으로 길게 가로놓여 있으며, 최장거리가 60리 32정, 폭은 50리 12정이며, 면적은 대강 2,200방리이다. 지세는 동쪽에서 서남부 일대는 산악이 중첩하여 높고 가파르지만, 서북부에는 산이 높거나 험한 곳은 없다. 대개 구릉이고 비교적 경사지가 많다. 연안 또한 지세에 따라 동쪽에서 서남부는 급경사이다. 특히 서남부 주변은 산기슭[山脚]이 직접 바다에 잠기고 해안의 수심은 10길 이상에 이르지만, 북서부는 경사가 완만해서

---

394) 현재는 제주도 1809.9Km² → 거제도 374.9Km² → 진도 353.8Km²의 순으로 3위에 해당된다.

근해 일대가 얕다.

소포강(素浦江)

만입이 큰 곳은 서쪽에 있는 깊이 들어간 만인데, 서북쪽에서 남동쪽으로 만입한 깊이가 6해리 남짓으로 거의 섬을 가로지를 정도이다. 만내 일대에 갯벌이 넓고 길게 이어져 있지만 중앙에 물길이 통하며 5해리의 사이는 수심이 2길 이상 달하기 때문에 대부분의 배가 드나드는 데 지장이 없다. 「해도」에는 이 물길을 소포강(素浦江)이라고 하였다.

조도해(鳥島海)

소포는 만의 입구 서쪽 기슭에 있는 마을이며 염업이 번성한 곳이다. 만내의 갯벌은 염전 개척에 적합해서 소포 외에도 염업을 영위하는 마을이 매우 많고 번성한 것이 남해·서해안[南西沿岸] 중에서 으뜸이다. 이 깊게 들어간 만 다음으로 큰 곳은 남단에 있는 것인데 해도에는 조도해(鳥島海)395)라고 한다. 이 또한 갯벌 만에 속하고 만내에 연하는 마을은 적지 않지만 배를 묶어두기에 편리한 곳은 없다.

진포(津浦)

진포로서 유명한 곳은 북동단의 벽파진이다. 벽파진은 남안에서 목포에 이르는 지름길[捷路], 즉 진도해협(珍島瀨戶, 명량도鳴洋渡)396)의 동쪽 입구에 위치하며 또한 배를 묶어두기에도 편리하므로 해협을 통과하려고 물때[潮]를 기다려야 할 때는 반드시 이곳에서 배가 정박[停船]한다. 과거에는 남해·서해안의 중요한 나루터로 진(鎭)이 설치되었다. 그 밖에 동안(東岸)에는 접도와 마주하는 금갑진(金甲鎭)이 있으며, 또한 남안(南岸) 조도해의 동쪽에는 남도리(南桃里)가 있다. 이 모두 과거에 진이 설치되었던 곳으로 벽파진과 합쳐서 섬의 3진(鎭)이다.

---

395) 원문에는 오도해(烏島海)로 되어 있으나, 정오표에 따라서 조도해(鳥島海)로 정정하였다.
396) 전남 진도와 육지 사이의 해협으로 울돌목을 말한다.

진도의 각 면(面의) 위치

섬의 구획은 앞에서 제시하였는데 그 위치를 설명하면 군내면이 가장 북쪽에 위치하고 북쪽 해남군에 속하는 문내면(門內面)과 서로 마주한다. 그 동쪽으로 고이면, 고일면(옛, 군내면)이 서로 접해 있고 신의(新義), 명금(鳴琴), 임일(臨一), 임이(臨二, 옛 임회면臨淮面)과 순서대로 남쪽에 나란히 줄지어 조도해에 이른다. 조도해의 동쪽 만내에서 서쪽의 깊이 들어간 만내의 남단을 일직선으로 나누어, 서쪽 일대를 지산면(智山面)으로 하고 깊이 들어간 만내의 서쪽, 즉 섬의 중앙부를 기점으로 해서 부내면(府內面)으로 삼았다.

진도의 호구

호구는 섬을 합해서 5,160호, 19,450명이다. 중앙부에서 북서부에 밀집하여 남서쪽과 동쪽으로 나누어서 모여 있다. 다음에 각 면의 주요 어촌포의 개황을 기록한다.

군내면(郡內面)

군내면과 어촌포

앞에 제시한 기록과 같이 섬의 서북부에 위치하고 섬 중에서 가장 완만한 경사지가 많은 곳이다. 연해에 해창(海倉), 산월(山月), 수유(水有), 수류(水柳), 북치(北峙), 한의(寒衣), 용인(用仁), 대사(大沙), 나리(羅里), 녹진(鹿津), 신동(新洞) 등의 마을이 있지만 주민은 모두 농업에 종사하고 어업을 영위하는 자는 적다. 어구는 주로 어살 또는 외줄낚시를 하며, 어획물은 조기, 갈치, 농어, 숭어 등이 있지만 생산은 적다.

군내면의 동북쪽 명양도(鳴洋渡)의 동쪽 입구 부근에 있는 만입과 북서쪽 정등해(丁嶝海) 해변에 연하는 만입부에는 염전이 개척되어 있으며 연간 제염생산이 400,000근 남짓에 이른다.

고군면(古郡面)

고군면을 나누어서 고일면과 고이면으로 하였다. 군내면의 동쪽에 인접해서(고이면은 군내면에 접하고, 고일면은 그 동쪽에 이어져 있다) 섬의 동쪽을 이룬다. 토지는 군내면에 비교하면 산악이 많지만 험준한 곳은 없다. 고군면의 중앙에 옛 성이 있는데 용장성(龍藏城)이라고 하며, 고려 원종 11년 배중손(裵仲孫) 장군이 항거하면서 근거했던 곳이다. 성곽 또한 진도에 남아있는 옛터 중 하나이다. 부속 섬으로 금도(金島)가 있는데 고일면에 속한다.

벽파진(碧波津)

벽파진은 고이면의 동북단에 위치한다. 앞쪽에 수목이 울창한 작은 섬이 띠 있어서 풍경[風影]을 음미해 볼 만하다. 이 작은 섬은 동쪽을 막아주며 북쪽의 수심이 8~9길이 되어 500~600톤의 기선이 충분히 정박[繫留]할 수 있으며 또한 어선이 정박해도 안전하다. 마을은 안팎으로 나누어져 있고 호구는 합해서 300호, 1,560명이다.

그렇지만 부두(埠頭)에는 겨우 30호, 150~160명 정도가 있다. 언뜻 보면 보잘것없고 부진한 곳 같지만 이곳은 남·서해안의 요충지에 위치하며 상선 출입이 빈번하여 자연히 물자의 집산이 많다. 진도 내의 집산지로서 제일이며 이곳에서 반출하는 물산은 명주[綿], 콩, 목면, 식염, 해조류, 납석(蠟石) 제품 등이고, 그중 명주와 콩의 수출이 많다, 장시가 있어 매 5일에 열리며 부근 마을에서 모여드는 자가 적지 않다. 부두의 남쪽 만입부에 염전이 있어 제염이 상당하게 영위된다. 어업은 부진하다. 벽파진에서 해남군에 속한 우수영까지 6해리, 목포까지는 20해리라고 한다.

원포(遠浦)397)

원포는 또한 일정흘(一丁屹)398)이라고도 쓴다. 고이면의 동남부에 있으며 남서쪽으로 면하고 항구의 좁은 곳은 2정(町)정도이다. 썰물[退潮] 때는 항내(港內)가 갯벌

---

397) 원래는 진도군 고일면에 속한 지역인데 1914년 행정구역 통폐합에 의해 고군면에 편입되면서 오하리와 하율리 일부를 합하여 원포리라 하였다. 遠浦는 1804년 김해 김씨 金哲洪이 정착하면서 마을을 형성하여 갯가에 위치한 마을이라 하여 '먼개', '멀포'라 부르다가 이후 '원포'로 개칭하였다.
398) '一丁'은 '朾'의 오기로 보인다. 원포는 멀포, 마흘포, 며흘포 등으로 불렸다.

이 되지만 어선이 풍랑을 피해 정박할 수 있다.

어업은 외줄낚시 및 어살로 하며, 외줄낚시는 주로 조기를 잡는다. 어장은 마을에서 2~3해리 떨어진 마로도(馬路島) 근해인데 수심이 4~5길인 곳이다. 어획기는 4월~6월 사이이며 미끼는 치패(稚貝)³⁹⁹⁾를 사용한다. 만내가 갯벌이어서 잡기 쉽다. 어살은 규모가 큰 것은 없고 시설비[建設費]는 소나무 자재와 대나무 발을 합쳐서 15관(貫) 정도이다. 어획기는 대개 봄 3~6월에 이르는 사이이며 갈치, 방어, 조기를 잡는다. 고군 면의 두 면에 속하는 임해 마을로는 황조(黃朝), 임창(林昌), 벌포(伐浦), 금호(金湖), 가계(佳界) 등이 있지만 모두 정박[寄泊]할 수 없으며 어업 또한 활발하지 않다.

의신면(義新面)

고군내면(古郡內面)의 남서쪽과 이어지고, 속도(屬島)로는 모도(茅島), 지저(芝底), 삼도(三島) 등이 있다. 연안 마을로 구용(九用), 군포(郡浦), 초평(草坪), 송천(松川), 연주(連珠), 가향(加香) 등이 있다. 의신면에서 어업이 제법 활발한 곳은 모도 이하 여러 섬이고, 행망(行網) 20파(把), 어살 여러 좌가 있다. 그리고 어채물은 빈어, 조기, 갈치 등이라고 한다.

명금면(鳴琴面)

의신면의 남서쪽과 이어지고, 동쪽의 거의 중앙에 위치한다. 앞쪽에 접도(接島, 혹은 갑도甲島라고도 한다) 및 구자도(狗子島)가 떠 있다. 접도의 중앙에는 남망산(南望山) 이 솟아 있고(해발 545피트) 수목이 무성해서 표지[目標]로 삼을 만하다. 섬은 갯벌로 진도까지 이어져 멀리서 바라보면 마치 하나의 갑각(岬角) 같다. 구자도는 접도의 남쪽 에 있는 작은 섬이다. 명금면은 동쪽이 외해(外海)에 면하는 동시에 서쪽 일부는 소포강 (素浦江)에 이어진다. 그리고 임해 마을은 도목(桃木), 도명(桃明), 창포(蒼浦), 금갑 (金甲), 고곡(沽谷) 등이 있다. 접도와 구자도에도 역시 마을이 있다.

---

399) 아직 덜 자란 어린 조개를 말한다.

금갑진(金甲鎭, 금갑)

앞에서 보았듯이 진도의 세 요진(要津) 중 하나이다. 앞쪽에 접도가 떠 있어서 바람을 피해 정박하기에 안전하지만 수심이 얕고 썰물 때에는 갯벌이 된다. 예전에 진(鎭)을 두어 만호(萬戶)가 관리했던 곳이지만 폐진(廢鎭)된 후 거의 10년이 지나면서 마을은 날로 쇠퇴해져 지금은 겨우 37호, 180명을 헤아리는 데 그친다. 그렇지만 동쪽 중앙에 위치한데다가 다른 곳에 적당한 나루[津浦]가 없기 때문에 금갑진은 아직까지 진도에 있는 중요한 나루 중 한 곳이다. 게다가 땔나무 및 식수가 윤택하므로 어선이 기항하는 일이 적지 않다.

주민은 반농반어(半農半漁)를 하는데, 농산은 목면[綿]을 주로 하고 쌀, 보리는 생산이 적어 수요를 충족하지 못한다. 따라서 이곳 어업은 다소 볼 만하다. 어선 3척이 있고, 그 중에 일본식 연승을 운영하는 자가 있다(현재 사용하는 어선 1척은 선구船具, 어구漁具 1벌[式]을 더해 일본 어부로부터 대금代金 100원圓에 구입했다고 한다. 이 배는 폭 5척 5촌寸, 길이 20척, 깊이 1척 8촌의 중고라고 한다). 연승어업은 상어를 주로 하고, 혹은 도미와 가오리도 어획한다.

어장은 마을 앞쪽, 혹은 서쪽 조도(鳥島) 부근 바다 50~60리(里) 사이이다. 어기는 가오리가 봄 3~4월, 2개월, 가을 9~10월, 2개월가량이다. 도미는 여름 5~8월 경이다. 미끼는 상어의 경우 오로지 낙지만 사용하고, 겨울 11~1월 사이는 상어 어업을 운영한다. 대개 미끼를 얻기 어려움에 따라 상어는 1척 5촌 정도인 것이 많고, 도미는 1척 내외인 것이 많다. 시가는 상어 한 마리에 100문(文) 내외, 도미 40~60문이라고 한다. 어기 중 어획고는 지금 그 양을 알기 어렵지만 어선 1척에 승선원 3~4명으로 하루 사이의 어획이 가장 많을 때가 3관문(貫文) 정도라고 한다. 종사자는 1개월 혹은 1어기로 고용하는데 음식을 선주가 마련하고, 급료는 1개월에 1관 500문~2관문으로 고용이 용이하다.[400]

부근 일대에 바위 등이 있는 해안[磯邊]에는 풀가사리[海蘿], 김[海苔] 생산이 많으

---

400) 원문에는 雇傭交易なり(고용·교역한다)로 기록되었으나 정오표에 기록된 雇傭容易なり(고용이 용이하다)로 정정하였다.

므로 채조업이 제법 활발하다. 김발틀[濾枠, こしわく]은 나무로 만들었는데, 길이 1척 3촌~1척 4촌, 폭 6촌 5푼[分]~7촌, 깊이 1촌 4~5푼이다. 발[簀]은 짚[藁]으로 만드는데 길이 1척 5촌, 폭 8촌 정도이고 좌우의 가장자리에 대나무[丸竹]를 붙인다. 생산액은 정확하게 알 수 없지만 풀가사리는 매년 약 1,000근, 김은 약 350속을 수출한다고 한다. 김 1속의 가격은 평균 50문이다. 채취 장소는 금갑만 내의 접도(接島) 주위 등인데, 진도에서는 이곳이 가장 김의 산출이 많고 또 양질이다. ▲ 이곳에는 배를 만드는 목수[船大工]가 있어 어선을 제조한다. 재료[用材]는 완도산이며 새로 만드는 비용은 약 30관문이 필요하다고 한다.

임회면(臨淮面)

임일면(臨一面), 임이면(臨二面) 두 면으로 나누었다. 명금면(鳴琴面)의 서쪽과 이어져 진도의 남단을 이룬다. 북쪽은 진도의 서쪽에 깊이 들어간 만 안쪽에 면한다. 서남쪽은 지산면과 더불어[相竢] 조도해(鳥島海)를 이룬다. 일대는 산악이 중첩해서 완경사지가 적고, 마을도 역시 적다. 임해 지역에 죽림(竹林), 노상(刀藏), 상만(上萬), 중만(中萬), 탑립(塔立), 귀성(貴星), 굴포(屈浦), 남도(南桃), 서망(西望), 팽목(彭木), 연동(蓮洞), 선항(先項), 염장(鹽丈), 고산(高山), 매정(梅丁), 폐동(陛洞), 이동(巳洞) 등의 마을이 있다. 그리고 죽림 이하 서망에 이르는 9개 마을은 외해(外海)에, 팽목, 연동 2마을은 조도해에, 선항 이하 이동에 이르는 6개 마을은 진도 북부에 깊이 들어간 만에 연한다. 이들 각 마을 모두는 많든 적든 수산에 관계없는 것은 아니지만 그 중 주요한 곳은 굴포 및 남도이다. 개황은 다음과 같다.

굴포(屈浦, 굴포)

임이면의 중부 동쪽에 면한 만 안에 위치하고 인가 20호가 있다. 마을 사람은 어업을 주로 하고 농업을 겸한다. 어선 6척, 초망(抄網) 25파(把), 거망(擧網) 7통, 어장(魚帳) 5곳이 있다. 갈치, 조기, 농어, 상어, 도미, 가오리, 아귀 등을 어획한다. ▲ 상어는 귀상어(つのざめ)[401], 괭이상어(ぬこざめ)[402], 작은 상어이고, 연승으로 어획한다. 어장

은 30~50리 남쪽 및 남서쪽 독거군도(獨巨群島), 조도군도(鳥島群島) 근해 수심 15길 사이, 해저 갯벌이 깊고 조류가 완만한 곳을 택한다. 미끼는 봄, 가을 모두 주로 전어[鰶] 작은 것을 사용하거나 혹은 낙지 및 그것을 자른 미끼를 사용한다. 연승어업은 낚시 도구를 선주가 지참할 때에는 승선 선원과 절반으로 나누고, 본인이 직접 낚시 도구를 지참할 때에는 선주가 40%를 가지고, 나머지 60%로 분배한다. 평지가 적지 않아서 논 1마지기에 3~8관문, 밭은 300~600문 정도라고 하지만 매매할 만한 것은 드물다. 만 내의 남쪽에 면하여 제방으로 만과 경계를 나누어서 항상 약간의 함수(鹹水)를 가득 채운 곳이 있다. 일찍이 염전이었던 곳이라고 한다. 이 장소 이외에도 염전 개척에 적당한 곳이 없지 않다. 그렇지만 현재 염업에 종사하는 자는 없다.

남도리(南桃里)[403]

남도리는 굴포(屈浦)에서 10리 떨어진 곳에 있는데[404], 제법 큰 만의 동쪽 모퉁이에 있다. 만은 동·서·북 삼면이 산으로 둘러싸여 있고 남쪽으로 열려 있는데, 그 폭은 약 1정(町)이다. 만 안의 동쪽에 길이 5간(間), 높이 1장(丈)의 방파제가 있다. 이곳에 배를 댈 수 있지만, 더 들어가서 북동쪽 만의 안쪽이 적당하다고 한다. 만의 안쪽은 썰물 때는 전부 갯벌이지만 만조 시에는 수심이 2길에 달한다. 기암과 푸른 소나무가 마주보고 있으며, 풍경이 빼어나다. 이곳 또한 예전에 만호(萬戶)가 설치되어 다스리던

---

401) 곱상어를 말한다. 돔발상어목 돔발상어과에 속하며, 학명은 *Squalus acanthias Linnaeus*이다. 방언으로는 곱상어, 곱바리, 기름상어, 곰바리, 유아리, 돔바리상어, 곱지 등의 명칭이 있다. 우리나라 남동 연해에 분포하며 북부 중국, 북대서양, 소오야 해협 및 서부 알류산군도를 거쳐 미국 서해 연안의 샌디에고 부근까지 분포한다(국립수산진흥원, 『한국연근해 유용어류도감』, 1994.).

402) 괭이상어를 말한다. 괭이상어목 괭이상어과에 속한다. 학명은 *Heterodontus japonicus*이다. 방언으로 애몽상어(여수), 씬도령(완도), 씬도롱, 단도롱, 괴상어, 괭상어(충남), 양이상어(경기), 전등이, 도렝이(제주), 꼬내기(부산), 고동무치, 도롱상어(봉암도) 등의 명칭이 있다. 몸 빛깔은 암갈색 바탕에 흑갈색의 가로띠가 머리 뒷부분에서 꼬리자루 뒷끝까지 폭이 넓은 것과 좁은 것이 교대로 약 6개씩 있으며, 또 머리 위와 가슴지느러미에도 가로띠가 있다. 우리나라 서·남해, 일본 중부이남, 동중국해, 아프리카 동부에 분포한다.(국립수산진흥원, 『한국연근해 유용어류도감』, 1994.)

403) 「조선5만분1지형도」에는 남동리(南洞里)로 되어 있다.

404) 원문에는 서북쪽이라고 되어 있다.

곳으로 당시의 석성(石城)[405]이 지금도 남아 있다.

(남도리의) 호수는 50여 호이며 주민은 농업을 주로 하지만 어선이 2척, 초망[抄網] 5파(把), 궁선 그물[弓船網] 1통이 있다. 또한 어장(魚帳) 2곳이 있다. 어획물은 상어, 갈치, 전어 등이며, 상어는 주낙으로 갈치는 외줄낚시로 전어는 초망을 사용한다. 초망을 사용하는 경우에는 한쪽 끝을 육상에, 다른 한쪽 끝을 배에 묶어서 아래로 내리기 때문에 어장은 반드시 돌출된 곳 부근을 고른다. 조류가 급하고 바닥이 암초인 곳이 가장 좋다고 한다. 어장은 대부분이 마을 부근이며 밀물 때에 수심이 5~6길인 곳이다.

어획기는 봄과 가을 두 계절이며, 봄은 3~5월 경이고 가을은 9~11월 경이다. 어획이 많은 경우에는 1일 1회에 10관문, 적은 날에는 2관문 정도의 이익을 얻는다. 가격은 작은 것이 조선 사발[砂鉢]로 1그릇(무게[目方] 약 2백돈 정도), 제법 큰 것은 10마리에 20문 정도이다. 해조류로는 풀가사리와 김이 있지만 생산이 많지 않다. 진도에서 조도(鳥島)로 향하는 경우에는 이곳에서 가는 것이 편리하며, 거리는 약 30리이다.

지산면(智山面)

진도의 서남단에 위치하며 동쪽의 소포강(素浦江)으로 군내·부내·명금의 세 면과 경계를 이룬다. 남쪽의 임회면과 서로 마주보면서 조도해(鳥島海)를 구성한다. 북서쪽 일대가 외해에 닿아 있어서 거의 반도 형태이다.

면적은 진도에 속한 각 면들 가운데 제일 크지만 산악과 구릉이 중첩되고 서로 이어져 있는 것 또한 섬 전체에서 으뜸이다. 그렇지만 이곳의 지세(地勢)가 마침 목장에 적합해서 예전에는 관의 목마장으로 선택되어 목축이 제법 번성했다.

연안의 형세는 소포강 및 조도해에 접해 있는 부분은 일대가 갯벌이며 외해에 접해 있는 부분은 험한 절벽인 곳이 많다. 소포강 연안의 일대는 유명한 염업지대인데, 2,693,000여 근에 이르는 연간 제염액의 대부분이 지산면에서 산출된다. 조도해 또한 염전의 개발에 적합한 곳이 많다.

지산면 연해의 마을은 오류(五柳), 송호(松湖), 봉암(鳳巖), 마사(馬沙), 수양(水

---

405) 진도 남도진성으로 사적 제 127호이다.

揚), 심동(深洞), 가마(加馬), 세포(細浦), 금로(金老), 갈두(葛頭), 거치(巨峙), 소포 (素浦) 등이다. 오류에서 마사에 이르는 4마을은 조도해에, 수양에서 거치(巨峙)[406] 에 이르는 7마을은 외해에 접한 연안에 있다. 소포는 소포강에서 중요한 곳이다. 외해에 접한 각 마을에서는 모두 다소의 어업이 시행되지만, 이 일대의 조사가 누락되었다.

소포강에 접한 소포 및 조도해에 접한 오류동 부근은 목포에 있는 조일흥업주식회사 (朝日興業株式會社)에서 경영하는 염전이 있다. 아래에 소포의 염업에 대해 기록한다.

소포(素浦)

소포는 소포강을 10리 거슬러 올라간 서남안에 있다. 지산면에서 건너편의 군내 및 부내면 지역에 이르는 도선장으로 소포[本浦] 및 부근의 마을에서 군읍 또는 목포와 해남지방에 이르는 경우에 반드시 이 나루를 거쳐 간다. 마을은 도선장에서 남서쪽으로 약 10정인 곳에 위치한다. 70여 호, 350여 명이 살고 있으며 염업이 활발한 곳이다.

소포의 염업[407]

염전은 마을의 서쪽에 10곳, 북쪽에 4곳, 남쪽에 2곳을 합쳐서 16좌가 있다. 이들 모두 입빈식(入濱式)[408] 염전으로 토질은 점토와 모래[粘沙]가 혼합되어 있다. 가마 [釜] 하나에 해당하는 염전 면적은 일률적이지 않지만 대개 2,500~3,000평이 보통이 다. 염정[沼井][409]은 가마 한 곳에 30개인 곳과 35개인 곳, 또는 40개인 곳이 있어서 이 또한 일정하지 않다. 가마의 크기는 직경이 2~3간 정도이다. 소정(沼井) 한 곳에서 대략 보름 동안 1말들이 통으로 30개, 즉 30석의 함수(鹹水)를 모은다고 한다.[410] 이 조업은 종사자 한 명이 소정 4곳을 담당한다.

끓이는 가마[煎熬釜][411]는 각형 가마[角釜]와 원형 가마[丸釜]가 있다. 각형 가마

---

406) 원문에는 마치(馬峙)로 되어 있다.
407) 원문에는 소포 단락에 들어있지만 내용상 분리하였다.
408) 자연증발식 염전의 일종으로 염전 주위에 제방을 쌓지 않았다.
409) 재래식 제염법의 침출 장치로 모래를 바닷물로 씻어 염분을 회수하고 바닷물보다 5~6배 진한 함수(鹹水)를 얻는 기능을 한다.
410) 대두 기준 5말이 1석인데, 원문에서 1말들이 30개를 30석이라고 하였다.

는 목포에서 제조하는 것인데, 크기가 일정하지 않지만 대개 길이가 7척 8촌, 폭이 3척 6촌, 깊이가 2촌 5푼 정도이며, 두께가 5푼 정도인 철판을 못으로 고정[釘著]시킨 것이다. 각형 가마는 10개 있다. 가마 한 곳에서 1회에 약 3말 5되를 생산하는데 이를 한 포대[一俵]로 한다.

각형 가마의 가격은 크고 작음에 따라 차이가 있지만 앞에서 말한 솥이 13관문, 그 내구 연한이 3년이다. 각형 가마를 걸 수 있는 부뚜막[竈]의 높이는 보통 2척으로 점토 또는 돌로 쌓는다. 화구(火口)는 가로가 6촌 5푼, 세로가 2촌 정도이다. 원형 가마는 대개 나주에서 제조한 것이다. 직경이 5척 6촌, 깊이는 중심부가 8촌, 가장자리[緣]가 4촌 5푼, 두께가 2푼이다. 원형 가마는 8개가 있다. 가마 한 곳에서 1회에 5말 2되 5홉을 생산한다. 원형 가마의 가격은 80관문이며, 10년간 쓸 수 있다. 부뚜막의 높이는 1척 6촌, 화구는 가로가 5촌 5푼, 세로가 2척 3촌이라고 한다.

땔나무는 진도에서 자라는 소나무의 작은 가지를 사용한다. 한 포대를 끓이는 데 작게 묶은 것은 11다발[把], 크게 묶은 것은 8다발이면 충분하다. 작은 묶음은 150문, 큰 묶음은 200문 정도이다.

소금을 생산하는 계절은 날씨만 양호하면 1년 내내 종사할 수 있지만, 평균적으로 1년 가운데 음력 2~3월과 7~10월의 6개월 동안 제염에 종사한다. 4~6월의 3개월은 농업에 바쁘고, 11~1월의 3개월은 춥기 때문에 휴업한다.

대부분의 염전이 소작에 의해 경영되며 큰 가마는 소작인이 11~12명이고 작은 가마는 8~9명이다. 소작료는 대개 7포대(2석 4말 5되)당 1포대(3말 5되)의 비율로 염막 소유자가 이를 수납한다.

소금 객주[鹽問屋] 1호가 있다. 소작인에게 자본을 빌려주거나 다른 지방에서 소금을 사러 올 때 매매를 주선한다. 그 수수료는 1포대에 2푼 5리이다. 융희 원년(1907년)에 이 지역의 생산액은 합계가 6,500포대로 평균 시세가 1포대에 420문이었다. 염전 한 가마[釜]의 매매가격은 최고 80관문에서 최저 30관문의 시세[相場][412]이다.

---

411) 바닷물을 끓여서 소금을 생산하는 전통적인 방식으로 천일염이 보급되기 전에 사용되었다.
412) 원문에는 상정(相庭)이라고 되어 있는데 이는 상장(相場)의 오자이다.

조일흥업주식회사 소유의 염전이 4곳 있다. 제염은 마을 사람들이 맡는다[受負]. 요금은 10~6관문으로 1년의 풍흉에 의해 가감되며 봄과 가을에 회사에 분납한다.

조도면(鳥島面)

진도군의 소속 섬 중에 진도와 진도에 부속된 2~3개의 작은 섬을 제외하고 여러 섬들을 모두 합쳐서 조도면으로 삼았다. 조도면의 섬들은 면적이 큰 것은 없지만 작은 섬들이 헤아릴 수 없이 바둑돌처럼 여기저기 흩어져 있다. 더욱이 섬들이 한 곳에 모여 있는 조도면과 같은 곳은 전국 연안에서 비교할 만한 곳[比類]이 없을 것이다.

섬 중에 면적이 가장 큰 것은 하조도(下鳥島)이고 그 다음으로 상조도(上鳥島)와 가사도(加士島)라고 한다. 이들 섬 이름을 따서 조도면이라고 한 것이다. 가사도는 본래 가사도의 동북쪽 정등해(丁嶝海)에 떠 있는 여러 섬을 아울러 별도로 한 면을 삼은 것이다. 이 3섬의 둘레는 하조도 50리 남짓, 상조도 30리 20정 남짓, 가사도 30리 남짓이다. 또한 이외에 둘레가 10리 이상 되는 섬을 열거하면 볼막[甫乙幕][413], 대마(大馬), 동·서거차(東·西巨次), 맹골(孟骨), 관청(官靑), 나배(羅拜), 눌옥(訥玉), 내·외갈도(內·外竭島), 대석남도(大石南島), 옥도(玉島), 독거(獨巨) 등이 있다. 이들 섬에는 모두 인가가 있으며 그중에 상·하조도, 가사도, 동·서거차, 볼막, 대마, 소마, 맹골, 독거, 나배 등의 경우에는 주민이 각각 100명 내외이다. 그리고 이 중 큰 섬에는 2~3곳의 마을이 있다. 호구는 조사가 정확한 것은 아니지만 조도면의 여러 섬을 합쳐서 866호, 3,380여 명이라고 하는데 다소 많은 감이 있다.

각 섬은 모두 토지가 좁고 농산이 매우 적기 때문에 주민은 자연히 수산 이익에 의존해 생활[衣食]할 수밖에 없다. 그래서 어업은 비교적 활발하다. 진도군의 보고에 따르면 조도면 전체 합쳐서 어선 31척, 정치망[漁帳] 7곳이라고 한다. 그렇지만 실제 수는 이것의 배가 될 것이다.

---

413) 원문에는 한자표기가 甫乙幕으로 되어 있지만 '甹'이다. 원문 306쪽에 甹幕島(볼막도)라고 한글 기록이 있다.

어업

각 섬의 중요 어업은 봄에 조기 어업, 봄·가을 두 철에 상어 어업 등이 있다. 조기는 중선으로 어획한다. 매년 칠산탄에 출어하는 어선은 여러 섬을 합쳐서 30척을 밑돌지 않는다고 한다. 사용 어선은 길이 3장 8척, 폭 1장 2척~1장 5척, 깊이 5척 4~5촌 정도이며 한 어선의 승선 인원은 15명 내지 17~18명이다(어선 1척의 건조비용[新調費]은 어구를 합해서 200관문이다. 자금은 대부분 목포 또는 읍내의 객주에게 의지한다).

상어는 주낙 또는 외줄낚시로 어획한다. 어장은 조도 근해[414]이고 계절은 봄 3~5월, 가을 8월 경이다. 미끼는 진도 남도리에서 잡은 전어를 사용한다. 그 밖에 가오리도 많이 어획한다.

해조류[海藻]

풀가사리, 김, 미역 등은 진도의 중요 물산이며, 풀가사리의 생산이 많다. 매년 목포 무역상 또는 진도 읍내 객주들이 미리 선금[前金]을 치루고 나서 채취 시기가 되면 현품(現品)을 인수한다. 채취 시기는 3~5월 말에 이른다. 지난 광무 10년(병지 39년) 녹소에 살고 있는 일본상인 아무개가 모두 사들이면서 기록한 내용[手記]은 다음과 같다.

단위 : 근(斤)

생산지＼종류	풀가사리	참풀가사리	생산지＼종류	풀가사리	참풀가사리
동거차도	2,250	1,500	상조도	6,900	2,100
맹골군도	350	1,200	소마도(小馬島)	1,500	1,300
대마도	2,500	2,000	나배도	800	300
모도(毛島)	1,500	1,500	독거도	400	1,000
서거차도	1,200	1,700	죽항도	350	700
관청도	2,600	1,800	청등도(青嶝島)	1,500	1,000
진목도(淮木鳥)	500	500	하조도	9,300	2,900
내갈도	1,000	1,500	볼막도	4,000	2,700
외갈도	1,000	－	눌옥도	300	200
옥도	800	600	계	38,750	24,500

---

414) 원문에는 오도근해(烏島近海)라고 되어 있다.

기록에 의하면 풀가사리 38,750근, 참풀가사리 24,500근 합계 63,250근이다. 이를 원산지 시세인 100근(16관문)당 풀가사리 5원, 참풀가사리 9원으로 환산하면, 풀가사리 1,937원 50전, 참풀가사리 2,205원 합계 4,142원 50전이다. 여기에 조선인 등이 매수한 분량을 추가하면 적어도 4,500원 이상일 것이다.

각 섬에 대한 조사는 아직 충분하지 않지만 그 지리는 일본수로부에서 간행한 『조선해수로지(朝鮮海水路誌)』에 상세하다. 그러므로 지금은 일단 『조선해수로지』에 의거하고 「해도」 또는 기타 보고서를 참작해서 개요만을 서술한다.

조도 및 부근의 여러 섬

상조도(上鳥島)

상조도는 진도의 서남쪽 4.5해리에 있고 크기가 조도면 섬 중에서 두 번째이다. 동서 10리 18정, 남북은 동서의 ½, 면적은 50방리 남짓이다. 하조도와 나배도의 북쪽과 마주해서 조도수도를 이룬다. 조도수도는 동쪽 입구가 매우 광활하지만 정주포(停舟浦) 반도 부근은 매우 좁고 더욱이 양쪽으로 얕은 갯벌[淺堆]이 연이어 뻗어있다. 그러므로 작은 기선 외는 통항이 어렵다.

▲ 조석(潮汐)은 정주포에서는 삭망고조 0시 10분, 대조승 11.5피트, 소조승 7피트 남짓이고 밀물(漲潮)은 서쪽으로, 썰물(落潮)은 동쪽으로 흐르고 속도는 2~3노트[節]이다. 그리고 낙조류(落潮流)는 고조 약 45분 후에 시작되어 약 8시간 지속되고 창조류(漲潮流)는 저조 약 1시간 후에 시작되어 약 4시간 지속된다.

▲ 상조도의 남쪽은 갑각이 들쑥날쑥 튀어나와 4곳에 만을 이룬다. 동쪽의 제1만은 즉 정주포인데 만 안쪽으로 당도리(堂道里)가 있다. 서쪽 해변은 간조(干潮)시에 갯벌이 드러나지만, 동쪽 해변은 선박의 정박[假泊]에 적합하므로 기항하는 선박이 적지 않다. 정주포를 이루는 남동각을 당단(堂端)이라고 하며 높이는 228피트이다. 또한 서쪽 해변을 이룬 갑각은 끝부분이 뾰족하고 원형[尖端圓形]이며 높이가 62피트인데

꼭대기에 수목이 무성하다. 여기를 정주포반도라고 부른다.

정주포반도의 서쪽으로 갑각이 돌출되어 있어서 제2만과 제3만을 이룬다. ▲ 제2만은 만의 입구가 매우 넓지만 중앙에 높이 84피트인 봉도(蜂島)와 봉도의 동쪽으로 높이가 5피트인 송도라는 작은 섬이 가로놓여 있다. 만의 서쪽 안에 마을이 있는데, 맹성리(孟城里)라고 한다. ▲ 제3만의 중앙에는 높이가 107피트인 구남도(求南島)가 있으며 남북으로 길다. 만의 서쪽 안에 마을이 있는데 동구리(洞口里)라고 하며 제염에 종사하는 사람이 많다. 제2만과 제3만 두 만 모두 갯벌이 넓게 펼쳐져 있기 때문에 배를 대기 어렵지만, 앞쪽으로 하조도의 북안과 서로 마주보고 있어서 풍경이 대단히 아름답다.

▲ 제4만은 가장 서쪽에 있는 작은 만이다. 이곳 또한 갯벌만이고 염전이 개척되어 있으며 서쪽에 율목리(栗木里)가 있다. 율목리 뒤쪽으로 돈대산(敦臺山)이 우뚝 솟아 있는데 높이가 해발 727피트이며 섬 중에서 가장 높은 산이다. 북쪽의 해안은 서북쪽으로 굴곡이 많으며 대개 가파르고 험하다. 상조도의 동북쪽에 가까운 작은 섬이 있는데 항도(項島)[415]라고 한다.

하조도(下鳥島, 하죠도)

하조도는 상조도(上鳥島)의 남쪽에 위치한다. 조도면에서 가장 큰 섬으로 동서 10리 32정, 남북 10리 9정, 면적은 약 100방리에 가깝다. 이 섬의 지세는 서남부에서 북동부 사이는 융기하고 남부에 이르러 점차 완경사를 이룬다. 섬에서 최고봉은 서남부에 있는 돈대산(敦臺山)이라고 한다. 해발 891피트이다. 그 서쪽에 2, 3개의 높은 봉우리가 우뚝 솟아있고[屹立], 여세는 북안(北岸)의 중앙으로 달려 높이 752피트의 신검산(神劍山)을 이룬다. 다시 해안가를 따라 뻗어 북동각 마리단(馬里端)에 이르러 각 위에 거의 같은 높이의 암봉(岩峰) 2개를 이루는데, 높이 422피트에 달하며 한의산(寒衣山)이라고 한다.

남동쪽에서 이곳을 바라보면 마치 낙타 등[駝背]처럼 보인다. 이 사이에 700피트

---

415) 원문에는 頂島라고 되어 있다. 현재는 맹성항도이다.

이상의 높은 봉우리가 3곳 있다. 다시 동안(東岸)을 따라 남하하면 산세가 점차 낮아져 남단(南端)에는 최고점이 약 400피트에 불과하다. 그 남동쪽을 향해서 돌출하여 죽항도(竹項島)의 북서각과 마주하는 좁고 긴 갑각을 항단(項端)이라고 한다. 고점은 107피트이다. 이 섬의 북쪽은 험한 절벽이 끊겼다 이어졌다 하는 해변으로서 겨우 작은 굴곡을 볼 수 있을 뿐이다. 서안(西岸)은 갯벌이 넓게 펼쳐져 있는데, 그 사이에 긴 갑각이 돌출되어 나배도(羅拜島)의 남동각과 근접한다. 동안(東岸)은 북쪽과 상황이 같지만 남쪽에 이르면 굴곡이 심하여 중앙부에 깊이 요입한 만이 하나 있다. 만구(灣口)는 좁고 물이 얕다. 만 안에 돌출부가 있어서 동서로 나누어진다. 동만(東灣)의 안에 있는 마을을 육동리(六洞里)라고 한다. 작은 물줄기가 여기를 관통해 흐른다. 마을의 서남쪽은 지세가 낮고 평평해서[低夷] 경지가 많아, 쌀·보리·팥 등을 생산하고 약간의 수출도 한다.

읍구리(邑口里) 및 창리(倉里)

▲ 서만(西灣)에 있는 것은 읍구리(邑口里)라고 한다. 약간 북쪽에는 창리(倉里)가 있다. 모두 돈대산의 동쪽 기슭에 위치한다. 만 안은 갯벌로 되어 있어 배를 대기에 곤란하다. 이 만의 서쪽 갑각 앞쪽에는 높이 238피트의 작은 나무들이 있는 섬이 있는데 조수오도(鳥水五島)라고 한다. 죽항수도(竹項水道)의 북쪽을 이룬다. 또 서남쪽에 만이 하나 있는데 해변은 다소 갯벌로 이루어져 있고, 얕은 갯벌[淺堆]이 만구(灣口)까지 펼쳐져 있으므로 이곳도 역시 배를 수용하기에 적합하지 않다. 섬사람은 농업을 주로 하고, 어업, 채조 및 제염에 종사하는 자도 많다.

나배도(羅拜島, 라비도)·소라도(小羅島, 소라도)

나배도는 하조도의 서쪽 끝과 접하고 그 사이에 좁은 물길[澪]이 있다. 섬 모양은 동서로 길고 남북으로 좁다. 남쪽 중앙에 길게 돌출한 갑각이 있다. 섬에서 가장 높은 곳은 북동부에 있는데 원형이며, 높이 266피트이다. 섬 주위는 길게 뻗은 얕은 갯벌로 둘러싸여 있다. 남쪽에 나부(羅富)라고 하는 마을이 있다. 근처에 우물에서는 맑은 물이 솟아나고 가을에는 마를 때도 있다. 소라도는 나배도의 남동쪽에 있는 작은 섬으로 수목이 무성하고 섬 주위에 야트막한 갯벌이 길게 뻗어있다. 최고점은 65피트이다. 섬의 북서쪽 및 나배도의 동남쪽 끝에 각각 1개의 암초가 있다.

죽항도(竹項島, 쥭항도)

하조도의 동남쪽에 위치한 바위섬으로 고점(高點)은 521피트이다. 북쪽으로 열린 만이 하나 있다. 얕은 갯벌이 있지만 그 앞쪽 수심 10길 내외인 곳은 편남풍이 불 때 임시로 정박할 수 있다. 만내에 마을이 하나 있는데, 죽항(竹項)이라고 한다. 섬사람은 어업·채조(採藻)에 종사한다.

강대도(江大島, 강디도)·행금도(行金島, 항금도)

죽항도의 동쪽에 강대도(120피트) 및 행금도(199피트)가 있고, 두 섬의 동남쪽 근처에 담초도(淡草島)라는 바위가 있다. 또 서남쪽에 떠 있는 것은 청등도(靑登島)라고 한다. 이 사이를 죽항수도(竹項水道)라고 한다. 물이 깊어 숨은 위험물이 적은 수도로서 밀물 때(漲潮流)는 북서쪽으로, 썰물 때(落潮流)는 남농쪽으로 흐른다. 그 속노는 4~5노트이다.

청등도(靑登島, 청등도)

볼막도의 동쪽에 위치한다. 죽항도와 서로 마주하여 죽항수도를 이룬다. 섬의 형태는 동서로 길고, 해변은 험한 절벽으로 이루어져 있다. 북쪽에서 서남쪽까지 얕은 갯벌이 넓게 펼쳐져 있고, 동북쪽 끝에 돌출한 갑각 외에는 굴곡이 매우 적다. 산악이 동서로 굽이치고 최고점은 동쪽 해안에 있는데 424피트이다. 마을은 북서부에 있는데, 청도(靑島)라고 한다. 농업과 어업을 겸행한다. 이 섬의 동쪽에 0.5해리 떨어진 곳에 남무서(南無嶼)라고 하는 높이 31피트의 바위[岩]가 있다

볼막도(甫乙幕島, 볼막도)

상조도(上鳥島)에 버금가는 큰 섬으로 동서·남북 최장 길이가 비슷하게 25정

(町)에 이른다. 면적은 38.5방리(方里)이다. 조도군도의 남쪽 끝을 이루며 동거차도와 동쪽으로 3.5해리 떨어져 있다. 본 섬 중앙부 이북은 다소 낮아서 경지가 있다. 남쪽의 중앙은 최고점이 727피트이다. 동쪽 해안 및 서쪽 해안은 모두 400피트 이상의 고점이 있다. 북동쪽에서 북서쪽에 이르는 해변은 모두 험한 절벽으로 이루어져 있다.

각거도(脚去島)・방해도(防海島)

(볼막도에서) 북서쪽으로 가장 길게 돌출한 갑각은 각거도(脚去島)(386피트)의 남쪽에 접한다. (볼막도의) 북동각은 방해도(防海島, 164피트의 직립 바위)라는 작은 섬에 마주한다. (볼막도의) 동쪽 끝은 233피트의 항도(項島)와 마주한다. 그리고 이 세 섬 사이는 북동쪽에서 길게 뻗은 얕은 갯벌로 메워져 있다. (볼막도) 북서쪽도 또한 얕은 갯벌이 넓게 펼쳐져 해변에서 1해리 남짓한 거리에 이른다. (볼막도) 거의 중앙에 북쪽을 향해 열린 작은 만이 있지만 갯벌[潟地]이다

막구미리(幕九味里)・육리(陸里)

서쪽에 마을이 있는데, 막구미리라고 한다. 그 북동쪽에도 마을이 나 있는데, 육리(陸里)라고 한다. 근처에 수목이 무성하다. 이 부근은 제법 낮고 평평해서 경지가 개간되어 있다. (볼막도) 남쪽은 동남 및 남쪽으로 돌출한 갑각이 있다. 이 사이에 요입한 만이 이루어져 있는데, 이 또한 얕은 갯벌이다.

형제도(兄弟島, 형제도) 및 고서(槁嶼, 고셔)

이 만을 이루는 갑각의 앞쪽에 가로놓인 작은 섬이 두 개 있다. 동쪽을 형제도, 서쪽에 있는 것을 고서라고 하는데, 가까이에 서로 접하고 있다. 볼막도에서 좋은 정박지는 서북단의 정북쪽 수심 약 5길의 진흙 바닥인 곳으로 이 부근은 거의 조류를 느낄 수 없지만 편남풍이 불 때는 큰 파도가 친다.

대거마도(大巨馬島, 디거마도)

볼막도의 서쪽에 있는 작은 섬으로 고점은 194피트에 달하고, 작은 수목이 무성하다.

신의도(新衣島)

신의도는 볼막도의 동쪽에 있고 최고점은 276피트이고, 북단은 항도[416]와 마주한다. 남북으로 긴 작은 섬이다.

대마도(大馬島, 디마도)

대마도는 하조도와 거차군도 사이에 있고 북서쪽으로 볼막도와 1.5해리 떨어져 있다. 서남부는 요입해서 하나의 만을 이루며, 수심 1~3길에 달한다. 서쪽 해안은 산악이 이어져 있고 정상부에 괴암(怪巖)으로 이루어진 봉우리가 있다. 높이는 591피트이다. 북쪽 연안은 험한 절벽이며 3~4개의 암초가 있다. 섬의 동쪽은 작은 반도가 돌출해서 북동쪽 및 남동쪽에 면하는 2만을 이룬다. 모두 물이 얕고 특히 북동쪽 만은 썰물 때 갯벌이 드러나지만 앞쪽 바다에 깊이 6~7길인 곳에는 임시로 배를 댈 수 있다.

항도(項島)

또 북동단 근처에 2개의 작은 섬이 있는데, 조금 큰 것은 항도라고 한다. 높이 154피트이다. 만 안에 마을이 있는데, 대마(大馬)라고 한다. 어업 및 채조에 종사하는 자가 많다. 또 섬의 동쪽에 높이 22피트의 바위섬들[簇巖]이 있는데, 해수서(海水嶼)라고 한다. 주위가 험하고 북쪽 죽항수도 근처에는 조류가 강해 밀물과 썰물 모두 4.5노트에 달한다.

모도 · 소모도(毛島 · 小毛島)

모도는 대마도의 북쪽에 있고 동서로 길다. 동쪽과 남쪽을 제외하면 얕은 갯벌이 넓게 펼쳐져 있고, 서남단 근방에 암초가 두세 개 있다. 동서 양쪽 모두 (선박이) 통과할

---

416) 원문에는 '정도(頂島)'라고 되어 있으나 '항도(項島)'의 오기로 보인다.

수 있지만, 조류가 강하고 대조시의 유속이 5노트 남짓에 이른다. 최고봉이 서쪽에 있고, 높이가 239피트이다. 북쪽 중앙에 마을이 있고, 어업과 채조에 종사한다.

소모도 또한 얕은 갯벌에 둘러싸인 작은 섬으로 모도의 동쪽에 있다. 하조도의 서단과 서로 마주하며, (하조도와 소모도 두 섬)사이는 좁고 험한 죽항수도417)이다. 이곳을 통과하면 조도수도(鳥島水道)의 서쪽 출입구에 이르게 된다.

소마도(小馬島)

소마도는 모도의 북서에 위치한다. 대마도와 약 1해리 떨어져 있다. 이 섬의 최고점은 서남쪽에 있으며, 400피트에 가깝다. 관청(官靑), 두월목(頭越木), 진목(進木)의 세 섬과 함께 무리를 이루며, 얕은 갯벌 가운데에 떠 있다. 해안가 대부분이 험한 낭떠러지로 이루어져 있다. 북동쪽의 다소 요입된 곳에 마을이 있다. 어업과 채조에 의지해 삶을 꾸려간다. 섬의 동남쪽 해안에 암초가 두세 곳 있다.

관청도(官靑島, 관청도)418)

관청도는 관청도(官廳島)419)라고도 쓴다. 소마도의 북쪽에 위치한다. 최고점은 북쪽에 있으며 570피트이다. 주변은 대개 험한 절벽으로 되어 있다. 섬의 북동쪽과 남쪽에 마을이 있다. 이 섬의 주민들 또한 채조에 의지해 생활한다.

진목도·두월목도(進木島·頭越木島)

진목도는 관청도의 서쪽에 있다. 가장 높은 곳이 359피트이고, 동서로 길다. 남쪽에 두세 곳의 요입이 있다. 수목이 무성히 자란다. 앞에 작은 섬인 갈도(葛島, 55피트)가 떠 있다.420)

---

417) 죽항도 남쪽에서 소모도와 하조도 사이를 통과하는 항로이다.
418) 현재의 관사도(觀沙島)이다.
419) 대마도와 소마도의 군마(軍馬)를 관리하던 관청이 있었기 때문에 관청도(官廳島)로 불렸다.
420) 갈도의 정확한 위치는 가목도(갈목도) 남쪽에 있으며, 진목도 앞에 떠 있는 섬은 북도(北島)이다.

두월목도는 청목도(青木島)라고도 쓴다. 관청도의 북쪽에 위치한다. 높이가 466피트인 원형 정상이 있다. 남단에 두세 곳의 암초가 있다.

가목도(加木島)

가목도[421]는 진목도의 서쪽에 인접해 있으며, 남북으로 긴 작은 섬이다. 이곳의 남쪽과 동쪽에는 모래갯벌이 넓게 펼쳐져 있다. 남단 가까이에 적도(赤島, 붉섬)[422]라는 작은 섬이 있다.[423] 또한 가목도의 서쪽 2해리에 높이가 156피트인 작은 원추형의 섬이 있는데 양간도(陽間島)라고 한다. 잡초의 무성함이 매우 두드러진다. 소양간도(小陽間島)는 양간도의 서북에 있으며, 여러 개의 바위섬으로 되어 있다.

발례도 · 유금도(發禮島 · 有金島)

발례도[424]는 두월목도에서 북쪽으로 약 0.75해리 떨어진 곳에 있다. 정상이 원형이고 높이가 298피트이다. 북동쪽에 암초가 5~6곳 있다.[425] 유금도는 발례도의 북동쪽에 있다. 주변의 물이 얕고 북서쪽과 남동쪽은 모두 모래갯벌이다.[426]

옥도(玉島)

옥도는 유금도의 동쪽에 위치한다. 남쪽은 상조도의 북쪽에 인접한다. 이들 사이는 좁고 험한 물길이기 때문에 작은 배들이 겨우 통행한다. 옥도는 남북의 길이가 약 10리이며, 섬의 중앙은 협경지로 이뤄진 평지[低夷]이다.

섬 안은 산악이 굽이치며 가장 높은 곳은 북부에 있는 해발 359피트 지점이다. 옥도의 동쪽은 굴곡이 적지만 서쪽은 협경지 부근에서 만의 모양을 이룬다. 수심이 3길에 이르

---

421) 지금의 갈목도(乫木島)이며, 「조선5만분1지형도」에는 乫木島로 되어 있다. 『한국수산지』에만 가목도라고 되어 있다.
422) 원문는 '붉도'라고 되어 있지만 한자로 옮기는 과정에서 北島로 변경되었다.
423) 여기에 나오는 붉섬은 북도(北島)인데, 이는 앞서 언급했듯이 진목도 앞에 있으며, 갈목도 앞에 있는 섬은 갈도라는 점에서 섬의 위치가 서로 바뀐 듯하다.
424) 지금의 족도이다.
425) 족도(발례도)의 동쪽에 농여라는 섬이 있다.
426) 현재는 이 일대인 북서쪽과 남서쪽 및 동쪽에 양식장이 있다.

는 곳까지 모래갯벌이 넓게 펼쳐져 있으며 간출(干出)이 6피트에 이른다.

눌옥도(訥玉島)·내알도(內謁島)·외알도(外謁島)·혜도(惠島)·북도(北島)·대가도(大加島, 디가도)·소가도(小加島)·사도(士島)·대석도(大石島)·소석도(小石島)

눌옥도는 일명 와옥도(臥玉島)라고 불린다. 두월목도의 서북에 있으며, 가장 높은 곳이 379피트이다. 수목이 무성하게 자란다. 인가는 동쪽의 요입부에 있다. 내알도와 외알도는 눌옥도의 북쪽에 나란히 있다. 혜도(惠島)·북도(北島)·대가도(大加島)·소가도(小加島)·사도(士島)·대석도(大石島)·소석도(小石島) 등의 여러 섬은 옥도의 북쪽에 있고 장죽수도의 서쪽 입구를 에워싼다.

지명 비교[427]

한국수산지에 표기된 지명	현재 지명
눌옥도	눌옥도
내알도	내병도
외알도	외병도
혜도	백야도(?)
북도	과도(?)
대가도	상갈도
소가도	하갈도
사도	새섬(?)
대석도	성남도
소석도	소성남도

---

427) 『한국수산지』 지명과 해당 지역의 「조선5만분1지형도」 지명을 비교해 보았다.

거차도(巨次島)와 그 주변의 도서

동거차도(東巨次島)

동거차도는 진도의 남도리에서 서남쪽으로 약 13해리 떨어져 있다. 거차수도를 사이에 두고, 동북쪽의 대마도와 마주하는데 그 사이의 거리는 약 2해리이다. 서쪽은 서거차도와 서로 마주하며, 그 사이에 송도(松島), 죽도(竹島), 도송도(道松島)[428]와 기타 2~3개의 작은 섬이 흩어져 있다.

섬의 동쪽 해안은 융기되어 있고, 최고점이 458피트이다. 서쪽 해안으로 가면서 경사가 점차 완만해진다. 서쪽 해안 및 북쪽 해안은 수심이 얕은 만을 이루고 있으며, 각각 작은 마을이 있다. 북동쪽 해변은 모래갯벌이 넓게 드러나 있다. 근처에 작은 섬이 한 곳 있는데 적도(赤島)[429]라고 한다.

서거차도(西巨次島)

서거차도는 동거차도에서 북서쪽으로 약 1해리 떨어져 있으며, 사람이 부르고 내답할 수 있을 정도이다. 북동에서 서남으로 이어져 있다. 섬의 중앙은 산악이 서로 이어져 있으며, 서남단에 이르면 526피트의 봉우리가 솟아있다. 동쪽과 남쪽에 각각이 5~6군데 돌출되어 있고, 이들 사이에 4~5곳의 수심이 얕은 만이 형성되어 있어 작은 배를 댈 수 있다. 마을은 만의 안쪽에 있고, 어업과 채조를 영위한다.

병풍도(屛風島)와 맹골수도(孟骨水道)의 조류

병풍도는 맹골수도의 동쪽 출입구에 해당하며, 동거차도에서 정남으로 약 4해리에 있다. 남북으로 길고 중앙이 좁아 남·북 두 섬으로 보인다. 섬의 해안은 험한 낭떠러지로 되어 있는데, 마치 병풍과 같기 때문에 이러한 이름이 붙었다. 남쪽과 북쪽에 각각 고점이 있다. 북쪽의 정상은 451피트이고 남쪽의 정상은 427피트이다. 또한 맹골수도

---

428) 도송도의 현재 위치는 알 수 없으며, 서거차도 인근에 대한 설명이 누락되어 있다.
429) 「조선5만분1지형도」에는 북도(北島)로 되어 있는데 붉이라는 발음이 북으로 변한 듯하다.

는 폭이 넓고 물이 깊으며, 조류의 속도가 7노트에 이른다.

맹골도(孟骨島)와 부근의 도서

맹골도(孟骨島, 밍골도)와 죽도(竹島, 죽도)

맹골도는 일명 만재도(晩才島)[430]라고도 한다. 서거차도에서 약 3해리 떨어진 곳에 있으며, 서북에서 동남으로 뻗어있다. 가장 높은 곳은 중앙에 있고, 높이가 450피트이다. 연안의 굴곡이 극히 적으며 북동쪽에 만이 한 곳 있는데, 그 안쪽에 마을이 있다. 마을 사람들은 어업과 채조에 종사한다. 이 만의 부근에 얕은 갯벌이 넓게 펼쳐져 있고, 서북으로 나아가 죽도의 남동부와 연결된다. 간출이 2피트에 이른다.

죽도는 즉 맹골도의 서북에 있으며, 등대와 무적사(霧笛舍)[431]의 소재지이다. 높은 곳이 298피트이며, 인가(人家)는 남동쪽에 있다.

곽도(藿島)

곽도는 맹골도의 정남에 있으며, 일명 각도(角島)라고 한다.

이상의 세 섬은 산 위에 나무가 없고 잡초가 무성할 뿐이다.

독거도 및 부근 도서

독거도(獨巨島)

독거도는 진도군 남도리의 남쪽으로 6해리에 있다. 동서 9정, 남북 21정, 면적 24~25방리이다. 대부분이 산악이며, 북쪽 산은 높이 596피트에 이른다. 정상에 괴암이 솟아 있는데 이를 북쪽에서 바라보면 뾰족한 모양을 하고 있어 눈에 띈다. 섬의 남동

---

430) 신안군 소속의 만재도는 晩財島라고 표기한다.
431) 안개가 심하거나 등대가 보이지 않을 때 기적을 울려 항로를 알려주는 역할을 하는 무적(霧笛)이 있는 곳이다.

쪽에 마을이 있고 주민은 어업, 채조에 종사한다. 독거도의 북쪽과 동쪽 근해는 조류가 심한 곳으로 그 속도는 4노트에 달한다.

항도(項島)432)

항도는 독거도의 남단 가까이 있고 정상 높이는 445피트이다. 동단에 부아도(負兒島)433)라는 작은 바위섬이 있다.

혈도(穴島, 금도)434)

혈도는 항도의 서남쪽에 있으며 그 북동쪽에 마을이 있다. 혈도의 북쪽에 초도(草島)가 있고 남동쪽에 잡초로 뒤덮인 계도(禊島)가 있다.

납덕도(納德島)

납덕도는 혈도의 서쪽에 나란히 있으며 수목이 무성하고 최고점은 379피트이다. 그 남쪽에 경서(鯨嶼)와 화단서(花段嶼)의 두 바위섬이 있다.

갈마도(渴馬島)435)

갈마도는 가을도(加乙島)라고도 한다. 독거도의 북단의 서쪽에 있는 작은 섬이며, 수목이 무성하다.

비아도(飛鴉島)

비아도는 북야도(北也島)라고도 한다. 독거도의 북서쪽에 있으며, 섬의 높은 곳이 376피트에 이르며 평탄하고 소나무가 울창하다. 북동쪽에 민가가 몇 호 있는데 어업과

---

432) 현재의 '탄항도'로 추측된다.
433) 현재는 '탄항여'라고 한다.
434) 조도면에는 혈도라는 섬이 2곳이 있는 데 독거혈도(독거군도에 있는 혈도)와 가사혈도(가사군도에 있는 혈도)이다. 독거혈도(獨巨穴島)에는 천연적인 동굴이 있어 구멍 혈[穴]자를 써서 혈도라고 하며 구멍독거 또는 구무독거라고도 한다.
435) 현재의 구도로 보인다.

채조에 종사한다.

장죽수도(長竹水道)의 도서

장죽도(長竹島, 쟝죽도)
장죽수도에서 가장 큰 섬이 장죽도이다. 최고점이 299피트이며 정상은 원형을 이룬다. 섬 형태는 남북으로 길고 남단은 하조도의 마리단(馬里端)과 마주한다.

안도(鞍島)·사자도(篩子島)·불묵도(弗墨島, 블목도)
안도는 장죽도의 남동쪽에 있고 갯벌이 넓게 드러나 있으며 섬 주위를 둘러싸고 있다. 또한 안도의 동쪽에 사자도와 불묵도가 떠 있다.

4섬 모두 수목이 무성하다.

장죽수도의 조류
장죽수도 조석(潮汐)은 삭망고조가 12시 12분이며, 밀물[漲潮流]은 북서쪽으로, 썰물[落潮流]은 남동쪽으로 흐른다. 속도는 밀물과 썰물 모두 6~7노트에 이른다. 장죽도와 안도 부근에는 조류가 강렬하고 바람과 조류가 서로 반대일 때에는 매우 세찬 파도를 일으킨다. 어선은 통항할 때 위험을 생각해야 할 것이다.

정등해(丁橙海)와 주변의 도서

가사도(加士島, 가스도)
가사도(加沙島)라고도 쓴다. 정등해 입구 중앙에 가로놓여 있다. 뾰족하게 솟은 봉우리가 2개 있는데 북쪽 봉우리는 600피트, 남쪽 봉우리는 554피트이며 매우 두드러진다. 가사도 북동쪽에 깊게 들어간 만이 있지만 썰물 때는 갯벌이 드러나서 배를 대기 불편하다.

가사도 남동쪽 1.5해리 떨어진 곳에 작은 섬이 있는데 부처도(不處島)라고 하며 산봉우리에 한 떨기의 나무가 있다. 또한 남단의 서쪽 0.75해리에 마도(馬島)라는 작은 섬이 있다.

가덕도(加德島)

가덕도는 가사도의 서쪽 약 2.5해리에 있는 작은 섬이다. 키 작은 나무로 뒤덮여 있으며, 남쪽에서 보면 뾰족한 모습을 보인다. 가덕도의 남쪽 부근에 내공도(內孔島)와 외공도(外孔島) 2섬이 있다.

북송도(北松島)·모사도(茅沙島)

북송도와 모사도는 가덕도의 남쪽 2해리에 있다. 북송도는 서쪽에, 모사도는 동쪽에 나란히 서있으며 키 작은 나무로 뒤덮여 있다.

대석남도(大石南島, 디셕남도)·소석남도(小石南島, 소셕남도)

대석남도와 소석남도는 북송도의 남동쪽 2.5해리에 있으며 2섬의 사이가 약 1케이블 정도 떨어져 동서로 줄지어 있다. 큰 섬이 대석남도인데 높이 356피트이며 산위에 경작을 하고 있다. 소석남도의 높이는 660피트이며 잡초가 무성하다. 대석남도의 남쪽에 소가도(小加島)와 대가도(大加島)가 있다. 대석남도의 서쪽, 즉 북송도의 남쪽에 사도(士島)·혜도(惠島)·북도(北島) 3개의 작은 섬이 있다.

내갈도(內竭島, 니갈도)·외갈도(外竭島)

내갈도와 외갈도 2섬은 혜도의 서쪽, 즉 상조도(上鳥島)의 북서쪽에 있으며, 내갈도는 동쪽에 외갈도는 서쪽에 나란히 있다. 내갈도의 서쪽에 두 봉우리가 있는데 북쪽 봉우리는 476피트이고, 남쪽 봉우리는 497피트이다. 북단에 작은 만이 형성되어 있으며 내갈도의 마을은 이 만의 안쪽에 있다.

눌옥도(訥玉島)

눌옥도는 내갈도의 남쪽에 있고, 높이 379피트이며 산 위에는 수목이 무성하다.

이상 열거한 여러 섬들은 모두 가사도와 상조도 사이에 있다. 가사도의 동북쪽 정등 해안에 떠 있는 여러 섬은 주지도(主之島), 양득도(兩得島), 광대도(廣大島), 저도(猪島), 작도도(作刀島), 송도(松島), 속도(粟島), 고사도(高沙島), 평사도(平沙島), 마진도(馬津島) 등이 있다. 주지도와 양득도는 가사도의 동쪽에 줄지어 있고, 고사도와 평사도는 팔구포(八口浦)의 남쪽 입구 바깥에 떠 있다. 마진도는 나주군도 안에 있는 장산도의 동남각 가까이에 떠 있다.

도초면(都草面)

도초도(都草島, 도쵸도)

나주군도 안의 도초도를 면으로 삼았다. 도초도는 지도군에 속하는 비금도(飛禽島)와 하의도(荷衣島) 사이에 끼어 있는 큰 섬이며 본래 해남군에 속했다. 건양 원년(1896년)에 지도군 신설과 함께 진도군에 합쳐졌으나 광무 7년 무렵 진도 내에 있는 기로장(耆老庄)[436]에 영속되었다. 이를 다시 분할하여 본군에 편입하였다. 본래 기로장은 공신양로(功臣養老)를 위하여 이 지역의 조곡(租穀)을 준 것인데 아마도 퇴은료(退隱料)[437]를 의미하는 데 지나지 않는 것 같다.

섬은 팔구포의 서쪽을 이루고 남쪽은 하의도와 대야도 그 밖의 작은 섬과 마주해서 팔구포의 서쪽 입구를 에워싸고 있다. 서쪽 일대는 외해에 면해서 멀리 우이도를 바라본다. 북쪽은 비금도(飛禽島) 사이에 좁은 수로가 있는데 팔구포의 입구 중 하나이다.

동서 20리 14정, 남북 20리 9정, 면적 300방리이다. 도초도의 북부와 동안에는 산악

---

436) 朝鮮時代 60~70세의 나이에 이른 상급 관리들을 말한다.
437) 일본 명치시대의 제도로 市町村의 공리(公吏)로 재직 중의 근무에 대하여, 그 퇴직 또는 사망 후 본인 또는 그 유족에게 지급되었던 연금을 말한다.

과 구릉의 기복은 있는데 높은 봉우리는 눈에 띄지 않는다. 서남쪽 일대는 개척되어 경작지가 많고 농산이 풍부하다.

연안 북동쪽 일대는 갯벌이 넓게 펼쳐져 있지만, 남서쪽 일대는 사빈이 곳곳에 뻗어 있고 또한 기슭에 가까운 곳은 수심이 깊다.

호구

호구는 섬 전체를 합해서 407호, 1,115명이다. 농사를 주로 하며 염업 또한 성하다. 진도군 보고에 의하면 어호는 31호이고, 어선 4척, 휘라망 4장(張), 거망 6장, 정치망[漁帳] 10곳이 있다. 주요 어획물은 민어, 숭어, 잡어라고 한다. 그렇지만 동북 일대의 연안 마을에서는 염업을 영위한다. 서남 일대의 연안 마을에서 어업을 영위하는 사람이 많은 것을 보면 사실은 어호가 더 많은 것으로 생각된다.

제17절 지도군(智島郡)

개관

연혁

지도군도(智島群島) 및 나주군도(羅州群島), 그리고 그밖의 서남 해상에 흩어져 있는 여러 섬을 아울러 군으로 삼았다. 이들 여러 섬은 원래 만경(萬頃), 부안(扶安), 영광(靈光), 무안(務安), 나주(羅州), 진도(珍島)의 6군에 나누어 속해 있었는데, 지금부터 14년 전인 건양(建陽) 원년에 각 군으로부터 각각 떼어내 하나로 통합하여 새로 군으로 만들었다.

경역

우리나라[本邦]의 섬으로만 이루어진 군 중 하나로 임치반도(臨淄半島)의 서쪽에 떠 있는 지도(智島)에 군치(郡治)를 두었으므로, 지도를 군이름으로 삼았다. 지금 그 경역을 이루는 선을 그어보면, 지도의 동북단을 기점으로 하여 임치수도(臨淄水道)를 지나 남쪽으로 내려가 탄도(炭島), 고이도(古耳島), 압해도(押海島) 및 목포(木浦) 앞에 떠 있는 작은 섬들을 포함하고, 시아해(時牙海) 및 정등해(丁嶝海)를 지나서 하태도(下苔島)를 남단으로 한다. 이곳에서 남서쪽으로 방향을 바꾸어 신굴수도를 횡단하여 홍의도(紅衣島, 「해도」에는 소중관군도小中關群島라고 기록하였다)의 남서쪽을 지나 황해(黃海)를 북상하여 대흑산군도(大黑山群島)의 서쪽을 지나 군산포(群山浦)의 남쪽에 떠 있는 고군산군도(古群山群島)를 북단으로 한다. 만경(萬頃), 부안(扶安), 흥덕(興德), 무장(茂長, 이상 전라북도), 영광(靈光), 함평(咸平, 이상 전라남도) 각 군의 연안을 남하하여 기점으로 돌아온다. 군치에서 서남단인 흑산도(黑山島)까지 85해리, 북단인 고군산도까지 약 50해리로, 경역이 대단히 넓다.

면적

소속된 도서가 대단히 많아서 섬으로 이루어진 군내에서도 첫 번째이다. 따라서 면적 역시 섬으로 이루어진 군 중에서 으뜸간다. 대략 3,800방리 이상에 이른다. 다만 그 경역선 안에 있는 나주군도 중의 팔금도(八禽島)는 완도군(莞島郡)에, 도초도(都草島)는 진도군(珍島郡)에 속한다.

소속된 섬 중에서 가장 큰 것은 자은도(慈恩島) 및 압해도(押海島)인데 모두 둘레 약 100리이다. 이에 버금가는 것으로 비금도(飛禽島)가 90리 20정 남짓이고, 암태도(巖泰島)와 임자도(荏子島)가 모두 80리 30정 남짓이다. 지도(智島)와 대흑산도(大黑山島)가 70리 30정 남짓이고, 장산도(長山島)가 70리 10정 남짓, 기좌도(其佐島)가 60리 20여 정, 하의도(荷衣島)가 60리 10여 정, 상·하태도(上·下苔島)가 각각 50리 20여 정, 안창도(安昌島)와 위도(蝟島)가 각각 50리 남짓, 흑산도와 우이도가 각각 40리, 매화도(梅花島)가 약 40리 등이다. 이 밖에도 제법 면적이 넓고 주민이 있는 곳은 대단히 많으며, 관할도서의 총수가 109개라고 한다.

정박지

선박 정박장으로 가장 적당한 곳은 고군산도(古群山島)와 안마도(鞍馬島) 등이고, 일본 통어선(通漁船)의 왕래가 많은 곳은 고군산도, 위도, 대태이도(大苔耳島) 등이다. 그 중에서 고군산도의 내해, 즉 광수도(廣水道)는 안이 넓고 큰 배가 정박할 수 있다. 갑오년의 청일전쟁[日淸戰役] 때 두 나라 모두 일시적으로 군함의 집합지로 삼았던 적이 있다. 현재도 함선이 모여 정박할 수 있는 곳으로 팔구포(八口浦)가 있다.

팔구포

이 포구는 갑진년 러일전쟁[日露戰役] 당시 일본함대가 집결하여 팔구포방비대(八口浦防備隊)라고 명명하면서, 그 이름이 알려지기에 이르렀다. 팔구포는 나주군도의 크고 작은 섬으로 둘러싸여 이루어진 내해로, 8곳의 수로가 있어서 외양 및 시아해로 통하기 때문에 붙은 이름이다. 8곳의 수로 중 첫 번째는 북쪽의 도초도(都草島)와 수치도(睡雉島) 사이이고, 두 번째는 수치도와 사치도(沙雉島) 사이이고, 세 번째는 사지도와 기좌도(箕佐島) 사이이고, 네 번째는 동쪽의 반월도(半月島)와 옥도(玉島) 사이이며, 다섯 번째는 남쪽의 옥도와 장병도(長丙島) 사이이고, 여섯 번째는 하의도(荷衣島)와 능산도(陵山島) 사이이고, 일곱 번째는 능산도와 대야도(大也島) 사이이고, 여덟 번째는 서쪽의 대야도와 도초도 사이이다.

삼림 및 토지

군 전체에 삼림이라고 부를 만한 곳이 없다. 그러나 가거도(可居島, 黑山島[438]))는 회양목[黃楊]의 산지로 유명하고, 대흑산도(大黑山島)에는 키작은 나무들이 빽빽하게 자란다. 논밭은 지도군도 및 나주군도에 속하는 여러 섬의 경우는 토질이 비옥하며 두루 개간이 이루어져서 경지가 많다. 그러나 외양에 면한 북쪽의 고군산도, 위도, 안마

---

438) 일제 강점기에 가거도를 흑산도에 부속된 소흑산도라고 불렀으나, 2008년에 다시 가거도로 회복되었다.

도, 낙월도(落月島), 서쪽의 대흑산군도, 서남쪽의 삼태도(三苔島), 가거도 등의 여러 섬은 척박한 불모지이다.

급수장

여러 섬은 대개 좋은 물이 풍부하다. 자은도에 있는 일본해군 용지의 경우는 하루에 1만톤의 식수를 넉넉히 공급할 수 있는 맑은 못이 있다. 고군군산도에도 하루에 2~3톤의 물을 얻을 수 있는 샘이 있다.

구획 및 호구

구획은 각 섬 중에서 큰 것을 한 면으로 삼고, 작은 것은 몇 개의 섬을 합쳐서 한 면으로 삼아서 모두 10면이 있다. 군내(郡內), 사옥(沙玉), 압해(押海), 암태(巖泰), 기좌(箕佐), 비금(飛禽), 하의(荷衣), 임자(荏子), 낙월(落月), 고군산(古群山)의 10개 면이다. 호구는 여러 섬을 아울러 8,742호, 35,411명이다.

지도읍

군치인 지도읍(智島邑)은 지도의 남동쪽에 있으며, 군아 이외에 재무서(財務署), 우체소(郵遞所), 순사주재소(巡査駐在所) 등이 설치되어 있으며, 일본 상인으로서 거주하는 자가 있다. 이곳에서 목포항까지 해로로 약 21.5해리이고, 법성포(法聖浦)까지 26해리, 줄포(茁浦)까지 45해리, 군산항까지 73해리이다. 목포를 기점으로 하여 법성포로 가는 배, 줄포로 가는 배, 군산에 가는 배가 각각 왕복할 때 기항하므로, 이들 각 지역과의 왕래는 매우 편리하다. 우편은 월 10회 함평우편취급소에 체송하는 것 이외에, 이용할 수 있는 배편으로 집배된다. 그래서 큰 불편을 느끼지 않는다. 그러나 이는 읍지역에만 해당하는 것이고, 다른 여러 섬에서는 원래 편리하지 않다.

위생기관으로는 읍에 의사 3명이 있으며, 각 면에도 또한 1~2명씩 있다.

교육기관으로는 군읍에 지명학교(智明學校)가 있다. 주간에는 일본인 교사가 일본어를 가르치고 야간에는 한국인[韓人] 교사가 한국어[韓語]를 가르친다. 학교의 경비는 염막을 소유한 사람들로부터 징수한다. 각 섬마다 대체로 마을 학교[村塾]가 있다.

나주군도 및 지도군도의 여러 섬은 토지가 비옥하고 평지와 완경사지가 많다. 또한 그 연안의 지세는 원래 염전을 개척하기에 적합한 곳이 많다. 그래서 주민은 주로 농업 및 염업에 종사하여 생계가 제법 여유가 있다. 다만 그 이외에 외해에 흩어져 있는 대흑산군도 또는 안마군도, 고군산군도 등과 같은 경우는 원래 상황이 달라서, 이들 여러 섬의 주민은 어업 및 채조를 통해서 생활하는 사람이 많고 대체로 빈한하다.

농산물

농산물은 쌀과 보리, 콩 기타 잡곡 및 면화를 주로 한다. 그 수확 예상량은 쌀 12,000석 남짓, 보리 24,000석 남짓, 콩 2,000석 남짓이라고 한다. 이들은 주로 나주군도 및 지도군에서 생산된다.

수산물

수산물은 조기, 갈치, 민어, 가오리, 상어, 도미, 감성돔[黑鯛], 방어, 오징어, 작은 새우, 해조, 식염 등이다. 각 섬 연해는 모두 이러한 어류의 좋은 어장이지만, 그 중에서도 유명한 곳은 칠산탄(七山灘), 위도(蝟島), 고군산(古群山) 근해의 조기와 도미, 지도군도 근해의 감성돔, 낙월도·임자도와 완도군에 속하는 팔금도 동북쪽 부근 및 우이도 근해의 작은 새우, 대흑산군도의 상어, 전복, 해조 등이다.

제염

제염이 성한 곳은 하의도이며, 이에 버금가는 곳이 기좌도, 비금도, 암태도 등이다. 군 전체의 염전 면적은 290여 정보이고, 소금가마의 수는 300개 남짓이라고 한다. 그리고 1년의 제염량은 5,500만 근에 달하며, 그 가격은 대개 50만 근에 이른다고 한다.

군내면(郡內面)

군내면 소속 도서

지도 및 그 부근에 있는 송도(松島, 지도의 남쪽에 있으며 남북으로 긴 작은 섬이다),
수도(水島, 지도와 임자도 사이에 있으며 고점 559피트이다), 포작도(包作島, 「해도」에
포작도鮑作島라고 기록하였다. 지도의 북쪽에 있다), 어의도(於義島, 「해도」에도 어의도
라고 하였다. 포작도의 서북쪽에 있다), 부사도(浮沙島, 지도의 남동쪽에 있으며 무인도
이다) 등을 아울러 면으로 삼았다.

군의 보고(융희 3년 조사)에 따르면 호구는 다음과 같다.

섬이름	호수	인구
지도(智島)	784	3204
어의도(於義島)	67	149
포작도[包作]	21	49
송도(松島)	32	80
수도(水島)	23	58
	927	3,540

군내면의 각 섬은 어업이 활발하지 않다. 바다에서 얻는 이익은 주로 제염에 의지한
다. 염전은 지도에 15곳, 송도에 1곳이 있다. 그 면적은 약 25정보이고 염수를 끓이는
가마는 23개가 있으며, 1년의 생산량은 93만근에 이른다고 한다.

지도(智島)

지도군의 군치 소재지로서 동쪽에 수로 하나를 사이에 두고 무안군에 속하는 임치반
도와 마주 보며, 송도 등의 작은 섬과 함께 갯벌[泥堆] 속에 위치하고 있다. 둘레는
70리 남짓, 면적은 200방리이다.

북쪽은 산악이 겹겹이 있어 험준하지만, 남동쪽에 이르면 비교적 경사지가 많다. 그
러나 남쪽으로 꺾인 작은 반도에 이르면 다시 산지가 높아져 남단의 고봉은 537피트에
이른다. 최고봉은 북서쪽 귀퉁이에 있는 삼한봉(三漢峰)으로 해발 647피트이다.

연안은 들쑥날쑥한데 특히 남쪽은 대단히 불규칙한 모습을 이룬다. 섬은 갯벌 가운데 위치하고 있어서 배를 묶어둘 만한 적당한 장소가 없다. 그러나 군읍의 전면에 송도가 떠 있고, 그 사이에 좁은 물길이 통하여 작은 증기선은 출입하는 데 지장이 없다. 다만 조류를 이용해야 한다.

주변의 수로

지도의 주변에 3개의 수로가 있다. 하나는 지도 동안과 임치반도 서반부의 서안 사이에 있는 좁은 수도인데, 해도에서는 이를 임치수도라고 하였다. 북쪽으로 함평만에, 남쪽으로 선도(蟬島) 양쪽의 수도로 통하며, 길이는 약 8해리이고 가장 좁은 곳의 폭은 1.5케이블이다. 수심이 얕아서 작은 배 이외에는 통항하기 어렵다. 두 번째는 지도와 임자도 사이에 있는 수도로 그 중앙에 수도가 가로놓여 있다. 이를 수도동수도(水島東水道)라고 한다. 폭이 넓고 수심이 11길에서 17~18길이다. 북쪽 입구는 함평만에, 남쪽 입구는 지도수도로 통한다. 큰 배도 통항할 수 있다. 이 수도는 일본 어부들이 소카세토(ソーカ瀬戸)라고 부르며, 봄·가을 환절기에 어선이 끊임없이 지나다닌다. 세 번째는 지도와 사옥도 사이에 있는 좁은 수로로 이를 지도수도라고 한다. 길이 5해리 폭 1~3케이블에 달한다. 수심은 4~10길이다.

흘수 10피트 이하의 작은 배가 풍랑으로 임자도 바깥을 통과할 수 없을 때는 이 수도를 항로로 이용하면 편리하다. 그러나 남쪽 입구 부근 중앙에 썰물 때 드러나는 바위가 있어서 주의해야 한다. 이들 수도에서는 밀물은 북쪽으로 썰물은 남쪽으로 흐른다.

수도(水島)

수도는 수도수로의 중간에 위치하며 둘레 약 10리이다. 갯벌 가운데 위치하므로 배를 대기 어렵다.

수목은 다소 많으며 개간도 많이 되어 있지만, 농산물은 충분하지 않다. 주된 농산물은 면화이며, 다음이 보리이다. 인가 19호의 마을이 있다. 교육기관으로는 서당[書房] 1곳이 있다.

수도의 어업 상황

주목망(駐木網)을 영위하는 자가 있다. 어장은 섬의 동남단이며, 어기는 음력 3월부터 6월까지라고 한다. 그물은 7개의 대망(袋網)으로 이루어져 있다. 그 구조와 설치방법은 『한국수산지』 제1집에서 설명한 내용과 거의 같으므로 다시 언급하지 않는다. 다만 그 제작비는 약 50관문이라고 한다. 이 어업을 영위하기 위해서는 종업자 4~5명이 필요하며, 어획물은 주로 민어, 준치, 가오리 등이고, 1년 평균 어획량은 250관 이하로 내려가지 않는다고 한다. 어장은 관행에 따라 마치 지상권(地上權)을 가지고 있는 것과 같다. 만약 이를 빌리려면 한 기간에 대개 6~7관문이 든다고 한다.

사옥면(沙玉面)

지도의 남쪽에 떠 있는 사옥도(沙玉島) 및 부근에 있는 작은 섬을 아울러 면으로 삼았다. 소속 도서 중 중요한 것을 열거하면, 사옥도(지도의 서남쪽에 있다), 후증도(後曾島, 후증後甑이라고도 쓴다. 「해도」에서는 후쟁도後鐺島라고 기록하였다. 사옥도의 남쪽에 있다), 전증도(前曾島, 전증前甑이라고도 쓴다. 「해도」에서 우쟁도右鐺島라고 하였다. 후증도의 남쪽에 있다), 우전도(羽田島, 전증도의 서쪽에 있으며, 「해도」에서는 전쟁도前鐺島라고 하였다), 곡도(曲島), 원달도(元達島, 모두 사옥도의 동쪽에 있다), 선도(蟬島, 지도의 동남단 남쪽에 있다), 탄도(炭島, 선도의 북동쪽에 있다), 고이도(古耳島, 선도의 동남쪽에 있다), 매화도(梅花島, 고이도의 남서쪽에 있다), 당사도(唐沙島, 매화도의 남서쪽에 있다), 병풍도(屛風島, 전증도의 동쪽에 있다), 화도(火島, 전증도의 남쪽에 있다)의 13개라고 한다. 이들 섬 중에서 큰 섬으로는 사옥도·전증도·후증도 세 섬이며, 선도·고이도·매화도가 이에 버금가고, 나머지는 모두 작은 섬이다. 그리고 선도·탄도·고이도·병풍도는 북에서 남으로 길고, 사옥도·후증도 두 섬은 동서로 길며 남북이 짧다. 전증도는 동쪽이 비교적 넓고 서단에서 남쪽을 향하여 길게 돌출되어 있으며, 매화도는 거의 원형을 이루고 있다. 각 섬은 대체로 산악이 중첩되어 있으나, 전증도의 서쪽 일대는 평지로 넓은 황무지가 있다.

사옥면의 인구

융희 3년의 조사에 의거한 군의 보고에 따르면, 호구는 다음과 같다.

섬이름	호수	인구	섬이름	호수	인구
사옥(沙玉)	73	353	병풍(屛風)	56	238
후증(後曾)	101	393	고이(古耳)	70	285
전증(前曾)439)	68	306	탄도(炭島)	22	57
선도(蟬島)	172	583	우전(羽田)	36	134
매화(梅花)	87	358	원달(元達)	31	78
당사(唐沙)	40	98	곡도(曲島)	19	95
합계	775	2,978			

주민의 생업과 제염지

각 섬 주민들의 생업은 농업을 위주로 하고 제염도 또한 활발하다. 제염을 영위하는 마을을 열거하면, 사옥도에서는 당촌(堂村), 무동(畝洞), 탄동(灘洞), 원달리(元達里) ▲ 우전도에서는 갈마(喝馬), 촌전(村前) ▲ 선승노에서는 촌진(村前), 깅고지(㕦庫地), 화도(花島) ▲ 후증도에서는 방책(方策), 촌전(村前), 후로등(後鹵燈) ▲ 곡도에서는 신수언(新水堰) 등 14곳이다. 그리고 그 염전 면적을 합하면 11정 8단보에 이르며, 1년 제염량은 200만 근 이하로 내려가지 않는다고 한다.

어업은 염업이 활발한 것에 비하면 일반적으로 부진하다. 봄·여름철에 상어, 준치, 민어, 농어 등을 잡지만 그 양은 많지 않다. ▲ 우전도와 후증도 부근에서 어전을 영위하는 자가 있다. 그러나 그 어획물은 겨우 자신과 마을 내의 수요를 충당하는 데 그친다.

압해면(押海面)

무안반도의 서쪽에 떠 있는 압해도 및 그 주변에 흩어져 있는 여러 섬으로 면을 삼았다.

---

439) 호구수는 화도(花島)를 포함시켰다.

소속 도서

압해면의 여러 섬을 열거하면, 압해도(押海島, 무안반도의 서북쪽에 가로놓여 있다), 효지도(孝池島, 압해도의 동북쪽에 있다), 가란도(佳蘭島, 압해도의 동쪽에 있다), 외달도(隈達島, 압해도 동남각의 앞에 있다), 달리도(達里島, 외달도의 남쪽에 있다), 치하도(淄下島, 외달도의 동남쪽에 있다), 장좌도(長佐島, 치하도의 동남쪽에 있다), 고하도(高下島, 장좌도의 동남쪽에 있다), 나불도(羅佛島, 고하도의 동남쪽에 있다), 허사도(許沙島, 장좌도의 서남쪽에 있다), 눌도(訥島, 허사도의 서북쪽에 있다), 역도(驛島, 「해도」에 녹도鹿島라고 하였다. 압해도의 서단 앞에 있으며 무인도이다), 자은도(慈恩島, 암태도의 서북쪽에 있다), 욕지도(浴池島, 자은도의 동쪽에 있다)의 14개 섬이다. 그리고 압해도 이하 역도에 이르는 12개 섬은 무안과 영암 반도의 앞에 모여있고, 자은도 이하는 시아해를 사이에 두고 암태도 서북쪽에 있다.

군의 보고에 의하여, 각 섬의 호구를 표시하면 다음과 같다.

섬이름	호수	인구	비고	섬이름	호수	인구	비고
압해	638	2,997	노지도의 호구 포함	고하	19	75	
자은	628	2,355		나불	40	118	
가란	51	205		달리도	64	248	허사도, 외달도, 치하도 등의 호구 포함
눌도	32	102		합계	1,472	6,100	

압해도(押海島, 압히도)

압해도는 군에서 가장 큰 섬으로 넓은 곳이 동서 30리 14정, 남북 30리, 면적 300방리 남짓이다. 북쪽은 임치반도의 한 줄기, 동쪽은 무안반도, 서남쪽은 암태도, 남쪽은 시아해를 바라다본다. 그리고 무안반도 사이는 「해도」에서 이른바 무안강(務安江)이라고 하였고, 서남쪽 암태도 내의 해협은 목포 서수도의 일부이다.

섬 안에는 높게 솟은 산이 없으며, 가장 높은 곳이 불과 780피트이다. 그러므로 완경사지가 많고 경지가 넓다. 그러나 물을 대기가 불편하여 논은 많지 않다. 북서부 및 동남부에는 소나무가 푸르게 자라고 있으며 그중에는 재목으로 적합한 것이 있다.

연안은 사방이 모두 갯벌이 넓게 펼쳐져 있고 바위섬도 많다. 이 섬 중에 배를 매어두기에 비교적 편리한 곳은 동북쪽 가란도 부근 및 동남쪽 목포 서각을 마주보는 곳이다. 이 부근에는 상선이 늘 계류하고 있는 것을 볼 수 있다. 섬의 동남쪽 부근에 도선장이 있다. 목포로 갈 때는 이곳에서 대안인 산정리(山亭里, 무안군 부내면에 속한다)로 건너가는데, 그 사이는 약 2해리이다.

물산은 농산물을 주로 한다. 면화, 보리, 콩류는 다소 수출된다. 해산물은 식염을 주로 하고 또한 세발낙지[手長蛸]가 많이 생산된다.

어업은 조기를 목적으로 하여 칠산탄에 출어하는 자와 어살을 영위하는 자가 있을 뿐이고 아주 부진하다. ▲ 염업은 활발하다. 섬 안의 염전은 60정보 남짓이고, 가마 47개가 있다. 1년의 제염량은 대략 260만 근이라고 한다. 그리고 그 주산지는 반암리(班岩里), 분매동(分梅洞), 조천리(鳥川里), 대벌리(大伐里), 하알동(下謁洞) 등이라고 한다.

자은도(慈恩島)

자은도는 암태도의 서북쪽에 위치하며 동서 30리, 남북 25리 남짓이며, 면적은 300방리가 넘는다. 북쪽은 전증도와 후증도의 두 섬을 마주보며 목포의 서수도를 끼고 있고, 남쪽으로는 비금도를 마주보며 팔구포의 한 입구를 끼고 있으며, 북서쪽은 외해이다.

섬의 최고봉은 동부에 있는데 1,086피트이다. 이를 두봉산(斗峰山)이라고 한다. 동부는 이처럼 높은 산이 솟아 있는 동시에 산악이 이어져 있지만, 서부는 트여서 평지가 다소 있다. 또한 서남단에는 잡초가 무성한 다소 넓은 갯벌이 있다.

용소(龍沼)

섬의 서남쪽에 백산동(白山洞)과 와우동(臥牛洞), 분계동(分界洞)이 있으며 큰 못이 있다. 마을사람들은 이를 용소라고 하여 신령스러운 못으로 여긴다. 넓이는 약 1만 평이고 수심은 15척 내외이며 물이 맑아서 마실 수 있다. 하루에 1만 톤을 넉넉히 공급할 수 있다고 한다.

갑진년 러일전쟁 때 일본함대가 팔구포에 주둔하자 이곳도 또한 급수장으로 선택되었지만, 위치가 해안에서 멀리 떨어져 있어서 끝내 사용하지 못했다. 이를 이용하여 부근의 황무지를 개척하면 유망할 것이다.

연안은 북서 및 남쪽 모두 사빈과 암초가 뒤섞여 있으며, 얕은 갯벌이 널리 펼쳐져 있고 부근에 작은 섬이 흩어져 있다. 동쪽과 북동쪽은 갯벌[淤泥]이 일대에 넓게 퍼져 있고, 또한 사이사이에 암초가 보인다. 사방에 적당한 정박지가 없다. 남쪽에 깊은 만이 한 곳 있다. 우이포(牛耳浦)라고 하는데 물이 들어오지 않는 포구[乾港]이지만 어선을 계류할 수 있다. 만 안에는 두세 곳의 마을이 있다. 그 중 주된 것은 고장동(庫場洞)이라고 한다. 이 만 안의 동쪽에 염전이 있다.

자은도의 교통

목포에 이르는 항로는 섬의 북쪽에서는 면도수도(綿島水道)를 나와 압해도를 왼쪽으로 바라보면서 목포 항구에 들어가는 방법이 가장 빠르다. 목포까지 약 25해리이고 나주까지 50해리이다. 남쪽에서는 남으로 내려가 암태도와 팔금도 사이의 수도 혹은 팔금도와 기좌도 사이의 수도를 통과하여 시아해로 나가서 목포항구에 들어가는 것이 편리하다. 모두 목포까지 25~26해리이다. 또한 지도군읍에 가기 위해서는 내해로 나와서 면도수도를 지나야 하는데, 항해거리는 약 26해리이다.

자은도의 물산

물산은 농산물을 위주로 하며, 특히 면화는 1년에 12,000근 남짓이 생산된다. 모두 목포 및 나주 지방에 보낸다. 그밖에 쌀·보리·콩도 제법 많이 생산되는데, 콩류는 대개 목포로 이송한다. 수산물은 식염을 위주로 하고, 1년의 제염량이 약 205만 근 남짓에 이른다. 그리고 그 주산지는 사월포(沙月浦), 백산(白山), 희어구지(希於九地), 면전(綿田), 돈북구미(屯北九尾), 흔길(欣吉), 백길(白吉), 당하(堂下), 연지(沿地), 불견길(不見吉), 가마미(加馬尾), 대율(大栗) 등이다. 그 밖에 숭어, 대합, 조개 등이 있지만 그 양은 많지 않다.

숭어는 섬의 북동쪽 둔장동(芚場洞) 연안에서 잡힌다. 어구는 주로 초망(抄網)을 사용한다. 그물은 무명[綿絲製]으로 만들며 그물코는 1촌 5푼, 높이 8척, 길이 30길 남짓이다. 오징어는 북서쪽 부근에서 어획하는데, 계절은 4월 초순 경이라고 한다. 이를 잡는 데 낚시줄 끝에 흰 천조각을 달거나 오징어 조각[共餌]을 이용한다. 또한 이 지역에서는 작은 새우가 많이 생산되므로 3월부터 5월 사이에 임자도의 어민이 와서 어획에 종사하여 대단한 성황을 이루지만, 이 섬사람들은 관심을 갖지 않는다.

암태면(巖泰面)

자은도(慈恩島)의 남동쪽에 위치한 암태도 및 그 부근에 있는 네 개의 작은 섬 이외에 도초도(都草島)의 남서쪽에 떠 있는 대・소우이도(大小牛耳) 두 섬, 외양에 흩어져 있는 대흑산군도(大黑山群島), 삼태도(三台島), 가거도(可居島), 홍의도(紅衣島)[440] 등의 섬을 합하여 면으로 삼았다. 그 경역은 광활하고 또한 멀어서 지도군 중에서 으뜸 이나.

암태면의 소속도서

암태면에 소속된 섬을 열거하면, 암태도(자은도와 팔금도 사이에 있다), 마전도(麻田島), 초란도(草蘭島, 암태도의 동남쪽에 있으며 마전은 북쪽에 초란은 남쪽에 있다), 추엽도(秋葉島), 가도(檟島, 암태도의 서쪽에 있으며, 추엽은 북쪽에 가도는 남쪽에 있다), 대우이도(大牛耳島), 소우이도(小牛耳島, 도초도의 남서쪽에 있으며 소우이도는 동쪽에 대우이도는 서쪽에 있다. 「해도」에서는 이 두 섬을 다른 작은 섬과 아울러 우이군도라고 하였다), 흑산도(黑山島, 「해도」에서는 대흑산도라고 기록하였다. 우이 군도의 북서쪽에 있다), 영산도(永山島, 일명 수촌도水村島라고 하며 「해노」에서는 내둔도大芚島라고 하였다. 흑산도의 북쪽에 있다), 다물도(多勿島, 영산도의 서쪽에 있다), 동도(東島, 일명 양도羊島라고도 한다), 서도(西島, 흑산도의 서쪽[441]에 있으며

---

440) 원문에는 홍의도가 중복 기록되어 있다. 홍의도는 현재의 홍도이다.

일명 서두도鼠頭島라고 한다), 매가도(梅加島, 일명 강도江島라고 하며 흑산도의 서쪽에 있다), 삼태도(三台島, 일명 태사도台沙島라고 하며 5~6개의 섬이 남북으로 줄지어 서있다. 흑산도의 남서쪽에 있다), 가거도(可居島,「해도」에서 흑산도라고 기록하였다. 삼태도의 서남쪽 20해리에 떠 있다. 이 군의 서남단에 해당한다)의 16개 섬과 기타 작은 섬이다.

각 섬의 호구는 군의 조사에 의하면 다음과 같다.

섬이름	호수	인구	비고
암태(巖泰)	139	2,958	마전, 초란, 추란, 가도의 4섬을 포함
흑산(黑山)	324	1,208	영산도, 다물도를 포함
홍의(紅衣)	22	88	
가거(可居)	50	152	
태사(台沙)	31	119	
대우이(大牛耳)	139	441	소우이도를 포함
합계	705	4,966	

암태도(巖泰島, 암티도)

암태도는 자은도에 버금가는 큰 섬으로 동서 30리, 남북 20리 28정, 면적 300방리 남짓이다. 팔금도와 자은도의 중간에 위치하며 동쪽에 마전과 초란의 작은 두 섬이 있고, 서쪽에 추엽도과 가도의 작은 두 섬이 있다. 자은도와 팔금도 사이는 좁은 수로가 지나며, 동쪽은 면도수도에 남쪽은 팔구포에, 서쪽은 외양으로 통한다.

섬의 모양은 중앙부가 동서로 뻗어 있으며, 북쪽과 남쪽은 돌출부를 이룬다. 사방은 넓은 갯벌로 둘러싸여 있다. 섬 안에 산지가 많고, 중앙의 높은 봉우리를 승봉산(升峰山)이라고 하는데, 높이 1055피트이다. 북쪽과 동쪽에는 요입된 만이 있으나 선박을 정박하기에 적당한 장소는 없다.

섬은 비교적 경사지가 많기 때문에 섬주민들은 농업을 본업으로 삼고 있으며, 벼 보리 콩류 면화의 산출이 많고 염업도 또한 활발하다. 어업은 여가에 행하는 데 그치고 전업으로 하는 사람은 없다. 방어, 가자미, 숭어 등이 잡힌다

---

441) 원문에는 동쪽으로 기록되었으나 정오표에 따라서 서쪽으로 정정하였다.

암태도의 제염지

제염을 행하는 마을을 열거하면, 신재(新在), 광두(廣頭), 항월(項越), 해상(海棠), 점치(店峙), 남강(南江), 소오지(所吾地), 중오리(中奧里)[442], 포도(浦島)[443], 장도(長島), 장파동(長波洞), 개기(介基) 등이다. 가마의 수는 모두 24개이며, 1년 제염량은 530여만 근에 달한다고 한다.

대흑산군도(大黑山群島)

흑산도(黑山島)는 지도군읍에서 서남쪽으로 55해리 떨어져 있으며, 목포에서 서쪽으로 60해리 떨어진 바다에 있다. 흑산도의 동쪽 2해리에는 동도(東島, 양도洋島라고도 한다)가 있고, 북쪽 2해리에 영산도(永山島, 일명 수촌도水村島[444]라고도 한다)[445]가 있고, 서쪽 1해리에 서도(西島, 일명 서두도鼠頭島라고도 한다)가 있다. 다시 10해리 서쪽에 홍도(紅島)가 가로놓여 있는데, 그 크기가 흑산도 다음이다. 그 밖에 5~6개의 작은 섬이 있지만 모두 무인도이다. 「해노」에서는 흑산도와 앞의 여러 섬을 아울러 대흑산군도라고 기록하였다.

대흑산도[大黑島]의 마을

대흑산도는 북동쪽에서 서남쪽으로 길쭉하며 약 25리이다. 동서로 가장 넓은 곳은 10리이다. 섬 전체에 산지가 중첩되어 있으며, 가장 높은 곳은 1,328피트이다. 이를 문관산(門冠山)이라고 한다. 그 밖에 700~1,000피트의 높은 산이 곳곳에 우뚝 서 있다. 그러므로 평지는 적고 마을은 모두 경사지에 있다. 그 수는 여섯 곳이며 북쪽에 있는 것이 진리(鎭里)・예촌(曳村)이고 ▲ 서쪽에 있는 것이 마촌(馬村)・비촌(比村)・심촌(深村)이고, ▲ 동쪽에 있는 것이 사촌(沙村)이다.

---

442) 『조선5만분1지형도』「목포」「가좌도」의 암태도에는 中興里가 보인다.
443) 『조선5만분1지형도』「목포」「가좌도」의 암태도에는 長島 북쪽에 小浦島가 보인다.
444) 원문에는 촌도(村島)라고 기록되어 있으나 정정표에 따라서 수촌도(水村島)로 정정하였다.
445) 현재 영산도는 흑산도의 동쪽에 있다. 북쪽에는 내영산도와 외영산도라는 작은 무인도가 있다.

이처럼 육지는 평지가 적은 데 대하여, 연안은 굴곡이 많고 또한 갯벌이 적기 때문에 좋은 항이 많다. 그러나 그 남쪽은 산맥이 바로 바다로 들어가기 때문에 급경사이고 또한 직선 형태여서 포구는 물론 인가도 전혀 없다.

대흑산도 북쪽의 정박지

선박정박지는 북쪽에 4곳, 서쪽에 3곳, 동쪽에 3곳으로 모두 10곳이 있다. 북쪽에 위치하는 것은 진리(鎭里) 정박지로 이곳은 북쪽에 있는 큰 요입, 즉 계류가 흘러 들어 가는 곳이다. 이곳은 만조 때가 아니면 출입이 자유롭지 않지만 사방의 풍파를 막아주어 정박 시에 매우 안전하다. 20척 내외의 작은 배를 계류할 수 있다. ▲ 두 번째는 진리의 북서쪽으로 10정 떨어진 읍구미(邑九味)라고 한다. 북풍에는 다소 파랑이 일어나지만 수심이 깊고 또한 넓어서 어선의 좋은 정박지이다. 이곳은 일본 나잠업자의 근거지로 십수년 전부터 해마다 찾아온다. 그 밖에 상어낚시선이나 도미 주낙 어선 및 잠수기선 등도 또한 해마다 온다. ▲ 세 번째는 진리의 동쪽으로 1해리, 읍구미의 대안에 있는 예촌(曳村)이다. 북서쪽을 바라보는데, 북쪽 기슭에서 서쪽을 향해서 폭 5척, 길이 25간, 높이 7~8척의 방파제를 쌓아 정박에 편리하다. 만조 때에는 바닷물이 방파제와 거의 같다. 그 안쪽의 깊이는 2길이며 풍파에도 걱정할 필요가 없다. 20척 내외의 작은 배를 계류할 수 있다. ▲ 네 번째는 예촌의 남쪽에 있는 외예미(外曳尾)이다. 남쪽으로 만입되어 있으며, 수심이 항상 2길 내외를 유지하여 바람을 피하기에 제법 안전하다. 광무 7년(명치 36년)경 에히메현[愛媛縣] 및 목포의 정어리망 업자가 와서 이곳에 창고[納屋]를 지었다고 한다.

대흑산도 서쪽의 정박지

서쪽에 위치한 첫 번째 정박지는 마촌(馬村)으로 북쪽에 있는 읍구미와 정반대 쪽이다. 양쪽 기슭이 돌출하여 만입을 이루지만 항내가 좁고 또한 암초가 많다. 그래서 작은 배조차도 계류하기 어렵다. ▲ 두 번째는 비촌(比村)으로 마촌에서 남쪽으로 10정 거리에 있다. 동쪽으로 만입하여 어선 10여 척을 매어둘 수 있지만, 만이 마을로부터 제법 멀어서 편리하지 않다. ▲ 세 번째는 심촌(深村)으로 서쪽 제일 남쪽에 위치하고 있다. 만은 깊게 동쪽으로 만입하고 있을 뿐만 아니라 만 내의 수심이 항상 3~10길 이상이어서 100톤 내외의 선박도 수용할 수 있다. 심촌에서 비촌까지는 육로로 약 10리이다.

대흑산도 동쪽의 정박지

동쪽에 위치한 첫 번째 정박지는 서쪽 심촌의 반대쪽에 위치하는 사촌(沙村)으로 북서쪽을 향하여 만입되어 있고, 작은 두 섬이 앞을 막아 준다. 그래서 항 안이 고요하지만 수심이 얕아서 썰물 때에는 배 밑바닥이 땅에 닿는다. ▲ 두 번째와 세 번째는 진리(鎭里)와 사촌(沙村)에 속한 작은 마을로 각각 인가 2호에 불과하지만, 피박할 수 있다.

수촌도의 정박지

그 밖에 수촌도(水村島)에 수촌(水村)과 오촌(五村)의 두 만이 있다. 전자는 섬의 서쪽 중앙에 깊이 만입한 곳인데, 그 남쪽 기슭에서 북쪽을 향하여 폭 5척, 길이 20간, 높이 8척 남짓의 방파제를 쌓았다. 밀물 때는 해수면과 방파제의 높이가 비슷하지만, 정박하기에 안전하며 20척 내외의 어선을 수용할 수 있다. 또한 제방의 바깥에도 배를 묶어둘 수 있다. 후자는 동쪽에 있으며 그 남쪽에 작은 섬이 두 개가 있어서 만 입구를 막아주므로 만 안이 고요할 뿐만 아니라 안쪽도 넓고 또 수심이 3~7길에 이르러, 100톤 내외의 선박을 정박시킬 수 있다.

다물도의 정박지

수촌도의 서쪽에 떠 있는 다물도에 다물항(多勿港)이 있다.[446] 그 앞을 수촌도가 막아주며 항 안이 넓고 파도가 조용하여, 어선의 계류에 적당하다. 또한 100톤 내외의 선박을 수용할 수 있다. 그러나 그 북안에는 암초가 드러난 곳이 많다. 수촌도 및 다물도는 동서로 마주보며 내해를 이룬다. 그래서 이 두 섬에 있는 수촌과 다물, 두 항은 모두 사방의 풍파를 피할 수 있으며 정박하기에 대단히 안전하다.

---

446) 다물도는 흑산도의 북북서쪽에 있다.

대흑산도의 조류

각 포구와 항의 바닥은 모래진흙이며, 제법 단단하다. 다만 읍구미와 심촌 두 항의 바닷가는 모래자갈로 이루어져 있다. 흑산도 부근에서 조류는 밀물 때는 북쪽을 향하여 똑바로 흐르고, 썰물 때는 이와 반대 방향이다. 조석(潮汐)은 대조승(大潮升)이 10¾피트이고, 소조승은 4피트이다. 흑산도는 서남쪽으로 멀리 떨어진 바다 속에 위치하며 또한 부근에 섬이 많지 않으므로 밀물 썰물이 모두 단일한 방향으로 흘러 지나가며 그 속도는 대조(大潮) 때는 밀물과 썰물 모두 5노트이다.

대흑산도의 산림 및 농경지

대흑산도의 지세는 이미 서술한 것처럼, 섬 전체가 거의 산악이지만, 본토처럼 붉은 민둥산이 아니고, 온 산이 소나무, 참나무[樫],[447] 팽나무[榎], 동백나무[椿],[448] 모밀잣밤나무[椎], 벚나무 및 기타 잡목으로 덮여 있어서, 땔감이 아주 풍부하다. 그러나 경작지는 대단히 적어서, 논은 읍구미에 약 2마지기, 밭은 면적이 자세하지 않으나 수확은 풍작 때에도 겨우 각 마을이 3~4개월밖에 버티지 못한다고 한다. 주요작물은 보리, 조, 피, 콩류, 수수, 깨 등이다. 섬주민 중 재작년인 융희 원년에 처음으로 고구마를 시험삼아 경작해 본 사람이 있었는데, 결과가 대단히 좋았다고 한다. 그래서 작년부터 각 마을에서 모두 약간씩 고구마를 심기에 이르렀다. 경작지가 협소하므로 그 가격은 대단히 비싸서, 상등 밭은 1마지기에 7~8관문이다. 다만 하등지는 상당히 저렴하여 400문 정도이다. 이처럼 경지가 적기 때문에 경지가 될 수 있는 땅은 모두 개간하여 남은 땅을 볼 수 없다.

주민의 생업 및 풍속

주민은 모두 어업과 농업을 겸한다. 그러나 앞에서 본 바와 같이 경지가 협소하여 그 수확으로 3~4개월을 버티는 데 불과하므로, 1년의 생계는 주로 어업에 의존한다.

---

447) 학명으로 Fagaceae에 속하는 교목을 총칭하며, 흔히 참나무과라고 한다.
448) 우리나라에서는 참죽나무이지만 일본에서는 동백나무(ツバキ)를 뜻한다.

그러므로 일단 흉어가 되면 주민의 곤궁함은 예사가 아니다. 그래서 다른 지방에 나가서 일을 하는 사람이 많다. ▲ 섬주민은 대체로 온순하고 착하며 풍속이 순박하다. 등화는 일반적으로 생선기름을 쓰며 석유는 사용하지 않는다. 이를 통해 다른 사정을 미루어 짐작할 수 있을 것이다. ▲ 통화는 엽전(葉錢)만을 쓰고 다른 화폐는 거의 사용하지 않는다.

흑산도는 지도군이 설치되기 이전에는 나주목(羅州牧)에 속하였으므로 그 때문에 지금도 나주의 객주가 해마다 일정시기가 되면 쌀과 보리를 비롯하여 의복재료와 기타 섬주민이 필요로 하는 물품을 가지고 찾아와서 적어도 3~4개월간 체재하면서 수산물과 교환해 간다. 만약 그해 흉어이면 다음해 포채물을 인도하는 조건으로 필요한 물품을 대여한다. 나주 사람 이외에도 부근 도서에서 역시 교역선이 왕래하는 경우가 있다. 다만 식염은 주로 비금도의 공급에 의존한다.

식수

이 군도와 같이 식수가 풍부한 경우는 드물다. 특히 내흑산도는 무수한 계류가 콸콸 흘러내린다. 각 마을은 대개 계류가 바다로 흘러 들어가는 곳에 위치하므로 물을 긷기에 아주 편리하다. 그 밖의 섬도 또한 우물물이 솟고 연중 마르는 날이 없지만, 오직 다물도는 양이 적어서 때때로 수촌도에 물을 길러 가는 일이 있다고 한다.

교통

대흑산군도는 전라남도의 절해에 위치하므로, 가장 가까운 우이도까지도 20해리이다. 더욱이 조류가 급하고 파도가 높아서 범선의 항해는 순풍을 타는 경우가 아니면 조류에 휩쓸려서 표류하는 경우가 없지 않다. 흑산도와 본토 연해에 있는 나주군도 사이에는 흑산도에서 북동쪽으로 24해리 떨어진 칠발도(七發島), 남동쪽으로 20해리 떨어진 교맥도(蕎麥島)가 있지만, 모두 계선이 편리하지 않으며 우이도 또한 좋은 피박지가 없으므로, 바다를 건너려면 비금도에서 바람을 기다려야 한다. 그리고 대흑산군도와 비금도 사이는 26해리이므로 이 군도에서 바다를 건너는 일은 예로부터 지극히 험한 일이라고 하였다. 특히 겨울철에는 거의 본토와 왕래를 끊는 것이 보통이다. 섬 안의 각 마을로 통하는 도로는 험준하고 구불구불하기 짝이 없다. 바위가 울퉁불퉁한 사이로 겨우 한 가닥 좁은 길이 나 있다. 가시밭을 헤치면서 기어오르고, 넝쿨을 붙잡고 내려와야 한다. 만약 비라도 내리면 물줄기가 폭포처럼 흘러내려 전혀 걸어 다닐 수 없다. 또한 밤에는 늑대가 출몰하여 행인을 괴롭히는 일이 있다.

대흑산도에서 각 주요지역에 이르는 거리
흑산도 부근의 주요지역 간의 항로 및 거리는 대개 다음과 같다.

지도군읍(智島郡邑) 사이
(1) 군읍에서 외해로 나와서 자은도(慈恩島)・비금도(飛禽島)를 거쳐 대흑산도에 이르는 약 55해리,
(2) 군읍에서 남하하여 자은도・암태도(巖泰島) 사이의 해협 혹은 암태도・팔금도(八禽島) 사이의 해협을 지나 비금도・도초도(都草都) 사이의 해협으로 들어가 대흑산도에 이르는 50여 해리.

목포항 사이
목포를 출발하여 소고세토[小高瀬戸], 즉 항구의 등대 아래를 통과여 시아해로 나와서 안창도(安昌島)・자라도(者羅島) 사이의 해협을 지나, 옥도(玉島)에서 오른쪽으로 꺾어서 팔구포(八口浦)로 들어간 다음, 도초도(都草島)와 대야도(大也島) 사이를 거쳐 우이도의 북안(北岸)을 통과하여 대흑산도에 이르는 약 60해리.

그 밖에 흑산도 비금도 사이 25해리, 우이도 사이 20해리라고 한다.

어업은 각 어촌이 모두 거의 비슷하므로 개설하고 특별한 것에 대해서만 따로 서술할 것이다.

대흑산군도 마을의 선박 수는 다음과 같다.

마을 이름	선박수			마을이름	선박수		
	대	중	소		대	중	소
대흑산도 진리	6	2	2	수촌도 수촌	1	2	3
동 예촌	2	0	2	동 오촌	2	7	6
동 마촌	3	0	3	다물도 다촌	2	11	12
동 비촌	1	0	2	서두도 영산촌	0	0	0
동 심촌	3	2	2	홍도 홍도촌	2	2	12
동 사촌	1	9	2	양도 영산촌	2	3	1
합계					25[449]	38	47

비고) 대선은 어깨폭 1장 내지 1장 2척, 길이 34척, 깊이 4척 5촌 내지 5척 정도로 주로 상선으로 사용
된다. 중선은 어깨폭 6척 내지 6척 5촌, 길이 25척, 깊이 2척 5촌 내지 3척이고 외해에서 어업에
사용할 수 있고 또한 상선으로도 사용한다. 소선은 어깨폭 7척 내지 7척 4촌, 길이 19척, 깊이 2
척 정도로 주로 어업에 사용한다.

수산물

근해에 서식하는 어류는 이미 알려진 가오리, 상어, 성어리, 선복 이외에 토미, 깃치,
조기, 준치, 쏨뱅이[450], 볼락, 고등어 종류가 많다. 해조는 미역, 풀가사리, 김 등이며
그중에서 미역이 가장 많아 전라남도에서 제일이라고 한다. 다만 김은 적다.

가오리[鱝]

가오리의 어장은 흑산도에서 서쪽으로 8해리 떨어진 홍도 및 남쪽으로 14~15해리
떨어진 태도(苔島) 근해이다. 수심은 30~35길에 이르며 가장 깊은 곳은 50길이다.
바닥은 뻘이고 모래와 조개껍질이 섞여 있어서 가오리의 서식에 적합하다. ▲ 종류는
노랑가오리[赤鱝]와 홍어가 있다. ▲ 어구는 외줄낚시[一本釣, 현지에서는 조사釣絲
라고 한다], 주낙[延繩, 현지에서는 주낙]을 모두 사용한다. 외줄낚시에 사용하는 낚시
는 길이 2촌 4푼, 간격을 5푼으로 하고 굵기는 직경 1푼이다. 낚시줄은 안고리라고 부른

---

449) 원문에는 합이 24로 기록되어 있으나, 정오표에 따라서 25로 정정하였다.
450) 원문은 카사고(かさご)이다. 학명은 *Helicolenus marmoratus*이다.

골풀[藺草] 같은 식물 섬유 혹은 칡껍질을 다듬은 것이다. 두 줄로 꼰 것은 다시 세 줄로 합쳐서 쓴다. 질이 삼베줄에 미치지 못하지만 제법 강하다. 주낙에 사용하는 모릿줄[幹繩]도 또한 외줄낚시줄과 마찬가지로 안고리로 만들며 직경 1푼 5리이다. 2~3길 사이에 3~4척의 아리줄[支繩]을 붙인다. 아리줄은 칡껍질로 만든 것이다. 입승(立繩, 타테나와)⁴⁵¹⁾ 역시 안고리로 만들며 30~40길이다. 모릿줄의 길이를 150~200길로 하고 양쪽 끝의 침자는 닻을 사용한다. 부표(浮標)는 오동나무 4척 정도의 통나무를 사용한다. 낚시통은 원형으로 1척 6~7촌 정도로 가는 나무를 굽혀서 만든다. 높이는 5~6촌이고 바닥은 대나무를 쪼갠 것을 쓰고, 격자형태로 엮는다. 낚시는 목포지방에서 철사와 줄등을 주문하여 일본 연승낚시를 모방해서 제작하지만 대체로 대형이다. 사용법은 일본어선의 연승과 큰 차이가 없다. ▲ 어선은 어깨폭 6척 내지 6척 5촌, 길이 25척, 깊이 2척 5촌 내지 3척의 중선이며, 이 어업에 종사하는 배가 여러 섬을 아울러 38척이 있다. 1척 당 타는 사람은 7~8명이다. ▲ 어기는 겨울 12월에서 다음해 2월까지, 여름 7~8월 경이다. 그러나 겨울철이 성어기이고, 여름철에는 상어잡이와 함께 행한다. ▲ 미끼는 쥐노래미[あぶらめ 혹은 ポウレミ라고도 한다] 또는 붕장어를 쓴다. 쥐노래미는 가오리가 가장 입질을 잘하는 미끼이며, 1년 내내 도처에 서식하므로 사용하기 편리하다. 출어 전에 낚시로 낚거나 구입한다. 쥐노래미를 낚기 위해서는 암초 혹은 갯벌의 모래자갈 속에 서식하는 갯지렁이를 사용한다. 때로는 정어리를 사용하는 경우도 있다. ▲ 가격은 성어기, 즉 겨울 12~2월 경 가장 비싸고 큰 것은 1마리에 300문 정도이다. 그러나 8~9월에 이르면 가격이 싸져서 같은 크기가 150문부터 50문 정도가 된다. 대부분 날것으로 판매한다. 연간 생산량은 5만 마리로 예상되며 1마리 평균100문으로 계산하면, 5,000관문이다. 환율을 2배로 계산하면 1만원(圓)이다.

상어

멀게는 흑산도의 북쪽 80해리에 있는 어청도 근해에 출어하는 경우도 있다. 가까운

---

451) 주낙의 한 종류로 깊은 바다에 사는 물고기를 잡기 위하여 주낙을 횡이 아니라 종으로 내리는 방식을 말한다.

장소는 앞에서 말한 가오리 어장과 같다. ▲ 어구는 외줄낚시와 주낙 두 종류가 있으며 대체로 가오리 낚시와 같다. ▲ 미끼는 조기, 갈치를 많이 사용하며, 또한 전어[鰱]를 쓰기도 한다. 가오리 미끼와 마찬가지로 출어 전에 낚시로 잡거나 매입하여 준비한다. 조기의 가격은 1마리 평균 7~10문 정도이다. 조기는 어장에 도착해서 낚시로 잡는다. ▲ 이처럼 어장은 멀리는 어청도 근해이며, 어기인 8~9월 경은 종종 폭풍이 불어오는 경우가 있어서 종종 난파를 당하는 재난을 만나기도 한다. 재작년인 광무 10년(명치 39년) 8월 하순에는 다물도의 어선 4척, 승선인 29명, 또 작년 9월에도 다물도의 어선 3척, 승선인 22명이 조난을 당해 행방불명이 되었다. 적어도 3년에 1번은 난파의 비운을 만나므로, 섬 주민들이 위험하게 여겨 이 어업은 점차 쇠퇴하고 부진해지는 상태이다. 상어는 등을 가르고 소금을 조금 뿌려서 햇볕에 말린다. 1년의 생산량은 30,000마리로 예상되며, 1마리당 50문이므로, 총액은 1,500관문이다.

조기

조기 어장인, 마촌(馬村)과 비촌(比村)의 어장은 시두도(鼠頭島)의 근해이다. 조류가 급하고 해저는 돌 또는 뻘이며 수심은 5~11길이다. 심촌의 어장은 만 안인데, 고요하고 바닥은 양안이 모래, 중앙은 뻘이지만 곳곳에 암석이 산재해 있다. 수심은 8~10길이다. 오촌의 어장도 만 안이다. 해저는 모래와 바위이고, 수심은 7~8길이다. 다촌과 수촌의 어장은 수촌도 및 다물도 사이의 해협이고, 양도 및 홍도의 어장은 주변 외양이다. ▲ 어구는 외줄낚시이며 바늘귀부터 3촌 사이는 낚시줄에 철사를 넣어 감는다. 이는 때때로 갈치가 잡히는 일이 있기 때문이다. ▲ 어법은 일몰경 출선하여 먼저 불을 피우고 미끼인 정어리를 포획한다. 그런 다음 어장으로 간다. 미끼를 다는 방법은 한 낚시에 두 마리를 사용하여, 한 마리는 머리부터, 한 마리는 꼬리부터 꿈으며 한 사람이 두 개의 낚시줄을 사용한다. ▲ 이 어업은 전적으로 야간에만 이루어지며, 바나가 고요하면 다음날 아침에 마을로 돌아온다. ▲ 어선은 어깨폭 7척 2~3촌, 길이 1장 8척, 깊이 2척 정도의 작은 배로, 5~10명이 탄다. 이런 종류의 어선은 섬 전체에 47척이 있다. ▲ 어기는 7~9월 경이 성어기로 상어 어기와 같다. ▲ 미끼는 정어리만을 쓴다. 그러므로 정어리가 없을 때는 출어하지 않는다. ▲ 처리는 등을 가르고 소금을 조금 뿌려서 햇볕에 말린다. 1년 생산량은 25,000마리로 예상되며, 1마리에 10문이면 총액은 250관문 정도이다.

대흑산도의 정어리·멸치[鰮] 어업

정어리·멸치452)는 여러 섬 주위의 내만이 모두 어장이지만, 그 중에서도 진리와 예촌의 내만이 넓고 또한 고요하므로 많이 내유한다. 수심은 5~8길이고, 바닥은 암석 혹은 모래와 뻘이다. 가까운 연안에는 해조류가 자란다. ▲ 어구는 왜태(원형 그물)라고 부르는 직경 4척 5촌의 뜰채[攩]이다. 소나무 가지를 굽혀서 만들며 일본의 당망(攩網)과 비슷하다. 길이 4척 5촌 내지 5척의 참나무 자루를 단다. 그물은 무명실을 감물로 물을 들인 것이며, 그물눈은 5~7푼이다. ▲ 당망을 사용하는 방법은 앞에서 간단히 설명한 것처럼, 야간에 해안의 횃불 피우는 곳[篝火臺]에서 소나무나 잡목을 태워 어군을 유인하고 해변에 이르면 한 사람은 배에서 내려 해안에 서서 떠서 잡는다. 이때 배에는 승선인 일동이 큰 소리를 내거나 막대기로 수면을 때려 물고기가 도망치는 것을 막는다. 그 사이에 뜰채를 두 번 정도 사용한다(때로는 좁은 장소로 도망쳐 들어간 경우에는 배에서 떠올리기도 한다). 이러한 어법이므로 뜰채로 가득 잡았다고 하더라도 한 번에 잡을 수 있는 양은 10관목을 넘지 않는다. ▲ 어기는 7~9월 경이고, 정어리는 1촌 내지 2촌 5푼 크기의 멸치[세구로]453)가 많고 때로는 4촌 크기도 잡힌다. 늦가을 경부터 겨울에서 걸쳐서 10~20cm 크기의 정어리454)가 내유하지만 어획량은 적다.

이 섬의 정어리 어업이 이와 같이 소규모이기 때문에 어획량도 또한 많지 않다. 무릇 정어리를 잡는 것은 주로 미끼로 쓰기 위한 것이며, 말리는 등의 가공을 하지 않는다. 이 섬에서는 정어리가 민첩하기 때문에 잡기가 어렵다고 하는 데도 위와 같은 유치한

---

452) 일본에서는 정어리와 멸치를 구분하지 않고 한 물고기 종류로 본다. 한편 흑산도에서는 멸치가 오기 전에 정어리가 먼저 온다(『자산어보』).

453) 세구로는 세구로이와시[背黑鰯]의 줄인 말로 멸치를 가리킨다.

454) 원문은 츄바이와시[中羽鰯]이다. 정어리 중 10cm 이하를 코바[小羽], 20cm 이상을 오바[大羽]라고 부른다.

방법으로도 얼마간 어획되는 것을 보면 추자도에서 사용하는 초망이나 소형 지예망을 사용하면 유망할 것이다. 진리만(鎭里灣)에는 예망을 사용할 수 있는 장소가 적지 않다. 그 밖에도 지예망을 운용할 수 있는 장소가 없지 않다. ▲ 몇 년 전(명치 36~37년경) 목포에 사는 이시야마[石山] 아무개가 권현망으로, 또 에히메현[愛媛縣]의 통어자인 요코야마[橫山] 아무개가 착망(搾網, 시바리아미)를 가지고 이 섬에서 정어리를 잡은 적이 있었다. 그러나 어군의 움직임이 빨라서 기대한 실적을 거두지 못하였을 뿐만 아니라, 당시 말린 멸치 제품[455]의 가격이 하락해서 큰 손실을 입었다고 한다

이 섬 지역 조사원은 융희 2년 9월 5일에 이곳에 고기 잡으러 온 목포의 도미낚시 어선에 편승하여 주낙을 시도해 보았는데, 저녁 어둑할 무렵에 읍구미로 귀항하는 도중 이 섬 북안 일대에서 정어리가 많이 모여든 것을 보았고, 또 앞바다에서 고등어의 무리가 있는 것을 목격하였다. 또 정어리 무리 부근에는 젓새우(아미)가 또한 대단히 많은 것을 보았다고 한다.

미역

미역은 흑산군도 근안의 수심 2~3길 되는 장소에서 수확한다. ▲ 계절은 5~6월 및 8~9월 두 차례이지만, 5~6월 경이 제철이라고 한다. 그래서 이 시기에 바다가 거칠어지면 자연히 그 해 생산에 영향을 받는다. 8~9월 경에 수확하는 것은 두 번째 자라는 것 즉 포주(布株)가 생장한 것이다. ▲ 거두어들인 미역은 자리나 바위 위에 펼쳐서 건조한다. 날씨가 맑으면 3~4일 만에 다 마른다. 아래위를 가지런히 해서 20장을 합쳐서 1묶음[束]으로 묶는다. 길이는 대개 3척 5촌에서 4척이다. 조선인[邦人]은 줄기도 또한 매우 좋아하여 이를 버리지 않는다. ▲ 1속의 가격은 평균 500문, 비쌀 때는 700문 즉 1원 40전 정도이다. 8~9월에 거두어들이는 두 번째 미역은 잎줄기가 짧아서 햇볕에 말릴 때 붙여서 적당한 크기로 만들어 건조한다. 그러므로 1속이 30~40매가 필요하다. 매년 생산액은 5,000속에 달한다고 한다. 그러므로 1속을 500문이라고 하면 총액은 2,500관

---

455) 원문은 이리코(いりこ)로 되어 있다. 일반적으로 말린 멸치는 삶아서 말리기 때문에 니보시(煮干し)라고 하는데, 이리코는 관서지역의 방언이다.

문, 2배로 환산하면 5,000원이다.

풀가사리

풀가사리는 참풀가사리[まふのり]와 풀가사리[ふくろふのり]가 있다. 채취기는 3월에 시작해서 5월에 끝난다. 전복껍질로 긁어서 채취한다. 이 섬에서 생산되는 풀가사리는 특히 잘 건조된다. 그래서 다른 지방에서 생산되는 것보다 가격이 비싸다. 지난 융희 2년의 시세는 참가사리가 4원 정도였다. 두 종류는 그 생산량이 거의 비슷한데, 매년 생산량은 약 10,000근이고, 100근을 5관 500문이라고 치면 전체 가격은 550관문이며, 이를 2배로 환산하면 11,000원이다.

미역과 풀가사리의 채취장소는 모두 마을 공동소유이다. 마을마다 이를 각 호에 배당하여 채취하도록 한다. 그러므로 각 호에 배당된 장소에는 함부로 다른 사람이 들어가서 채취할 수 없다. 만약 어떤 장소를 배당받은 사람이 다른 곳에 일하러 나가는 등 부재 시에는 그 장소의 채취물을 마을의 세금으로 충당한다. 다물도의 북쪽[456]에 무인도인 죽도는 수촌 및 다물도에 부속되어 있어서, 죽도에서 생산된 미역과 풀가사리는 두 마을에서 1년 교대로 수확한다.

죽도에서는 돌김[岩海苔]과 파래[青海苔]가 생산되며, 1~3월 경에 채취하지만 양은 적어서 섬주민들이 식용하는 데 그친다.

전복

군도의 주변 도처에 서식하지만 그 중에서 가장 많이 생산되는 곳은 양도(羊島, 일본 어부는 남도南島라고 부른다), 서두도, 수촌도(일본어부는 북도北島라고 부른다), 다물도, 죽도(무인도이다)[457] 및 서쪽의 홍도(紅島[458], 「해도」에 매가도梅加島) 등이다. 전복을 잡는 것은 모두 일본 어부로, 잠수기선과 나잠부가 모두 내어한다. 나잠부를 부리는 것은 오이타현[大分縣] 사가노세키[佐賀關]의 해산물 상인 가토 다로마쯔[加

---

456) 원문에는 지방(地方)으로 기록되어 있으나 정오표에 따라서 북쪽[北方]으로 정정하였다.
457) 원문에는 (이상 4섬은 무인도이다)라고 기록되어 있으나 정오표에 따라서 정정하였다.
458) 원문에는 강도(江島)로 기록되어 있으나 정오표에 따라서 홍도(紅島)로 정정하였다.

藤太郎松] 형제가 조직한 환일조(丸一組)이다. 처음으로 통어한 것은 고종황제[先帝] 31년 즉 명치 27년 4월 경이었다. 처음에는 주로 명포(明鮑)[459]만을 제조하였으나, 대형 전복이 점차 감소하게 되면서 광무 7년 ,즉 명치 36년경부터 이를 중단하고 지금은 주로 통조림 제조에 종사한다. 작업장[納屋]은 대흑산도 진리 북쪽에 있는 읍구미에 있다. 매년 4월에 와서 9월에 떠난다. 도착하면 작업장을 만들고 떠날 때에 이르면 허물어서 자재를 한곳에 모아 두고 보관은 마을 사람에게 부탁한다. 전복살을 발라내는 일에는 섬의 부녀자들을 고용한다. 임금을 주지 않아도 내장과 껍질을 주면 좋아하며 일에 종사한다. 현재 환일조의 제조량은 매년 평균 1파운드[封度] 캔 4개들이 800~900 상자라고 한다. 나잠부는 대개 에히메[愛媛] 우와지마군[宇和島郡] 미사키[三崎] 지방 사람들로 비율제로 조업한다. 어장은 앞에서 든 각 섬이고 수심 2길부터 깊어도 7길을 넘지 않는 곳을 택한다. 소조 때만 조업하고 대조 때에는 쉰다. 무릇 근해가 모래뻘로 대조 때는 해수가 혼탁하기 때문이다. 잠수기선은 소안도에 있는 죽내조(竹內組)가 소유한 배로, 매년 여름철 3~4척 규모로 섬으로 온다. 그리고 그 어장은 홍도 또는 태도 근해이다. 어획물은 염상하여 그 근서시에 보낸다.

일본 어부로서 이 섬에 내어하는 자는 앞에서 말한 잠수기선 또는 나잠부 이외에 상어 및 도미 연승선이 있다. 상어 연승선은 오이타현[大分縣](사가노세키정佐賀ノ關) 출신자로서 광무 2년(명치 31년) 경부터 매년 여름에 와서 군도 주위의 외해를, 도미 연승어선은 목포에 정주하고 있는 어부로서 최근 광무 10년(명치 39년) 경부터 매년 가을 겨울에 와서 군도의 근안을 다니면서 조업한다.

다물도의 어업 연중행사

군도 중 어업이 가장 활발한 곳은 다물도이다. 이제 이 섬의 어업 연중행사의 개요를 설명하면, 1~3월은 남쪽 태도의 외해에 나가서 가오리 낚시를 하고, 4~6월은 부근 해변가에서 풀가사리 및 미역을 채취하고, 7~9월은 북서쪽 어청도 근해에 가서 상어 및 가오리 낚시를 하고, 또한 내만 및 외해에서 조기와 고등어 낚시를 한다. 또한 이

---

459) 전복을 일단 염장한 다음 삶아서 말린 것을 말한다. 주로 중국 요리에 사용되었다.

계절에 정어리를 잡는다. 이렇게 잡은 어획물은 이곳에서 출매선에게 판매하거나 혹은 말리거나 소금에 절여서 몇 사람이 협동하여 각 지방으로 돌아다니면서 팔고 12월에 이르러 마을로 돌아온다.

삼태도(三笞島)

삼태도는 태사도(笞沙島)라고도 하며, 또 태도(笞島)라고도 한다. 대흑산도 남쪽 18해리에 있다. 3개의 큰 섬과 몇 개의 무인도로 이루어져 있다. 남북 약 6해리에 뻗어 있다. 섬 전체의 인가는 약 50호이다. 토지가 척박하여 농산물은 적다. 그러나 가자미, 상어, 조기, 농어 및 미역, 풀가사리가 많이 생산되므로 섬사람은 전적으로 어업에 의거하여 생활하고 부녀자라고 하더라도 연안 암초 위에서 농어나 도미 외줄 낚시를 한다. 이 섬은 본래 우이도와 왕래가 빈번하여 생활물자는 대부분 우이도의 행상이 공급한다. 무릇 우이도는 물산이 적어 섬사람 대부분이 행상으로 생계를 영위하기 때문이다.

홍의도(紅衣島)

홍의도는 만도(晚島)라고도 하며, 「해도」에서 소중관군도(小中關群島)라고 표기하였다. 삼태도의 남동쪽 15해리에 있다. 하나의 큰 섬과 부근에 흩어져 있는 작은 암서로 이루어져 있다. 인가는 섬의 남·북·서쪽에 흩어져 약 25호가 있다. 오로지 어업으로 생계를 유지한다. 섬의 북동쪽에 만이 한 곳 있는데, 어선이 피박할 수 있다. 그러나 북풍과 동풍을 피할 수 없고, 만 부근에 암초가 많다.

가거도(可居島)

가거도 혹은 가가도(嘉佳島)라고 하며, 해도에서는 흑산도(黑山島)라고 표기하였다. 삼태도의 서남쪽 20해리에 있으며, 조선의 여러 섬 중에 최남서쪽에 위치한다. 또한 본군에 속한 도서 중 가장 남쪽에 위치하고 있다.

수목이 무성하며 특히 황양(黃楊)460)이 생산되는 곳으로 유명하다. 이 섬은 둘레

40리에 달하지만 주변 일대가 단애와 절벽이고 남단의 일부에 겨우 자갈해변이 있을 뿐이다. 섬 전체를 통틀어 인가가 약 50호가 있으며, 주민은 오로지 어업에 종사한다. 『수로지』에 기록한 바에 의하면, 앞의 자갈해변에서 약 0.75케이블 떨어진 수심 17길인 곳은 바닥이 뻘이며 북풍을 피할 수 있다고 한다. 그러나 겨우 만 형태를 이루고 있는 데 불과하므로 파도가 거칠면 어선은 연안의 수목에 매어두는 것이 일반적이다. 그러므로 이 섬의 어선은 다른 여러 섬의 배와 구조가 다르다. 배 밑바닥이 좁고 또한 선체도 견고하게 만든다.

우이도(牛耳島)

우이도는 첨절제사[僉使]를 두었던 곳으로 나주군도 도초도의 서남쪽에 떠 있다. 팔구포 서쪽 입구의 첫 번째 관문으로 대우이도, 소우이도 및 다른 십여 개의 무인도로 이루어져 있다. 군도 중 가장 큰 섬을 대우이도라고 한다. 현지에서는 소구도라고 부른다. 남북 10리 40정, 동서 10리이다. 섬 가운데 몇 개의 봉우리가 솟아 있는데, 최고봉을 관음산(觀音山)이라고 하며, 해발 1,075피드이다. 뾰쪽한 형상을 하고 있어 도항가이 좋은 표지가 된다. 섬 안에서 산악이 이어진 곳은 대체로 남쪽이다. 그러나 모두 구릉지로 평지가 적다.

대우이도의 남북 양쪽 일대는 사퇴(沙堆)이고 그 양쪽에는 남쪽으로 약 2해리에 뻗어있는 큰 사퇴가 있다. 「해도」에서는 이를 우이사퇴(牛耳沙堆)라고 하였다. 우이만의 남각 가까운 북서쪽에 간출암(干出岩)이 있는데, 「해도」에서 이를 하광암(下光岩)이라고 기록하였다. 파랑이 있을 때 이외에는 알아보기 어렵다. 또 만의 북서각 가까운 곳에 두 개의 바위가 있는데, 상광암(上光岩)이라고 한다.

우이만(牛耳灣)

우이만은 섬의 서쪽에 있는 큰 만이다. 만 안의 수심은 약 2~6길에 달하며, 동풍을

---

460) 회양목이다. 학명은 *Buxus microphylla* 이다. 현재도 가거도에는 우리나라에서 유일한 회양목 군락지가 있다.

피할 수 있다. 다만 작은 어선은 만내에 있는 작은 섬 옆까지 가서 기박할 수 있으므로 모든 바람에 안전하다. 이 만은 종래 중국 어선의 근거지였던 곳으로, 매년 3월 경부터 4~5월에 이르는 사이에 출입하는 배가 100척 내외에 이르렀다고 한다. 만 안에 두 개의 마을이 있다. 북쪽은 성촌(星村)이고, 남쪽은 저두촌(猪頭村)이다. ▲ 또한 이 섬의 동쪽에 진촌(鎭村) ▲ 남쪽에 예미촌(曳尾村)이 있다. 앞기슭이 다소 만 형태를 이루지만 계선에 편리하지 않다.

섬 안에 평지가 드물며 경지가 좁으며 또한 밭만 있어서 약간의 보리와 콩류를 생산할 뿐이다. 면화도 또한 다소 재배하지만 많지 않다. 땔감은 다소 풍부하지만 모두 소나무 뿐이다. ▲ 음료수는 질이 좋지 않고 또한 넉넉하지 않다.

수산물은 매년 미역 100속 남짓, 풀가사리 1천근 정도를 생산하는 데 불과하다고 한다. 그리고 착생하는 곳은 주로 대・소우이도의 남동쪽이다.

섬은 물산이 풍부하지 않으므로 자연히 항해업이 발달하였다. 섬사람 중에서 상선을 가지고 1년 내내 뭍이나 다른 섬 사이를 왕래하며 상업을 영위하는 자가 상당히 많다. 소유한 선박은 어깨폭 1장 내지 1장 2척, 길이 34척, 깊이 4척 5촌 내지 5척 정도인 것이 10척, 어깨폭 7척 내지 7척 5촌, 길이 19척, 깊이 2척 남짓되는 것이 8척으로 모두 18척이다. 왕래하는 장소는 뭍으로는 나주, 영암, 해남, 법성포, 줄포 등이고, 섬으로는 삼태도, 대흑산군도, 나주군도 등이 있다.

기좌면(箕佐面)

기좌도의 소속 도서

완도군에 속하는 팔금도의 남서쪽에 늘어서 있는 기좌도 및 기타 여러 섬을 아울러서 면으로 삼았다. 소속된 섬 중에 큰 것은 기좌도(箕佐島), 안창도(安昌島, 기좌도의 동쪽에 있다), 장산도(長山島, 안창도의 남쪽에 있다)이고, 그 밖에 자라도(者羅島, 안창도의 남서쪽에 있다), 박지도(朴只島, 자라도의 서쪽에 있다), 옥도(玉島, 박지도의 남서쪽에 있다), 노랑도(老郎島, 기좌도의 서쪽에 있다), 우묵도(牛墨島, 노랑도의 북쪽에 있다), 사치도(沙雉島, 우묵도의 북쪽에 있다), 반월도(半月島, 노랑도의 서쪽에 있다), 막금도(莫今島, 화원반도의 남서쪽으로 시아해에 떠 있다), 백야도(白也島, 막금도의 남쪽에 있다) 등 아울러 12개의 섬이 있다. 기좌, 안창, 자라, 박지의 4섬은 서로 모여있고, 장산도는 그 남쪽에 가로놓여 있으며, 북동과 남서의 양쪽이 모두 팔구포의 한 입구를 이룬다.

각 섬의 호구

군의 보고에 의거하여 각 섬의 호구수를 제시하면 다음과 같다.

섬이름	호수	인구	비고	섬이름	호수	인구	비고
기좌(箕佐)	493	2,171	우묵도 포함	반월(半月)	41	164	
장산(長山)	433	1,958	백야도 포함	옥도(玉島)	27	121	
안창(安昌)	257	1,434		사치(沙雉)	15	112	
자라(者羅)	55	223		막금(莫今)	16	59	
박지(朴只)	20	75		합계	1,357	6,317	

기좌도(箕佐島)

기좌도는 동서 10리 32정, 남북 10리 27정, 면적 136.4방리이다. 동쪽은 갯벌[泥堆]로 안창도와 이어져 있다. 서쪽은 비금도・도초도 두 섬을 마주보고, 북쪽은 좁은 수로를 사이에 두고 팔금도와 마주 본다. 북부 및 동부는 산악이 들쑥날쑥하지만, 아주 높은 봉우리는 없다. 서남부는 대체로 경사지가 많지만 척박하여 전반적으로 농경이 저조하고 또한 관개용수가 부족하다. 섬의 중앙부에 약 4~5정보의 수림이 있다. 이것이 이 섬에서 유일한 숲이다.

섬의 연안 북쪽은 경사가 제법 급하지만, 다른 삼 면은 평탄하다. 그리고 사방은 모두 갯벌이며, 특히 서남부에 있는 갯벌은 면적이 대단히 넓고, 자라도, 박지도, 기타 작은 섬이 그 안에 흩어져 있다.

기좌도의 마을

마을은 동쪽에 고란(古蘭) ▲ 남쪽에 소척(小尺), 대척(大尺), 창마(昌馬), 방월(方月) ▲ 북쪽에 북강(北江), 마명(馬鳴) 등이 있다. 북강은 북부의 중앙수도가 가장 좁아지는 곳에 있으며, 팔금도로 건너가는 도선장이 있다. 조류가 급하지만 풍파를 피하기에 적합하다. 범선의 정박장이고 또한 일반 어선도 정박할 수 있다. 이 섬의 물산은 대개 이곳에서 반출된다. ▲ 또한 동쪽 연안에 있는 갯벌은 안창도와 이어져 있으며 썰물 때는 안창도까지 걸어서 갈 수 있다. 그러나 만조 때는 1~1.5길의 깊이가 된다. 중앙의 가장 좁은 곳에 도선장이 있다. 섬의 남서단과 자라도, 박지도 두 섬 사이에 두 줄기의 물길이 있어서 작은 배가 통행할 수 있다. 섬 안에 의사 2명, 학당 6곳이 있다.

기좌도의 물산

이 섬 주민은 어업에 종사하는 자가 적으며, 서쪽 방면에 작은 어살 2곳이 있다. 작은 숭어[鮃][461], 백하(白蝦) 등을 어획하지만 대단히 적다. 섬주민의 생업은 염업 또는 농업이다. 농산물의 중심은 면화이며 1년 생산액이 약 1,500원 내외에 이른다. 다른 곡류의 생산은 적어서 섬주민의 수요에도 미치지 못한다.

제염지

식염은 1년 제조량이 377만 근 남짓에 달하며, 영산포나 강경 지방으로 수출한다. 이 섬 내의 제염지는 비화항(飛和項), 내호(內湖), 와우지(臥牛地), 입암(立岩), 마명(馬鳴), 구대리(舊垈里), 소척(小尺) 등이고 가장 왕성한 곳은 구대와 내호라고 한다. 가마 수는 모두 19곳이 있다.

기좌도의 교통

기좌도에서 목포로 가기 위해서는, 이 섬과 팔금도 사이의 해협을 지나 시아해로 나

---

461) 일본에서는 숭어 혹은 그 새끼를 가리키는 한자로 사용하였다.

가서 항구로 들어가는 항로와 안창과 자라도 사이의 해협을 지나 시아도 등대를 오른쪽으로 보면서 항구로 들어가는 항로가 있다. 전자는 13해리이고, 후자는 16해리이다. 군읍까지는 북쪽으로 약 40해리이다. 내만에서 나와서 자은도와 암태도 사이의 해협을 통과하는 항로가 빠르다고 한다.

안창도(安昌島)

안창도[462]는 갯벌을 사이에 두고 기좌도의 동쪽에 접해 있으며, 기좌면의 동쪽을 이룬다. 동서 10리, 남북 10리 23정, 면적 108.4방리이다. 남부 및 중앙부에 산악이 이어져 있지만, 높은 봉우리는 없다. 사방은 갯벌인데 동부 및 서부가 특히 두드러진다. 자라도와의 사이에 굽은 물길이 있어서 작은 배가 통항하는 데 편리하다. 연안선은 동안은 거의 직선이지만 남안과 서안은 다소 굴곡이 있고 급경사이다.

복호지(伏虎地)

남안에서 동쪽으로 돌출된 복호시 부근은 암초가 많고 전면에 5~6개의 작은 섬이 흩어져 있다. 복호지는 인가 20호가 되지 않는 건항(乾港)이지만 이 섬의 유일한 계선장이다. 부근 도서에서 목포 방면으로 왕복할 때 조류를 기다리는 사람들의 기항지이다. 바닥은 단단하고 만조가 되면 수심이 1길이 된다. 이곳에서 갑각을 왼쪽으로 돌면 자라도와 안창도 사이의 해협 중에 암초가 많고 조류도 또한 급하다.

안창도의 마을과 물산

섬 안에는 복호지 이외에 대리(大里), 산두(山頭), 탄동(炭洞), 금산(錦山), 대령(大嶺), 존포(存浦), 부야(扶耶) 등의 8개 마을이 있다. 호구가 많은 곳은 대리와 대령으로 약 70호 내외이고, 호구가 적은 곳은 부야, 존포 등이다.

섬 안에 산림이 없으며, 경작지가 제법 넓지만 면화를 주로 하고 곡류의 생산은 적어서, 대개 8개월 남짓을 지탱할 수 있다. 면화는 풍작일 때는 3천근 이상 5천근을 생산하

---

462) 현재는 기좌도와 연결되어 안좌도라는 하나의 섬이 되었다.

며, 목포 지방에서 매입하는 상인들이 온다.

제염지

식염은 이 섬의 주산물로서 섬사람의 생명선이라고 할 수 있다. 제염을 영위하는 마을은 신촌(新村), 당월평(堂越坪), 지당(池塘), 존포(存浦), 부소(扶所), 역포(力浦) 등이고, 염전의 면적은 12정보 남짓에 이른다. 가마는 13곳이 있으며, 1년의 제염량은 통틀어 313만 근을 웃돈다. 어업은 모두 농가의 여가에 영위할 뿐이다.

장산도(長山島)

장산도는 동서 20리, 남북 10리 14정, 면적 136.4방리이다. 북쪽으로 안창도 및 자라도와 마주하고, 팔구포의 서쪽 입구를 이룬다. 동쪽은 시아해에 면하여 멀리 시아등대가 보인다. 남쪽은 정등해(丁嶝海)를 사이에 두고 진도의 북쪽과 마주한다. 서쪽은 상태도와 함께 팔구포의 남쪽 입구를 이룬다. 섬의 남북에 고점이 있는데, 남쪽 정상은 높이 631피트, 북쪽 정상[463]은 692피트이다. 동안 일대는 구릉이 이어져 있지만, 모두 민둥산으로 푸른 수림을 볼 수 없다. 그러나 중앙부는 경사지가 넓고 경작지도 제법 많다.

장산도의 물산

이 섬의 주위는 모두 갯벌이고 갑각이 사방에 어지럽게 돌출되어 있다. 연안이 심한 굴곡을 이루고 있지만, 주변이 모두 갯벌이므로, 계선에 편리한 항만이 없다. 주민의 생업은 농업 및 염업이다. 농산물 중에서 중요한 것은 면화이고, 수출액이 적지 않다. 제염도 또한 대단히 활발하다.

제염지

제염에 종사하는 마을은 두목동(杜木洞), 비소리(飛所里), 사근리(沙近里), 하룡

---

463) 원문에는 此頂으로 되어 있는데, 北頂의 잘못이다.

(下龍), 막금(莫錦), 상룡(上龍), 통두(通頭), 삼방동(三妨洞), 국수당(國水堂), 광포(廣浦), 후포(後浦) 등이고, 염전의 면적은 22정보 남짓에 이른다. 가마는 20곳이 있고, 1년의 제염량은 640만근이 넘는다. 다만 앞의 마을 중에서 가장 왕성한 곳은 통두, 비소리, 사근리, 하룡 등이라고 한다.

이 섬에서 군읍에 가기 위해서는 나주군도 내해 즉 팔구포를 통하여 면도수도(綿島水道)로 나가는 항로와 시아해에서 북쪽으로 가는 항로가 있는데, 그 거리는 약 45~46해리이다.

자라도(者羅島)

자라도는 원래 박지도, 옥도, 반월도 및 기타 작은 섬과 함께 자라면을 이루었다. 안창도 남쪽 갯벌에 위치하고, 남쪽의 장산도와 마주 보며 팔구포의 서쪽 입구를 이룬다. 섬은 동서 2개로 이루어져 있는데, 썰물 때는 갯벌로 서로 이어진다.

간암(肝岩)

북쪽으로 안창도의 남각과 마주보는 곳은 수로가 아주 좁으며 이곳에 도선길이 있는데, 간암(肝岩)이라고 한다. 제법 물이 깊어서 대부분 배를 매어둘 수 있다. 섬주민은 농사 및 제염으로 생업을 삼는다.

이 섬에서 목포로 가기 위해서는 동쪽으로 시아해로 나와서 화원반도를 오른쪽으로 보면서 목포항으로 향하는데, 그 거리는 15해리이다. 지도군읍까지는 약 42해리이다.

반월도(半月島)와 박지도(朴只島)

반월도와 박지도 두 섬은 기좌도의 남안에 접하여 떠 있으며, 갯벌이 둘러싸고 있다. 염업을 주로 하고, 어업은 부진하다. 두 섬 모두 뚜렷한 높은 봉우리가 없다. 그래서 남쪽에서 이 섬을 바라보면, 마치 기좌도의 갑각처럼 보인다.

옥도(玉島)

옥도는 나주군도 내해의 거의 한 가운데 떠 있으며, 남북으로 뻗어서 팔구포의 동쪽 일부를 이룬다. 섬의 중앙에 산악이 자리하고 있지만, 높은 봉우리는 없다. 산의 서쪽은 급경사이고 연안도 또한 경사가 심하고 암초가 많다. 동쪽은 완경사이고 연안에 갯벌이 펼쳐져 있는데 남쪽으로 뻗어서 상태도의 북쪽과 가까운 기도 및 개도로 이어진다.

옥도의 마을

섬 내에 대촌(大村), 주장리(肘場里), 대구촌(代口村) 등의 마을이 있다. 경지는 논 12정보, 밭 17정보 남짓에 불과하지만, 주민이 농경에 힘써 그 생산량으로 주민이 살아갈 수 있다. 부업으로 염업 및 어업을 영위한다. 1년간 제염생산은 대략 60만근에 달한다.

어업은 염업에 비하여 부진하다. 그러나 섬의 동쪽에 있는 갯벌에서는 세발낙지가 많이 생산되어, 미끼 공급지로 유명하다. 능숙한 사람은 하루에 낙지 100마리를 잡는다고 한다. 어기는 3월에서 다음해 2월에 이르는 사이이고 그 중 여름철에 활발하다. 그 수요자는 일본 통어자 혹은 목포에 살고 있는 일본인 어업자로서, 어선 1척의 소비량은 1관목 내지 3~4관목이다. 진남포 또는 압록강 지역에 통어하는 경우는 1척의 구입량이 1만 마리 이상에 이르는 경우도 있다.

미끼 공급지 옥도

일본 통어자가 이 섬에서 미끼를 구입하기에 이른 것은 이미 십여 년 전인데, 당시는 통어자의 수가 적었고 또한 수요도 많지 않았다. 그러나 해가 갈수록 점차 증가하자, 지금부터 8년 전에 미끼를 다루는 객주가 나타났다. 이후 지금까지 지속적으로 영업을 하고 있는데, 매매는 반드시 이 객주의 손을 거쳐야 하며, 구전(口錢)으로 매입자로부터 5부를 징수한다고 한다. 객주가 생기면서 매매가 제법 편리하게 되었지만, 어선의 주문을 받은 다음에 미끼를 잡기 시작하므로 10,000마리 이상을 구입하려고 하면 며칠 동안 기다려야 하는 불편이 있다.

낙지의 시세는 일정하지 않지만, 20마리에 60~90문 남짓이라고 한다. 낙지를 미끼로 판매할 뿐만 아니라, 말려서 판매하기도 한다.

옥도의 어업 상황

낙지 이외에 숭어 새끼, 백하도 잡는다. 이를 어획하는 방법은 어린애 장난과 같은 것이다. 먼저 갯벌에 도랑을 파고 도랑 한쪽, 즉 육지 반대편을 풀로 막고 대나무발을 세워 풀이 떠내려가지 않도록 한다. 도랑의 양쪽에는 흙으로 둑을 만들어 둔다. 밀물을 타고 온 숭어새끼나 백하는 썰물이 되면 도랑에 남게 되고, 한두 달이 지나면 제법 많이 모인다. 그러면 물이 완전히 빠졌을 때 풀을 치우면 도랑 속의 바닷물은 빠지고 어류들은 발에 막혀서 남게 된다. 이를 뜰채로 떠서 잡는다. 어기는 8~10월에 이르는 사이이며, 어획물은 염장하여 판매한다.

뜸북(바위옷)

그 밖에 이 섬에는 뜸북[464]이라고 부르는 해조가 있다. 형태는 톳이나 풀가사리와 같고 길이는 1촌에서 1촌 5푼 정도로 암초에 붙어서 자란다. 색깔은 암초에 붙어 있을 때는 암갈색이고 햇볕에 말리면 검은색으로 변한다. 사람들은 이것을 좋아해서, 나주·영암·무안 지방에서는 설음식으로 반드시 올린다고 한다. 특히 쇠고기를 넣어 국을 끓이면 맛이 담백하고 좋다. 청나라 사람도 또한 매우 좋아해서 어선이 때때로 이 섬에 와서 소주 등의 물품과 바꾸어 간다. 채취는 봄부터 초여름 사이에 이루어진다.

옥도의 정박지 대구촌(代口村)

이 섬의 서쪽 팔구포에 면하여 작은 만이 한 곳 있다. 만내에 있는 마을이 대구촌이다. 러일전쟁 당시 일본 함대가 팔구포에 주둔하자 이곳도 그 급수지로 선정되었고 당시에 굴착한 우물 9곳이 있다. 모두 수량이 풍부하고 또한 수질이 양호하다. 그리고 해안에는 당시에 가설된 잔교가 현재도 남아 있다.

이곳의 식수는 풍부하지만 땔감이 부족하여 목포, 진도 지방에서 수입한다. 이 만은

---

464) 원문에는 ツンブク이라고 되어 있다. 모자반과의 해조로 진도에서는 지금도 뜸북을 넣어 국을 끓여 먹는다.

건항으로 암초가 많다. 작은 선박을 계류할 때는 만내의 북쪽을 선택해야 한다.

일본인 1호가 정주하여 농업에 종사하고 있다.

비금면(飛禽面)

비금면의 소속 도서

비금도 및 기타 사방에 흩어져 있는 여러 섬을 아울러 면으로 삼았다. 이 면에 소속된 섬을 열거하면, 비금도(飛禽島, 도초도의 북쪽에 있다), 노대도(老大島, 비금도의 남쪽에 있다), 수치도(睡雉島, 노대도의 동쪽 기좌도箕佐島465)에 속한 반월도의 북쪽에 있다), 황도(黃島, 비금도의 북쪽에 있다), 토막도(土莫島, 황도의 서쪽에 있다), 금부도(金仸島, 토막도의 서쪽에 있다)466), 송탄(松灘, 금부도의 서쪽에 있다)467), 우세도(牛洗島, 비금도의 서쪽에 있다), 경치도(京雉島, 「해도」에 굴도라고도 한다고 하였다. 도초도와 우이도 사이에 있다), 칠발도(七發島, 비금도의 가장 서북쪽에 있다) 이상 총 10개의 섬이다. 황도·토막도·금부도·송탄도의 네 섬은 무인도이다.

호구

군의 보고에 의하여 각 섬의 호구수를 제시하면 다음과 같다

섬이름	호수	인구	비고
비금(飛禽)	650	2,596	노대도 포함
수치(睡雉)	46	180	
우세(牛洗)468)	46	180	
경치(京雉)	3	8	
합계	745	2,964	

---

465) 원문에는 箕沙島로 되어 있다.
466) 토막도의 서쪽에는 소토막도 이외의 섬이 없다. 송탄도가 금부도의 서쪽에 있다고 하였으나, 송탄도는 토막도의 동쪽에 있으므로 섬의 위치에 대한 설명이 옳지 않다.
467) 「조선5만분1지형도」에는 송탄도(송도)로 보인다.
468) 원문에는 수세(手洗)로 기록되어 있으나 정오표에 따라서 우세(牛洗)로 정정하였다.

비금도(飛禽島)

비금도는 진도군에 속한 도초도의 북쪽에 있으며, 동서 20리 18정, 남북 20리 20정, 면적 250방리이다. 도초도 사이는 좁은 수로가 있다. 물이 깊어서 5~16길에 이른다. 서쪽에 있는 팔구포의 수로 중 하나이다. 그리고 그 동쪽은 멀리 암태도와 마주하여 팔구포 북쪽 입구의 관문을 이룬다. 섬은 북동쪽에서 남서쪽으로 뻗어 있으며, 서부 및 북동부에는 산악이 이어져 있고 산줄기가 드러나 기이한 경관을 이룬다.

섬의 최고봉은 사곡산(寺谷山)이라고 한다. 해발 830피트에 달하며 서부 중앙에 솟아 있고 정상부는 톱날모양이라 두드러진다. 섬의 중앙부는 2~3개의 산이 솟아 있지만 대체로 평탄하여 경지가 많다. 연안 북쪽 일대는 사빈이며 바다의 수심도 얕다. 남쪽은 갯벌이 도초도 가까이까지 널리 펼쳐져 있다.

비금도의 정박지

서쪽으로 외해에 면한 지역은 급경사로 해안선이 단조롭다. 따라서 계선에 적합한 항만은 오직 남시단에 있는 관청(館廳) 한 곳이나. 이 시역은 토초도 사이의 좁은 수로에 면해 있으므로 조류가 급하지만 바람을 피해 정박하기에 안전하다. 그러나 겨우 작은 배 7~8척을 계류할 수 있을 뿐이다. 서쪽에 있는 대흑산군도로 도항하는 경우는 대개 이 항에서 좋은 날씨를 기다린다.

이 섬에서 군읍으로 가기 위해서는 나주군도 내해를 지나 자은도와 암태도 사이의 수도를 통과하여 목포의 서수도를 횡단하는 것이 가깝다. 항해 거리는 약 21해리이다. 또 목포로 가기 위해서는 내해를 지나 팔금도와 기좌도 사이의 좁은 수로를 통과하여 시아해로 나가는 것이 편리하다고 한다. 약 20해리이다. 또한 서쪽 대흑산군도까지는 26해리, 칠발도까지는 6해리이다

비금도의 물산 및 제염지

이 섬은 경작지가 잘 개간되어, 쌀, 보리, 콩, 면화 등의 농산물이 풍부할 뿐만 아니라 염전도 또한 잘 개척되어 제염에 종사하는 자가 많다. 지금 그 마을을 열거하면, 수도

(水島), 구경평(九京坪), 상암(祥岩), 개룡(開龍), 구지(九地), 덕대(德大), 대두(大頭), 가전막(家前幕) 등이다. 그 밖에 수치도에 있는 양막(兩漠), 상수치(上水雉) 두 마을에서도 염업을 영위하는 자가 있다. 염전 면적은 모두 19정보 7단에 이른다. 소금 가마는 17곳이 있으며, 1년의 제염량은 약 548만근 남짓에 달한다. 면화와 함께 목포 지방으로 수출한다. 어업을 영위하는 자는 아주 적으며, 자가 소비용으로 만조 때 조수 가 통하는 도랑 등에서 5푼목, 높이 3척, 폭 3길 정도의 면사로 된 그물을 사용하여 백하를 잡는 데 불과하다.

하의면(荷衣面)

하의면의 소속 도서

나주군 중 최남단에 위치하는 하의도, 상태도 및 하태도 그리고 그 밖의 섬을 아울러 면으로 삼았다. 소속 도서를 열거하면, 하의도, 상태도, 하태도 이외에 기도(箕島, 상태도 의 북쪽에 있다), 개도(介島, 기도의 북쪽에 있다), 여을도(如乙島, 하의도의 서쪽에 있 다), 장재도(長在島, 하의도의 서쪽 여을도의 남쪽에 있다), 대야도(大也島, 여을도의 서 쪽에 있다), 신도(薪島, 대야도의 서쪽에 있다), 능산도(陵山島, 하의도의 북쪽에 있다), 장병도(長丙島, 능산도의 북쪽에 있다), 문병도(間丙島, 장병도의 북쪽에 있다) 등이다. 여러 섬 중에서 큰 것은 하의도, 상태도, 하태도 세 섬이고, 나머지는 작은 섬에 불과하다.

각 섬의 호구

군의 보고에 의거하여 각 섬의 호구를 제시하면 다음과 같다.

섬이름	호수	인구	비고
하의(荷衣)	537	2,409	여을도, 장재도 포함
상태(上苔)	196	774	문병도, 기도를 포함
하태(下苔)	150	587	
대야(大也)	15	61	
신도(薪島)	6	23	
능산(陵山)	36	121	

징병(長丙)	11	55	
개도(介島)	6	13	
계	957	4,043	

하의도 부근의 지세 및 부속 도서

하의도는 동서 10리 남짓, 남북 20리이며 면적은 100방리 남짓이다. ▲ 상태도(上苔島, 샹퇴도)는 동서 10리 14정, 남북 10리 18정. ▲ 하태도(下苔島, 하퇴도)는 동서 10리 27정, 남북 10리이다. 상하 두 섬을 합쳐도 면적이 100방리에 미치지 못한다.

이 세 큰 섬과 부속 도서는 산맥이 오르내리지만 대부분은 구릉이고, 높고 험준한 산이 없다. 다만 팔구포의 입구에 떠 있는 대야도에는 높이 솟은 산이 있다. 해발 1,012피트이며 뾰쪽한 봉우리를 이루어 두드러진다. 각 섬 연안은 대체로 서쪽이 급경사를 이루고 동쪽은 완만하다.

능산도의 남쪽과 개도의 북동각에는 암초가 많으며, 대야도의 북동쪽, 문병도 부근에는 사퇴가 있다. 상태도 하태도의 두 섬은 갯벌로 서로 이어서 있나. ▲ 긱 심 긴의 수ㅍ는 대체로 조류가 급하여 항해가 어렵다. ▲ 조수는 『수로지』에 기록한 바에 의하면, 하태도에서 삭망고조 0시간 28분, 대조승이 13.25피트, 소조승이 9피트이다.

하의도 및 부근의 물산

여러 섬의 구릉에는 수림이 비교적 무성하여 땔감이 부족하지 않다. 경지도 또한 잘 개간되어 그 농산물로 섬 주민이 넉넉히 먹을 수 있다. 염전도 또한 여러 곳에 있으며 제염을 영위하는 자가 많다.

제염지

염전의 소재지를 열거하면, 하의도에서는 전월(錢月), 전광(前廣), 후광(後廣), 웅실(熊實), 구암(龜岩), 오음막전(五音幕前), 노도(鹵島), 세전막(細田幕), 피리(皮里), 빈동(殯洞) 이상 10개 마을 ▲ 상태도에서는 소장동(小獐洞), 칠리지(七里池),

염온동(鹽溫洞), 모농리(毛農里), 대장동(大獐洞), 기도(箕島), 자실평(自實坪), 염분동(鹽盆洞), 수항평(水項坪) 이상 9개 마을 ▲ 하태도에서는 구만(九萬), 노은(老隱), 기(基) 이상 3개 마을 및 장병도의 장병(長丙), 능산도의 능산(陵山) 등인데, 그 중에서 가장 활발한 곳은 후광이고 그 다음 가는 곳이 웅실, 오음막전, 노도, 구만 등이라고 한다. 면 내를 통틀어 염전 56정보 남짓, 소금가마가 58개 소가 있으며, 1년의 제염량은 1,482만 근 이상에 달한다. 생산액이 많기로 나주군도의 여러 면 중에서 으뜸이다. 이처럼 농산물이 풍부하고 또한 염업이 활발하므로, 어업은 다만 자가 수요를 목적으로 하는 데 그치며, 이를 생업으로 하는 자가 없다.

교통

교통은 목포로 나가는 데는 동쪽의 정등해에서 시아해로 나가는 항로와 장산도와 자라도 사이의 길을 통하여 화원반도를 오른쪽으로 보면서 항내로 들어가는 항로 두 가지가 있다. 항로는 24~36해리이다. 지도군읍에 갈 때는 팔구포 내해를 통과하거나 시아해로 나가는 두 가지가 있는데, 모두 약 40해리이다.

임자면(荏子面)

임자면의 소속 도서

지도의 서쪽에 떠 있는 임자도 및 그 사방에 있는 여러 섬을 아울러서 면으로 삼았다. 소속 도서를 열거하면, 임자도(荏子島), 재원도(在遠島, 재원도在元島 혹은 노록도老鹿島라고도 한다. 임자도의 서쪽에 있다), 대이도(臺耳島, 「해도」에 대대이도大臺耳島라고 하였다. 임자도의 서북쪽에 있다), 대록도(大鹿島), 소록도(小鹿島, 「해도」에서 대노록도大老鹿島와 소노록도小老鹿島라고 하였다. 남북으로 나란히 재원도의 서쪽에 있다), 소치마도(小馳馬島), 대치마도(大馳馬島, 남북으로 나란히 갈도葛島의 동남쪽에 있다), 대허사도(大虛沙島), 소허사도(小虛沙島, 동서로 나란히 거의 같은 형상을 하고 노록도의 서북쪽에 있다), 대비치도(大飛雉島), 소비치도(小飛雉島, 동서로 나란히 허사도의 정북쪽에 있다) 이상 총 15개의 섬이고, 여기에 작은 섬이 부속되어 있다. 여러 섬 중에서 큰 것은 임자도이며, 그 다음가는 것이 재원도이다. 다른 것은 모두 작은 섬이다.

부남군도와 허사군도

「해도」에 의하면 부남도 이하 치마도에 이르는 여러 섬을 부남군도라고 하고, 대·소허사도 및 그 부근의 작은 섬을 허사군도라고 하였다. 부남군도의 주변에는 사퇴가 넓게 퍼져 있으며, 대허사도의 북쪽과 소허사도의 남쪽에도 또한 사퇴가 넓게 펼쳐져 있다.

재원도

재원도는 임자도의 서쪽에 있으며 소록도와 서쪽으로 약 1해리 떨어져 있다. 산악이 중첩되어 평지가 적으며, 최고점은 798피트인데 삼각탑의 형태를 하고 있다. 그 정상은 목포의 서쪽 입구로 들어가는 주요한 표지이다. 섬의 동쪽 돌각 가까이 위가 평평한 작은 섬이 있는데, 상항도(上項島)라고 한다. 이 섬의 남북 양쪽은 풍향에 따라서 작은 배를 임시로 정박할 수 있다.

재원서수도

또한 재원도와 대·소노록도 사이는 「해도」에서 재원서수도(在遠西水道)라고 하였는데, 넓이 1해리 남짓에 달하고, 수심이 깊고 장애물이 없어 큰 배의 항행에도 지장이 없다. 다만 소노록도와 갈도 사이는 대체로 얕은 퇴적지여서 작은 배 이외에는 통항하기 어렵다.

재원동수도

또한 재원도와 임자도 사이는 재원동수도로서 넓이 약 6케이블에 불과하지만 수심이 깊다. 그러나 북쪽 입구 중앙에 2~3개의 작은 섬이 가로놓여 있다. 이 동·서 두 수도는 북서쪽에서 목포에 이르는 선박이 이용하는 항로로 큰 배는 서수도를, 작은 배는 동수도를 통과하는 것이 일반적이다. ▲ 조류는 밀물 때는 북쪽으로 썰물 때는 남쪽으로 흐른다. 그 속도는 3.5노트에 달한다.

호구

군의 보고에 의거하여 이 면에 속한 각 섬의 호구를 표시하면 다음과 같다

섬이름	호수	인구	비고
임자(荏子)	533	1,136	
대노록(大老鹿)	7	28	갈도 포함
재원(在遠)	28	112	
대이(臺耳)	4	5	
계	572	1,281	

임자도(荏子島)

임자도는 지도 및 옥도의 서쪽에 떠 있는 큰 섬으로 동서 30리, 남북 약 25리, 면적 200방리 남짓이다. 북동쪽이 좁고 동쪽으로 길게 튀어나온 갑각이 있다. 갑의 높이는 230피트인 작은 언덕이 있는데 멀리서 보면 따로 떨어진 섬같다. 갑단을 삼봉단(三峰端)이라고 한다. 섬의 남부는 산악이 중첩되어 있으며, 최고점은 남동쪽에 있고, 해발 1,049피트에 달한다. 이를 함동산(咸桐山)이라고 한다. 중앙부는 평지로 경지가 많다. 그 동쪽에 다소 넓은 황무지가 있는데, 개간하여 밭으로 만들 수 있을 것이다. 연안 동쪽 및 남쪽은 굴절이 많지만 일대가 갯벌이며 곳곳에 염전이 보인다. 북서쪽은 일대가 사빈으로 길이가 4해리에 이르지만 직선을 이룬다. 섬주민은 농업을 주로 하고 염업도 또한 활발하다. 그리고 어업도 또한 상당히 볼 만하다고 한다.

임자도의 어업 상황

군의 보고에 의하면, 어업을 생업으로 하는 자가 섬 전체에 12호 39명이다. 주목망(駐木網) 10장이 있을 뿐이고 백하(白蝦)를 목적으로 한다. 궁선으로 해마다 섬의 사방에서 자은도 부근에 출어하는 자가 적지 않다. 또 남쪽에는 어전을 여러 곳에 설치해 놓은 것을 볼 수 있다. 백하 이외에는 민어, 가오리, 조기, 갈치, 도미를 어획한다. 여름에

이르면 민어, 도미를 목적으로 일본 어선이 많이 내어한다.

제염지

이 섬에서 제염을 영위하는 마을은 중암(重岩), 원상리(元上里), 저동(苧洞), 삼두리(三頭里), 삼막동(三幕洞) 진리(鎭里) 등이고, 1년의 제염량은 약 102만근 남짓에 달한다.

낙월면(洛月面)

낙월면의 소속 도서

낙월면(洛月面)은 지도군도의 북쪽에 떠 있는 낙월도 및 기타 여러 섬을 아울러 면으로 삼았다. 그 소속도서를 열거하면 상낙월도(上洛月島, 대락大洛, 상락上洛 또는 만완도晩莞島라고도 한다.「해도」에서는 대낙월도大洛月島[469]라고 기재하였다. 하낙월도가 나란히 섬의 북쪽에 있다), 하낙월도(下洛月島, 소락小洛 또는 하락下洛 또는 작도鵲島라고도 한다.「해도」에서는 소낙월도小洛月島라고 기재하였다), 대각도(人角島,「해도」에 대각씨도大角氏島라고 기재하였다. 소각도와 나란히 낙월도의 동남쪽에 있다), 소각도(小角島, 소각小閣이라고도 쓴다. 대각도의 서쪽에 있다), 임병도(壬丙島,「해도」에서 종도腫島라고 하였다. 소각도의 동북쪽에 있다), 송이도(松耳島,「해도」에 송이도松梱島라고 기재하였다. 낙월도의 정북쪽에 있다), 각리도(角里島, 송이도의 서남쪽에 있다. 대소 두 섬으로 이루어져있다), 안마도(鞍馬島, 각리도의 서북쪽 약 6해리에 떠 있다.「해도」에 석만도石蔓島, 죽도竹島, 횡도橫島, 오도梧島 및 다른 작은 섬을 아울러 안마군도라고 하였다), 석만도(石蔓島, 안마도의 북동쪽에 있다.「해도」에서는 안마군도에 넣었다), 만지도(晩芝島, 만지도蔓芝島 또는 치도雉島라고도 한다), 작도(作島, 작도鵲島라고도 쓴다. 만지도晩芝島[470]와 함께 어의도於儀島의 서쪽에 나란히 있다), 칠산도(七山島, 송이도의 동북쪽에 있다) 이상 모두 12개의 섬 및

---

469) 원문에는 대낙월도의 한자를 大落月島로 기록되었으나 정오표에 따라서 정정하였다.
470) 원문에는 탈지도(脫芝島)로 되어 있으나, 정오표에 따라서 만지도(晩芝島)로 정정하였다.

작은 도서라고 한다.

호구

군의 보고에 의거하여 각 섬의 호구수를 제시하면 다음과 같다

섬이름		호수	인구
대낙월(大洛月)		58	163
소낙월(小洛月)		41	208
안마(鞍馬)		99	395
송이(松耳)		40	144
석만(石蔓)		22	58
만지도 (蔓芝島)	치도(雉島)	4	13
	작도(鵲島)	4	15
각도(角島)471)		5	8
임병(壬丙)		1	3
계		274	1,007

만지도(蔓芝島)

만지도는 만지도(晩芝島)라고도 쓴다. 대·소 두 섬으로 이루어져 있다. 큰 섬을 치도(雉島)라고도 하고, ▲ 작은 섬을 작도(鵲島)라고도 한다. 지도(智島)의 서쪽 임자도와의 사이, 즉 수도수도(水島水道)에 나란히 있다.(「해도」334호에 수도水島라고 기재한 것이 곧 치도이다) 경지는 두 섬을 합해서 밭 20마지기가 있다. 인가는 큰 섬에 4호, 작은 섬에 4호에 불과하지만, 어업은 비교적 활발하여 다른 섬에서 어부를 고용한다. 주목망선(駐木網船) 1척, 중선(中船) 2척이 있다. 어업은 칠산탄(七山灘)의 조기와 부근 낙월도 근해의 새우잡이를 주로 한다. 또한 뱅어[白魚]472)를 잡는다.

치도(雉島)는 칠산탄의 남단에 자리하고 있고, 계선이 제법 편리하므로 해마다 봄철에 칠산탄 조기잡이철이 되면 각지의 어선이 많이 모여든다. 그래서 작은 섬이지만 그

---

471) 원문에는 각리(角里)로 되어 있으나 정오표에 따라서 각도(角島)로 정정하였다.
472) 학명은 *Salangichthys microdon Bleeker*이다. 현재 뱅어포를 괴도라치의 새끼인 실치로 만들기 때문에 실치를 뱅어로 착각하는 경우가 많으나 괴도라치는 학명이 *Chirolophis japonicus* 이다. 또한 뱅어[白魚]는 빙어와도 혼동하는 경우가 많다.

이름이 어부들 사이에서 잘 알려져 있다

낙월도(洛月島)

낙월도는 지도읍에서 북쪽으로 약 12해리 남짓 떨어져 있으며, 크고 작은 두 섬으로 이루어져 있다. 두 섬은 겨우 2케이블 떨어져 있어서 멀리서 보면 한 섬처럼 보인다. ▲ 대낙월은 최고점이 321피트이며, 섬의 모양이 길고 중앙이 북쪽으로 굴절되어 그 모양이 마치 박쥐처럼 생겼다. ▲ 소낙월은 대낙월의 서쪽 끝에 떠 있으며, 최고점은 364피트이다. 남북으로 길며, 두 섬이 마주 보며 만 형태를 이룬다. 두 섬의 마을도 이 내해를 사이에 두고 마주본다.

낙월도의 마을과 어업 상황

대낙월의 마을은 섬의 남쪽에 있으며 서쪽을 바라보고, 소낙월의 마을은 섬의 동쪽에 있으며 동쪽을 바라본다. 이 두 마을 사이는 멀지 않아서 멀리서 바라보면 거의 붙어 있는 것처럼 보인다. 이 두 마을의 선면은 모두 사빈이며 갯벌이 널리 펼쳐져 있어서 조석을 이용하지 않으면 어선을 해변에 붙이기 어렵다. 그러나 두 섬의 동쪽에는 썰물 때 드러나 모래톱이 북동쪽에서 남서쪽으로 펼쳐져 있으며, 그 길이가 약 6해리에 이른다.

섬 사이를 통하는 물길은 수심 7~8길에서 10길 남짓에 달하고 백하(白蝦)가 많이 생산되므로, 여름으로 넘어가는 시기에 이를 잡기 위해서 각지에서 중선 어선들이 대단히 많이 모여든다. 이를 따라서 출매선도 적지 않게 모여든다. 이들은 대체로 두 섬의 마을에 근거지를 두므로 이 시기에 들어서면 마을이 대단한 성황을 이룬다.

송이도(松耳島)

송이도는 낙월면에서 가장 큰 섬으로 낙월도의 서북쪽에 있다. 최고점은 서안에 있는데 556피트이다. 해안선이 단조로워 적당한 정박지가 없다. 그 남서쪽 약 2해리 남짓에 떠 있는 것은 대·소각리도이다. ▲ 대각리도는 동쪽에 ▲ 소각리도는 서쪽에 위치하며 나란히 줄지어 있다. 대각리도의 최고점은 467피트이며, 동남쪽에 마을이 있다. 부근에 있는 가는 물줄기는 양이 적지만 맑고 깨끗해서 식수로 쓸 수 있다.

섬의 남쪽에 길이 약 1해리에 달하는 두 개의 간출사퇴가 펼쳐져 있고, 또한 동쪽의 낙월도 사이에는 길이 7해리 남짓의 큰 사퇴가 펼쳐져 있다. 이를 「해도」에서는 각리사퇴(角里沙堆)라고 이름을 붙였다. 목포 서쪽 입구에 있는 유명한 천탄(淺灘)이라고 한다. 그러나 이 사퇴의 동쪽은 백하의 어장으로서 중선어선이 많이 모여든다

안마도

안마도(鞍馬島)는 각리도의 서북쪽 약 6해리에 있다. 섬의 서안의 북쪽에 죽도가 떠 있고, 남쪽에 횡도와 오도 등이 가로 놓여 있어서 풍파를 막아주고, 그 중간의 수심도 5~8길에 이르러, 이 부근에서는 양호한 묘박지이다. 이 묘박지에 이어서 서쪽 중앙에 만입된 곳이 한 곳 있다. 이 또한 어선의 정박지로 양호하다. 만 안에 마을이 있는데 호구수는 앞에서 제시한 바와 같으며 거의 100호에 이른다. 낙월면 중에서 가장 큰 마을이다.

안마도의 어업 상황

안마도는 낙월면 중에서 가장 큰 섬이자 호구가 가장 많으며, 경작지로 상당히 개간되어 있고 어업도 또한 제법 활발하다. 어업의 중심이 되는 것은 칠산탄의 조기잡이지만, 부근에서 상어, 갈치, 가오리, 민어, 갯장어 등이 많이 잡힌다. 해조도 적지 않게 생산된다. 더욱이 서해 항로의 요충지에 위치하고 있으므로 내외의 각종 선박이 끊임없이 기항하여 부근 여러 섬 중에서 가장 번성한 곳 중 하나이다

칠산도와 칠산탄

칠산도(七山島)는 송이도의 북동쪽 약 6해리에 있는 7개의 작은 섬으로 모두 잡초가 무성할 뿐 수목은 없다. 7개의 섬이 모두 작은 무인도에 불과하지만, 이곳 근해부터 북쪽의 위도(蝟島)에 이르는 사이를 칠산탄(七山灘)이라고 부르며, 조기 어장으로서

유명하다. 이 어장은 조기 어장 중에서 어기가 가장 빠른 편에 속하여, 대체로 봄 2월 중순부터 시작하여 4월 상순에 끝나는 것이 일반적이다. 이곳 조기어업의 성황은 이미 『한국수산지』Ⅰ-1(246쪽)에서 자세히 설명하였으므로 이를 생략한다. 근해는 또한 갈치 어장으로도 유명하다. 그 밖에 백하는 일대의 물길에서 많이 생산되며, 여름철에 이르면 각지에서 중선, 궁선이 몰려들어 어획에 종사하여 성황을 이룬다.

고군산면(古群山面)

고군산면의 소속 도서

전라북도 앞바다 중 남쪽은 줄포내포(茁浦內浦)의 전면, 북으로는 전주내포(全州內浦)의 전면에 흩어져 있는 여러 섬을 아울러 면으로 삼았다. 이 면에 소속된 섬을 열거하면, 야미(夜味), 응곡(應谷), 모감(毛敢), 고군산(古群山), 곶지(串芝), 횡경(橫境), 방축(防築), 말도(末島, 이상 8개의 섬은 고군산군도 중에서 이름이 있는 곳이다), 비안도(飛雁島, 고군산군도의 남쪽 약 3해리에 있나), 위노(蝟島, 줄포내포의 잎바다에 있다), 식도(食島, 위도의 북쪽에 있다), 외연서도(外連棲島, 위도의 서쪽에 부속되어 있다), 거륜도(車輪島, 위도의 남단에 있다), 상왕등도(上旺嶝島, 「해도」에 소왕도小旺島라고 기재하였다. 위도의 서쪽 약 8해리에 있다), 하왕등도(下旺嶝島, 「해도」에서는 대왕도大旺島라고 기재하였다. 상왕도의 동남쪽에 있다), 치도(雉島, 위도의 동쪽에 붙어 있다) 등이며, 그 밖에 많은 작은 섬이 있다.

호구

군의 최근 조사에 의하면 면 전체의 호수는 488호, 인구는 1383명이라고 한다. 그 내역은 다음과 같다.

섬이름	호구	인구	비고
고군산(古群山)	177	531	
야미(夜味)	30	90	
위도(蝟島)	159	1,376	
식도(食島)	22	65	
비안(飛雁)	61	183	
상왕등(上旺嶝)	6	18	하왕등을 포함.
치도(雉島)	33	101	
계	488	2,364	

고군산군도(古群山群島)

고군산군도는 격음군도(隔音群島)라고도 한다. 전주 내포의 서쪽에 떠 있는 여러 섬인데, 그 중에서 가장 동쪽에 위치한 것이 응곡도(應谷島)[473]이고 가장 크다. 그 남쪽에 있는 것은 모감도(毛敢島)이고, 서쪽에 있는 것은 고군산도(古群山島)이며, 이 섬의 서남쪽에 있는 것은 곶지도(串芝島)이다.

응곡·모감·고군산 세 섬과 작은 섬이 모여서 내해를 이룬다. 이 내해는 수심이 얕지만 대부분의 배가 통항하는 데 지장이 없고, 사방이 막아주므로 어선이 풍박하기에 적당한 장소가 많다. 이 세 섬의 남안은 기암절벽으로 이루어져 있고 암초도 또한 많다. 남쪽에서 내해로 들어갈 때는 두 입구가 있다. 하나는 응곡도와 모감도 사이인데 수로가 좁고 또한 굴절되어 있지만, 대부분의 어선이 통항하는 데 지장이 없다. 또 하나는 모감도와 고군산도 사이로 이 수로는 전자에 비해서 넓지만 내해에 들어서면 양안이 갯벌이고 수로 또한 얕다.

---

473) 「조선5만분1지형도」에는 고군산군도 중 가장 동쪽에 있는 것은 新侍島, 남쪽은 巫女島, 서쪽은 仙遊島로 되어 있다.

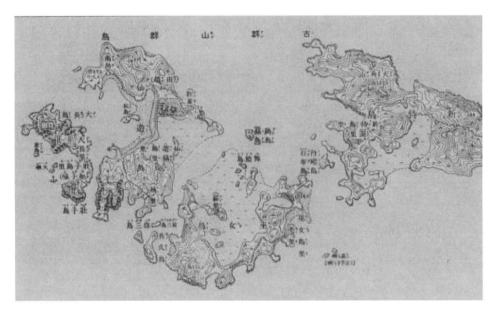

그림 64 「조선5만분1지형도」「군산(群山)」「장자도(壯子島)」 고군산열도

고군신도(古群山島)

고군산도는 남북으로 뻗어 있으며 그 중간은 폭 0.5해리 정도의 좁은 지협[狹頸地]으로 멀리서 보면 마치 두 섬처럼 보인다. 그 북쪽 섬의 정상은 489피트인데 대봉(大峰)이라고 한다. 동쪽 해안에 자갈해변[礫濱]이 있는데, 이곳과 인접해서 급수지가 한 곳 있다. 하루에 2~3톤의 물을 길 수 있다. 남부의 고점은 359피트인데 거암봉(巨岩峰)이다.

고군산군도의 마을

군도 중에서 주요 부락인 진리(鎭里)는 이 산의 동쪽 기슭에 있다. 청록색이 산허리를 감싸고 북쪽으로 이어지는데, 인가들이 그 사이로 보이기도 하고 보이지 않기도 한다. 푸른 바다에 그 광경이 비쳐서 멀리서 보면 아름다운 경치가 한 폭의 그림을 보는 듯하다. 빼어난 경관이 서해 제일로 꼽을 만하다. 이 섬의 서쪽으로 두 섬이 가까이 있는데, 북쪽에 있는 것을 대장리(大長里), 남쪽에 있는 것을 소장리(小長里)라고 한다.474)

---

474) 「조선5만분1지형도」에서는 大長島와 壯子島로 되어 있다.

인가 수십 호가 있으며, 주로 어업으로 영위한다.

야미도(夜味島)

야미도는 군도 중에서 가장 동쪽에 위치하며 정상이 완연한 원형을 이루고 있다. 높이는 508피트이고 호산(湖山)이라고 한다. 그 남쪽에 푸른 수림이 있으며, 인가가 수림을 따라 나란히 늘어서 있다. 그 서북쪽 바다는 조기와 갈치의 좋은 어장이다. 야미도의 서쪽 2해리, 고군산도의 북쪽 약 1해리에 횡경도(橫境島)가 떠 있다. 이 섬과 붙어서 방축(防築), 말도(末島) 등이 가로놓여 있다.[475] 모두 동서로 연이어 나란히 늘어서 있다.

고군산군도의 정박지

웅곡・모감・고군산 등의 여러 섬을 남쪽으로 하여 하나의 해협을 이루고 있는데, 수심이 6~7길에서 가장 깊은 곳이 16길에 달해서 서해에서 잘 알려진 좋은 묘박지이다. 갑오년 전쟁(청일전쟁) 때 일본 함대가 일시적으로 이곳을 근거지로 삼으려고 하였다가 어떤 이유 때문에 장직로(長直路)로 옮겼다고 전한다. 서해의 요소에 위치하고 있고 묘박지로 양호하지만, 북쪽에 있는 여러 섬의 산이 낮고 또한 풍파를 막는 것이 불완전한 점이 유감이다.

이 군도 근해는 조기와 갈치 외에 도미, 붉바리[赤魚][476]가 많이 잡힌다. 게다가 위치도 군산 거류지에서 20해리가 되지 않는다. 그 밖에 부근에는 만경・줄포 등의 집산지가 있어서 판로가 편리하므로 서해 어장 중에서 가치가 있는 곳으로 꼽을 수 있다.

위도(蝟島)

위도는 고군산군도에서 남쪽으로 약 12해리 떨어져 있으며, 줄포내해의 전면에 떠 있는 섬이다. 동서 10리 남짓, 남북 약 15리, 면적 100방리가 넘는다. 섬의 최고점은 북부에 있는

---

475) 방축도와 말도 사이에 명도가 있다.
476) 赤魚는 붉돔, 장문볼락, 붉바리를 나타낸다. 장문볼락은 쏨뱅이목 양볼락과의 바다 물고기다. 학명은 *Sebastes alutus*이다. 붉바리도 일본에서 지역에 따라서 赤魚라고 표기하는 경우가 있다.

데 831피트에 달하며 망월봉(望月峰)이라고 한다. 봉우리가 밋밋해서 두드러진다.

그 다음 가는 것이 중앙 동안에 있는 봉우리로 높이 803피트이다. 연안 동안 일대는 단조롭지만, 서안은 대단히 들쭉날쭉하다.

위도의 정박지 식도

북서단 가까이에 섬이 하나 떠 있는데, 이를 식도(食島)라고 한다. 위도와 식도 사이의 해협은 수심이 7~8길이고 남서풍을 안전하게 피할 수 있다.

그래서 강한 남풍이 불 때는 이 근해를 항행하는 작은 증기선과 어선들이 기박하는 것이 일반적이다. 그 남쪽에 다소 큰 만이 한 곳 있다. 간석만이지만 조석을 이용하면 어선의 출입에 지장이 없다. 만 안은 두 갈래로 나뉘는데, 하나는 북동쪽으로 다른 하나는 남동쪽으로 만입되어 있다.

위도의 마을 및 어업 상황, 진리(鎭里)

이 섬의 주요 마을인 진리는 그 남쪽 안에 있으며 뭍쪽을 바라본다. 마을 사람으로서 어업을 영위하는 자가 많고 어상(魚商)도 또한 많다. 동쪽 해안은 멀리까지 얕고 모래 바다이다. 이를 이용하여 어살 어업을 영위하는 자가 적지 않다. 이 섬 근해는 유명한 칠산탄의 일부로서 조기, 갈치의 어획이 대단히 많을 뿐만 아니라, 도미, 붉바리, 삼치, 민어 등의 어획 또한 많아서 서해 어장 중 가장 중요한 곳이며, 내외의 어선이 대단히 활발하게 내어한다.

치도(雉島), 칠산탄의 어로 집결지

치도는 위도의 동쪽에 서있는 작은 섬으로 썰물 때는 위도까지 걸어서 건널 수 있다. 그 동쪽은 어선이 정박하기에 적당하다. 봄철 조기 성어기에 들어서면, 한일 어선이 모여 정박하는데 많게는 800척에 달하는 경우도 있다. 사람들이 위도의 조기 어선 근거지라고 말하는 곳이 바로 치도이다. 호구는 앞에서 제시한 것과 같고, 마을 사람은 오로지 수산업에 종사한다.

위도 근해에 내어하는 일본 어선 수

위도 근해에 내어하는 일본 어선의 수에 대해 조선해수산조합이 조사한 최근 몇 년간의 통계를 얻었다. 원래 이것은 개략적인 계산에 불과하지만 이 통계는 어장의 정세를 엿볼 수 있는 하나의 자료가 될 것이다. 다음에 통계를 표시한다.

연도	안강망(鮟鱇網) (척)	삼치유망[鰆流網]	도미주낙[鯛延繩]
광무 4년(명치 33, 1900)	4	미상	미상
동 5년(동 34, 1901)	2	동	동
동 6년(동 35, 1902)	75	동	동
동 7년(동 36, 1903)	105	60	동
동 8년(동 37, 1904)	209	미상	동
동 9년(동38, 1905)	257	동	동
동 10년(동 39, 1906	311	동	동
융희 원년(동 40, 1907)	509	112	232

제주도(濟州島)

개관

연혁

원래 바다 가운데 있는 외딴 섬으로 독립국의 모습이 있었으나, 신라 때 호족 고후(高厚)라는 사람이 그 아우 두 사람과 함께 바다를 건너와 내조하였다. 신라왕이 기뻐하여 고후를 성주(星主)라고 칭하고 둘째를 왕자(王子)라고 하고 막내를 도내(都內)라고 하고, 나라 이름을 하사하여 탐라(耽羅)라고 하였다. 이로부터 신라를 공경하여 섬겼다. 후에 백제에 복종하여 섬겼으나 백제가 멸망하기에 이르러 다시 신라에 항복하였다. 고려 숙종 10년에 이르러 처음으로 탐라를 군으로 삼았으나, 의종 때 낮추어 현으로 삼았다. 원종 11년에 반적 김통정(金通精)이 이곳에 근거하여 세를 크게 키우니 고려가 이를 평정할 수 없었다. 원에 도움을 청하여 드디어 평정할 수 있었고, 이때부터 원에 속하였다. 충렬왕 3년에 원이 이곳을 목마장으로 삼았다. 동 20년에 원이 청을 받아들여 탐라를 우리에게 돌려주었다. 다음해 제주라고 고치고 처음으로 목사를 두었다. 동 26년에 원이 또 이를 차지하고 말을 이곳에 풀어놓았다. 동 31년에 다시 우리에게 돌려주었다. 공민왕 11년에 다시 원에 속하였고, 원은 탐라만호를 두었다. 원이 멸망한 후 명에 이르러서도 여전히 만호부를 존속시켰으니, 늘 그 굴레를 벗을 수 없었다.

조선 태조 6년에 이르러 비로소 만호부를 폐지하고 첨절제사를 두어, 목사가 이를 겸하게 하였다. 태종 16년에 한라산 이남의 땅을 나누어 대정(大靜)과 정의(旌義) 두 현을 두었다.

후에 대정 정의는 제주와 함께 군이 되었다. 각 군에 군수를 두고 오늘날에 이르렀다.

옛날 기록에 의하면, 이 섬은 당초에 사람이 살지 않았는데, 세 신인(神人)이 땅에서 솟아났다. 첫째를 양을나(良乙那), 둘째를 고을나(高乙那), 셋째를 부을나(夫乙那)라고 하였다. 세 사람이 사냥을 하다가 하루는 보라색 진흙으로 봉한 나무함이 동쪽 바닷가에 떠내려온 것을 보고 가서 열어보니 그 안에 석함과 붉은 띠와 보라색 옷을 입은 사자가 있었다. 석함을 열어보니 푸른 옷을 입은 세 처녀와 망아지와 송아지 오곡의 씨앗이 있었다. 그들이 말하기를 "우리는 일본국의 사신인데, 서해 가운데 신의 아들이, '강림하여 나라를 세우고자 하나 짝이 없음을 알게 되었다. 그래서 왕이 낳은 세 딸을 배우자로 삼아 대업을 이루고자 한다'고 말하고 곧 구름을 타고 사라졌습니다. 이에 세 사람은 나이에 따라 이들과 혼인하여 각각 물이 맑고 토지가 비옥한 곳을 골라 활을 쏘아 땅을 정하였습니다." 양을나가 있게 된 곳을 제1도라고 하고, 고을나가 있게 된 곳을 제2도라고 하고, 부을나가 있게 된 곳을 제3도라고 하였다. 비로소 오곡을 뿌리고 망아지 송아지를 기르니 해마다 부유해지고 자손이 늘었다. 고후는 곧 그 15대손이라고 한다. 후에 그 자손은 시대의 변천에 따라 세력을 점차 잃기에 이르렀지만, 고·양·부라는 성을 쓰는 섬사람은 지금도 여전히 신인의 후예라고 하며 스스로 자랑스럽게 생각한다. 제주성 남문에서 약 5정 떨어진 곳에 사면을 돌로 감싼 공터가 있는데, 정정한 소나무가 하늘을 덮고 있는 가운데 조금 움푹한 곳에 3개의 작은 구멍이 있다. 오랜 시간이 지나 거의 매몰되어, 지금은 겨우 그 흔적만 남아 있다. 이곳이 세 신이 나타난 곳이며, 그 옆에 사당이 있어서 세 신에게 제사지낸다. 지금도 여전히 제사를 중단하지 않는다.

본토의 남해안 서단에서 남쪽 먼 바다에 있는 타원형의 외딴 섬으로, 목포에서 정남쪽으로 약 100해리, 부산에서 남서쪽으로 140해리, 일본 오도열도에서 약 100해리 떨어져 있다. 크기는 동서 약 200리, 남북 90리, 면적 약 12,200방리이다. 그 위치는 북위 33도 12분에서 33도 34분에 이르며, 동경은 126도 8분에서 126도 57분에 이른다.

지세

섬의 거의 중앙에 한나산(漢拏山) 혹은 한라산(漢羅山)이라는 산이 솟아 있다. 해발 6,558피트이며, 제3기에 속하는 사화산이다. 산 정상부에 푸른 물이 고여 있으며, 주변에는 많은 측면 화산이 융기해 있다. 산세는 완만한 경사를 이루며 사방이 점차 낮아져 바닷속으로 들어간다. 그러나 산의 남쪽은 다소 경사가 급하여 평지가 넓지 않다. 산의 중턱 이상은 울창한 삼림으로 뒤덮여 있어서 여름에도 여전히 어둡다. 중턱 이하 산록 일대는 대개 짧은 풀이 빽빽하고 나무는 한 그루도 없다. 멀리서 보면 마치 푸른 융단을 깔아둔 것 같은데, 예로부터 목마장으로 사용되던 곳이다. 이곳에서 해안까지 북쪽에서는 25리, 남쪽에서는 10리 남짓, 서쪽에서는 20리, 동쪽에서는 30리 남짓인데, 그 사이에 있는 섬 언저리가 경작지를 이룬다.

지질은 지형의 높낮이에 따라 토층의 깊고 얕음, 토질의 좋고 나쁨이 있으나 모두 현무암이 풍화된 것이다. 그래서 곳곳에 현무암 특유의 주상절리가 노출되어 풍경이 아름다운 계곡을 이룬 곳이 있다. 섬 전체가 용암으로 뒤덮여 자갈이 무더기를 이루어 퇴적된 곳이 도처에 있어서, 경작과 교통에 장애를 주는 경우가 적지 않다.

연안

연안은 만입과 굴곡이 적기 때문에 면적에 비해서 해안선이 짧아 약 150해리 남짓이다. 대개 우뚝 솟은 검은색 화산암으로 둘러싸여 있고, 곳곳에서 사빈을 볼 수 있다. 만입된 곳이 없지 않지만, 모두 좁고 만의 입구에는 기암과 암초가 가로놓여 있다. 겨우 작은 배가 지나다닐 수 있고, 다소 큰 배를 수용할 수 있는 곳도 만조를 이용하여 출입하는 데 불과하다. 선박 계박지로서 가장 유명한 곳으로 작은 배의 경우는 별도(別刀), 조천(朝天), 성산포(城山浦), 서귀포(西歸浦), 모슬포(摹瑟浦)이고, 큰 배는 우도(牛島)와 비양도(飛揚島) 등이다.

해류

대만의 남서쪽에서 와서 대우해협(大隅海峽)에서 본류로부터 분리되는 흑조(黑潮)

의 지류는 이 섬 연안을 통과하여 대마해협(對馬海峽)으로 향한다. 연해 일대의 흐름이 급격한데, 아직 정밀한 실측을 거치지 않았지만, 대개 시속 약 2~3노트 이상일 것이다.

조석

조석간만의 차이는 전 연안을 통하여 약 6척에 달한다. 밀물은 서쪽으로 썰물은 동쪽으로 흐른다. 비양도에서는 삭망고조(朔望高潮)가 약 11시간 44분, 대조승은 약 $11\frac{1}{4}$ 피트, 소조승은 약 6.5피트, 소조차는 약 2피트이다.

하천

하천은 수십 줄기가 있는데, 모두 한라산에서 발원하여 섬의 남북으로 흘러내린다. 유역은 긴 것이 40~50리, 짧은 것은 10리에 불과하다. 그러나 대부분 양안에 바위로 이루어진 절벽이 우뚝 서 있고 강바닥은 모두 바위로 덮여 있으며, 종종 큰 바위덩어리가 널려 있어서 평상시에는 흐르는 물을 거의 볼 수 없다. 흐르는 물이 있는 경우라고 해도 중류에 해당하며 그것도 넓기기노 하고 흐르기도 하는 것이디. 대게 지질이 야하고 성글기 때문일 것이다.

북쪽으로 흘러 바다에 들어가는 것은 산저천(山底川), 병문천(屛門川), 별도천(別刀川), 대천(大川), 조공천(朝貢川) 등이고, 남쪽으로 흐르는 것은 영천천(靈泉川), 호촌천(狐村川), 공로천(供爐川), 감산천(甘山川), 가내대천(加內大川), 가내소천(加內小川) 등이라고 한다. 항상 조금의 흐르는 물이나 고인 물을 볼 수 있다. 하천에는 어류가 많고 특히 은어와 뱀장어가 많이 생산된다. 그러나 섬주민은 이를 어획하는 일이 없고, 다만 때때로 거류하는 일본인이 고기를 잡으러 다니는 경우가 있을 뿐이다.

식수

해안 곳곳에 용천수가 있는데, 맑고 깨끗한 것이 비할 바가 없다. 여름에도 여전히 얼음 같고, 콸콸 솟아올라 사철 끊이는 일이 없다. 아마도 강물이 중간에 스며들었다가 용출하는 것으로 생각된다. 때문에 식수로 쓸 수 있지만 만조 때는 물 속으로 잠겨버리는 것이 유감스럽다. 연안 지방에서는 용천수 이외에 우물물과 강물이 있어서 식수에 불편을 느끼는 일은 적지만, 멀리 산촌으로 들어가면 겨우 고인물이 있을 뿐이다. 대정과 정의 등에서는 작은 벌레가 생긴 나쁜 물을 마신다.

기후

기후는 대체로 온난하다. 일본의 도원(島原, 시마바라) 지방과 비교하여 큰 차이가 없을 것이라고 한다. 기상 상의 여러 현상에 관해서는 아직 관측소가 설치되지 않았으므로 자세히 알 수 없지만, 현지인의 말을 통해서 그 대강을 기록하면 다음과 같다.

바람

바람은 대체로 많으며, 강풍이 가장 빈번한 때는 11월부터 다음해 2월 하순까지이다. 이 시기에는 파도도 높아서 목포 사이를 왕복하는 정기선의 경우 겨우 1개월에 1~2회 운항할 수 있을 뿐이다. 나머지 방면에 대한 교통은 거의 완전히 두절되기에 이른다. 그러므로 가옥의 구조도 또한 저절로 본토와는 다르며, 초가의 경우는 모두 두꺼운 새끼줄을 꼬아 지붕을 덮어 바람에 날려가지 않도록 조심한다. 그렇지만 더운 여름에는 시원한 바람이 불어 더위를 느끼는 일이 없다.

비

비도 역시 아주 많아서 본토의 건조함과 다르다. 특히 6월 중에 가장 많으며, 이른바 우기로 일본의 장마철[梅雨期]과 같다. 건조기는 11월부터 다음해 3월 경에 이르는 사이이며, 다른 계절은 종종 가는 비가 이어지는 경우가 있다.

서리

서리는 매년 11월 중순경부터 시작하여 다음해 3월 중순경에 끝나는 것이 일반적이라고 한다.

눈

눈은 11월 중순에 이르면 한라산 정상에서 볼 수 있지만, 평지에서 첫눈은 대개 12월 하순경이다. 그러나 적설량은 대단히 적어서 두께가 겨우 몇 촌을 지나지 않으며, 바로 녹아버려서 오래 땅위에 쌓이는 일은 없다. 쌓이는 경우는 대부분 밤 사이이고 낮에는 모두 녹아버린다. 마지막 눈은 해에 따라서 3월 상순에 내리는 경우도 있지만 대개 2월 하순경이라고 한다.

토지

섬 전체를 삼림지, 무목지(無木地) 및 경작지 세 구역으로 나눌 수 있다. 삼림지는 주로 이 섬의 중앙 고지대에 있으며 해발 2천 피트[1] 이상에 해당한다. 무목지는 곧 목장으로 주로 해발 1천 피트 이상 2천 피트 이하의 지역이지만 경작지 구역 내에도 산재한다. 경작지는 해발 1천 피트 이하에 있으며, 가장 평탄한 연해 일대의 지역이다. 각 구역의 크기는 삼림지가 15,550정보, 무목지가 31,100정보, 경작지가 139,710정보이다. 비율로 보면 삼림면적은 8%, 무목지는 16% 남짓, 경작지는 73% 남짓이다. 기타 3%는 그 나머지이다.

무목지 즉 목장은 종래 관유지로서 사람들은 일정한 세금을 납부하면 이를 개간 경작할 수 있었다고 한다. 지금은 모두 자유개간에 맡겼고 일부의 좋은 전답 이외에는 정해진 소유자가 없어 먼저 파종한 사람이 그 한 철의 주인인 것 같다. 그러므로 재산이 없는 사람도 황무지를 개척하여 쉽게 상당한 재산을 만들 수 있다. 이미 경작지를 소유하고 있는 사람도 대단히 여유가 있어서 정의군 관내의 경우는 광대한 토지를 3년 혹은 4년간 방치해 두는 사람도 있다.

해안 일대는 일반적으로 토층이 깊고 안으로 들어갈수록 점차 얕아진다. 그래서 좋은 밭은 해안에 많고 내지에 적다. 그리고 논은 아주 적어서 겨우 물이 있는 하천 부근에서 쉽게 물을 댈 수 있는 곳에만 산재할 뿐이다. 그러므로 논의 가격은 가장 비싸다. 매매가격은 밭의 경우 상등 1마지기에 20원, 중등 12원, 하등 6~8원이고, 논은 상등 40원,

---

1) 원문에는 尺으로 되어 있으나, 呎일 가능성이 있다.

중등 30원, 하등 20원이다.

호수 및 인구

섬 전체 주민의 호수는 33,527호이고 인구는 123,079명이며 일본인으로 정주하는 자가 약 50호, 중국인과 프랑스인 등이 5호 있다. 그 밖에 매년 정어리, 상어, 전복, 해삼 등의 어기에 일본에서 건너와 거주하는 자가 약 20호, 300명을 웃돈다.

도민의 생활상태

산촌 주민은 반목반농, 바닷가는 반농반어이다. 사면이 바다로 둘러싸인 외딴섬인데도 불구하고 어업을 전업으로 하는 사람은 거의 없다. 그리고 일반적으로 근면한 기풍이 있다. 특히 여자가 힘써 일하는데, 항상 남자와 협력하여 일하고, 안에서도 가사를 게을리하지 않는다. 바닷가에 사는 경우는 1년 내내 바닷물 속에 들어가 조개류와 해조를 채취하는 등 그 노력은 실로 남자를 능가한다. 이 때문에 비교적 평균적인 재산을 가지고 있으며, 전혀 자산이 없는 경우는 대단히 적고, 평소 섬 전체에서 거지를 볼 수 없다. 소작농은 아주 적고, 대개 다소의 경지를 가지고 있지만 부의 정도는 매우 낮다. 생활은 질박하고 검소해서 제주 읍내의 경우 한 사람의 하루 생활비는 약 100문을 필요로 한다. 산촌에 들어가면 스스로 경작해서 먹고 옷을 만들기 때문에 돈의 필요성을 거의 느끼지 못하는 곳도 있다. 그러므로 잡화를 판매하는 상점은 제주읍내에 겨우 5~6호가 있을 뿐이다. 그 밖의 지역에 가면 시장 이외에 상점이라고 할 수 있는 것이 없다. 섬 전체에 10만 원 이상의 자산을 가진 사람은 2~3명이고, 1~5만 원을 가진 자산가는 40~50명일 것이라고 한다.

일본인으로서 이 섬에 정주하고 있는 자는 주로 제주읍에 있다. 그 밖의 지방에는 거의 없다. 재류 외국인 중 중국인은 상업에, 프랑스인은 포교에 종사하는 사람이다.

섬 전체를 세 군으로 나누었는데 북쪽 절반은 제주군이고, 남쪽 절반은 다시 반으로 나누어 그 서쪽은 대정군, 동쪽은 정의군이라고 한다. 제주읍에는 재무서, 경찰서, 구재판소(區裁判所), 정의읍에는 순사주재소, 재무서출장소, 대정읍 및 서귀포에는 순사주재소가 있다.

교통

과거에는 제주도의 특산물인 감귤이나 말을 싣고 본토로 왕복하는 배 이외에는 없었으나, 갑오년에 이종문(李鐘文)이라는 사람이 인천굴력상회(仁川堀力商會)와 교섭하여 연안을 항행하는 기선(汽船)을 이 섬에 한 달에 한번 씩 부정기 기항하도록 하였다. 그러나 좋은 항구가 없고 항해가 안전하지 않으며 또한 수지가 맞지 않아서 마침내 3년 후에 폐지할 수밖에 없는 지경에 이르렀다. 그 후 여러 차례 우여곡절이 있었으나, 지금은 부산기선회사 소속선이 부산-제주 간 월 1회 운항하며, 목포에서 복전회조점(福田回漕店) 소유의 작은 기선(汽船)이 제주-목포 간을 월 6회 왕복하는 것이 있다.[2] 그러나 겨울에 풍파가 심하게 되면 목포-제주도 간 항로는 겨우 1개월에 1~2회 왕복하는 데 불과하다.

기선 이외에 섬주민이 일본형 범선을 구입하거나 혹은 새로 만들어 운수에 종사하는 자가 근년에 크게 증가하였다. 이들은 대개 목포 군산 등으로 왕복하여 교통이 대단히 빈번하다. 그리고 여객이 이 배를 이용하는 경우도 적지 않다.

육상 교통은 도로가 험악하고 바위가 드러나 있으며 자갈이 널려 있어 차도 다닐 수 없고 보행도 또한 대단히 곤란하다. 그래서 여객(旅客)은 대개 말을 타고, 짐은 사람이 지거나 우마가 운반한다. 그러나 말이 왜소하여 약 10관목 이상의 짐을 질 수 없어서 많은 짐은 해운에 의지할 수밖에 없다. 게다가 도로에는 배수시설이 없어서 비가 온 후에는 마치 한 줄기 개천과 다르지 않다. 하천도 또한 교량이 가설되어 있지 않아서 물이 불었을 때는 건널 수 없다.

도로는 제주읍을 중심으로 남동쪽 성산포 및 정의읍으로 통하는 것, 남서쪽의 모슬포에 이르는 것, 중앙의 한라산을 횡단하여 서귀포에 이르는 것이 주요 가도이다. 그 밖에 해변을 따라서 각 마을로 통하는 도로와 많은 샛길이 있다. 그러나 제주읍 서귀포 사이

---

2) 1911년 조선총독부의 명령에 의거한 정기 항로가 개설되었는데 명령 항로인 목포-제주 간 항해 (都丸, 3,387톤급)의 운항코스는 목포-추자-제주(산지항)-조천항-제주(산지항)-추자-목포였다.

의 산을 넘는 도로는 겨울철에 왕래가 거의 두절된다.

통신

제주읍에 제주도 우편국이 있으며, 우편 및 전신을 취급한다. 성산포 및 모슬포에는 우편함을 설치하였다. 매월 6회 제주도 우편국에서 배달부를 보내 섬 전체의 우편물을 집배한다. 배달부가 다니는 길목에 우편함이 설치되지 않은 곳에서는 발송하는 사람이 직접 우편물을 배달부에게 위탁할 수 있다. 전신은 근년에 개통된 것으로, 러일전쟁 때 일본인이 제주도에 망루를 설치할 때 처음 부설된 전선을 전후에 연장하여 우편국 내로 끌어들임으로써, 공중 전신의 용도로 쓰게 된 것이다.

위생

섬 안에는 아직 위생 기관이 없다. 겨우 제주읍에 일본인이 설립한 제주병원이 있을 뿐이다. 이름은 병원이지만 완전한 설비를 갖추지 못했다. 단지 일본인 의사가 한 사람 있어서 일본인 한국인을 가리지 않고 진찰 치료에 종사하고 있는 것에 불과하다. 그 밖에 제주읍에서 남동쪽으로 100리 떨어진 해안인 모슬포에 수산물 중개업을 하는 일본인이 있는데, 부업으로 약을 판매하거나 제조하는 일에 종사하고 있으며, 진찰 의뢰에도 응하고 있다. 또 제주도 동단의 성산포에 일본인이 약을 판매하고 있다.

교육

제주도에는 본토와 마찬가지로 각 마을에 서당이 있으며, 통학하는 아동들이 있다. 그러나 교육이 아직 널리 보급되지 않아서, 무학자들이 다수를 차지한다. 그런데 일본인이 와서 거주하게 된 이후, 일어학당(日語學堂)과 동영학교(東瀛學校) 등을 세워 오로지 섬주민의 교육에 종사하는 자가 있었다. 현재 이들은 모두 폐교되었으나, 광무 11년에 제주읍에 보통학교를 설립하였고, 연이어 정의읍 및 대정읍에도 또한 보통학교를 설립하였다. 모두 일본인을 교장으로 삼아 신식 보통교육을 실시하고 있다. 그 밖에 연안의 어촌에도 또한 마을사람이 세운 학교가 있다. 교사는 과거의 관아를 쓰는 경우도 있지만, 함덕에서는 작은 규모이지만 교사를 신축하였다. 교육을 주관하는 것은 모두 일본인이다.

금융

금융기관은 제주읍에 주식회사 광주농공은행(光州農工銀行) 지점이 있을 뿐이다. 그러나 섬주민이 이를 이용하는 경우는 극히 적다. 본토 각지에 있는 전당포 같은 것도 이 섬에는 전혀 없다. 금융은 단지 아는 사람 사이에 이루어질 뿐이다. 연안 각지에서는 일본인으로부터 자금을 받아서 어업 및 해조류 채취에 종사하는 자가 있다.

화폐는 여전히 엽전(葉錢)이고 신화(新貨)는 겨우 제주읍에서 유통될 뿐이다. 그 밖에 연해 중 일본인이 빈번하게 출입하는 지역에서는 다소 유통되고 있다. 엽전의 시세는 다소 변동이 있지만 대개 2~2.5배 정도이다.[3]

시장

각지에 시장이 있다. 육산물과 해산물 구별없이 생산자 혹은 그 가족이 직접 장날을 기다려 시장에 가져와서 판매한다. 그 밖에 또한 수시로 다니면서 행상을 하는 자가 있다. 또 생산자가 스스로 배를 준비하거나 중매인의 손을 거쳐 미역·말린 정어리 등을 사모아서, 운반선에 맡겨 부산·목포·인천 등으로 이출(移出)하거나 일본으로 수출(輸出)하는 자가 있다. 각 시장의 위치 및 시장 간의 거리를 표시하면 다음과 같다.

	시장 이름	개시일	시장 간의 거리	
제주군	제주읍(濟州邑)	매 2·7일	제주읍-삼양	20리
	삼양(三陽)	1·6일	삼양-조천	15리
	조천(朝天)	3·8일	조천-김녕	20리
	김녕(金寧)	4·9일	김녕-별방	40리
	별방(別防)	5·10일	별방-고성	20리
정의군	고성(古城)	매 5·10일	고성-읍내	30리
	읍내(邑內)	1·6일	읍내-의귀	30리

---

3) 조선 화폐가 일본 화폐보다 2배 정도 가치가 높았다.

	의귀(衣貴)	2·7일	의귀-하효	30리
	하효(下孝)	3·8일	하효-도순	30리
대정군	도순(道順)	매 4·9일	도순-창천	20리
	창천(倉川)	5·10일	창천-읍내	30리
	읍내(邑內)	1·6일	읍내-두모	40리
제주군	두모(頭毛)	매 5·10일	두모-명월	30리
	명월(明月)	4·9일	명월-애월	30리
	애월(涯月)	3·8일	애월-제주	50리

농작물

섬주민은 대체로 봄·가을 두 계절에는 주로 농업에, 그 밖에는 목축·벌목·어업·채조 등에 종사한다. 토지가 바위와 돌이 많아서 개간하기 어렵지만, 섬주민들은 열심히 농사에 힘쓴다. 그러나 관개가 불편하기 때문에 논은 아주 드물고, 작물은 보리·조·콩·고구마 등을 주로 하며, 마·면화 등도 또한 일부 지방에서 재배되고 있다. 1년 생산량은 쌀 약 600석, 보리 약 20만 석, 조 약 20만 석, 콩 약 6천 석이다.

콩은 산촌에서 가지와 잎이 무성해지고 꽃이 필 무렵 이를 땅에 묻어서 비료로 삼는 자가 있다. 고구마는 수년 전 비양도에 일시 머물고 있던 일본인이 나가사키에서 종자가 되는 고구마를 사와서 섬주민들에 나누어주고 또한 재배법을 가르쳐주자 곧 섬 전체에 전파된 것으로, 지금은 섬주민의 일상적인 음식이 되었다. 종래 제주도에서는 여름·가을 무렵 폭풍이 몰려와서 농작물이 피해를 입으면 섬주민들이 극심한 어려움에 빠지는 일이 있었으나, 고구마가 전해진 이후에 그 어려움을 크게 면하게 되기에 이르렀다.

목축

목축업은 소·말 및 돼지를 사육하는 것으로, 돼지는 택지의 빈터에서 키우지만, 소와 말은 소유자가 각각 머리나 엉덩이에 생각나는 대로 여러 가지 모양으로 낙인을 찍고 산과 들에 방목한다. 먹이는 전혀 주지 않는다. 그리고 봄·가을 두 철에 농사에 부릴 때만 끌고 와서 우리에 가둔다. 그런데 자연적인 조건이 목축에 적합하여 그 번식이 대단히 왕성하며, 매년 소 약 4,000마리, 말 약 1,500마리, 돼지 약 3,000마리를 낳는다.

용재(用材)

농한기에는 벌목업이 활발하다. 그러나 종래 남벌한 감이 있고 혹은 수림을 불태워 밭으로 삼는 등 삼림의 보호에 신경을 쓰지 않은 탓에 지금은 땔감이나 숯으로 쓸 수 있는 것 이외에, 가옥이나 선박에 사용할 수 있는 목재가 부족함을 느끼기에 이르렀다. 종래 이 섬의 산물로 유명했던 빗의 재료인 문모수(蚊母樹)[4]는 현재 크게 감소하였고, 노와 그 밖에 도구에 필요한 재목도 또한 부족하여 일본산을 사용하는 자가 있다. 재류 일본인이 가옥을 건축하는 경우는 모두 일본으로부터 필요한 재료를 수입한다. 제주읍에 있는 수입재목의 시세는 소나무 장척(尺〆)[5] 1그루에 10원, 송재 13원, 소나무 6분판(六分板)[6] 평당 1원 20전, 소나무 4분판(四分板)[7] 1원 60전이다. 또한 산 속에 들어가 수목을 벌채해 두고 표고버섯이 자연적으로 자라기를 기다렸다가 이를 채취·건조하여 경성과 인천 등에 파는 경우도 있다. 그 산액은 1년에 약 4,000원 남짓에 달린다. 일본인도 또한 근년에 한라산에서 표고버섯 배양 및 목탄 제조에 종사하는 자가 있다.

목축과 더불어 말총을 이용한 수공업, 즉 갓·망건·탕건 등의 제조업도 자연스럽게 활발하다. 주로 여자의 부업으로 농사일을 하지 않고 집에 있는 경우는 대개 이 일에 종사한다. 섬 전체에서 7~8%의 여자가 이 일에 종사한다고 한다

어업·채조

연안지방에서는 어업 및 채조업이 두루 행해지며 특히 채조업은 여자의 직업이지만,

---

4) 일본어로는 '이스노키'로 되어 있다. 갈매나무다.
5) 가로 세로가 1척, 길이가 1장인 목재의 부피를 (丈)尺〆라고 한다. 尺〆는 샤쿠지메라고 읽는다.
6) 6分 즉 약 18mm 두께로 가공한 판 형태 목재를 말한다. 18mm는 제재할 때의 두께이며 건조되고 나면 그보다 얇아진다. 일본어로는 '로쿠부이타'라고 한다. 넓이는 사방 1척이다.
7) 4分 즉 약 12mm 두께로 가공한 판 형태의 목재를 말한다. 일본어로는 '시부이타'라고 한다.

그 풍흉이 곧 섬 전체의 경제에 영향을 미칠 정도로 중요한 것이다. 종래의 어업은 당망(攩網), 외줄낚시 등으로 잡어를 잡는 데 불과하였으나, 근년에는 제법 규모가 큰 그물을 이용하여 정어리, 상어 등을 어획하고 또 일본인을 따라서 도미 연승에 종사하는 등 이미 진보·발전의 흔적이 뚜렷한 바가 있다. 그러나 여전히 아직 어획 및 채취에 착수하지 않은 수산물도 많다. 제주도의 어업은 장래가 가장 유망하다고 할 수 있다.

물산

물산 중 주요한 것은 육산물로는 쌀·보리·콩·팥·조·고구마·면화·표고버섯·갓테[凉太][8]·망건·탕건·갓[帽子]·빗·소·말·돼지 등이다. 해산물로는 우뭇가사리·미역·해삼·말린 전복·도미·감태회[搗布灰][9]·상어·전복·갈치·간고등어·복어·어포[片脯][10] 등이다. 이들은 대개 뭍으로 이출 혹은 수출한다. 제주도 물산의 1년 생산량과 가격 및 수출지 등을 표시하면 다음과 같다.

종별	산출 개산		이입 및 수출지	비고
	수량	가격(원)		
멸치	2,200,000斤	73,040	목포 및 일본	
우뭇가사리	200,000斤	12,000	목포 및 일본	
미역[甘藿]	500貼	5,000	목포 군산 강경 인천 평양	100속(束)을 1첩(貼)으로 한다. 1속은 10파(把), 1파는 20매(枚)이다.
소가죽	60,000斤	26,400	인천 목포	
말가죽	1,500枚	2,400	인천 경성	
소뼈	120,000斤	1,920	일본	
오배자(五倍子)[11]	5,000斤	800	목포 일본	
닭	68,000마리	13,600	수출 없음	
달걀	500,000개	3,000	목포 일본	
표고버섯[蕈古][12]	7500斤	2,250	경성 인천 일본	
깻묵[油糟][13]	100,000斤	1,600	목포 일본	
해삼	75,000斤	58,800	일본 경성	
전복	160,000斤	160,000	일본	

---

8) 갓의 햇볕을 가리는 챙 부분을 말한다.
9) 도목은 갈조식물 다시마목 미역과에 속하는 해조로 감태(甘苔)라고도 한다. 학명은 *Ecklonia cava*이다. 감태를 원료로 요오드를 추출하는데, 감태를 불에 구운 것을 搗布灰라고 한다.
10) 대구포·명태포 등을 말한다.

도비	300,000斤	10,500	일본 목포	
감태재[搗布灰]	2,000,000斤	35,000	일본	
양태(凉太)14)	150,000개	12,000	각도	
망건	25,000개	12,500	각도	
탕건	6,000개	18,000	경성 평양	
갓[帽子]	50,000개	16,000	각도	
나뭇빗[木梳]	15,000개	9,000	경성 평양 대구 의주	1통 30개들이
말	1,500마리		전라남도 일본 경상도	1년 수출 약 200마리
소	4,000마리		일본	1년 수출 약 100마리
자리[草席]	30,000枚	6,000	수출 없음	
상어	24,000마리	32,400		
전복	1,500貼	15,000	경성 평양	100개 1첩
갈치	100同	1,400	전라남도	10束 1同으로 한다. 1속은 10마리이다.
간고등어[鹽鯖]	500束	2,000	전라남도	
어포(片脯,오징어)15)	500貼	1,200	경성 강경 목포	100마리를 1첩
돼지	3,000마리	100,000	수출 없음	
당유자(唐柚子)16)	100,000개	1,500	수출 없음	
산약(山藥,山芋)	10,000斤	1,600	경성 평양 대구	정의군에서 생산
진피(陳皮)	1,500斤	360	위와 같음	
귤나무껍질	50,000斤	1,800	일본	
돼지털	500근	170	대판	대다수를 제수유에서 생산
계		637,240¹⁷⁾		

---

11) 붉나무에 생긴 벌레혹을 말한다. 속이 비어 있고, 맛이 매우 떫으며, 지혈·해독·항균의 효력이 있어 한방에서 약재로 사용한다. 특히 탄닌 성분이 농축되어 있어서 염색이나 잉크 재료로도 사용한다. 일본에서는 과거에 기혼여성이 이를 검게 물들이는 데 사용하였다. 한편 붉나무는 옻나무과의 낙엽관목으로 학명은 *Rhus javanica*이다.

12) 원문에는 표우(蔈右)로 기록되어 있으나 정오표에 따라서 표고버섯[蔈古]으로 정정하였다.

13) 油粕이라고도 하며, 식물의 종자에서 기름을 짜고 난 찌꺼기를 총칭한다. 깨에서 기름을 짜낸 찌꺼기 이외에 콩깻묵·채종깻묵·면실깻묵·땅콩깻묵 등도 깻묵이라고 한다. 녹말 및 단백질의 함량이 높아서 가축사료와 비료로 쓰였다. 다만 일본에서는 멸치·정어리의 기름을 짜낸 씨써기도 지칭하였다.

14) 갓의 차양 부분을 말한다.

15) 원문은 '스루메'로 되어 있다. 일본어에서는 생오징어는 '이카', 말린 오징어는 '스루메'라고 한다.

16) 학명은 *Citrus grandis Osbeck*이며, 유자청을 만든다. 제주도에는 댕유지·댕우지라고 한다.

17) 원문에는 1,417,240으로 기록되어 있으나 정오표에 따라서 657,240으로 정정하였다.

수입품

　제주도에서 수입하는 것은 주로 의복의 원료, 기구, 일용품, 잡화 등인데, 이들은 10여 년 전까지는 상해 지방에서 활발하게 수입하였으나, 근년에는 목포·부산 등에서 수입하거나, 도민 스스로 일본에 건너가 상품을 주문해서 수입하는 경우도 있다. 또한 제주 읍내에는 일본인 및 중국인이 상점을 열고 외국품을 수입하여 판매하는 자가 있다. 또 잠수기어업 및 기타 사업에 종사하는 일본인이 매년 건너올 때 혹은 어획물을 운반할 때마다 일본에서 여러 가지 잡화를 주문해서 수입하는 경우도 있다. 수입품 중 중요한 것으로는 도자기, 옥양목, 석유, 성냥, 담배, 비단, 설탕 및 기타 잡화이다. 도자기 및 옥양목의 경우는 가장 도민들의 기호에 맞아서 판로가 날로 확장되고 있고, 수요도 또한 아주 왕성하다. 일본산 옥양목은 옷감이 튼튼하고 오래 사용할 수 있는데도 가격은 저렴해서 도민들의 의복은 거의 옥양목을 사용하기에 이르렀다. 주요한 시장에는 반드시 이를 볼 수 있다. 현재 수입되고 있는 것은 주로 독수리표[鷲印]와 사슴표[鹿印]로 그 시세를 보면, 20필에 전자는 85~86원, 후자는 96~97원이다.

수산물

　수산물은 그 종류가 대단히 많지만, 도민들이 어획하는 것은 그 수가 대단히 적다. 그리고 제주도 부근의 수온, 조류, 기타 해황이 본토와 다르고 오히려 일본 오도열도 근해와 비슷한 점이 있다. 오도열도 근해에서 생산되는 어류로서 제주도에서 생산되지 않는 것이 없고, 본토에서는 일반적인 것이 제주도에서는 전혀 볼 수 없는 것이 있다. 현재 어획·채취하는 것으로 정어리[鰮]·꼬치삼치[おきさわら]18)·자리돔[かじきり]19)·도미·황돔(れんこだい)20)·옥돔(あまだい)21)·감성돔22)·볼락·갈

---

18) 전 세계적으로 열대, 아열대 해역에서 볼 수 있는 고등어과에 속하는 물고기이다. 길이 2.2m, 무게 80kg까지 성장한다. 학명은 *Acanthocybium solandri*이다.
19) 농어목 자리돔과의 바닷물고기이다. 제주도에서 많이 잡히며, 물회·강회·구이 등으로 먹는다. 학명은 *Chromis notata*이다. 일본어로는 スズメ鯛 방언이다.
20) 원문에는 렌코다이(れんこだい)로 되어 있으나 오기로 생각된다. 학명은 *Dentex hypselosomus Bleeker*이며, 일본에서는 키다이(きだい, 黄鯛)라고도 한다.
21) 甘鯛. 학명은 *Branchiostegus japonicus*이다.
22) 학명은 *Acanthopagrus schlegelii*이다. 일본에서는 흔히 '치누(茅渟, 海鯽)'라고 한다.

치·복어·붕장어·넙치·숭어·은어·뱀장어·상어·오징어·전복·소라·바지락·미역·감태 등이다. 그 밖에 아직 어획·채취하지 않는 것으로, 가다랑어[鰹]·갯장어[鱧]·새우·방어[鰤]·국자가리비[板屋貝][23] 등이 있다.

정어리·멸치

정어리는 정어리[24]·히라고·헤타리·눈퉁멸·키비나고 다섯 종류가 있다. 매년 4월에 큰 무리를 이루어 제주도 동단에 나타나는데, 두 갈래로 나뉘어 하나는 북안을 따라서 다른 하나는 남안을 따라서 서쪽으로 간다. 종류에 따라서 그 계절을 달리하며, 히라고와 키비나고는 4~5월의 두 달, 헤타리는 5~6월의 두 달, 눈퉁멸은 6~8월까지, 정어리는 8~10월까지다. 몸의 크기는 처음에는 2촌가량이었다가 성어기에는 3~4촌 정도에 달한다. 제주도 북안에 내유하는 것은 매년 거의 변하지 않지만, 남안에서는 일정하지 않다. 심할 때는 몇 년 동안 전혀 모습을 보이지 않는 경우도 있다. 예로부터 도민들은 연안에 석축을 쌓아 조류와 함께 들어오는 정어리를 뜰채로 잡을 뿐이다. 그러나 일본인이 이 섬에 와서 마른정어리를 사들이기에 이르자 대규모 그물이나 도구를 사용해 활발하게 정어리를 어획하게 되었다. 지금은 제주도 어업의 으뜸을 차지하였고, 그 풍흉은 곧 도민의 경제에 영향을 미치기에 이르렀다.

제주도의 정어리는 횃불을 보고 모여드는 성질이 없고 도리어 불을 두려워하고 피하는 경향이 있다. 이전에 정어리 어업자들이 집어등을 사용하여 실패를 본 일이 있다. 기이한 현상이라고 할 수 있다. 어민들이 말하는 바에 의하면, 연해의 밑바닥이 흰모래이므로, 불빛이 여기에 반사되어 물고기의 눈을 어지럽히기 때문에 이를 무서워하는 것이라고 한다.

고등어

고등어는 정어리 무리에 섞여서 함께 내유하는 것이며, 내유 조기에는 아주 드물지만 8~9월의 우기에 이르면 그 무리가 대단히 농밀해진다. 도리어 소량의 정어리를 혼획하

---

23) 학명은 *Pecten albicans*이다.
24) 일본에서 이와시(いわし)는 정어리·눈퉁멸·멸치를 아우르는 말이다. 우리가 말하는 정어리는 학명은 *Sardinops melanostictus*이며, 일본에서는 마이와시(まいわし)라고 한다.

는 상황이 된다. 대개 새끼들로 몸길이 5~6촌이 보통이다. 정어리와 함께 어획하고, 정어리를 말릴 때 함께 건조하여 비료로 만든다. 간혹 식품으로 쓰기 위해 이를 염장하여 본토로 보낸다.

꼬치삼치

꼬치삼치는 연해에 대단히 많으며, 음력 7~9월 사이에 연안에서 약 20~30리 이내의 바다에 내유한다. 제주도 북서안의 모슬포 앞바다에 특히 많다. 그러나 아직 직업적으로 어획하는 자가 없다. 다만 때로 일본잠수기업자 및 도민으로서 예승을 운용하는 자가 어획하는 일이 있을 뿐이다.

자리돔

자리돔은 제주도의 특산물로서 일본 구주 연해에서 잡히는 것과 같은 종류에 속하지만, 그 형태는 납자루[たなご][25]처럼 색깔이 갈색에 약간 보라색을 띠고 있으며, 몸길이는 3촌 남짓이고, 항상 조류가 급한 암초 사이에 산다. 제주도 연안의 도처에서 생산되지 않는 곳이 없다. 도민들이 독특한 그물을 사용하여 활발하게 어획한다. 어기는 대체로 남안에서는 4~10월 사이이고, 북안에서는 6~8월 사이라고 한다. 싯가는 조선되로 겨우 100문에 불과하다. 가격만 따진다면 굳이 중요하게 여길 필요가 없지만, 도민이 이를 아주 좋아해서 날것으로도 먹고 염장하기도 한다. 산간벽지의 주민들도 또한 이를 젓갈로 만들어 저장해놓고 늘 빠트리지 않는 식품이다. 따라서 그 풍흉은 곧 도민의 경제 및 생활에 지대한 영향을 미친다.

도미

도미는 연해에 많지만 도민들은 거의 돌아보지 않는다. 다만 그 북안에 있는 별도에는 근년 일본인을 따라서 주낙을 이용하여 어획하는 사람이 있다. 남안의 사계(沙溪)[26]에서도 어민들이 일찍이 일본인으로부터 주낙을 구입하여 사용해 보았더니, 어

---

25) 학명은 *Acheilognathus melanogaster*이다.

획량이 대단히 많았지만, 판로가 막혀서 폐업하였다. 일본 주낙업자 및 외줄낚시업자로서 이미 내어하는 자가 많았으며, 현재는 크게 쇠퇴하였지만, 그래도 여전히 매년 20여 척이 건너온다. 그 쇠퇴 원인은 물고기가 줄어든 것이 아니고, 기타 유리한 어업을 발견하였기 때문인 듯하다. 그리고 현재의 어장은 주로 북안 일대인데, 해안에서 50리 이내인 곳이라고 한다.

황돔

황돔은 제주도에서 가장 일반적인 어류의 하나로, 전연안의 주민들이 활발하게 이를 낚아 어획한다. 어장은 연안에 10리 이상 떨어지고 수심이 30~80길인 앞바다라고 한다. 1년 내내 어획된다.

옥돔

옥돔도 또한 제주도에서 가장 보편적인 어류의 하나로 황돔과 함께 1년 내내 많이 집힌다. 제주도에 건너오는 일본 상어낚시업자도 또한 이를 삽아서 상어낚시의 미끼로 쓰는 일이 있다.

감성돔

감성돔은 연해에 서식하지만 생산이 많지는 않다. 도민들이 농사일이 한가할 때 이를 어획하는 경우가 있다.

붉바리

붉바리[あこう]27)는 제주도 연안에서 거의 나지 않는 곳이 없으며, 해안에서 수 정 (町) 떨어진 앞바다에 암초가 있고 해조가 무성한 깊은 곳에 서식한다. 문어, 오징어,

---

26) 원문에는 사빈(沙濱)으로 기록되어 있으나 정오표에 따라서 사계(沙溪)로 정정하였다.
27) 농어목 바리과 우레기속의 어류로 1년 내내 잡히며, 회・소금구이・조림・탕 등으로 이용하는 어종이다. 바리과 어류 중 남해안에 흔한 종이며, 맛은 다른 바리과 어류에 비해 좀 떨어진다고 한다. 학명은 *Epinephelus akaara*이다.

작은 어류를 미끼로 하여 활발하게 이를 낚시로 잡는다.

볼락

볼락은 전 연안 도처의 암초 사이에 서식하며, 낚시로 대단히 활발하게 잡는다. 또한 나가사키현에서 매년 오로지 볼락을 잡을 목적으로 건너오는 사람이 있다. 어획물은 대개 일본에 가져가 판매하며 이익이 대단히 크다고 한다. 어기는 1~4월까지라고 한다.

갈치

갈치는 제주도에 많이 나는 어류 중 하나로, 전 연안에 나지 않는 곳이 없다. 특히 가장 많은 곳은 남서안 일대 지방이라고 한다. 낚시로 활발하게 잡으며, 대부분 날생선인 채로 섬 안에서 소비되지만, 남서안 지방에서는 염장하여 본토로 수송한다. 어기는 6~10월까지라고 한다.

복어

복어도 또한 제주도에서 일반적인 어류 중 하나로 낚시로 활발하게 잡는다. 가장 많은 곳은 북안 도두리 부근으로 어획한 후에 햇볕에 말려서 본토로 수송한다. 어기는 6~10월이라고 한다.

매퉁이[えそ]

매퉁이는 연해의 모래바닥에 서식하며, 그 생산량이 대단히 많다. 6~8월 사이에 낚시로 잡는다.

붕장어[海鰻]

붕장어는 강과 바다의 모래와 펄 바닥에서 서식하며, 도민들이 이를 낚시로 잡는 일이 있지만 그 생산은 많지 않다.

넙치[比目魚]

넙치도 역시 연안의 모래펄 바닥에 서식하며, 도민은 이를 낚시로 잡지만 이 또한 생산이 많지 않다.

숭어[鯔]

숭어는 도민이 어획하는 일은 없지만, 북안의 종달리(終達里) 부근의 작은 만 안에 매년 회유하는 새끼를 축양(畜養)하는 자가 있다. 이 만은 마치 호리병 모양으로 깊이 만입한 것으로 가장 좁은 곳에 수문을 만들어 못처럼 가둘 수 있는 곳이다. 제주읍에 사는 주민의 소유이다. 수문은 돌을 쌓아올린 다음 그 바닥 부분에 문을 달아 여닫음으로써 해수를 마음대로 통하게 할 수 있다. 못 안의 수심은 약 2~3척이다. 매년 음력 4월 경에 모치[28]가 만내로 들어올 때 수문을 열어 못 안으로 들어오게 한 다음, 그 수가 축양하기에 적당한 정도에 달할 무렵, 수문 앞에 발을 펼쳐서 다시 도망치지 못하게 막아 축양한다. 처음에는 1촌 정도였던 것이 9월 경에 이르면 5~6촌 크기가 된다. 이 무렵부터 거두어들이기 시작하여 11월에 이르러 마친다. 아마도 겨울철 서리가 내리는 때에 이르면, 수심이 얕아서 물고기가 폐사하기 때문일 것이다. 못의 소유주는 매년 미리 중매인과 매매계약을 하고 중매인은 그 시기에 이르면 끌어올려 염장해서, 마산·통영 지방으로 수송하는데, 그 생산량은 약 10만 마리이다.

은어[鮎]

은어는 봄철 제주도의 각 하천으로 거슬러 올라오고, 가을철에는 모래·자갈 사이에 산란한다. 그 생산은 대단히 많지만, 도민들은 일찍이 어획한 적이 없다. 재류 일본인이 간혹 이를 놀이 삼아서 잡는 경우가 있을 뿐이다.

뱀장어[鰻]

뱀장어는 또한 제주도 각 하천에서 대단히 많이 생산되지만, 도민은 이를 어획하지

---

28) 숭어새끼를 모치, 모쟁이, 모투어리 등으로 부른다.

않으며, 때로 재류 일본인이 놀이 삼아서 잡는 경우가 있을 뿐이다.

상어[鱶]

상어는 제주도에 많이 생산되는 어류의 한 가지로 그 종류도 대단히 많다. 중요한 것으로는 청새리[やじ], 귀상어[しゅもく], 흉상어[めじろ], 괭이상어[さざえわり], 수염상어[をせ]29) 등이 있다. 모두 그물을 이용하여 어획한다. 남서안의 사계(沙溪)·마라도(馬羅島) 부근에서 가장 활발하다. 일본인은 이미 상어 어획을 목적으로 건너오는 자가 많으며, 지금은 과거의 성황을 볼 수 없지만, 여전히 매년 비양도 및 방두포(防頭浦)를 근거로 하여 근해에 출어하는 배가 20척 내외이다.

오징어[烏賊]

오징어는 연해 도처에서 생산된다. 살오징어[まいか]30), 화살오징어[やりいか]31) 등이 있다. 가장 많은 곳은 북서안 및 북동안이라고 한다. 도민이 이를 어획하여 말려서 본토로 수송한다.

전복[鮑]

전복은 연해에 생산되지 않는 곳이 없을 정도이고 무진장이라고 할 수 있으나, 이미 일본 잠수기업자가 건너와서 남획한 결과 지금은 크게 감소되었다. 종래에는 현지의 해녀[潛水婦]가 이를 채취했으나, 지금은 종일 조업해서 겨우 한두 개를 잡는 데 불과하다. 잠수기업자는 제법 깊은 곳에서 조업하기 때문에 다소 잡을 수 있지만, 이미 과거처럼 많은 이익을 거둘 수는 없다. 특히 제주도에서 생산되는 전복은 큰 크기로 유명하지만 지금은 대체로 크기가 작아졌다.

---

29) 일본어로 현재는 오오세(おおせ)라고 한다. 수염상어를 말한다. 학명은 *Orectolobus japonicus* 이다.
30) 가장 일반적인 오징어로 학명은 *Todarodes pacificus Steenstrup*이다. 일본에서는 스루메이카 라도 한다.
31) 화살오징어, 화살꼴뚜기라고도 하며 학명은 *Heterololigo bleekeri*이다.

소라

소라[蠑螺][32]는 전 연안에서 많이 생산되므로 활발하게 채취한다. 성산포에 있는 한국물산회사(韓國物産會社)는 도민으로부터 소라를 구입하여 통조림으로 제조한다.

바지락[あさり]

바지락은 제주도의 모래 해안에서 대체로 생산되지 않는 곳이 없다. 크기가 크고 황색을 띠며 무늬가 상당히 엷다. 아마도 바지락의 일종에 속하는 종류일 것이다. 썰물때 도민들이 채취하여 자가의 식용으로 쓰는데, 맛이 대단히 좋다.

미역[和布]

미역은 연안 도처에 생산되지 않는 곳이 없다. 현지의 해녀는 주로 미역을 채취하는 것을 직업으로 삼는다. 채취기는 각 마을에서 협의하여 결정하기 때문에 해마다 달라지지만 대체로 1~4월 사이라고 한다. 오로지 건조하여 본토로 수송한다. 제주도의 주요한 수출품 중 하나이다.

우뭇가사리[天草]

우뭇가사리는 연해에서 생산되지 않는 곳이 거의 없으나 동해안이 가장 많다. 특히 우도는 그 생산이 매우 많고 품질도 양호한 것으로 유명하다. 현지의 해녀는 오로지 우뭇가사리만 채취한다. 시기는 1~3월까지라고 한다. 채취 후 건조하여 일본에게 매도한다. 일본인으로 제주도에 재류하면서 수산물 중매 등을 직업으로 하는 자가 있다. 또한 오로지 우뭇가사리 매집을 위해 건너온 자가 있다. 어느 쪽이나 매집한 것은 일본으로 수송한다.

감태[搗布]

감태는 전 연안에 생산되지 않는 곳이 없지만, 동쪽 연안이 가장 많다. 특히 그 생산이

---

32) 일본명은 '사자에'이고, 학명은 *Turbo sazae*이다.

많은 곳은 우도이며, 품질이 양호한 곳은 가파도(加波島)이다. 종래 도민은 이를 채취하지 않았으나, 일본인이 건너와서 매집하는 자가 있자 이를 다소 채취하게 되었다. 후에 성산포에 한국물산회사가 생기고 요오드 제조업을 시작하면서, 당시의 목사에게 의뢰하여 훈령을 내려 감태 채취를 장려한 결과 일시에 크게 융성하게 되었다. 그런데 지금은 해당 회사의 사업이 부진하여 도민의 채취도 또한 쇠퇴하였다.

제주도에서 이루어지는 어업의 주요한 것 중 도민은 그물을 사용하는 정어리·자리돔·상어 어업, 도미새끼·오징어·붉바리·볼락 등 외줄낚시 및 잠수업, 일본인의 경우는 상어낚시, 도미낚시, 잠수기업, 나잠업, 볼락어업 등이다.

정어리 어업

정어리 어업은 제주도 수산업 중 가장 중요한 것이다. 본래 연안에 석방렴[石堤]을 쌓고 만조 때 조류를 타고 오는 정어리를 썰물 때 제방 안에 가둔 다음 뜰채로 이를 건져내는 데 불과하였다. 그러나 일본에서 말린정어리를 매집하기 위하여 건너오는 자가 증가함에 따라서 도민이 서로 다투어 예망 등의 그물을 사용하여 활발하게 어획하기에 이르렀다. 그래서 자연적인 사빈은 가는 곳마다 지예망 어장이 되지 않은 곳이 없다. 그중에는 석방렴을 부수거나 바위를 깨고 새롭게 어장을 만든 곳도 있다. 현재 사용하는 어구는 휘리망(揮罹網)·방진망(防陣網)·장망(帳網) 등이다.

석방렴은 현재 크게 쇠퇴하였지만, 모슬포에서는 여전히 활발하게 행하고 있다. 그 구조는 직경 1척 정도의 둥근 돌을 높이 5~6척, 폭 2~3척으로 쌓아올려, 연안으로 물고기가 내유하는 곳을 둘러싸는 것이다. 모슬포에서는 만 안에 돌출한 암초를 측벽으로 삼고 종횡으로 돌담을 쌓아 마치 여러 개의 물웅덩이가 서로 붙어 있는 것 같은 곳이 있다. 방렴 안에 들어갈 때는 밤낮을 가리지 않고 부근의 마을에서 남녀노소가 광주리를 지고 그물을 어깨에 걸치고 모여든다. 두 사람씩 방렴 안에 들어가 한 사람은 직경 1장 2척, 깊이 5~6척, 자루 길이 2장 6척 정도의 뜰채를 가지고 물고기를 건져 올린다. 다른 한 사람은 표주박을 절반으로 잘라서 국자처럼 만든 것을 가지고 그물 속의 물고기를 떠서 가지고 있던 광주리 속에 넣는다. 이 석방렴은 각각 3~4명이 공동으로 축조하여 소유하고 있는 것이다. 방렴 안의 물고기가 대단히 많을 때는 소유자가 직접 이를 어획하지만, 평상시에는 대개 다른 사람들로 하여금 자유롭게 어획하도록 하고, 어획량의 1/3을 징수한다. 즉 광주리 세 개에 대하여 1개분을 소유자에게 제공한다. 그러나 어획자는 실제로 이 비율로 제공하지 않고, 심한 경우에는 소유자가 징수하러 오기 전에 도망가 버리는 경우도 있다.

석방렴의 한 쪽에 작은 입구를 만들거나 혹은 바위를 돌출시켜 작은 만을 이루는 곳에 정어리가 들어올 때는 살펴서 그 입구에 그물을 쳐서 막고, 뜰채로 어획하는 것이 앞에서 말한 석방렴과 같은 것이 있다. 그물은 면사로 만드는데, 폭 5~6길, 길이는 장소에 따라서 일정하지 않다. 연안에 암초가 많은 장소에서는 대개 이러한 어법을 행하지 않는 곳이 없지만, 모슬포는 특히 활발하여 어장이 7곳 있다.

휘리망은 주머니[袋] 부분이 없는 지예망으로, 작은 것은 길이 20길, 큰 것은 100길, 폭은 양끝이 1길, 중앙에 이르면 약 5길이다. 그 양끝에 길이 130길 내지 150길의 밧줄을 달아, 어군을 둘러싼 다음 해변으로 끌고 오는 점은 지예망과 차이가 없다. 그런데 해변에 가까이 끌고 온 후에 그대로 물 속에 방치해 누었다가 물이 빠신 후에 집어 물고기가 저절로 땅 위에 무더기를 이루기를 기다린다. 그 사이에 물고기가 많이 폐사하는 것은 물론 물이 빠진 후에도 이를 용이하게 처리할 수 없기 때문에 아래에 깔린 물고기는 몸이 부서지고 마침내 부패하게 되는 경우도 볼 수 있다.

어장은 대개 사빈이지만 모두 그 넓이나 폭이 아주 좁다. 가장 큰 어장인 사계에서는 약 10리이고, 그 밖에는 대개 5~6정 이내이다. 제법 유명한 어장이라고 하더라도 여전히 10정을 넘는 것은 드물다. 이렇게 좁은 어장은 한 계[組]에서 한 곳을 독점하는 경우도 있지만, 오히려 여러 개의 계가 공유하는 경우도 있다. 이런 장소에서는 도저히 한꺼번에 여러 개의 그물을 사용할 수 없기 때문에, 미리 협의해서 어느 날 첫 번째 그물은 어느 계, 두 번째 그물은 어느 계라는 식으로 순서를 정하여, 각자 마음대로 투망하는 것을 허락하지 않는다.

방진망(防陣網)은 그 구조가 휘망과 큰 차이가 없으나, 다만 예망이 없을 뿐이다. 연안에 암초가 많아서 휘망을 쓸 수 없는 장소에서 사용한다. 그 방법은 어군을 확인하고 그물을 던져 물 속에서 원형을 만들어 이를 감싼다. 서서히 좁힌 다음 물고기를 건져 올린다. 그러나 고기가 많이 잡힌 때는 그물의 절반을 열어서 어군을 나누어 감싸고, 서서히 해변으로 끌어와서 물고기를 처리하는 것은 휘망과 같은 점이 있다. 그리고 나머지 절반은 그대로 물 속에 방치하여 마치 활어수조가 물 속에 있는 것 같다.

장망(帳網)은 부망(敷網)의 일종으로 20년 전까지 활발하게 사용하였지만 근년에는 대개 휘망 및 방진망을 사용하게 되었다. 지금은 두세 지방에서만 이를 사용하는 것을 볼 수 있다. 구조는 길이 15길, 폭 10길인 장방형의 그물 네 귀퉁이에 길이 10길의 밧줄을 붙인 것이다. 사용법은 4~5명이 승선한 어선 4척이 어장에 이르러 그물을 던진다. 그물 상단은 항상 수면에 뜨도록 하고, 하단은 물 속에 잠기게 한 채로, 어군을 따라서 그물을 조종한다. 때를 봐서 잠겨 있던 그물의 한쪽 끝을 끌어올린다. 물고기는 바로 건져서 광주리에 던져 넣는다.

대개 면사를 사용하는데, 제주도의 면사 산지인 고내(高內)·곽지(郭支)[33]·애월(涯月)·금성(錦城)·금릉(金陵)·귀덕(歸德)·하귀(下貴) 등에서 구입하여 그물을 어업자가 직접 만드는 것이 보통이다. 또 일본인에게 의뢰하여 일본산 그물을 주문하고 대금은 어획물로 지불하는 경우가 있다. 그리고 그물은 때로 감물을 들이는 경우가 있지만 대개 물들이지 않은 채로 사용한다.

휘망 및 방진망을 한 개인이 운용하는 경우는 아주 드물다. 대개 수십 명으로 이루어진 조합 조직이며, 조합원은 대부분 평생 어업에 종사하는 것이 아니고, 단지 이 어업에 한해서 일시적으로 관여하는 데 불과하다. 조직은 대단히 완비되어, 조장과 부조장이 있다. 조장은 이를 도가(都家)라고 하며, 어업에 관한 일체의 사무를 처결한다. 도가 아래에 소임(所任)이라고 하는 사람이 있다. 이 사람이 부조장으로 항상 도가를 보좌하거나 도가의 의견을 조합원에게 전달하는 등의 일을 맡는다. 따로 계장(契長) 및 공원(公員)이라는 사람도 있다. 이는 아마도 명예조장 및 명예부조장과 같은 위치에 있는 사람으로, 조합원 중에서 나이가 많은 사람을 골라 위촉한다. 실제 사무를 처리하지는 않고 다만 형식적으로 상담에 참여할 뿐이다.

---

33) 원문에는 곽문(郭文)으로 기록되어 있으나, 정오표에 따라서 곽지(郭支)로 정정하였다.

그물 재료[網地]를 구입하려고 할 때는 도가가 소임과 함께 조합원을 여러 명을 데리고 가며, 마을로 돌아온 다음 이를 그물로 만들 때는 도가가 소임을 통하여 조합원들에게 모이도록 한다. 부자와 새끼줄 등 그물을 만드는 데 필요한 물품을 각자 가지고 오도록 한다. 각자 가지고 와야할 물품의 수량은 미리 협의해서 결정해 두는 것으로 한다.

어획물은 도가의 지도에 따라 생선을 바로 조합원에게 분배하는 경우도 있고, 날생선 혹은 건조한 다음 상인에게 매도하고 그 소득을 조합원에게 등분하는 경우도 있다. 그리고 도가와 소임은 조합원으로 받는 소득 이외에 한 사람 반의 몫을 더 받는다. 계장 및 공원은 무임이다.

한 사람 혹은 두 사람이 소유하는 그물의 경우는 망자(網子)를 사용한다. 망자 조직에는 조장을 두고 모든 일을 조장 지휘 하에 진행한다. 그리고 망주는 단지 어획물을 판매하는 일을 관장할 뿐, 수확 분배 방법은 망주와 망자 사이에 절반씩 나눈다. 망자와 망주의 사이는 조합조직과 다를 바가 없다.

어업에 필요한 자본은 앞에서 설명한 것처럼, 대개 어업자 스스로 물품과 노력을 공급하기 때문에 실제 현금의 지출을 필요로 하는 것은 그물 재료와 어선뿐이나. 이러한 자금은 조합 조직에 있어서는 조합원 각자가 갹출하지만, 만약 현금이 부족한 경우는 다른 사람에게 빌려서 지출한다. 이 경우에 도가는 총대가 되고 자본주와 교섭하여 현금을 빌려 온 다음, 다음 해에 어획물로 이를 지불하는 것이 보통이다. 자본주는 대부분 일본인이다.

어획물은 얼마간의 작은 부분을 총채(總菜)라고 하여 자가용으로 제공하고 나머지는 모두 말린 정어리로 만든다. 그러나 제주읍 부근에서는 식용으로 판매하는 경우가 있다. 말린 정어리는 자가의 비료로 소량을 사용하고 나머지는 모두 비축해 두었다가 중매인이 오기를 기다린다. 중매인은 연안 각 어촌으로부터 매집해서 목포 등으로 수송한다. 또한 매년 일본인이 주로 구주 지방에서 운반선을 마련해서 매집을 위해 건너오는 경우가 많다. 제주도에 재류하는 일본인이 매집하여 다른 중매인에게 매도하는 경우도 있다.

일본인 아라카와 아무개[荒川某]는 곽지34)에 본거지를 두고 협재 및 함덕에 지소를 두어, 오로지 말린 정어리 및 착박(搾粕)의 제조에 종사하고 있다. 원료는 도민으로부터 매집하는 것이지만, 대부분은 미리 어업자금으로 돈을 빌려주고 그 해 시세에 따라 정어리로 상환하도록 하여 돌려받는다. 제품은 따로 도민에게 매집한 말린 정어리와 함께 모두 시모노세키로 수송한다. 일본인이 경영하는 성산포의 한국물산회사에서도 또 도민으로부터 원료를 매집하여 착박을 만든다.

자리돔

자리돔 어업은 정어리 어업과 함께 제주도 수산업 중 가장 중요한 것이다. 어구는 할죽(割竹)을 둥글게 굽히고 여기에 그물을 붙인 것으로 마치 얕은 주머니처럼 만든다. 그 주변의 서너 곳에 실로 매달고 이를 모아서 길이 5칸 정도의 대나무 낚싯대 거의 중간에 매단 것이다. 이 도구를 사용할 때는 반드시 뗏목을 쓴다.

뗏목은 크기가 다르기는 하지만 보통 길이 1장 5척 남짓, 폭 8척이며 직경 1척 혹은 6촌 남짓의 목재를 조합하여 만든다. 쓰지 않을 때는 이를 해체해서 보관한다. 목재는 하나가 1장 5척 남짓에 이르는 긴 것도 있지만, 짧은 것은 연결해서 그 길이로 만든다. 주로 제주도 한라산에서 자생하는 구상나무라고 하는 목재를 사용하지만, 요즘에는 일본산 소나무를 사용하는 경우도 있다. 한 척의 가격은 40~50원이다. 이를 제주도에 있는 일본형 어선 1척의 가격이 60~70원인 것과 비교하면 다소 비싼 감이 있지만, 이 어업은 다른 어선으로 대신하기 어렵기 때문에 지금도 여전히 활발하게 사용하고 있다.

어부 두 사람(한 사람은 대개 소년이다)이 뗏목을 타고 새벽에 출발하여 해안에서 20정 남짓 떨어지고 수심 3~4길인 곳에 이르러, 바다 바닥의 암초에서 7~8칸 떨어져서 뗏목의 양쪽에서 닻을 내리고 그물을 물속에 넣는다. 그 방법은 낚시대 끝의 갈라진 부분으로 그물 주변을 눌러 물속으로 밀어 넣어 암초의 전면에 가라앉힌다. 가라앉혀 두고 나서 2~3분에서 30분 정도 지나서 끌어올린다.

자리돔은 조류가 바뀔 때 바닥에서 떠올라 바위 그늘에 모이므로, 그때 이 그물을

---

34) 원문에는 곽문(郭文)으로 기록되어 있으나, 정오표에 따라서 곽지(郭支)로 정정하였다.

써서 건져올리는 것이다. 제주도에서는 밀물은 서쪽으로 흐르고 썰물은 동쪽으로 흐르므로, 뗏목도 이에 따라 그 위치를 바꾼다고 한다.

어획물은 날생선인 상태로 혹은 염장하여 판매한다. 오로지 도민들이 소비하며, 다른 곳으로 수출하는 경우는 없다. 도민은 자리돔을 매우 즐겨 먹으며, 집집마다 이를 젓갈로 만들어 저장한다. 산간벽지의 주민인 경우에는 우마를 끌고 해변에 와서 어획되기를 기다렸다가 산다. 집으로 가지고 가서 젓갈로 만든 다음, 사철 내내 음식으로 쓴다. 가격은 조선 되로 3되에 약 100문이다. 조선의 1되는 일본 용량으로 3되 8홉이다.35)

황돔・옥돔36)

자리돔 다음으로 활발한 것은 황돔과 옥돔 등의 외줄낚시이다. 어구는 천칭채비로서, 1~2개의 나무를 굽혀서 그 중간에 납추를 달아 늘어트리고, 양 끝에 '되돌림쇠[요리모도시]'를 달아 각각 길이 2~3척의 낚싯줄을 매단다. 그 끝에 어부가 구리철사로 만든 낚싯줄을 딘 것이다.

어법은 배 혹은 뗏목으로 해안에서 10리 이내이고 수심이 30~80길의 앞바다에 이르러, 천칭의 중앙에 길이 60~140길 정도의 감으로 물들인 직경 2푼 5리 남짓의 면사를 묶어서 물 속에 던져넣는다. 배는 조류에 맡긴다. 봄 2~3월 경 날씨가 맑을 때는 옥돔 어업이 활발한 장두리(長頭里) 어부의 경우는 마을 앞바다에서 120~130리 떨어진 우도 부근까지 흘러가는 경우가 있다. 이처럼 떠내려가면서 조업하기 때문에 대조 때처럼 조류가 급격할 때는 고기가 잡히지 않으므로, 어업은 소조 때만 행한다. 미끼는 생선 조각 혹은 작은 어류를 쓰며, 어기는 1년 전 기간이다.

어획물은 대개 날생선 상태로 마을 부근에 판매하는 것이 보통이다. 그렇지만 조업하다가 멀리 흘러간 경우는 그 배로 가까운 마을에 기항해서 팔아치우고 마을로 돌아오는

---

35) 명치시대 일본의 1升은 1.8 *l*, 1合은 0.18 *l* 이다.
36) 원문은 벤코다이(べんこだい), 코다이(こだい), 아마다이(あまだい)로 되어 있다. 그러나 벤코다이와 코다이는 모두 키다이 즉 황돔의 방언 등으로 나타나 어떤 물고기인지 동정하기 어렵다. 황돔으로 묶어 두었다.

경우도 있다.

이 어구로 또한 갈치, 복어, 붉바리, 매퉁이 등도 낚는다. 다만 갈치는 낚시 바늘도 더 크고 대도 더 긴 것을 쓴다.

오징어낚시

오징어낚시도 또한 가장 보편적으로 행해지는 어업으로 어구는 길이 7~8촌, 직경 5푼 정도의 납을 활 형태로 굽혀서 그 끝에 가는 낚싯줄과 낚시 바늘을 단 것이다. 이를 사용할 때는 천칭채비에 사용하는 것과 같은 낚시 바늘을 달아서 물속에 드리운다. 어획물은 대개 건조해서 말린 오징어로 만든다. 그 방법은 먼저 다리를 모두 제거하고 배를 가르고 귀도 절반은 자르고 자리 위에 펴서 햇볕에 말린다. 2~3일이 지나면 이를 거둬들여서 겹쳐서 한나절 정도 두었다가 하나하나 손으로 늘여서 다시 햇볕에 하루 동안 말려서 마무리한다. 이를 10개씩 묶어서 1묶음[把]이라고 한다. 목포, 강경, 경성 등으로 수송한다.

잠수업

잠수업은 전복, 해삼, 우뭇가사리, 미역, 감태 등을 채취하는 것을 목적으로 하며, 여자의 직업이라고 한다. 그러나 잠수업은 제주도 수산업 중 중요한 지위를 차지하는 것으로서, 그 풍흉은 곧 도민의 경제에 영향을 미친다. 연안 부근의 여자는 대개 모두 잠수업에 종사한다. 12~13세부터 연해의 얕은 곳에 나가서 연습을 시작하고, 15~16세에 이르면 이미 제몫을 하는 해녀가 된다. 조업은 1년 내내 행하며, 덥고 추운 것을 가리지 않는다. 해녀에게 필요한 기구는 태왁이라고 하는 것으로 부표와 거기에 그물망을 매단 것이다. 깊은 곳까지 잠수하는 경우는 부표에 길이 10길 정도, 직경 3푼 정도의 삼베줄을 단다. 전복을 채취하는 경우는 길이 6~7촌 정도의 쇠로 만든 쪼시개를 휴대한다. 잠수하는 깊이의 한도는 6길이며, 보통 2~3길이다.

해녀가 조업하려고 할 때는 일종의 반바지만 입을 뿐이고 한 손에 태왁을 든 채 해변에서 헤엄쳐서 채취장에 이른다. 채취장이 멀리 떨어져 있을 때는 십수 명이 한 무리를 이루어 뗏목을 타고 간다. 태왁은 그물망을 붙인 채로 항상 물 위에 띄워놓고, 물속에서 올라왔을 때는 그 위에 배를 대고 휴식하거나 혹은 부유한다. 채취량은 전복이나 해삼은 하루에 적을 때는 1~2개, 많을 때도 10개를 넘는 경우는 드물다. 우뭇가사리는 하루에 적을 때는 5~6관목, 많을 때는 10~12관목에 이른다. 미역은 하루에 3~4파라고 한다. 1파는 20줄기[株]이다.

채취 시기는 해삼은 1~4월, 전복은 5~8월, 우뭇가사리는 1~3월, 미역은 2~5월까지라고 한다. 그러나 미역은 대개 각 마을마다 규약이 있어서 매년 마을 회합을 해서 해마다 풍흉을 헤아려 채취 시기를 정한다. 그래서 때로는 1~4월, 혹은 3월 중순에서 4월까지로 하는 경우도 있다.

전복은 햇볕에 말려서 이른바 마른 전복으로 제조한다. 그 방법은 먼저 껍질을 제거하고 하나하나 손으로 소금을 비벼서 묻힌 다음 3일간 절인 후에 이를 꺼내 물로 세척한 다음 햇볕에 말린다. 소금의 분량은 껍질까지 200돈 정도인 전복에 대하여 3작(勺) 정도라고 한다. 제조가 끝나면 6개를 꼬챙이에 꿰고, 그 꼬챙이 10개를 끈으로 묶어 한 첩(帖)으로 한다. 이렇게 제조해서 보관하고 있으며 그 지역에서는 부근의 숭매인이 와서 매집하고, 제주읍에 사는 상인의 손을 거쳐 경성, 인천 지방으로 수송된다. 혹은 중매인이 직접 배를 마련해서 수송하는 경우도 있다. 또 때로는 가공하지 않은 상태로 매집해서 중매인의 손에서 제조되는 경우도 있다. 전복은 추석 차례 때 사용하는 것이므로, 주로 이 시기의 수요에 응하고자 제조하는 것이다. 이 시기의 명절, 즉 음력 8월 이후는 수요가 크게 줄어들고 가격이 하락하기 때문에 가공을 하지 않고 일본인에게 매도하는 것이 보통이다.

가격은 크기에 따라 다르며, 큰 것은 1첩에 12원, 중간은 10원, 작은 것은 7~8원이 중매 시세이다. 경성에서는 1첩에 대해서 큰 것은 20원, 중간은 14원, 작은 것은 10원 내외이다. 날것으로 일본인에 매도할 때는 껍질을 포함해서 100돈인 것이 20문이다.

해삼은 날것을 중매인에게 매도하는 것이 보통이다. 중매인은 이를 매집하여 쪄서 말린 다음, 강경·경성 등으로 수송한다. 그 매입 가격은 1개에 2~5문이다.

미역은 채취 후 햇볕에 말려서 20줄기를 1파로 하고, 10파를 1속으로 하여 중매인에게 매도한다. 중매인은 미역에 한해서 채취 시기보다 2~3개월 앞서서 해녀 한 사람 당 200~500문의 선금을 준다. 2월 경부터 매집을 시작해서 짐을 꾸린다. 배를 마련해서 가득 차면 전라·충청·황해·평안 각도에 수송한다. 그 매매 시세는 100문에 3파가 보통이다. 이를 취급하는 것은 모두 도민이다.

감태는 채취한 후 찌고 구워서[蒸燒] 성산포에 있는 한국물산회사 및 매년 매집을 위해서 건너오는 일본인에게 매도한다. 한국물산회사에서는 각 마을에 얼마간의 전대 금을 지불해 놓고 채취기에 이르러 매집한다. 감태회의 가격은 100근에 대해서 상등 1관문, 하등 750문이다.

우뭇가사리는 채취한 후 햇볕에 말려서 보관하고 있다가 중매인에게 매도한다. 중매 인은 대부분 일본인으로 제주도에 재류하는 자와 시기가 되면 섬에 건너오는 자가 있다. 매집 때는 경쟁이 생겨서 가격이 등귀하는 것이 보통이다. 중매 가격은 한근(韓斤) 100 근에 대하여 우도산은 약 8원, 다른 지방산은 약 5원이다. 중매인은 이를 고베[神戶]·오사카[大阪] 등으로 수송한다.

상어어업

상어어업은 근년에 시작되었으며 아직 활발하지 않다. 현재로서는 제주도 서단에서 남안 각지를 주로 한다. 북안은 아직 널리 행해지는 데 이르지 않았다. 어구는 자망이며, 상어의 크기에 따라서 구조를 달리 한다. 큰 상어를 어획할 때는 길이 8길 내지 10길, 폭 1~2길, 그물눈 9촌이며, 마사로 만든다. 작은 상어에 쓰는 것은 길이 8~10길, 폭 2~5척, 그물눈 6촌이며 면사로 만든다. 사용법은 초저녁에 만 내 혹은 연안에서 그다지 멀지 않은 수심 6~7길 되는 곳에 이르러, 그물 3~5매를 이어서 암초와 사빈 사이에 가라앉힌다. 그 장소를 표시하기 위해서 따로 긴 밧줄을 묶은 부표를 붙인다. 다음 날 아침에 이르러 이를 끌어올린다. 그러나 이때 반드시 상어가 걸려 있는 것은 아니다. 설령 걸렸더라도 2~3마리에 불과하거나, 때로는 며칠 동안 전혀 잡히지 않는 경우도 있다. 만약 상어가 걸렸으면, 그 걸린 부분만 분리해서 돌아온다. 어기는 6~12월 경까지 라고 한다.

어획물은 지느러미를 잘라내어 말려서 중매인에게 매도한다. 중매인은 조선인 및 일본인으로 제주도 각지에 흩어져 있다. 때때로 연안을 순회하면서 이를 매집한다. 그 가격은 늘 일본의 시세에 따라 변동이 있다. 제조법이 아주 조악하여 살이 많이 붙어 있기 때문에 항상 높은 가격을 받을 수 없다. 중매인은 대개 이를 일본으로 수송한다. 또 상어의 간장으로 기름을 만든다. 기름은 등화용으로 도민이 소비할 뿐만 아니라 일부 목포로 수송한다. 작은 상어는 주로 식용으로 도민이 소비한다. 도민 이외에 일본인으로서 제주도 연해에서 어업에 종사하는 자가 있다. 처음 상어를 잡으러 온 것은 어느 때인지 분명하게 알 수 없으나, 고로(古老)에게 물어본 바에 의하면, 명치 12년, 즉 선제 16년에 처음으로 나가사키현 사람 다케우찌[竹內] 아무개와 대마도 사람 다케우찌[竹內] 아무개, 나가사키현 사람 요시무라[吉村] 아무개 등이 비양도에 와서 그곳을 근거지로 하여 잠수기업에 종사하였다고 한다. 당시 다케우찌 두 사람은 각 7척, 요시무라는 14척의 어선을 끌고 왔다. 그 후 곧 요시무라는 그곳을 떠나 가파도로 옮겼고, 다케우찌는 그 후 3년이 지난 뒤 다른 곳으로 옮겼다.

명치 15년, 즉 선제 19년경 오이타현 사람 마쓰가와[松川] 아무개가 어선 10척을 끌고 비양도에 와서 상어 어업을 개시하였다. 1년 남짓 있다가 어업을 하는 한편 도자기, 석유, 성냥 등 여러 잡화를 일본에서 수입하여 도민에게 판매하였고, 이이즈카[飯塚] 아무개 등도 역시 와서 활발하게 어업과 상업을 영위하였다. 후에 이를 따라서 오이타현 및 야마구치현에서 속속 상어낚시 어선이 건너왔다.

명치 25년, 즉 선제 29년에 히로시마현 사람 아라카와[荒川] 아무개가 도미와 오징어 어업을 목적으로 어선 40척, 모선 5척을 끌고 비양도에 왔고 매년 이어서 그곳을 근거지로 하여 영업을 하였다.

그런데 명치 35년, 즉 광무 6년경부터 협재 및 곽지[37]를, 그다음 해는 다시 함덕을 근거지로 하여 정어리 중매를 시작하여, 상어 어업과 정어리 중매를 겸하였다. 명치 39년, 즉 광무 10년에 이르러 어업을 그만두고 곽지에 본점을, 함덕에 지장(支場)을 두어 오로지 정어리 중매 및 말린 정어리·착박 등을 제조하게 되었다고 한다.

---

37) 원문에는 곽문(郭文)으로 기록되어 있으나, 정오표에 따라서 곽지(郭支)로 정정하였다.

그런데 지금은 다소 쇠퇴하는 경향이 있지만, 여전히 상어낚시, 도미낚시, 잠수기업, 나잠업, 볼락어업 등에 종사하는 어선이 제주도에 오는 경우가 적지 않다. 그 상황은 다음과 같다.

일본인이 제주도를 근거로 하여 상어낚시업을 시작한 것은 지금부터 약 25년 전이며 매년 와서 조업하는 어선의 수가 가장 많을 때는 60척에 달했던 적도 있었지만, 지금은 20척 내외를 벗어나지 않는다. 어기는 6~11월까지지만, 먼저 6~8월까지 조업하다가 일단 귀국한 다음 추석 명절이 지나면 다시 건너와서 9~11월까지 머무는 것이 보통이다. 근거지는 비양도 및 방두포(防頭浦)이며, 어업을 행하는 자들은 야마구치현, 오이타현, 가가와현 사람이다. 근거지에는 가건물[納屋]을 짓는다. 가건물은 삿자리로 만든 20평 정도의 작은 건물로, 조업이 끝나면 허물어버리고, 해마다 이를 다시 만든다. 다만 고기를 염장하는 통은 영구적인 설비로서 땅 속에 사방 1칸 혹은 다소 장방형으로 만들고 깊이 2척 정도의 구멍을 파고 시멘트로 발라서 굳힌 것이다.

어장은 시기에 따라 다르다. 남서풍이 많은 여름철에는 동안에, 북서풍이 강한 가을에는 서안에 출어한다. 그러나 주요한 어장은 서안이다. 이 지역에서는 어기가 시작될 때는 연안 20~30리의 앞바다에서 시작해서 계절이 흐름에 따라 점차 먼 곳으로 나가서 마침내 중국해에 이른다. 어선은 2~3일 분의 미끼를 준비하여 근거지를 출발해서 어장에 이르면, 이른 새벽에 낚싯줄을 드리우고 해가 지면 이를 거두어 올린 다음, 가파도·모슬포 등 가장 가까운 정박지에 입항한다. 만약 어장이 멀리 떨어진 경우에는 그 현장에서 임시정박[假泊]하여 어획물이 가득 차면 근거지로 돌아온다.

미끼는 어업자들이 각자 잡거나 채취하는데, 먼저 항내에서 고도리를 잡고, 이를 미끼로 하여 야간에 주낙을 이용해, 도미나 붉바리 등의 작은 고기를 잡아서 수조에 넣어두었다가 수시로 사용한다. 야마구치현 어민은 즐겨 붕장어[とうへい][38]를 쓴다. 이들은 직접 정어리를 미끼로 하여 외줄낚시로 어획하며 해변의 수조에 넣어두었다가 수시로 사용한다.

---

38) 정확하게는 검붕장어이다. 학명은 *Conger japonicus*이다.

어업조직은 우두머리[親方]을 중심으로 한 선대제[仕入]로, 출어에 즈음하여 우두머리는 자본을 대여하고 그 대가로 어획물 전매의 권리를 갖는다. 또 보통 시세보다 5리(厘) 내지 1전(錢) 정도 저렴한 가격으로 사들이는 것으로 한다. 우두머리는 이른바 모선에 승선하여 어선과 함께 근거지에 와서 가건물을 만들고 어획물을 사들여 이를 처리한다. 상어 지느러미는 주로 나가사키·시모노세키 또는 상해 등의 시장에 수송한다. 지느러미를 제거한 후에는 배를 갈라 소금을 뿌리고, 마산·부산 등으로 수송한다. 가을에는 상어절임[たれ]으로 만든다. 상어절임은 고기를 길이 1척 5촌, 1촌 5푼의 방형으로 잘라서 소금물에 넣어 절인 다음 5일 남짓 햇볕에 말린 것이다. 오로지 일본으로 보내어 판매한다. 또 상어 간장에서 기름을 짜낸다. 도내 및 본토 각지에 제충용 및 등화용으로 소비된다. 청새리[やしぶか][39] 한 마리의 지느러미는 1원 안팎이며 다른 상어의 지느러미는 이를 표준으로 하여 7할[40] 내지 8할의 가격으로 거래한다. 고기는 보통 큰 상어 1마리에 30~50전 안팎이며, 가장 큰 것은 가격이 그 두 배가 되는 경우가 있다. 그리고 어선 1척의 수확은 가을과 여름을 합쳐서 700~800원 내지 1000원이 보통이라고 한다.

잠수기업

잠수기업은 시작된 지 가장 오래되었고, 일본 어민이 제주도에 처음 건너온 것이라는 설이 있다. 지금은 크게 쇠퇴하였지만, 여전히 제주도에 있는 일본인이 종사하는 수산업 중에서 중요한 것이다. 지금부터 약 10년 전 이 어업이 전성기를 맞이하였을 때는, 이 어업의 창시자로서 가파도를 근거로 한 요시무라조의 경우, 기계선 12척, 운송선 5척을 사용하였다. 지금은 두 가지 배를 다 합쳐서 5척으로 줄었다. 성산포의 경우 가건물의 수는 30여 호에 달하여 부지가 좁다고 할 지경이었지만, 지금은 겨우 2~3호가 되었다. 대평(大坪)의 경우 종래 중요한 근거지였으나, 지금은 서귀포와 모슬포 중간에

---

39) 학명은 *Prionace glauca*이다. 일본에서는 요시키리자메(シキリザメ)라고 대표적인 명칭이다. 그 밖에도 미즈부카(ミズブカ), 아오(アオ), 아오이라기(アオイラギ), 아오타(アオタ) 등의 별칭 및 지방명을 가지고 있다.
40) 원문은 七掛로 되어 있다.

서 조업하는 잠수기선이 폭풍 때 피난하는 데 불과하다. 그리고 현재의 근거지는 가파도(加波島)·서귀포(西歸浦)·표선(表善)·성산포(城山浦)·행원(杏源)의 다섯 곳이며, 가건물의 총수는 약 10호이다. 제주도를 근거로 한 경우는 대개 매년 8월부터 다음해 3월까지 조업하고 4월에 이르면 강원도 연안으로 옮겨서 7월까지 강원도에서 머무는 것이 보통이다. 그러나 오로지 요시무라조만은 1년 내내 가파도에 있으며 다른 곳으로 옮겨가지 않는다.

이 어업은 오로지 전복과 해삼을 채취하는 것을 목적으로 하며, 전복은 8월부터 12월까지, 해삼은 1월에서 3월까지를 어기로 한다. 대체로 겨울에는 해삼이 많고 전복이 적으며, 봄 3월부터 해삼은 자취를 감추어 한 마리도 볼 수 없게 된다. 채취량은 전복은 1개월에 1척당 살 800근, 껍질 900근, 해삼은 600근이 보통이라고 한다.

어장은 연안의 수심 20길 정도 되는 곳이며, 각 근거지에 따라서 스스로 조업구역을 제한하고 있다. 행원에서는 우도 부근에서 제주읍까지, 성산포에서는 행원에서 표선까지, 표선에서는 서귀포부터 성산포까지, 서귀포에서는 세화(細花)부터 사계(沙溪)까지, 가파도에서는 죽도(竹島) 또는 비양도부터 서귀포까지를 독점 어장으로 한다. 그러나 3월 경에는 각 근거지의 잠수기선이 비양도부터 애월 사이에 모여 서로 섞여서 조업한다.

전복은 4말들이 통에 3일간 염장해 두었다가 이를 꺼내서 광주리에 넣어 해변으로 가져가 바닷물에 담궈 발로 밟아서 오물을 제거하고, 세척하여 가마 속에 넣어 푹 익힌 다음 햇볕에 말린다. 만약 비가 올 때는 제조에 착수할 수 없어서 염장한 지 10일 남짓에 이를 때는 담수에 씻은 다음, 앞과 같은 과정을 밟는다. 해삼은 내장을 꺼낸 후에 한 번 푹 끓여서 소량의 식염에 하룻밤을 담궈 두었다가 다음 날 아침에 다시 솥에 넣어 익힌 다음 3~4일간 햇볕에 말린다.

제주도산은 품질이 좋아서 다른 지방산에 비하여 가격이 항상 우위에 있다. 즉 말린 전복은 다른 지방산이 100근에 90원이면, 제주도산은 95원, 해삼은 다른 지방산이 55원이며, 제주도산은 75원인 경우가 보통이다. 수득률[步留][41]도 양호하여 전복은

---

41) 원재료에서 얻을 수 있는 가공품의 비율을 말한다.

100근으로 38~40근, 해삼은 130근(약 300개)으로 28근의 제품을 얻을 수 있다. 그리고 제주도에서도 장소에 따라서 우열이 있다. 특히 전복이 가장 두드러지는데, 가파도에서 서귀포 사이에서 생산되는 것은 품질이 양호하고 형태도 좋으며, 우도 부근이 그 다음이고, 제주읍에서 죽도 사이에서 나는 것은 크기도 작고 껍질도 불량하다. 원래 제주도산은 크기가 특별히 큰 것으로 유명하여 약 10년 전에는 껍질의 길이가 8촌 내지 1척에 이르는 것이 많이 생산되었으나, 현재는 대체로 크기가 작아져서 평균 6촌 내외에 불과하다. 껍질의 가격은 100근에 대해서 약 6원 50전이다. 해삼은 갈색이 많고 살이 아주 두텁다.

잠수기선 이외에 구마모토현 아마구사[天草] 지방에서 건너와서 오로지 전복을 채취하는 나잠업자가 있다. 잠수기업자처럼 육상에 가건물을 짓지 않고 항상 배에서 기거하며, 음력 7~11월까지 제주도 연해를 돌아다닌다. 그 수는 매년 4~5척이며 1척에 15~16명이 승선한다. 우두머리의 선대금을 받고 건너온 사람들로 채취한 전복은 배 위에서 말린 전복으로 제조하여 각자 그 채취량을 기록해 두었다가 귀국한 후에 이를 바탕으로 우두머리로부터 이익을 분배받는다. 단 껍실은 수입사의 소득이 되며, 각지 균등하게 이를 나눈다. 잠수기선에 비하며 오히려 이익이 크다고 한다.

도미어업

도미어업은 시작한 지 대단히 오래 되었으며, 지금부터 약 10년 전에 전성기를 이루었을 때는 1년에 제주도에 와서 조업하는 주낙선이 약 80척에 달했던 적이 있다. 그러나 지금은 그 수가 크게 줄어서 겨우 14~15척의 주낙선과 8~9척의 낚시선이 있을 뿐이다.

주낙선은 나가사키현에서 7~8척, 나머지는 가가와현 및 히로시마현에 내어한다. 나가사키현에서 오는 경우는 매년 8~9월까지 비양도 등에 기항하여 제주도 전 연안을 다니면서 조업한다. 그 밖의 경우는 충청도 연해에 출어하는 도중에 제주도에 늘러서 1~3월까지 비양도 및 별도(別刀)를 근거지로 하여 조업한다. 어획물은 배 안의 수조에 넣어두었다가, 목포·군산·인천 등에 수송하여 각자 적당하게 판매한다. 미끼는 곰장어[どろぼう][42]를 주로 하며, 그 다음으로 오징어도 사용한다. 모두 전 연안 도처에서

잡히지만, 전자는 특히 애월 및 사계의 앞바다 진흙바닥에서 많이 난다. 어업자가 스스로 이를 잡아서 사용한다. 그러므로 어선에는 대개 2개의 통발을 구비하였다가, 통발 속에 물고기 내장을 넣어 밤에 해저에 가라앉혀 두었다가 다음 날 아침에 꺼내면 곰장어가 그 속에 가득 찬다. 이를 사용할 때는 뜨거운 물을 부어 껍질을 벗기고 토막을 내어 낚시 바늘에 꿴다.

외줄낚시 어선은 야마구치현에서 내어하며, 6~7월까지 성산포를 근거지로 한다. 그러나 근거지는 단지 풍파를 피하는 장소에 불과하다. 항상 어장에 있으면서 조업하고, 어획한 도미는 각자 배 안에서 염장하고 가득 차면 바로 구주 연안으로 수송하여 판매하고 다시 식료품을 구입하여 어장으로 돌아온다. 어획물은 연승으로 잡은 것에 비하면 다소 작지만 가격은 도리어 2할 정도 높은 것이 보통이다. 미끼는 갯강구[船蟲]를 사용한다.

나가사키현에서 해마다 와서 1~4월까지 전 연안을 다니면서 볼락을 주로 하고, 붉바리와 그 밖의 잡어를 어획하는 배도 3~4척이 있다. 1척의 어선에 4명이 승선하여 자망을 연안 암초 사이에 설치한 다음 수면을 두들겨 물고기를 놀라게 하여 그물에 걸리게 한다.

어획물을 바로 염장해 두었다가 10일 남짓이 지나서 1척의 어선에 가득 차면, 나가사키 지방으로 수송하여 판매한 다음, 식료품을 구입해서 다시 돌아와 조업한다. 이처럼 수송은 별도로 운반선이 없으며, 단지 어선을 교대로 사용하여 운반한다. 소규모의 어업이지만 이익은 무시할 수 없다. 볼락의 가격은 100근에 10~20원이라고 한다.

제염업

제주도 연안은 그 남동단의 종달리(終達里)를 제외하고는 암석이 돌출되어 평지가 적고, 간간이 모래해안[43]이 있지만 물이 깊고 땅이 좁아서 제염에 불편하다. 그러나 암석 사이에 다소 빈터가 있는 곳은, 가는 모래든 진흙이든 가리지 않고 이를 염전으로

---

42) 곰장어(누타우나기, ぬたうなぎ)에 대한 일본 단고[丹後] 지역의 방언으로 보인다. 학명은 *Eptatretus burgeri*이다.

43) 원문에는 해빈(海濱)으로 기록되어 있으나 정오표에 따라서 모래해안[沙濱]으로 정정하였다.

개간한다. 심한 경우는 겨우 1평 남짓의 땅에 염전을 만들어, 어린아이 장난처럼 제염을 하는 경우도 있다. 또 바위가 자연적으로 평탄한 곳에 그대로 일종의 염전을 만들어 받은 햇볕을 이용하여 제염을 하는 경우도 있다. 이런 까닭에 섬 전체에 가는 곳마다 염전을 볼 수 있다. 가장 넓은 곳은 종달리이고, 그 다음이 시흥(始興)·두모(頭毛)·왈과(曰果)·귀덕(歸德) 등이라고 한다. 1년 제염 총생산량은 35만 근 내외인데, 이는 도민 수요의 반을 충당하기에도 부족하다. 부족분은 주로 진도 부근에서 공급받는다.

염전은 제방을 쌓지 않으며, 바닷물을 대부분 자연에 맡겨서 댄다. 대조 때는 염전 전체에 바닷물이 가득 차기 때문에 소조 때만 모래를 치우고 해수를 뿌려서 제염에 착수한다. 바닷물을 뿌리는 것은 하루에 한 차례씩, 7~8일간 계속한다. 장소에 따라서는 4~5일로 충분한 경우도 있다. 바닷물을 뿌리기 위해서는 물을 가두는 웅덩이를 만들거나 혹은 도랑을 만들어 바닷물을 염전 안으로 끌어들인다.

그러나 해안에서 떨어진 높은 곳에 있는 염전은 바닷물을 길어 와서 뿌린다. 이렇게 한 후에 진흙을 긁어 모아 일정한 장소에 쌓아두고 다시 염전에 바닷물을 뿌리기를 전처럼 한다. 2~3회 이틀 반복해서, 모래와 진흙의 양이 한 자태 제염에 적당하기에 이르면, 이를 운반하여 소정(沼井)으로 옮긴다. 소정은 방형으로 사방 3척, 깊이 1척 정도이며 돌과 점토로 쌓는다. 그 안에 볏짚이나 나뭇가지를 깔고 거기에 염전에서 긁어 모은 모래와 진흙을 쌓고 바닷물을 붓는다.

이때 함수가 그 앞에 만들어 놓은 얕은 구덩이에 모인다. 방울방울 떨어진 함수는 따로 지상에 둥글게 진흙으로 쌓아 올린 웅덩이로 옮겨서 저장한다. 그 양이 적당해지면 이를 끓인다. 가마는 대개 염전에 떨어진 해변의 한 모퉁이, 혹은 인가 안에 설치한다. 삼면은 석벽으로 돌리고, 볏짚으로 지붕을 덮은 조악한 작은 건물인데, 그 중앙에 진흙으로 쌓은 아궁이가 있고, 거기에 편평한 쇠솥 1~2개를 걸고 함수를 끓인다. 끓이는 중에 3~4회 함수를 더 부어 넣는다. 하루에 한 가마에서 약 4말의 소금을 만든다. 연료는 각자 부근의 산야에 들어가서 잡목을 베어 와서 사용한다. 특별히 따로 구입하는 경우는 극히 드물다.

제염 시기는 지역에 따라 다르지만 종달리에서는 봄 3~4월 및 여름철 7~8월까지라고 한다. 5~6월 두 달은 비가 많고 농사에 바쁘기 때문에 휴업한다. 간간이 10월 경까지도 조업하는 경우가 있다. 보한(保閑) 지방에서는 2~5월까지 제염에 종사한다.

구엄리(舊嚴里) 부근에서는 연안이 넓으므로 평탄한 바위 위에 진흙으로 여러 개의 작은 제방을 쌓아 증발지로 삼는다. 먼저 해안 가까운 증발지에 바닷물을 길러 넣고, 차례대로 이를 위에 있는 증발지로 옮기는데, 마지막 증발지로 옮겨서 그 농도가 20도 이상에 달하면 이를 끓인다. 그 농도는 갯강구를 함수 속에 던져 넣어 확인한다.

제주도 전역의 염전 면적 및 제염량을 표시하면 다음과 같다.

군명	이명	염전 평수(평)	1개년 생산량(근)
제주군	외도(外都)	2,320	16,720
	하귀(下貴)	440	14,600
	구엄(舊嚴)	887	28,800
	애월(涯月)	334	1,670
	귀덕(歸德)	4,403	26,415
	옹포(甕浦)	828	4,140
	협재(狹才)	264	1,320
	금등(金藤)	1,819	12,670
	두모(頭毛)	5,560	38,920
	용수(龍水)	280	1,960
	조천(朝天)	600	3,300
	신촌(新村)	1,038	5,280
	종달(終達)	14,357	89,052
	계	33,130[44]	244,847
대정군	도원(桃源)	618	3,080
	모슬(摹瑟)	792	3,960
	서일과(西日果)	3,418	20,450
	동일과(東日果)	4,428	26,750
	강정(江汀)	466	2,900
	계	9,722[45]	57,140
정의군	시흥(始興)	8,178	40,979
	서보한(西保閑)	110	660
	보한(保閑)	1,329	7,260
	서의(西衣)	489	2,940
	동미(東美)	100	500
	계	10,206	52,339
합계		53,058[46]	354,326

---

44) 원문에는 33,113으로 되어 있으나 정오표에 따라서 정정하였다.
45) 원문에는 9,740으로 되어 있으나 정오표에 따라서 정정하였다.
46) 원문에는 53,059로 되어 있으나 정오표에 따라서 정정하였다.

제18절 제주군(濟州郡)

개관

연혁

원래 탐라국 혹은 모라(毛羅)라고 불렀다. 고려 숙종 10년 탐라군으로 삼았다. 충렬왕 21년에 처음으로 지금의 이름으로 고쳤다.

경역

남쪽으로 한라산을 사이에 두고, 대정·정의 2군과 접하고, 다른 삼면은 바다를 바라본다. 곧 제주군은 제주도의 북쪽 절반을 차지하며, 3군 중 면적이 가장 넓고 해안선도 가장 길다. 호수는 20,444호, 인구는 102,200명이다.

토지

전체 면적 중 3할은 산림이고, 1할은 목장이고, 나머지 6할은 경지로 보면 크게 틀리지 않을 것이다. 토질은 다른 군에 비하여 다소 열등하지만 보리 및 조에 적합하다. 개간이 두루 행해져서 3군 중에서 으뜸이다. 산림은 남벌의 결과 크게 황폐해졌다. 과거에는 느티나무와 녹나무 같은 좋은 재목이 풍부하였으나, 지금은 아주 드물다. 연해는 수산물이 대단히 풍부하며, 우도의 채조, 종달리의 제염, 연안 각지의 정어리 어업이 활발한 것이 제주도 전체에 으뜸이다.

제주읍

제주읍은 제주군의 중앙 해안에 있다. 과거의 이름은 탐라(耽羅) 혹은 모라(毛羅)라고 하였다. 군아 이외에 재무서, 재판소, 경찰서, 우편국, 보통학교, 광주농공은행 지점 등이 있다. 이곳은 매월 각 2·7일에 개시한다. 그 밖에 삼양(三陽)·조천(朝天)·김녕(金寧)·별방(別防)·두모(頭毛)·명월(明月) 및 애월(涯月)에 시장이 있다. 모두 집산화물은 탕건, 쌀, 양태(凉太, 갓의 차양), 망건, 모자, 당목(唐木), 옥양목(玉洋木), 양대포(洋大浦), 마포(麻布), 석유, 성냥, 청목(青木)[47], 놋그릇, 도자기, 백지, 백로지(白露紙)[48], 담배, 창호지, 자른 담배, 목기, 발, 삿갓, 표고, 왕골자리[莞蓆], 자리[草蓆], 소금, 건어, 돼지, 소, 말 등이다.

교통

제주읍을 중심으로 하여 남동쪽의 성산포 및 정의읍으로, 남서쪽의 모슬포로, 남쪽의 한라산을 횡단하여 서귀포로 통하는 도로가 있다. 도로는 험악하지만 이로써 섬 전체의 교통이 다소 불편을 면하고 있다. 산저포(山底浦) 및 조천리(朝天里)에는 본토 사이를 왕복하는 기선이 입항한다. 이처럼 겨울철 이외에는 해상 교통도 또한 빈번하다.

소속도서

도서로서 중요한 것은 동쪽 끝에 있는 우도, 서쪽 끝에 있는 죽도, 북서쪽에 있는 비양도가 있다. 모두 선박의 계박지로서 양호할 뿐만 아니라, 그 연안은 수산의 이익이 풍부한 것으로도 유명하다. 우도는 품질이 좋은 해조가 많이 생산되고, 죽도는 수년 전까지는 일본 상어낚시 어선의 근거지였던 곳이고, 비양도는 이미 일본 어민의 왕래가 빈번하고, 지금도 여전히 상어낚시 업자 및 도미낚시 업자가 매년 근거지로 삼는 곳이다.

물산

물산은 육산물로는 쌀과 보리, 조, 콩, 팥, 표고, 소, 소가죽, 닭, 달걀, 돼지, 감귤, 오배자, 메밀, 망건, 모자, 빗 등이 있다. 해산물로는 정어리, 도미, 상어, 자리돔, 전복, 해삼, 오징어[柔魚], 우뭇가사리, 감태, 미역 등이 있다.

---

47) 검푸른 물을 들인 무명을 말한다.
48) 갱지와 같은 품질이 낮은 종이로 추측된다.(평안북도 영변 백로지 참조)

구좌면(舊左面)

제주군의 동단에 있으며, 동쪽 북쪽 두 방향이 바다를 면하고 있다. 서쪽은 신좌면(新左面)에, 남쪽은 정의구 좌면(左面)과 접한다. 연안에 암초가 많지만 그 남동단에는 평평하고 모래로 이루어진 작은 만이 있다. 서단에는 모래언덕이 이어지고, 동남단의 전면에 우도가 있다.

종달리(終達理)

종달리는 구좌면의 남동단에 있다. 연안 일대가 흰 모래가 멀리까지 얕게 펼쳐져 있으며, 얕은 만을 이룬다. 유명한 제염지이다. 인가는 353호, 제염에 종사하는 자는 약 160명, 가마는 16개가 있다. 연안의 지형이 실로 천연의 염전으로 염업지로서는 제주도에서 달리 볼 수 없는 곳이다. 정어리, 자리돔, 바지락 등이 생산된다.

휘망 3통, 자리돔망 2통이 있다. 전면 바다 가운데 가로놓인 우도 사이에 매일 1회 배가 다닌다. 이곳은 제주도와 우도의 거리가 가장 가까운 곳이라고 한다. 또한 이곳에서 몇 정 떨어진 곳에 숭어를 양식하는 못이 있다. 제수읍의 수빈 송(未)[49] 아무개의 소유로 연안 깊이 굴곡을 이루면 만입한 곳 안에 수문을 달고 숭어 새끼를 가두어 두고, 성장한 후에 이를 어획하여 염장해서 본토의 나주 지방에 보낸다.

우도(牛島)

우도는 종달리의 전면 약 1해리 남짓한 바다 가운데 가로놓인 작은 섬으로 둘레 약 30리이다. 그 서쪽은 종달리와 마주 보며 해협을 이루는데 그 사이로 조류가 급하지만 물이 깊고 암초가 적어 선박을 정박하기에 적당하다. 이를 우도 묘지(錨地)라고 하며, 제주도의 5대 묘지 중 하나이다. 『수로지』에 기록한 바에 의하면 다음과 같다.

제주도 여러 묘박지 중에서 가장 안전한 곳은 우도의 서남각을 북북동으로 약 0.5해리로 바라보며 수심이 9~13길, 저질(底質)은 조개껍질이 많고 모래가 조금 있는 곳이

---

49) 원문에는 宗으로 되어 있으나 宋의 오기로 생각된다.

라고 한다. 이 수도는 넓이 약 1해리이며, 항로의 최소 수심이 7길이지만, 해변 가까운 곳에 암석이 산재해 있고 또한 수도의 양쪽 끝이 남북으로 열려 있어서 북풍 혹은 남동풍이 불면 바로 닻을 올려 다른 곳으로 옮겨야 한다.

군함 나미하야[浪速]는 우도 북단을 거의 동쪽으로 보면서 이 섬 연안에서 약 7케이블 거리, 수심 약 15길인 곳에 닻을 내렸는데, 이곳은 바위 바닥이며 요철이 심하지만 동풍 및 서풍을 피할 수 있었다고 한다.

이 수도에서는 밀물 때는 2¾노트의 속도로 북쪽으로, 썰물 때는 2노트의 속도로 남쪽으로 흐른다. 조류가 멈추는 시간은 약 15분시(分時)에 불과하다. 어부의 말에 의하면, 여름철은 남동풍이 불 때 밀물의 흐름이 약 3.5노트로 빨라지는 경우가 있다고 한다.

북서안에 천초(天草), 상우(上牛), 하우(下牛), 전흘(錢屹), 고수(古水), 비양(飛揚), 후회(後悔)의 7개의 마을이 흩어져 있다. 총칭하여 연평리(演平里)라고 한다. 인가는 430호가 있으며, 어업에 종사하는 집이 많다. 우도는 유명한 해조 산지로서, 우뭇가사리·미역·감태가 많기로 제주도 전체에서 으뜸이다. 특히 천초동에서 비양동 사이에 많다. 그 중에서 우뭇가사리가 가장 많고, 그 생산량은 제주도 전체 생산량의 거의 절반에 이른다. 품질도 또한 가장 좋으며 가격은 항상 다른 지방에서 나는 것보다 2할 정도 비싸다. 그래서 주민들 가운데 교활한 자는 다른 지방에서 생산된 것을 이곳으로 보내 이곳 주민의 손을 거쳐 우도에서 생산된 것이라고 일본인에게 팔아넘긴다. 해조 이외에도 정어리, 도미 새끼 등이 생산된다. 휘망 1통, 자리돔망 5통이 있다.

우도의 남단에 등간(燈竿)이 있다. 목조이며 흰색을 칠했고 부동백광(不動白光)이며, 명호(明弧)[50]는 남 65도, 동에서 남·서·북을 거쳐 북 19도, 동에 이른다. 등고는 고조면보다 442피트 높고, 밝을 때 광달거리는 8해리이다.

별방리(別防里)
별방리는 종달리에서 북으로 약 5리 떨어져 있다. 연안 일대가 흰모래이고 예망의

---

50) 등대의 불빛이 보이는 수평호를 말하면, 바다 쪽 배 위에서 본 상태에서 측정한다.

좋은 어장이다. 인가는 370호가 있으며, 정어리 어업이 아주 활발하다. 주요한 수산물은 정어리 이외에 우뭇가사리·미역·감태 등이다. 특히 우뭇가사리가 많아서 1년의 생산량이 약 5,000근에 이른다. 휘망 7통, 자리돔망 3통이 있다.

세화리(細花里)

세화리는 별방리에서 북서로 약 5리 떨어져 있다. 인가는 250호이며, 주요 수산물은 정어리·상어 등이라고 한다. 휘망 3통, 상어 자망 3통이 있다.

평대리(坪垈里)

평대리는 세화리에서 북서로 약 5리 떨어져 있다. 앞쪽 해안의 만입이 깊지만 수심이 얕다. 그러나 안이 넓어서 어선을 정박하기에 편리하다. 곳곳에 암석이 흩어져 있고 멀리까지 얕아서 예망을 쓸 수 있다. 인가는 250호이며, 휘망 3통, 자리돔망 2통, 작은 상어 자망 4통이 있다. 수산물은 정어리·작은 상어·미역 등을 주로 한다.

한동리(漢東里)

한동리는 평대리에서 북서로 10리 떨어져 있으며, 인가는 290호가 있다. 수산물은 정어리, 자리돔·미역·우뭇가사리를 주로 한다. 휘망 1통, 자리돔망 5통이 있다.

행원리(杏源里)

행원리는 한동리에서 서쪽으로 10리 떨어져 있으며, 앞쪽 해안의 만입이 대단히 깊다. 이쪽 연안의 항만은 대부분 입구가 넓어서 항상 북풍의 바람길에 해당하지만, 이 만은 입구가 좁고 안이 넓으며 사방의 풍랑을 피할 수 있다. 수심도 아주 깊어서 큰 배는 약 10척을 정박할 수 있다. 제주도 북안에 있는 양항 중 한 곳이다. 인가는 279호가 있으며, 주민은 어업을 영위하는 자가 아주 드물다. 그래서 매년 3~4월 경 바다가 평온한 날이면 장두리 이서의 어부가 낚시를 들고 조류를 타고 이 마을 부근에 와서 어획물을 팔고 마을로 돌아가는 경우가 있다. 매년 8월부터 다음 3월까지 일본인이 이곳을 근거지로 하여 잠수기업에 종사하는 두 조가 있다. 하나는 목조 일본 가옥, 또 하나는 짚으로 지붕을 이은 작은 건물을 지어 놓았다. 수산물은 정어리·전복·해삼·미역·우뭇가사리 등을 주로 한다. 이곳도 또한 다른 지방과 같이 4~5년 전부터 휘망 1통을 만들어 정어리 어업을 시작하였다. 그 밖에 자리돔망이 1통 있다.

월정리(月汀里)

월정리는 과거에 무주(武州)라고 하였다. 행원에서 서쪽으로 약 5리 거리에 있다. 만입이 깊고 북쪽으로 열려 있지만, 물이 깊어서 큰 배 여러 척을 정박시킬 수 있다. 인가는 272호가 있고, 상업이 번성한 곳으로 상인이 배를 마련하여 미역·우뭇가사리 및 기타 화물을 본토 각지에 수송하는 경우가 많다. 정어리 어업이 활발하여 휘망 6통이 있다. 연안은 암석이 없는 곳이 없지만, 그물을 사용하는 것을 방해하지 않는다. 부근 일대가 사구(沙丘)로 광대한 정어리 건조장이 있다. 정어리 이외에 상어·자리돔·미역·우뭇가사리·감태 등을 생산한다. 자리돔망 2통, 상어 자망 1통이 있다.

김녕리(金寧里)

김녕리는 월정리에서 서쪽으로 10리 거리에 있다. 전면은 암초가 많은 작은 만이지만 배를 정박할 수 있으며, 제법 좋은 항이라고 할 수 있다. 인가는 677호가 있어서, 제주도 전체에서 제주읍을 제외하면 호수가 가장 많은 큰 마을이므로, 주민의 생계가 용이하지 않다.

따라서 농·상·공의 각종 산업이 크게 발달하였다. 농업에 종사하는 경우는 비료로 필요한 해조를 운반하기 위하여 멀리 배로 비양도까지 가는 것이 보통이다. 이와 같은 근면함은 다른 마을에서 볼 수 없다. 또 이미 빗 제조로 그 명성이 본토에도 알려져, 제품을 각지에 수송할 뿐만 아니라, 빗 제조업자가 직접 배를 마련하여 원료를 싣고 평양·의주 등에 가서 몇 년씩 제조 판매에 종사하다가 마을로 돌아오는 경우도 있다. 상업도 또한 대단히 번성하며 시장이 있다.

음력 매 4·9일에 개시하는데, 대단히 성대하다. 중매상인이 배를 준비하여 미역·

우뭇가사리 등을 싣고 본토의 각지에 수송하는 경우도 또한 많다. 이처럼 마을에 머물러 있는 자는 대개 농업·상업 등에 종사하고, 그 밖에는 대부분 주로 외지로 일하러 나가며 어로에 종사하는 자는 대단히 적어서, 그 수가 겨우 10명을 넘지 않는다. 그러나 정어리 어업은 매우 활발하여 휘망 8통이 있다. 연안에 기암이 돌출되어 있지만, 어장은 바닥이 흰모래이므로 그물을 사용하기에 적당하다. 또한 부근 일대는 모래언덕이 이어져 있고 풀이 전혀 없다.

건조장으로 가장 양호하며, 정어리 이외에 자리돔·전복·미역·우뭇가사리 등을 생산한다. 자리돔망 4통이 있다.

동복리(東福里)

동복리는 김녕리에서 서쪽으로 약 5리 떨어져 있으며, 인가는 130호가 있다. 정어리 어업이 대단히 활발하며 방진망 3통이 있다. 정어리 이외에 오징어·전복·미역·우뭇가사리 등이 주요한 수산물이다. 자리돔망 1통이 있다.

신좌면(新左面)

신좌면은 동쪽으로 구좌면(舊左面)에 서쪽으로 중면(中面)에 접한다. 연안선이 짧지만 제법 굴곡이 있다. 정어리 어업지로서 유명한 함덕리(咸德里), 선박 출입항으로 유명한 조천리(朝天里)가 있다.

북촌리(北村里)

북촌리는 동복리에서 서쪽으로 약 5리 떨어져 있다. 암초로 이루어진 작은 만으로 그 입구는 넓고 북쪽으로 열려 있지만, 이를 방파제로 막았으며 안이 제법 넓어서 어선을 대기 좋은 항이다. 인가는 274호가 있다. 이곳도 또한 정어리가 내유하지만, 해안에 암석이 많아서 겨우 휘망 1통이 있으며, 이웃 함덕리에 가서 사용한다. 그러나 자리돔망은 대단히 활발하여 그 수는 31통에 이른다. 또한 작은 상어 자망 1통이 있다. 주요한 수산물은 그 밖에 전복·오징어·미역·우뭇가사리 등이 있다.

함덕리(咸德里)

함덕리는 북촌리에서 서쪽으로 약 5리 거리에 있다. 만입이 다소 깊고 넓지만 안쪽에 작은 언덕이 돌출되어 있어 만을 두 부분으로 나눈다. 그 서단의 작은 만을 어선 정박지로 삼는다. 연안 일대가 흰모래로 지예망의 좋은 어장이다. 인가는 544호이며 어업에 종사하는 자가 많다. 정어리 어업도 가장 활발하여, 휘망 8통, 방진망 2통이 있다. 일본인 아라카와 아무개의 정어리 착박 및 말린 정어리 제조소가 있다. 원료는 대개 마을사람으로부터 사들인 다음 가공하여 시모노세키로 수송한다. 정어리 이외에 자리돔·전복·오징어·미역·감태 등이 주요 수산물이다. 자리돔망 16통이 있다.

고포(古浦)

고포는 함덕리에서 서쪽으로 수 정 떨어진 곳에 있다. 인가 80호의 작은 마을이고 항만 또한 좁아서, 어선 몇 척을 수용할 수 있을 뿐이다. 정어리·자리돔·우뭇가사리·미역·감태 등을 생산한다. 방진망 1통, 자리돔망 3통이 있다. 이곳은 토좌원양어업회사(土佐遠洋漁業會社)의 근거지로서, 연안에 사무실, 사업장, 임원과 어부의 숙소가 있는데, 외관이 대단히 훌륭하다.

조천리(朝天里)

조천리는 고포에서 서쪽으로 수 정(町) 거리에 있다. 연안에 큰 바위와 암초가 많지만, 물이 깊고 안이 제법 넓어서 작은 기선을 수용할 수 있다. 목포 제주 간을 항행하는 기선은 승객·화물의 승강을 위하여 잠시 산저포(山底浦)에 기항할 뿐이며 항상 이곳을 정박지로 삼는다. 원래 조공을 행하던 시대에는 말을 실어 이곳에서 출범하였고, 원의 사신이 올 때도 또한 이곳에서 상륙하였다. 당시의 공관이 지금도 여전히 남아있다. 인가는 564호가 있다. 부호·문벌 집안이 많아서 제주도 전체에서 세력을 가지고 있으며, 제주도 운영과 관계된 중요한 사건이 생기면 이 지역 사람들이 반드시 간여한다. 과거에 진(鎭)을 두었던 곳으로 그 진성이 해안에 높이 솟아 있다. 현재 그곳에 보통학교가 있으며, 일본인이 교장이다. 이곳은 망건의 산지로도 이미 유명하다. 또한 음력 매 3·8일에 시장이 열리는데 대단히 성대하다. 어업은 정어리 이외에는 활발하다고 할 수 없다. 방진망 1통, 장망 2통, 자리돔망 2통이 있다. 주요한 수산물은 정어리·자리돔·전복·미역·우뭇가사리 등이다.

신촌리(新村里)

신촌리는 조천리에서 서쪽으로 약 5리에 있다. 만입이 얕고 암석이 많아서 선박의 출입이 편하지 않다. 인가는 364호가 있으며, 정어리 어업이 대단히 활발하다. 그러나 휘망을 사용하기에 불편하므로 장망만 쓰는데, 그 수는 5통이다. 또한 자리돔망 8통이 있다. 우뭇가사리가 대단히 많아서 1년 생산량이 약 3,000근을 넘는다.

중면(中面)

중면은 동쪽은 신좌면(新左面)에, 서쪽은 신우면(新右面)에 접한다. 연안이 굴곡이 적으며 별도(別刀) 이외에는 양항이 없다. 별도는 그 부근에 제주읍이 있었으므로 과거에는 본토와 교통이 빈번한 곳이었다. 근래는 어업 이외이 대단히 많으며, 어획물은 제주읍에 가서 판매하기 편리하다.

삼양리(三陽里)

삼양리는 신촌리의 서쪽에 있다. 연안은 얕은 만입을 이루며, 물도 또한 얕다. 그 동서 양 끝에 방파제를 쌓아 선박의 정계장으로 삼았다. 어선 5~6척을 정박할 수 있다. 만의 서쪽에 치우쳐 작은 언덕이 돌출되어 있어서 크고 작은 두 만으로 나뉜다. 모두 연안 일대가 평탄한 검은 모래로 지예망의 좋은 어장이다. 인가 364호가 있으며, 정어리 어업이 성한 곳이며 휘망 7통이 있다. 정어리 이외에 자리돔·오징어 등이 생산된다. 자리돔망 4통이 있다. 이곳은 매 1·6일에 개시한다.

화북리(禾北里)

화북리는 종래에 공북(拱北), 또는 별도(別刀)라고 하였다. 삼양리의 서쪽에 있다.

신초리에서 15리 떨어져 있으며, 제주읍에서 약 10리 떨어져 있다. 전면 해안의 만입이 깊고 물이 또한 깊지만, 항구에 이르러 만내에 큰 바위가 있어서 큰 배는 지나다닐 수 없다. 겨우 50톤에 불과한 작은 기선도 만조 때 겨우 입항할 수 있을 뿐이다. 그러나 예로부터 본토의 통항선이 항상 출입하던 주요한 항구로서, 목사나 군수가 부임할 때도 이곳에서 상륙하였다. 인가 416호가 있으며, 탕건의 산지로 유명하다.

주요한 수산물은 정어리·자리돔·도미·전복·우뭇가사리 등이며, 정어리 어업이 특히 활발하다. 어획물은 다른 지방과 마찬가지로 주로 말린 정어리로 가공하지만 거리가 가깝기 때문에 생선인 채로 제주읍에 가지고 가서 판매하는 경우도 있다. 휘망 3통, 장망 1통, 자리돔망 5통이 있다. 일찍이 일본 도미낚시선이 해마다 건너와서 이곳을 근거지로 하여 근해의 어업에 종사하는 자가 많았으나, 지금은 크게 쇠퇴하였다. 지금부터 5~6년 전 활발하였을 때는 그 수가 50척을 넘었던 적이 있다. 어기는 3~4월까지라고 한다. 근년 이곳 주민도 또 이를 본받아 어구를 일본인으로부터 매수하고 어업을 배워서 출어하는 자가 있다. 그 기술이 아직 숙달되지 않아서 일본인처럼 능숙하지 않다. 어획물은 제주읍에 가지고 가서 판매한다. 행원을 근거지로 한 일본잠수기업자는 매년 2~4월까지 이곳에서 와서 가건물을 짓고 영업한다.

산저포(山底浦)

산저포는 건입포(健入浦)라고도 한다. 화북리에서 서쪽으로 약 10리 떨어져 있으며, 제주읍의 북문 바깥에 있다. 동쪽으로 작은 언덕 2개가 있어서 연안이 약간 만 모양을 이루고 있다. 작은 개천이 있어서, 하구에 들어서면 선박의 정박이 안전하지만, 썰물 때는 출입할 수 없다. 본토 사이를 항행하는 기선의 경우는 해안에서 몇 정 떨어진 앞바다에서 가박(假泊)하며, 작은 배[51]를 이용해서 여객과 화물을 오르내린다. 조금이라도 바람이 불면 작은 배의 왕복이 곤란할 뿐만 아니라 기선도 또한 다른 곳에 피난하지 않을 수 없다. 바람이 없을 때라도 화객(貨客)의 승강은 만조를 기다리지 않을 수 없어서 불편하다. 그러나 가까이 제주읍이 있으므로 현재도 본토 교통의 중요한 항구다.

---

51) 원문은 艀船이다. 현재는 바지선이라고 한다.

인가는 258호가 있으며, 주요한 수산물은 정어리·자리돔·전복·미역·우뭇가사리 등이다. 휘망 2통, 자리돔망 15통이 있다.

제주읍(濟州邑)

제주읍은 산저포의 서쪽에 접하며, 제주군 연안의 거의 중앙에 있다. 남쪽으로는 멀리 한라산을 등지고 북쪽으로 바로 바다와 접한다. 동쪽으로 평평한 언덕이 있으며, 서쪽 또한 한 줄기 개천을 사이에 두고 평평한 언덕이 이어진다. 제주도의 수부(首府)로서 둘레 약 10리, 높이 2장, 폭 2칸의 성벽이 둘러싸고 있으며, 동서남북의 네 문이 있다. 성 안은 세 구역으로 나누어 일도리(一徒里), 이도리(二徒里), 삼도리(三徒里)라고 한다. 시가가 청결하고 인구가 조밀하며, 호수는 1,032호, 인구 4,192명, 외국인 거류자로는 일본인 45호, 157명, 청국인 3호, 프랑스인[佛國人] 1호가 있다. 이곳은 원래 탐라라고 불리던 시대에는 대단히 번성하였던 것 같으며, 목부(牧府) 기타 관아가 지금도 여전히 남아 있는 것을 보면, 난간이 기울고 벽이 무너져 황폐해졌지만, 옛적의 장대하고 화려한 아름다움의 극치의 흔적은 역력하다. 지금의 여러 관아 또한 모두 이러한 무너진 건물과 부서진 집을 사용하고 있다.

군아·재무서·재판소·경찰서·우편국·보통학교·광주농공은행지점 등이 있다. 이 처마들이 나란히 이어진 약 2정 남짓 사이는 광장인데, 매 2·7일에 시장을 연다. 당일은 사방에서 모여드는 사람이 아주 많아서 대단히 복잡하다. 장날이 아니라고 해도 성내에 사는 상인들이 이곳에 가건물을 짓고 잡화를 판매하는 자가 있다. 매일 나와서 해질 무렵 문을 닫고 돌아간다. 또한 해륙에서 생산되는 일상 식품은 수시로 부근 마을에서 이곳에 가져와 판매한다. 시장 이외에 각종 도매상이 있으며, 각지의 소매상인들이 와서 상품을 구입하는 일도 대단히 많다.

일본인으로서 이곳에 재주하는 사람은 관리가 가장 많고, 그 밖에 회사원, 학교 교원, 의사, 잡화상, 중매상, 과자상, 매약상, 우편집배인, 통신공부(通信工夫), 목수[大工], 날품팔이[日雇] 등이 있다. 이들 중에는 여인숙을 겸업하는 자도 있다. 이미 일본인회를 조직하여 심상소학교(尋常小學校)를 설립하였다.

용담리(龍潭里)

용담리 제주읍 서문 바깥에 있다. 인가는 285호가 있으며, 정어리·갈치·자리돔 등이 생산된다. 휘망 2통, 자리돔망 5통이 있다.

도두리(道頭里)

도두리는 제주읍에서 서쪽 10리에 있다. 인가 205호가 있고, 어업에 종사하는 사람이 많다. 연안에 수산물이 풍부하고, 주요한 산물은 정어리·복어·자리돔·작은 도미·갈치·오징어라고 한다. 정어리가 가장 많이 생산되는 곳은 이 마을에서 수십 정 떨어진 흑사포(黑沙浦) 연안이라고 한다. 그 이름처럼 해안 일대가 평평한 모래사장으로 넓이 수십 정에 이른다. 실로 지예망의 좋은 어장이다.

이곳에는 휘망 8통을 사용하고 있다. 제주도의 휘망은 이곳에서 처음 사용했다고 전한다. 이곳에서 휘망을 함덕(咸德)에 전했으며, 이어서 곽지(郭支)에 전해졌으며, 그 후에 각지로 전파되어, 마침내 지금과 같이 제주도 정어리어업의 성황을 보기에 이르렀다고 한다. 복어는 이 마을 연해에 특히 많으며 이를 말려서 본토에 수송한다. 자리돔 망도 또한 활발하게 행하여 15통이 있다.

신우면(新右面)

동쪽은 중면(中面)에, 서쪽은 구우면(舊右面)에 접한다. 연안에 암석이 많지만 그 서단에는 정어리 어업이 활발한 사빈이 있다. 고내리(高內里)를 중심으로 하여 그 부근에 면사를 생산한다.

하귀리(下貴里)

하귀리는 장두리(長頭里)의 서쪽 약 20리에 있으며, 인가는 401호가 있다. 정어리가 나지만 연안에 암석이 많아서 예망을 사용하기에 불편하다. 이곳에 일본인이 정주하여 도미 주낙업에 종사하는 사람이 있다.

구엄리(舊嚴里)

구엄리는 하귀리에서 서쪽으로 수 정 떨어져 있는데, 선박을 정박할 수 있는 항만이 거의 없다. 인가 177호가 있으며, 호구 수에 비해서 어업에 종사하는 사람이 많다. 정어리와 자리돔·오징어·해삼 등이 난다. 자리돔망 5통이 있다.

신엄리(新嚴里)

신엄리는 하귀에서 서쪽으로 10리 떨어진 곳에 있다. 연안 일대가 암석이고 겨우 바위 사이로 2~3척의 작은 배를 수용할 수 있다. 인가 120호가 있으며, 정어리와 자리돔 등이 난다. 장망 1통, 자리돔망 6통이 있다.

고내리(高內里)

고내리는 신엄리에 서쪽으로 수 정 떨어진 곳에 있다. 연안은 바위가 많지만, 만입이 깊어서 어선을 수용할 수 있다. 인가 169호가 있으며, 면사 산지로 유명하다. 제주도에서 사용하는 어망은 대부분 이 부근에서 생산된 것으로 만든다. 정어리·갈치·도미·쏨뱅이[あらかぶ]·자리돔 등이 난다. 장망 3통, 방진망 1통, 자리돔망 4통이 있다.

애월리(涯月里)

애월리는 신암리에서 서쪽으로 10리에 있다. 만입이 깊고 안이 넓어서 큰 배가 정박할 수 있다. 종래부터 본토와 교통이 빈번한 곳으로, 조천리와 동서로 마주 보며 북안에 있는 주요한 항구였다. 과거에 진(鎭)을 두었던 곳이며, 그 진성의 흔적이 지금도 여전히 남아 있다. 지금은 이곳에서 매 3·8일에 시장을 여는데 대단히 성대하다. 연해에는 작은 도미·갈치·상어·복어·쏨뱅이·자리돔·전복·미역 등이 난다. 그 중에서도 작은 도미가 가장 많고 정어리도 나지만 연안에 그물을 사용할 장소가 없으므로 이를 어획하는 일은 없다. 자리돔망 3통이 있다.

곽지리(郭支里)

곽지리[52]는 애월리에서 서쪽으로 10리에 있다. 연안이 겨우 활 모양을 이룰 뿐이고 선박을 정박하기에 적당하지 않지만, 해안이 흰모래이며 넓이가 약 10정에 이르러, 지예망의 어장으로 대단히 좋다. 인가는 207호가 있으며, 예로부터 선비들이 거주하는 곳이었으므로 역촌(役村)이라고도 한다. 주민은 대부분 농업을 위주로 하고 정어리망 이외에는 어업에 종사하는 자가 적다. 휘망 8통, 자리돔망 5통이 있다. 이곳에 일본인 아라카와 아무개가 경영하는 말린 정어리 및 착박제조소가 있다. 아라카와는 매년 4월 경에 건너와서 11월까지 체류하면서 오로지 원료를 도민으로부터 매집해서 제조에 종사한다. 제품은 도민으로부터 매집한 말린 정어리와 함께 시모노세키로 수송한다.

금성리(錦城里)

금성리는 작은 언덕을 사이에 두고 곽지에 접하는 작은 만에 있다. 해안이 흰모래이며 조금 작은 돌이 섞여 있다. 인가 50호가 있으며, 정어리 어업이 대단히 활발하여 휘망 4통이 있다. 정어리 이외에 어업에 종사하는 자는 없다.

구우면(舊右面)

구우면은 동쪽은 신우면(新右面)에, 남쪽은 대정군 우면(右面)에 접하고, 북쪽과 서쪽은 바다를 마주 본다. 협재 부근에 다소 넓은 사빈이 있는 것을 제외하면 대개 암석이 돌출되어 있다. 부속 도서로는 비양도와 죽도가 있다. 모두 선박이 정박하기 좋은 곳이며 이미 일본 어민의 근거지로서 유명하다.

귀덕리(歸德里)

귀덕리는 곽지리에서 서쪽으로 10리 떨어져 있으며, 인가 480호가 있다. 정어리가 대단히 많지만, 바다 바닥에 바위가 많아서 예망을 쓸 수 없다. 바위 사이에 그물을 펼쳐서 정어리를 어획한다. 우뭇가사리 또한 대단히 많으며, 자리돔망 5통이 있다.

---

52) 원문에는 곽문리(郭文里)로 기록되어 있으나 정오표에 따라서 곽지리(郭支里)리 정정하였다.

옹포리(甕浦里)

옹포리는 귀덕리의 서쪽에 있다. 인가 91호가 있고, 어업에 종사하는 자가 많다. 정어리가 나지만 연안에 바위가 많아서 예망을 사용할 수 없다. 돌담을 쌓아 이를 어획한다. 이곳에서 협재 부근에 이르는 사이는 작은 도미가 가장 많아서, 이를 활발하게 낚시로 잡는다. 우뭇가사리 또한 아주 많으며, 그 밖에 갈치·전복 등이 난다.

협재리(狹才里)

협재리[53]는 옹포리의 서쪽 10리에 있다. 연안의 반은 암석이 들쑥날쑥하고, 반은 평평한 모래로 십수 정에 이른다. 인가는 273호가 있으며, 정어리망 이외에 어업을 영위하는 자가 적다. 일상적으로 먹는 어류는 이웃 마을에서 구입한다. 정어리 어업은 대단히 활발하고 휘망 3통이 있다. 이곳에는 곽지를 본거지로 하는 아라카와 아무개의 말린 정어리 및 착박 제조소의 지소가 있다.

비양도(飛揚島)

비양도는 협재 앞바다에서 1해리 되는 곳에 융기된 작은 섬이다. 둘레 10여 정에 불과하며 둥근 모양이다. 협재와 마주 보는 남쪽 해안에 작은 만이 있다. 만 입구에는 큰 배를 정박할 수 있으며 부근은 자갈해안이고, 그 동쪽에 석축을 쌓아 상륙하기 편리하다. 이 섬과 협재 사이에는 거함이 정박하기에 적합하다. 제주도의 다섯 묘박지 중 하나인데, 『수로지』가 기록한 바에 의하면 다음과 같다.

비양도 정박지(錨地)는 비양도에서 남쪽에 치우친 곳과 동쪽에 있으며, 북동쪽으로 열려 있다. ▲ 남쪽에 치우친 정박지는 비양도의 거의 남쪽과 세쭈노 사이의 중간으로 수심 17~7길이고 바닥이 모래와 조개로 된 곳이라고 한다. 이 정박지는 편남풍에서 편북서풍까지는 양호하지 않다. 작은 배는 비양도의 정남쪽에 수심 5.25 혹은 5.5길이고

---

53) 원문에는 협우리로, 정오표에는 협쵀리로 기록되어 있다. 협재리로 기록한다.

바닥이 가는 모래인 곳까지 진입할 수 있다. ▲ 동쪽의 정박지는 비양도의 동안과 제주도 사이의 중간으로 수심 7~8길이고 바닥이 모래인 곳이라고 한다. 이 정박지는 편북풍에는 정박할 수 없지만, 여름에는 양호할 것이다.

비양도 정박지에서는 삭망고조 약 11시 40분 ▲ 대조승 약 11.25피트, 소조승 약 6.5 피트, 소조차 약 2피트이다.

섬 전체에 띠풀이 자랄 뿐 나무는 없으며 그 남서쪽 즉 만의 서안에 약간의 평지가 있다. 이곳에 인가 21호가 있다. 농업을 주로 하고 어업에 종사하는 사람은 없다. 섬 안에 담수가 없어서 주민의 식수는 대안인 협재로부터 매일 운반해 온다. 연해 일대에서 미역·감태·우뭇가사리·모자반[神馬藻] 등 각종 해조류가 풍부하다. 미역은 대안의 다섯 마을에서 이곳에 와서 채취한다. 이 다섯 마을은 규약을 맺고 채취금지기를 설정하여 공동으로 조업한다. 모자반은 제주도 전 연안에서 나지만, 이곳이 가장 많다. 김녕 지방 주민들은 미리 특약을 맺고 채취기에 이르러 섬에 와서 구입해서 돌아간다. 감태는 원래 가격이 비쌀 무렵에는 활발하게 채취하였으나 지금은 특별히 이를 채취하는 사람이 없다. 풍랑 때문에 해안에 밀려온 것을 주워 모을 뿐이다. 비쌀 때 가격은 100근에 평균 1원이었지만, 지금은 겨우 14~15전에 불과하다고 한다. 그 밖에 전복과 해삼이 난다.

이곳은 이미 일본 도미 낚시업자 및 상어 낚시업자의 근거지였던 곳이며, 융성했을 때는 배가 약 150척에 달했다고 하는데, 지금은 쇠퇴해서 매년 도미 낚시배가 14~15 척, 상어 낚시배가 20척 내외를 벗어나지 않는다. 상어 낚시업자는 매년 어기 때 섬에 와서 가건물을 짓는데, 그 수는 2호 혹은 3호이다.

금릉리(金陵里)

금릉리는 과거에는 분령(盆令)이라고 하였다. 협재에서 남서쪽으로 10리 떨어져 있다. 인가는 214호가 있고, 정어리·자리돔·전복·미역 등이 난다. 휘망 2통·자리돔 망 3통이 있다.

월령리(月令里)

월령리는 금릉리에서 남서쪽으로 몇 정 떨어져 있는 작은 마을로 인가 56호가 있다. 연안이 조금 만입한 곳에 바위 사이로 겨우 10칸 남짓의 사빈이 있다. 이곳에서 정어리 휘망 3통을 사용한다. 정어리 외에 미역이 나는데 대단히 많다.

판포리(板浦里)

판포리[54]는 월령리에서 남서쪽으로 몇 정 떨어져 있으며, 인가 208호가 있다. 정어리가 나지만 예망 및 기타 그물을 사용할 장소가 없어서, 바위 사이에 돌담을 쌓아 몇 개의 작은 만을 만들어 그 만의 입구에 그물을 쳐서 정어리를 어획한다. 망은 3통이 있다.

두모리(頭毛里)

두모리는 금릉리에서 남서쪽으로 10리 떨어져 있나. 만입이 깊고 그 입구가 서쪽을 바라보며 안이 제법 넓어서 어선 5~6척을 수용할 수 있다. 인가 415호가 있으며, 작은 도미・자리돔・전복・미역 등이 나지만 어업이 제법 활발한 것은 작은 도미 낚시뿐이다.

용수리(龍水里)

용수리는 두모리의 남서쪽에 있다. 인가가 250호인데, 어업에 종사하는 사람은 적다. 자리돔과 미역 등이 난다. 자리돔망 2통이 있다.

고산리(高山里)

고산리는 두모리의 남쪽 10리에 있다. 만입이 깊고 안이 넓어서 어선을 계박(繫泊)할

---

54) 원문에는 판포리의 한자를 坂浦里와 阪浦里 양쪽으로 기록되어 있으나 정오표에 따라서 板浦里로 기록하였다.

수 있어서, 이 방면에서 좋은 항구라고 할 수 있다. 인가 320호가 있으며, 정어리·전복·미역 등이 난다. 휘망 2통이 있다. 이곳에서 서쪽으로 약 1해리 떨어진 바다 가운데 무인도가 하나 있는데, 죽도(竹島)라고 한다. 몇 년 전까지 일본 상어 낚시선의 근거지였다. 그 동쪽에 작은 만이 있는데, 선박을 계박할 수 있다. 이 섬은 제주도의 다섯 묘지 중 한 곳으로 『수로지』가 기록한 바에 의하면 다음과 같다.

죽도정박지(竹島錨地)

죽도 안쪽에 있다. 제주도 서단의 만으로 북쪽에서 동쪽을 거쳐 북서쪽에 이르는 사이를 막아준다. 만 중앙부는 수심이 7~8길이고 바닥은 가는 모래와 조개껍질인데 닻을 내릴 수 있다. 이 만에 들어가기 위해서는 죽도 남쪽의 수도는 해저가 요철과 바위가 많으므로, 북방 수도를 이용해야 한다. 또 죽도의 북쪽은 험악한 지형이 이어져 있으므로 충분히 멀리 항해해야 한다.

제19절 대정군(大靜郡)

개관

연혁

원래 제주서도(濟州西道)였는데, 조선[本朝] 태종 16년 한라산 남쪽 반을 나누어 그 동쪽을 정의라고 하고 서쪽을 대정으로 하여, 모두 현감을 두었는데, 지금은 군이다.

경역과 인구

제주도의 남서쪽에 위치하며, 북쪽은 제주군에 서쪽은 정의군에 접하며, 남쪽과 서쪽 두 방면은 바다를 바라본다. 세 군 중에서 토지가 가장 협소하며 인가는 5,075호, 인구 25,300명이다.

토지[地種]

군 전체를 크게 나누면 산림이 3할, 무목지(無木地)가 1할, 경지가 6할로 대개 제주군과 비슷하다. 토질은 세 군 중에서 가장 양호하며 특히 보리농사에 적합하며, 그 수확도 가장 우수하다. 그러나 암석이 많아서 종종 경작할 수 없는 곳이 있다. 산림과 수목의 종류 또한 대개 제주군과 다르지 않다.

연안

연안은 암석이 많은 점이 다른 군과 다르지 않지만, 그 남서단에 가까운 사계(沙溪) 부근에 광활한 사빈이 있다. 항만으로 제법 유명한 것은 모슬포와 대평이다.

대정읍은 대정군의 남서단인 모슬포에서 약 10리 떨어진 내지에 있다. 인가는 300여 호이고 군아 이외에 순사주재소·보통학교 등이 있다. 이곳에서는 매 1·6일에 시장이 열린다. 그 밖에 도순(道順) 및 창천(倉川)에도 시장이 있다. 그러나 모두 아주 활발하지는 않다.

인정

인정은 흉악하고 험하며 걸핏하면 관헌(官憲)에 반항하는 기풍이 있다. 그래서 종래 군수로 이곳에 온 사람이 오래 머물며 그 소임을 다한 사람이 적다. 제주도에서 여러 차례 봉기한 민란의 수괴는 항상 이 군에서 나왔다. 도민도 역시 본군 출신이 아니면 수괴가 될 수 없다고 믿고 항상 두려워하고 공경하는 것 같다. 이러한 기풍은 단지 사람만 그런 것이 아니라, 말도 또한 비슷해서 대정군에서 난 말은 체격은 작지만 강하고 사나우며 무거운 짐을 견딜 수 있고, 다른 말처럼 갑자기 꺼꾸러지는 일이 없다고 한다.

물산

물산은 보리·고구마·콩·팥·메밀·소·말·돼지·정어리·갈치·전복·해삼

·상어 지느러미·미역·감태 등이다. 정어리는 대정군에서는 서안에 매년 반드시 내유하지만, 남안에는 수년간 내유하지 않는 경우도 있다. 서안에 있는 모슬포는 정어리 어업이 가장 활발한 곳이다. 갈치는 남안 일대에 많으며, 염장해서 멀리 본토로 수송한다. 전복 및 해삼의 주산지는 가파도이며 이 섬 부근의 전복은 크기가 아주 크고 질도 좋다. 도미·참치·삼치 등도 대단히 많지만, 아직 직업적으로 이를 어획하는 사람은 없다.

대정군은 우면(右面)·중면(中面)·좌면(左面)의 세 군으로 나누었다. 모두 바다에 면한다. 부속도서로는 가파도와 마라도가 있다.

우면(右面)

북쪽은 제주군 구우면(舊右面)에 접하고, 서남쪽은 바다에 면한다. 연안은 굴곡이 없지만 남단 가까운 곳에 작은 만이 있는데 모슬포라고 한다. 그 부근에 작은 사빈이 있다. 모슬포의 전면에는 가파도와 마라도가 있다.

도원리(桃源里)

도원리는 고산리(高山里)에서 남쪽으로 15리 떨어져 있으며, 인가는 120호가 있다. 자리돔·전복·미역 등이 난다.

영락리(永樂里)

영락리는 도원리에서 남동쪽으로 15리 떨어져 있고 인가는 250호가 있다. 자리돔·전복·미역 등이 난다.

일과리(日果里)

일과리는 영락리에서 남동쪽으로 약 10리 떨어져 있으며 인가 356호가 있다. 주민은 주로 농업 및 제염업에 종사하며, 염전의 면적은 7,846평이고 제염량은 1년에 47,200근이다. 연안에 암석이 많아서 예망을 사용할 장소가 없지만, 매년 정어리가 아주 많이 내유하므로, 돌담을 쌓고 그물로 그 입구를 막아서 어획한다. 그 밖에 오징어와 미역 등이 난다.

모슬포(摹瑟浦)

모슬포는 일과리의 남동쪽 약 5리에 있다. 만 입구가 북쪽을 바라보고 암석이 많지만, 안이 넓고 사방의 바람을 막아주므로 선박의 계박이 매우 안전하다. 과거에 진(鎭)을 두었던 곳이며 이 방면에 있는 주요한 항구라고 한다. 인가는 130호가 있고, 정어리 어업도 아주 활발하다. 항 내에서는 암석 사이에 돌담을 쌓고 이를 어획한다. 항 바깥 부근의 모래해안에서는 휘망을 사용한다. 돌담으로 정어리를 어획하는 것이 활발하여 실로 제주도에서 으뜸이다. 모래해안은 대단히 넓어서 이곳에서 사용하는 휘망이 12통이다. 자리돔 어업도 또한 아주 활발하여 그물 10통이 있다. 성어기에는 멀리 산촌의 주민이 말을 끌고 와서 어획을 기다렸다가 사서 돌아가는 것이 보통이다. 어기는 4~11월에 이른다. 그 밖에 작은 상어·삼치·황다랑어[きわだまぐろ][55]·전복·미역 등이 난다. 작은 상어 지망 5통이 있다. 삼치 및 황다랑어는 가을철에 모슬포와 가파도 사이에 큰 무리를 이루어 내유한다. 이따금 공갈낚시를 이용하여 어획하는 경우가 있지만, 아직 직업적으로 이에 종사하는 사람은 없다. 이곳에 일본인이 정주하여 수산업·약 판매업 등에 종사하는 사람이 있다.

가파도(加波島)

가파도는 모슬포에서 남쪽으로 약 3해리 떨어진 바다 가운데 있는 작은 섬으로 지세가 낮아서 멀리서 바라보면 마치 평평한 그릇이 떠 있는 것 같다. 그 남동쪽에 작은 만이 있는데, 썰물 때에 바다 바닥이 드러나지만, 어선 10여 척을 정박할 수 있다. 동풍 이외에는 바람을 피하기에 안전하다. 인가 120호가 있으며, 주민은 주로 농업에 종사하지만 수산물이 풍부하기 때문에 여가에 어업에 종사하는 사람이 많다. 자리돔·작은

---

55) 다랑어의 한 종류로 학명은 *Thunnus albacares*이다. 최대 2m까지 자라면 체형이 참다랑어와 비슷하다. 성어가 되면 등지느러미와 배지느러미가 노란색을 띠는 것이 특징이다.

도미·해삼·감태 등이 많이 난다.

이 섬 근해는 자리돔의 좋은 어장으로 어기가 되면 대안인 모슬포와 주변의 여러 마을에서 몰려오는 어선이 약 30척이 넘는다. 전복 및 해삼은 주로 일본인이 채취하는 것으로, 과거에는 그 생산량이 많고 크기가 아주 큰 것으로 유명하였으나, 지금은 크게 감소하였다. 20여 년 전부터 잠수기업자인 요시무라조가 이곳에 근거하고 있다.

마라도(麻羅島)

마라도는 가파도에서 남쪽으로 약 3해리 떨어져 있으며, 둘레 10리가 되지 않으며 평평하고 낮은 섬이다. 선박이 계박하기에 편리한 항만이 없고 또한 식수도 없다. 근해에는 작은 상어가 많아서 자망으로 이를 활발하게 어획한다. 그 밖에 삼치·전복·미역 등이 난다.

중면(中面)

서쪽은 우면(右面)에 동쪽은 좌면(左面)에 접한다. 연안이 아주 짧지만 그 서단에는 광대한 사빈이 있다. 거의 중앙에는 일본 잠수기선의 기항지로 유명한 송항(松港)이 있다.

사계리(沙溪里)

사계리는 모슬포의 동쪽 10리에 있다. 연안은 검은 모래가 멀리 뻗어 있으며 약 10리 사이에 시야를 가리는 것이 없다. 모래사장이 끝나는 곳이 남쪽으로 돌출하여 갑각을 이룬다. 무릇 제주도 모래사장 중에서 가장 큰 곳이다. 인가는 208호가 있으며, 정어리가 나지만 그 내유가 일정하지 않아서 겨우 휘망 1통이 있을 뿐이다. 그러나 일단 풍어가 될 때는 장소가 아주 좋은 예망어장일 뿐만 아니라, 경역 또한 넓어서 인근 마을인 모슬포에서 어구를 가지고 와서 이곳에서 사용한다. 몇 정 떨어진 앞바다에는 서로 마주보는 두 개의 섬이 있다. 형제도라고 하는데, 그 부근에 상어가 많아서 마을 사람들이 자망을 이용하여 활발하게 이를 어획한다. 그물의 수는 30통이다. 그 밖에 작은 상어·자리돔·

갈치·오징어·우뭇가사리·감태 등이 많이 난다. 작은 상어 자망 10통, 자리돔망 10통이 있다. 또 이 근해에는 도미가 많아서 마을 사람들이 일찍이 일본인으로부터 주낙을 구입해서 사용하면서 어획이 대단히 많았지만 판로가 막혀서 지금은 폐업하였다.

대평리(大坪里)

대평리는 사계리의 동쪽 10리에 있다. 당포(堂浦)라고도 한다. 해안에 소나무가 우뚝 서 있어서 해상에서 좋은 표지가 되기 때문에 일본 어민들은 이곳을 송항(松港)이라고 부른다. 만 입구는 남쪽으로 열려 있으며 안이 넓고 수심이 깊어서 대정군에 있는 좋은 항구 중 하나이다. 특히 겨울에는 가장 안전한 계박장이라고 한다.

그러나 봄·가을 무렵에 남풍이 많을 때는 파랑이 높아서 배를 댈 수 없다. 이럴 때는 이곳에서 북쪽으로 약 20리 떨어진 모슬포로 피난한 것이 보통이다. 인가는 50호가 있다. 정어리·자리돔·작은 도미·갈치·도미·전복·감태 등이 난다. 휘망 1통, 자리돔망 6통이 있다.

일찍이 일본 잠수기업자의 근거지로 유명하였으나, 근년에는 가건물을 짓는 사람도 없고, 다만 근해에 조업하는 자가 피난 등을 위하여 일시 기항하는 데 그친다.

좌면(左面)

서쪽은 중면(中面)에, 동쪽은 정의군 우면(右面)에 접한다. 연안 일대는 암초가 많고 항만으로 유명한 곳이 없다. 뒤는 한라산 산기슭에 근접하여 산림이 풍부하고, 벌목과 조선업이 활발하다.

중문리(中文里)

중문리는 대평리의 동쪽 10리에 있으며, 선박의 정계(碇繫)에 편리하다. 뒤는 한라산에 근접하여 목재와 땔감이 나며, 조선업이 활발하다. 인가는 150호가 있으며, 자리돔·작은 도미·갈치·미역 등이 난다. 자리돔망 9통이 있다.

도순리(道順里)

　도순리는 중문리에서 동쪽으로 10리 떨어진 곳에 있다. 인가 100호가 있으며, 자리돔·미역 등이 난다. 자리돔망 8통이 있다. 이곳은 땔감이 아주 풍부하다.

강정리(江汀里)

　강정리는 도순리의 동쪽 10리에 있으며, 대정군의 동쪽 끝이다. 부근에 산림이 풍부하여 목재와 땔감이 나며 조선업이 활발하다. 인가는 200호가 있으며 자리돔·작은 도미·전복·미역·감태 등이 난다. 미역과 감태가 특히 많으며, 자리돔망 9통이 있다.

제20절　정의군(旌義郡)

개관

연혁

　원래 제주동도(濟州同道)였다. 조선[本朝] 태종 16년에 비로소 대정과 함께 현으로 삼아 정의라고 하였다. 지금은 군이다.

경역 및 호구

　북쪽은 제주군에, 서쪽은 대정군에, 남쪽과 동쪽 두 방향은 바다를 바라보며, 제주도의 남안 동부를 차지하고 있다. 연안은 굴곡이 적지만, 그 남단에 제법 양호한 항만이 있다. 그 동단을 성산포(城山浦), 남단을 서귀포(西歸浦)라고 한다. 호수는 7,326호, 인구는 36,600명이다.

읍치

　정의읍은 정의군의 중앙에서 조금 동쪽으로 치우쳐 해안에서 약 20리 떨어져 있다.

호수는 332호이다. 군아·재무서출장소·순사주재소·보통학교 등이 있다. 매 1·6일에 시장을 연다. 그 밖에 고성(古城)·의귀(衣貴)·하효(下孝)에 시장이 있으나, 모두 활발하지 않다.

군내는 산림이 4할, 무목지가 1할, 경지가 5할의 비율이며, 세 군 중 가장 수림이 많은데, 떡갈나무가 특히 많다. 토질은 제주군과 큰 차이가 없으며 조의 재배에 적합하다. 군내에 가는 곳마다 마(麻)를 재배하는데, 이로써 마포(麻布)를 짠다. 특히 어망을 만든다. 마포는 토포(土布)라고 하는데, 각자의 의복을 만들고 남는 것은 다른 군의 주민에게 판매한다. 또 하효리 부근에서는 닥나무를 재배하는데 그 생육이 양호한 것이 마에 뒤지지 않는다. 닥나무는 오로지 종이를 만든다. 규모는 작고, 품질은 거칠지만 제지업이 행해지는 것은 세 군 중 정의군뿐이라고 한다.

물산

물산은 보리·조·고구마·마·콩·팥·메밀·표고·소·말·돼지·종이·말린 정어리·전복·오징어·해삼·자리돔·작은 도미·상어·미역·우뭇가사리·삼태 등이라고 한다. 정어리는 대단히 많지만, 제주군과 같이 매년 거의 변함없는 어획을 기대하기 어렵고, 해에 따라서 풍흉의 차이가 현저하다. 심할 때는 몇 년 동안 계속 거의 어획하지 못한 경우도 있다. 전복과 해삼도 또한 많으며, 그 어장으로 주요한 곳은 성산포·방두포·표선 등이라고 한다. 오징어는 방두포 부근이 가장 많다.

구획

정의군은 우면(右面)·서중면(西中面)·동중면(東中面)·좌면(左面)의 네 면으로 나뉜다. 모두 바다에 면하며, 부속도서로는 호도(虎島)·초도(草島)·독도(禿島)·금로도(金路島) 등이 있다.

우면(右面)

정의군의 서단에 있으며, 서쪽은 대정군 좌면에, 동쪽은 서중면에 접한다. 한라산

산록과 가장 가깝고 바다와도 가까워서 땅이 아주 좁다. 연안에 암초가 많지만, 거의 중앙에 이르면 작은 만이 있는데 서귀포라고 한다. 제주도 남안에서 제일가는 좋은 항구이다.

법환리(法還里)

법환리는 강정리(江汀里)에서 동쪽으로 10리 떨어져 있으며, 우면의 서단에 있다. 인가는 500호가 있는 큰 마을이다. 산림이 풍부하고 땔감이 난다. 또한 면사를 생산하는데 주로 자리돔망과 같은 작은 어구를 만든다. 정어리 어업에 사용하는 휘방·방진망을 만드는 경우는 드물다. 부근의 각 마을에서 사용하는 작은 어구는 대개 이 마을에서 생산된 것을 사용하여 만든다. 수산물로 중요한 것은 작은 도미·작은 상어·자리돔·전복·해삼·미역·감태 등이다. 자리돔망 6통이 있다.

서귀포(西歸浦)

서귀포는 법환리에서 동쪽으로 약 5리 떨어져 있다. 제주도 남안의 거의 중앙에 위치하며, 북안에 있는 제주읍과 한라산을 사이에 두고 있다. 만입이 깊고 전면에 작은 섬이 있다. 동쪽과 서쪽 입구가 열려 있지만, 그 서쪽은 간석(干潟)과 암초로 막혀 있어서, 동쪽 입구만 선박이 통행할 수 있다. 수심이 깊어서 큰 배가 정박할 수 있으며, 제주도에서 보기 드문 좋은 항구이지만 동풍과 서풍을 피할 수 없다. 또한 그 구역이 협소하여 풍랑이 일기 시작할 때는 돛을 달고 나갈 수 없다. 그렇지만 어선의 계박지로서는 매우 안전하다. 수산물 이외에 생우·콩 기타 육산물이 풍부하므로 일본 어선 및 상선이 자주 출입한다. 부근에 산림이 있어서 땔감이 난다. 인가 126호와 순사주재소가 있다. 주민은 어업에 종사하는 사람이 많다. 주요 수산물은 작은 도미·작은 상어·자리돔·전복·해삼·미역 등이고 작은 도미가 가장 많아서 1년 내내 어획한다. 자리돔망 2통, 작은 상어 자망 6통이 있다. 이곳은 매년 일본잠수기선 업자가 근거하는 곳으로 가건물이 2곳 있다.

보목리(甫木里)

보목리[56]는 서귀포에서 동쪽으로 몇 정 떨어져 있다. 연안은 암석과 암초가 많고 겨우 바위 사이로 2~3척의 어선을 정박할 수 있다. 또 암초 사이에 돌담을 만들었는데 가을철에 정어리를 어획하는 것을 목적으로 한다. 인가는 180호가 있으며 주요한 수산물은 작은 도미·작은 상어·자리돔·미역·감태 등이다. 작은 도미가 가장 많고 어기는 12월부터 다음해 2월까지라고 한다. 자리돔망 2통, 작은 상어망 10통이 있다.

효동리(孝洞里)

효동리는 보목리에서 동쪽으로 몇 정 떨어져 있다. 어선을 묶어둘 항구는 없지만, 연안이 활 모양을 이루고 검은 모래가 몇 정에 이르러 예망을 사용하기에 적합하다. 인가는 50호가 있으며 주요한 수산물은 정어리·자리돔 등이라고 한다. 휘망 1통, 장망 1통, 자리돔망 8통이 있다. 전면의 해상 약 2해리 되는 곳에 작은 섬이 있는데, 현지에서는 이를 지귀도라고 한다. 「해도」에서 금로도(金路島)라고 한 것이 이 섬이다. 그 근해에는 자리돔이 많아서 부근 각 마을 어민의 공동[入會] 어장이다. 전복 역시 많다.

서중면(西中面)

서쪽은 우면에 동쪽은 동중면에 접한다. 연안에 암초가 많고 굴곡이 적으며 겨우 배를 댈 수 있는 곳은 우미(又美)뿐이다.

우미리(又美里)

우미리는 효동리에서 동쪽으로 몇 정 떨어져 있으며, 서귀포에서는 15리 떨어져 있다. 만입이 제법 깊고 안이 넓어서 큰 배를 정박하기에 적당하다. 만 안이 좌우로 나뉘어 두 개의 만을 이룬다.

---

56) 원문에는 한자는 보목리(甫木里), 한글은 포목리로 기록되어 있다. 현재 서귀포에 보목마을이 있다. 보목리로 기록한다.

연안은 모래자갈이며 모두 어선의 계박장이다. 인가는 100호가 있고, 주요 수산물은 자리돔·상어·전복·미역·감태 등이라고 한다. 상어 및 감태가 가장 많고, 상어는 지느러미를 떼어 건조하여 일본인에게 매도한다. 자리돔망 10통, 상어 자망 5통이 있다. 이 부근에는 산림이 많으며 특히 떡갈나무가 많다.

보한리(保閑里)

보한리는 우미리에서 동쪽으로 약 15리에 있다. 정어리가 나지만 연안은 암석으로 예망을 사용할 장소가 없다. 또한 돌담을 만들어서 어획하는 일도 없다. 겨우 1년에 1회 혹은 2회 파도 때문에 바위 위에 떠밀려온 정어리를 주워 모을 뿐이다. 무릇 이 부근은 바다가 깊고 조류가 급격하여 예망 이외의 어구는 사용하기 어렵다. 또한 이곳에 내유하는 정어리는 우연히 나타났다가 갑자기 모습을 감추어 오래 머무르는 일이 없다고 한다. 그 밖에 자리돔·갈치·민어·미역 등이 나지만 어업에 종사하는 사람은 적다. 인가는 216호가 있으며, 자리돔망이 겨우 3통 있을 뿐이다. 주민의 대부분은 농업 및 제염업에 종사한다. 염전은 연안 암석 사이에 흩어져 있지만, 그 면적은 대단히 넓어서 1,329평에 달하며 1년 생산량은 7,000~8,000근에 달한다. 제품은 이곳에서 약 30리 떨어진 하효리 시장에 내다 판다.

동중면(東中面)

서쪽은 서중면에 동쪽은 동중면에 접한다. 연안은 굴곡이 적고 암초가 많으며, 그 동단에는 다소 넓은 사빈이 있다.

남토산(南兎山)

남토산은 보한리의 동쪽에 있으며, 인가는 80호이고, 어업에 종사하는 사람이 많다. 작은 도미·작은 상어·갈치·매퉁이·오징어·전복·미역 등이 난다. 자리돔망 6통, 작은 상어 자망 10통이 있다.

세화리(細花里)

세화리는 남토산에서 동쪽으로 약 10리에 있다. 인가는 60호이고, 어업에 종사하는 사람이 많다. 작은 도미·작은 상어·자리돔·미역 등이 난다. 작은 도미가 가장 많으며, 자리돔망 8통, 작은 상어망 3통이 있다.

표선리(表善里)

표선리는 세화리에서 동쪽으로 약 15리에 있다. 부근 일대가 흰모래이고 대단히 넓어서 항해하는 사람은 해상 멀리에서도 확인할 수 있다. 일본 어민들은 이곳을 백빈(白濱, 시라하마)이라고 부른다. 그 크기는 사계(沙溪)를 제외하면 제주도에서 비교할 곳이 없다. 모래해안의 한 귀퉁이에 암초로 이루어진 작은 만이 있는데, 만조 때는 7~8척의 어선을 수용할 수 있다. 인가는 130호가 있으며, 연안은 예망의 좋은 어장이므로 이곳에서 휘망 8통을 사용하여 정어리를 어획한다. 그러나 이곳의 정어리 내유는 일정하지 않으며, 심할 때는 5~6년간 거의 어획 이익을 볼 수 없는 경우도 있다. 이에 반해서 만약 일단 풍어가 되면 거의 무진장이라고 할 수 있으며, 이획이 제주도에 으뜸이 된다. 그 밖에 전복·해삼·미역·모자반 등이 많이 난다. 자리돔망 2통이 있다.

좌면(左面)

서쪽은 동중면에 북쪽은 제주군 구좌면(舊左面)에 접하며, 남쪽과 동쪽은 바다에 면한다. 연안에 암초가 많지만 북쪽으로 갈수록 만입이 많고 또한 모래 해안이 있다. 그 북동단인 성산포(城山浦)는 유명한 피난항이다.

하천미리(下川美里)

하천미리는 표선리에서 동쪽으로 10리에 있다. 인가는 90호이다. 연안이 평평한 모래이므로 예망의 좋은 어장이다. 정어리가 나지만 해에 따라서 풍흉의 차이가 현저하며 휘망 2통이 있다.

그 밖에 작은 도미·작은 상어·자리돔·오징어·전복·미역 등이 난다. 자리돔망

1통, 작은 상어 자망 1통이 있다.

신산리(新山里)

신산리는 하천미리에서 북동쪽으로 10리에 있다. 인가는 171호이고, 작은 도미와 자리돔이 많이 난다. 작은 도미는 2~5월까지, 자리돔은 5~7월까지를 어기로 한다. 그 밖에 매퉁이·갈치·전복·미역 등이 난다.

온평리(溫平里)

온평리는 신산리에서 북동쪽으로 10리에 있다. 인가는 72호가 있으며, 자리돔·작은 도미·갈치·전복·미역·우뭇가사리가 난다. 특히 자리돔이 가장 많으며, 어기는 6~8월까지라고 한다. 자리돔망 7통이 있다.

방두포(方頭浦)

방두포는 온평리에서 북동쪽으로 10리에 있다. 전면이 깊고 만입이 있으며, 입구가 남쪽을 향하고 안이 넓어서 제주도 전체에서 달리 볼 수 없는 좋은 항만의 모습이지만, 물이 얕으며, 해저에 바위가 많고 험악하여 여러 차례 위험에 처한 선박이 적지 않았다고 한다. 그러나 어선을 수용하기에는 충분하며, 풍랑을 피하는 데 적합하다. 연안은 평평한 모래 해안이고 아주 넓어서 이곳에서 정어리 휘망 5통을 사용한다. 정어리 이외에는 자리돔·작은 상어·오징어·우뭇가사리·미역·모자반 등이 난다. 그 밖에 복어가 대단히 많아서 큰 무리를 이루어 만 안의 얕은 곳에 오는 경우가 있지만, 아직 이를 어획하는 사람이 없다. 연안에 인가 9호가 있으며, 자리돔 어업에 종사하는 자가 많으며, 그물 10통이 있다. 또한 작은 상어 자망 2통이 있다. 이곳은 매년 야마구치현 상어낚시업자가 근거하는 곳으로 가건물 1곳이 있다. 정어리의 어기에는 성산포의 한국물산회사가 이곳에 와서 착박(窄粕, 깻묵 형태의 가공품) 제조에 종사한다.

성산포(城山浦)

성산포는 방두포의 북동쪽 약 5리에 있다. 제주도 동단의 우도와 마주 보는 갑각의 북쪽에 깊이 만입한 곳에 있는데, 만내의 수심이 깊지 않다. 썰물 때는 약 $\frac{2}{3}$가 노출되므로 큰 배가 정박할 수 없지만 다른 바위 사이에 끼어 있는 작은 만과는 비교할 바가 아니다. 어선을 정박하기에는 매우 안전하여 실로 제주도에 있는 유수한 좋은 항구이다. 인가 65호가 있으며, 정어리·작은 도미·자리돔·우뭇가사리·미역·감태 등이 많이 난다. 갑각의 남면은 얕은 만입을 이루고, 해변은 평평한 모래이다. 이곳에 정어리 휘망 3통을 사용한다. 그 밖에 자리돔망 4통이 있다. 이곳은 20년 전부터 일본 잠수기업자가 근거하는 곳이며, 수년 전에 크게 융성하였던 때에는 가건물 16호, 잠수기 20대에 달한 적이 있었지만, 근년에는 전복 및 해삼의 산출이 현저히 감소하였기 때문에 쇠퇴하여, 매년 건너와서 가건물을 짓는 사람이 1~2호, 잠수기 5~6대에 불과하다. 또한 일본인이 설립한 한국물산회사가 있다. 주로 요오드 및 전복 통조림 제조업을 영위한다. 그 밖에 수산물 제조와 중매 등에도 종사한다.

명치 39년(1906)에 스즈끼[鈴木] 아무개와 이시하라[石原] 아무개가 합자로 창립한 것인데, 지금은 이시하라 아무개 개인이 영업하고 있다. 그러나 여전히 회사의 이름은 그대로 사용하고 있다. 그 밖에 매년 나가사키현 나잠업자 및 야마구치 도미 외줄낚시업자가 와서 조업하는 경우가 있다. 전자는 4~5척, 후자는 8~9척이다. 모두 육상에 가건물을 짓지 않고, 항상 배 안에 있으면서 조업하며, 때때로 기항할 뿐이다. 이렇게 일본인의 왕래가 빈번할 뿐만 아니라, 이곳에 거주하는 사람도 또한 적지 않기 때문에 주민 중에서 일본어를 아는 사람이 많다.

오조리(吾照里)

오조리는 성산포의 서쪽 약 5리에 있다. 인가는 222호가 있으며, 정어리·작은 도미·작은 상어·자리돔 등이 난다. 휘망 1통, 작은 상어 자망 5통, 자리돔망 3통이 있다. 작은 상어 낚시도 또한 활발하다.

시흥리(始興里)

시흥리는 성산포에서 북쪽으로 10리 떨어져 있으며, 정의군의 북동단에 있다. 연안 일대는 흰모래가 멀리까지 얕게 펼쳐져 있으며, 제염업이 활발한 것이 종달리에 버금간다. 인가 80호가 있다.

주민은 대부분 제염 및 농업에 종사한다. 정어리 그물 이외에는 어업에 종사하는 사람이 드물다. 정어리·전복·미역 등이 난다. 휘망 1통이 있다.

부경대학교 인문한국플러스사업단 해역인문학 아카이브자료총서 05

한국수산지韓國水産誌 Ⅲ-1

초판 1쇄 발행 2024년 7월 30일

지은이 (대한제국) 농상공부 수산국
옮긴이 이근우(대표번역), 서경순, 심민정
펴낸이 강수걸
편 집 강나래 오해은 이소영 이선화 이혜정 김효진 방혜빈
디자인 권문경 조은비
펴낸곳 산지니
등 록 2005년 2월 7일 제333-3370000251002005000001호
주 소 48058 부산광역시 해운대구 수영강변대로 140 부산문화콘텐츠콤플렉스 626호
홈페이지 www.sanzinibook.com
전자우편 sanzini@sanzinibook.com
블로그 http://sanzinibook.tistory.com

ISBN   979-11-6861-359-1(94980)
        979-11-6861-207-5(세트)

* 책값은 뒤표지에 있습니다.
* 이 책은 2017년 대한민국 교육부와 한국연구재단의 지원을 받아 수행된 연구임.
(NRF-2017S1A6A3A01079869)